机电系统 PLC 控制技术

张广明 李果 朱炜 编著

国防工业出版社

·北京·

内容简介

本书旨在介绍PLC控制技术及其在机电控制系统中的应用。全书以主流产品西门子S7系列为基础，系统地讲述了PLC的基本组成、工作原理、设计开发及实际应用等方面的内容，重点突出在机电控制系统中的应用。内容包括：绪论；PLC的组成、工作原理及技术指标；PLC的基本指令及步进控制指令；PLC程序设计；PLC功能指令；PLC的通信及网络；PLC在机电系统中的应用。

本书图文并茂，深入浅出，注重理论性、实践性和实用性相结合，突出与应用技术相关的内容，包含了大量的应用实例。可作为机电专业工程技术研究人员的参考用书，也可供高等院校机电、自动化、仪表专业及相近专业师生的教学参考书。

图书在版编目(CIP)数据

机电系统PLC控制技术/张广明，李果，朱炜编著. 北京：国防工业出版社，2014.3重印
ISBN 978-7-118-06233-5

Ⅰ. 机... Ⅱ. ①张... ②李... ③朱... Ⅲ. 可编程序控制器-应用-机电系统：自动控制系统 Ⅳ. TH-39

中国版本图书馆CIP数据核字(2009)第028928号

※

国防工业出版社出版发行
(北京市海淀区紫竹院南路23号 邮政编码100048)
涿中印刷厂印刷
新华书店经售

*

开本 787×1092 1/16 **印张** 17¼ **字数** 397千字
2014年3月第3次印刷 **印数** 6001—8000册 **定价** 29.00元

国防书店：(010)88540777 发行邮购：(010)88540776
发行传真：(010)88540755 发行业务：(010)88540717

前　言

随着微处理器技术、通信技术、自动化技术等领域的发展，可编程控制器(PLC)技术已日臻成熟。它以速度快、性能好、可靠性高的特点在工业控制领域得到广泛的应用。在工业领域中，机电设备占有十分重要的地位。机电设备的电气控制系统日趋复杂，功能更加完善，成为机电设备中的关键部分。由PLC为主组成的控制系统代表着当前机电设备电气控制的先进水平，发展迅速，前景广阔。

本书以主流产品西门子S7系列为基础，系统地介绍PLC控制技术及其在机电控制系统中的应用。全书共分7章：第1章绪论，概要地介绍了PLC的基本概念、特点、分类及其应用领域；第2章介绍了PLC的组成和工作原理，并结合西门子典型产品S7-200介绍了PLC的主要功能模块和技术指标；第3章介绍了PLC的基本指令和步进控制指令；第4章介绍了PLC程序设计基础，并对STEP 7-Micro/WIN开发环境和编程技术作了介绍；第5章介绍了PLC功能指令；第6章介绍了PLC的通信及网络的基础、结构；第7章重点介绍了PLC在机电控制系统中的应用。

本书由张广明负责统稿并担任主编。其中，第1章与第2章由张广明编写；第4章～第6章由李果编写；第3章与第7章由张广明、朱炜编写。南京工业大学袁启昌教授审阅了全书，并提出了许多宝贵意见和建议。在本书的编写过程中，参考了国内外多种关于PLC方面的著作、教材和文献资料，在此谨向有关作者表示衷心感谢！同时，本书的编写过程中得到了南京工业大学林锦国教授、申德昌高级工程师的大力支持，在此一并表示诚挚的谢意！

由于编者知识水平有限，对PLC技术的研究和开发有待进一步深入，加之PLC技术的快速发展，书中错误和不足之处在所难免，恳请同行和读者批评指正。

编　者

2008年12月

目　录

第 1 章 绪 论

1.1 逻辑与可编程控制的基本概念

1.1.1 逻辑与可编程控制技术的概念

随着微处理器、计算机和数字通信技术的飞速发展，计算机控制已经应用到了几乎所有的工业领域。当前，用于工业控制的计算机可以分为：可编程控制器、基于 PC 总线的工业控制计算机、基于单片机的测控装置、用于模拟量闭环控制的可编程调节器、集散控制系统(DCS)和现场总线控制系统(FCS)等。逻辑与可编程控制技术由于功能强大、使用十分方便，自问世以来，备受控制界的广泛认同和青睐。不但广泛地应用到各种机械设备和生产过程的自动控制系统中，而且在民用和家庭自动化方面的应用也得到了迅速的发展。

在工业生产过程中，很大一部分控制问题是解决诸如电动机的启停、电磁阀的开闭、电磁离合器的离合等这样一类开关量的控制，这些控制的实施，通常都是通过继电器、接触器、晶闸管等器件的接通(ON)或断开(OFF)来实现的。而这些控制的决策，往往又是在对诸如行程开关、接近开关、按钮、接触器触点、继电器触点等开关量状态的检测后，按照预先规定的一种处理规则作出的。因此，常常把这一类的控制称为逻辑控制或程序控制。换言之，逻辑控制是指在对生产过程或机械设备运行状态检测的基础上，依据预先编制的操作规则，对输入状态进行逻辑运算、或计数、或定时、或对某些变化参量进行判断等，然后根据这些结果作出控制决策，控制执行机构协调动作，完成以开关量控制为主的生产过程的自动控制。其关键问题是采用了预先编制的操作规则，这些操作规则被称为“程序”，故逻辑控制又称为“程序控制”。不过需注意，这里所说的“程序”，与计算机软件技术中的“程序”既有联系，又可能是完全不同的。

程序控制与我们经常接触的反馈控制是自动控制领域内两个并列的、相辅相成的重要范畴。反馈控制的目标是定量控制，而程序控制更偏重于定性控制。反馈控制是闭环控制，而程序控制多半是开环控制。

早期的逻辑控制多以继电器、接触器作为主要控制装置来构成逻辑控制系统。故习惯上称为继电器逻辑控制或继电器接触控制，其显著的特征是系统的操作规则或控制程序是以元件、器件的某种连接方式来体现这种控制系统。要改变控制程序，必须要改变这种“连接”方式（硬件上)，极大地阻碍了逻辑控制技术的发展。随着计算机技术的发展，诞生了可编程逻辑控制技术，其操作规则或控制程序是用软件技术的方式存储在可编程控制器的存储器中，其显著优点是用户可以依据需要方便地改写这些程序（软件上)，并重新存入可编程控制器的相应存储器中，从而实现更改控制程序的目的。

1.1.2 逻辑控制的特点和控制要素

1. 逻辑控制的特点

按信号输入/输出(I/O)的特点来说，逻辑控制主要以开关量 ON 或 OFF 的状态为主，故输入、输出信号的表达，以及控制逻辑的表述、化简等，都可以用以布尔代数为基础的一整套理论和方法来处理。先进的可编程控制器，其 I/O 信号不但有开关量信号，而且可能涉及到大量的模拟量信号，如温度、流量、压力、速度、加速度等物理参数，以及大量的数据信息。对开关量的处理，仍是逻辑控制系统主要的和重要的任务。

逻辑控制按其控制程序的特点，控制方法千差万别，归纳起来通常有以下 3 种。

(1) 顺次控制　这种控制是以前一步动作的完成作为信号，从而启动后一步动作的程序控制方式。在逻辑控制中，这种控制方式运用相当普遍。一种进给装置的逻辑控制如图 1-1 所示。进给装置的前进或后退是由进给电动机的正转或反转驱动的，进给装置的钻孔作业由钻孔电动机来完成。这部分逻辑控制装置的任务是在对工件钻孔时保证一定的钻孔深度。第一步动作：在某一控制信号的启动下，进给装置向前运动，释放 LS1 行程开关。第二步动作：当进给装置上的挡块压下 LS2 行程开关闭合其常开触点，进给装置继续前进，同时钻孔电动机开始旋转。在这里，LS2 常开触点的闭合作为第一步动作结束和第二步动作开始的转换信号。在第二步动作中，进给装置前进、钻头旋转，在某一时刻开始了对工件的钻孔工作。第三步动作：当挡块使 LS3 闭合时，钻头继续旋转，而进给装置后退，第二步动作结束。第四步动作：当挡块再次使 LS2 闭合时，钻孔电动机停止旋转而进给装置继续后退，第三步动作结束。当挡块压下 LS1 使其常闭触点断开时，进给装置停止后退，第四步动作结束。

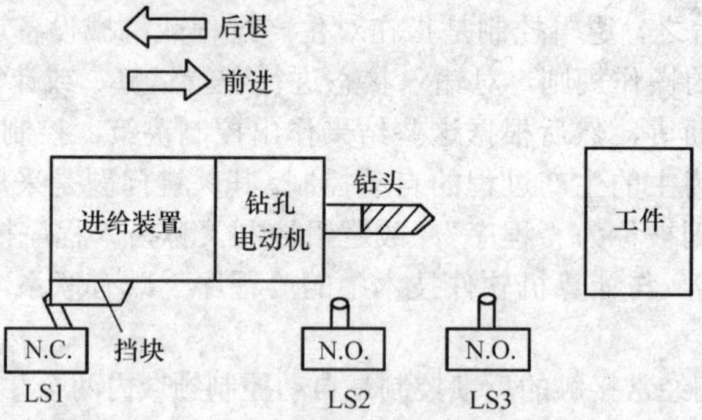

后退
前进
进给装置
钻孔
电动机
钻头
工件
N.C.
挡块
LS1
N.O.
LS2
N.O.
LS3

图1-1　进给装置的逻辑控制顺序图

N.O.—常开；N.C.—常闭。

(2) 条件控制　所谓条件控制，就是当控制量达到条件规定的量值时，就启动下一步动作运行。它以某一个或某几个动作所产生的综合结果作为信号来启动下一步动作(而无论前面的一个或几个动作是在执行延续过程中还是已经执行结束)的程序控制方式。这里所指的综合结果或称条件，可以是控制过程中的计数值，也可以是电压、电流、功率、行程、位置、速度以至于温度、压力、流量等生产过程中的物理量。电动机在高速运转中如果其功率超过一定量值，则电动机在逻辑控制系统控制下自动退到低一挡级的速度下运转，就是这种条件控制的一例。变化参量控制也属于这一类控制。

(3) 时序控制　时序控制是以时间为基准来决定每一步动作的运行或停止的程序控制方式。例如，某加热控制系统采用加热 5s，再停止加热 15s，这种反复交替的控制方式，即是时序控制的一个典型例子。时序控制亦可看作特殊意义下的变化参量控制，只是这里的变化参量是“时间”。

各种各样的逻辑控制实际上都是按照上述 3 种控制方式组合起来的，因此，这 3 种控制方式体现了逻辑控制在控制程序规则上的特点。

2. 逻辑控制的控制要素

无论是哪一种程序控制方法，在控制过程中均包含了两个控制要素：一是根据按生产工艺要求所预先确定的顺序或机械设备运动的先后，依据输入信号或延时、计数等中间信号，控制前一步动作和后一步动作的转换；二是在每一步中根据各工序或运动预先安排的要求，准确地控制执行机构完成规定的动作。简而言之，即逻辑控制过程中包含了两个控制要素：动作的转换和动作的执行。前者解决的是如何由前一步转换至后一步的问题；后者解决的是在每一步中做什么的问题。

1.2　可编程控制器

1.2.1　程序控制器的概念

采用继电器、接触器、半导体逻辑元件，甚至加上微处理器等器件组成的，能完成逻辑控制(即程序控制)任务的装置，我们称为程序控制器(Program Controller，PC)。

1.2.2　程序控制器的分类

程序控制器的种类很多。按照组成程序控制器的主要器件来分类，可以分为以下 4 种：

(1) 机电式程序控制器　例如，早期使用的凸轮及鼓式控制器、穿孔纸带控制器。

(2) 继电器程序控制器　将一个个继电器、接触器按一定逻辑关系用导线连接起来构成的，又常称为触点程序控制器。

(3) 半导体逻辑元件程序控制器　把二极管、晶体管、功率器件、集成电路等按一定逻辑关系组合在印制电路板上构成的，又常称为无触点程序控制器。

随着自动化技术的深入发展，对控制的要求越来越高，于是在原来继电器和半导体逻辑元件程序控制器的基础上，又发展出二极管矩阵式程序控制装置。其特点是可以利用二极管门电路自由地组合成具有各种顺序控制逻辑的程序控制逻辑电路。

(4) 存储式程序控制器　此类控制器的关键，是引入了只读存储器(ROM 或 EPROM)和随机存取存储器(RAM)。将顺序控制的程序预先存储在其中，在运行中再逐条取出按照程序规定的顺序对生产过程有条不紊地实施控制。这类控制器最典型的代表是可编程控制器(Programmable Controller，PC)或称可编程逻辑控制器(Programmable Logic Controller，PLC)。

按照“存储”控制顺序规则的方法来分类，目前，常用的可分为以下 3 种(不讨论早期机电式的装置)：

(1) 继电器及半导体逻辑元件程序控制器　这类装置“存储”控制程序的方法，是用导线或用印制电路板，按照控制的逻辑关系，将继电器、接触器或二极管、晶体管、功率器件、集成电路固定连接起来。这种控制器的优点是结构简单，价格便宜，编制程序直观；缺点是控制程序一旦编定就很难变动，并且检错、维修很不方便。

(2) 矩阵式程序控制器　矩阵式程序控制器存储控制程序的方法，是在由互相绝缘的若干行线与列线组成的矩阵板中，按照I/O信号的逻辑关系，用二极管连接这些信号。这种控制器又分为两种，即逻辑式程序控制器和步进式程序控制器。这种控制器的优点是结构简单、价格便宜，可以用于逻辑关系较复杂的场合，而且所编制的程序很容易通过在矩阵板上改插二极管的方式变动，这也是这种控制器最大的优点，但它与可编程控制器比较，I/O点数则受到较大的限制，功能亦不如后者强。

(3) PLC　这是迄今为止在功能、性能上都更优良的程序控制器。这种控制器较全面地应用了计算机技术，存储控制程序可以方便地运用计算机存储程序的所有方法。因此，PLC更具编程和运行的灵活性和通用性，编程、运行的操作也异常简便、快捷、易懂、易学，I/O点数可以大幅度的扩充。突出的缺点是一次性投资较大。

1.2.3 PLC的产生

1. PLC的由来

在PLC问世之前，继电器控制系统在工控领域中占有主导地位。但它的缺点十分明显，如体积大、耗电多、寿命短、可靠性差、运行速度慢、适应性差等，尤其当生产工艺发生变化时，必须重新设计与安装，造成时间和资金上的严重浪费。1968年，美国最大的汽车制造商通用汽车公司(GM)，为了适应汽车型号不断更新的需求，在激烈竞争的汽车工业中保持优势，并从用户的角度，提出了新一代工业控制装置的技术要求：

(1) 编程简单方便，可在现场修改程序；

(2) 硬件维护方便，最好是插件式结构；

(3) 可靠性要高于继电器控制装置；

(4) 体积小于继电器控制装置；

(5) 可将数据直接送入管理计算机；

(6) 成本上可与继电器柜竞争；

(7) 输入可以是交流115V；

(8) 输出为交流115V、2A以上，能直接驱动接触器等；

(9) 扩展时原有系统改动量最少；

(10) 用户程序存储器容量大于4KB。

1969年，美国数字设备公司(DEC)研制出世界上第一台PLC(PDP-14型)，并在通用汽车公司自动装配线上试用，获得了成功。从此，PLC这一新的控制技术迅速发展起来。

2. PLC的定义

在PLC的发展过程中，美国电气制造商协会(NEMA)经过4年的调查，于1980年对PLC给出如下定义：“PLC是一种数字式的电子装置。它使用可编程序的存储器来存储指令，并实现逻辑运算、顺序控制、计数、计时和算术运算功能，用来对各种机械或生产过程进行控制。”

1982 年 11 月，国际电工委员会(IEC)颁布了 PLC 标准草案第一稿；1985 年 1 月，又发表了草案第二稿；1987 年 2 月，颁布了草案第三稿。该草案中 PLC 的定义是：“PLC 是一种数字运算操作的电子系统，专为在工业环境下应用而设计。它采用了可编程序的存储器，用来在其内部存储执行逻辑运算、顺序控制、定时、计数和算术运算等操作的指令。并通过数字式和模拟式的输入和输出，控制各种类型的机械或生产过程。PLC 及其有关外部设备，都应按易于与工业系统连成一个整体，易于扩充其功能的原则设计。”

定义强调了 PLC 直接应用于工业环境，它必须具有很强的抗干扰能力、广泛地适应能力和应用范围，这是区别于一般微机控制系统的一个重要特征。

1.2.4 PLC 的分类

PLC 一般可按控制规模和结构形式分类。

1. 按控制规模分类

按 PLC 的控制规模分类，PLC 可分为小型机、中型机和大型机。通常小型机的控制点数小于 256 点，用户程序存储器的容量小于 8K 字。小型机常用于单机控制和小型控制场合，在通信网络中常作从站。例如，西门子公司的 S7-200PLC 就属于小型机。小型机中，控制点数小于 64 点的为超小型机或微型 PLC。中型机的控制点数一般为 256 点～2048 点，用户程序存储器的容量小于 50K 字。中型机控制点数较多、控制功能强，常用于中型控制场合，在通信网络中可作主站也可作从站。例如，西门子公司的 S7-300PLC 就属于中型机。大型机的控制点数都在 2048 点以上，用户程序存储器的容量达 50K 字以上。大型机控制点数多、功能很强、运算速度很快，常用于大型控制场合，在通信网络中常作主站。例如，西门子公司的 S7-400PLC 就属于大型机。以上分类没有十分严格的界限，随着 PLC 技术的飞速发展，这些界限会发生变更。

2. 按结构形式分类

PLC 按结构形式可分为整体式、模块式和叠装式三类。

(1) 整体式 PLC　整体式 PLC 是将电源、中央处理器(CPU)、I/O 部件都集中在一个机箱内，又称单元式或箱体式，整体式 S7-200CPU 模块外形如图 1-2 所示。其优点是结构紧凑、体积小、价格低。一般小型 PLC 采用这种结构。整体式 PLC 由不同 I/O 点数的基本单元和扩展单元组成。基本单元内有 CPU、I/O 和电源。扩展单元内只有 I/O 和电源。整体式 PLC 一般配备有特殊功能单元，如模拟量单元、位置控制单元等，使 PLC 的功能得以扩展。

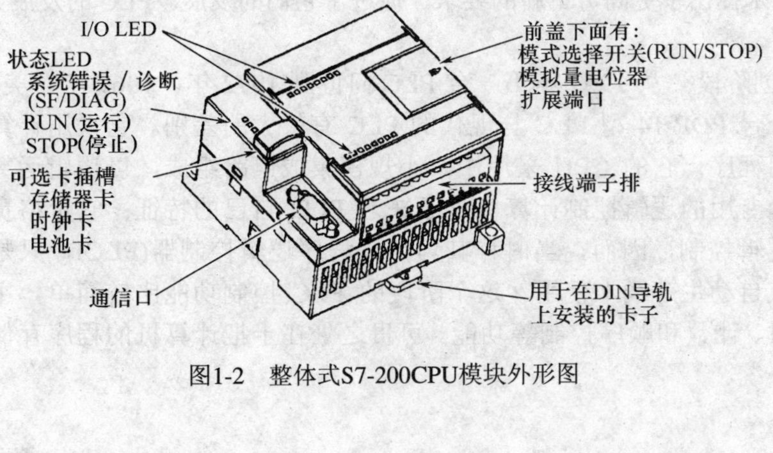
I/O LED
状态LED
系统错误／诊断
(SF/DIAG)
RUN(运行)
STOP(停止)
可选卡插槽
存储器卡
时钟卡
电池卡
通信口
前盖下面有：
模式选择开关(RUN/STOP)
模拟量电位器
扩展端口
接线端子排
用于在DIN导轨
上安装的卡子

图1-2　整体式S7-200CPU模块外形图

(2) 模块式 PLC　模块式结构是将 PLC 各部分分成若干个单独的模块，例如，电源模块、CPU 模块、I/O 模块和各种功能模块。模块式 PLC 由机架和各种模块组成，如图 1-3 所示。模块插在机架内的插座上。模块式 PLC 的优点是配置灵活、装配方便、便于扩展和维修。一般大、中型 PLC 宜采用模块式结构。例如，西门子公司的 S7-300PLC、S7-400PLC 就是采用模块式结构。有的小型 PLC 也采用这种结构。

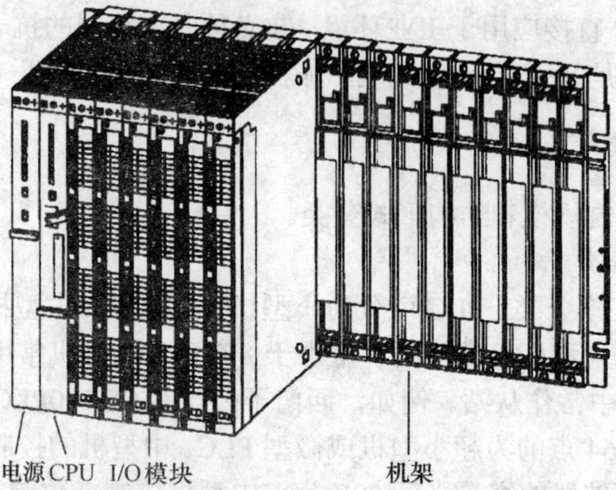

电源
CPU
I/O模块
机架

图1-3　模块式S7-400PLC

(3) 叠装式 PLC　将整体式和模块式结合起来，称为叠装式 PLC。它除了基本单元外还有扩展模块和特殊功能模块，配置比较方便。叠装式 PLC 集整体式 PLC 与模块式 PLC 优点于一身，即结构紧凑、体积小、配置灵活、安装方便。例如，西门子公司的 S7-200PLC 就是叠装式结构形式。

1.3 PLC 的发展与应用

1.3.1 PLC 的发展概况

PLC 的发展与计算机技术、半导体技术、控制技术、数字技术、网络通信技术等高新技术的发展紧密相关，这些高新技术的发展推动了 PLC 的发展，而 PLC 的发展又对这些高新技术提出了更高、更新的要求，促进了它们的发展。PLC 的发展大致可分为以下四个阶段。

(1) 初创阶段　从 1969 年第一台 PLC 问世到 1972 年。1969 年，美国 DEC 公司研制的第一台 PDP-14 型 PLC 与现代的 PLC 有很大的差别。它采用计算机的初级语言编写应用程序；它的 CPU 采用中、小规模集成电路组成，以逻辑运算为主，实质上只是一台专用的逻辑控制计算机，还缺乏 PLC 自己的特征；它价格贵，功能仅限于开关量逻辑控制，因而，当时称其为可编程序逻辑控制器(PLC)，只是在一些大型生产设备或自动生产线上使用。这个阶段的 PLC 控制功能比较简单，主要用于逻辑运算和计时、计数和顺序控制等功能。可贵之处在于把计算机的程序存储技术引入继电器控制系统。

(2) 成熟阶段　从 1973 年到 1978 年前后。大规模集成电路促进了微型计算机的发展，为 PLC 的发展提供了可能性，出现了以微处理器为核心的新一代 PLC。在控制功能上，除了具有位逻辑运算、计时、计数功能外，还具有数值(字)运算和数据处理、数据传送、监控、记录显示、计算机接口、模拟量控制等功能。在编程技术方面开发了面向用户的梯形图编程法，通俗易懂。这个时期的 PLC 把计算机的编程灵活、功能齐全、应用面广等优点与继电器控制系统的结构简单、使用方便、价格便宜、抗干扰性强等优点结合起来，技术渐趋完备，进入实用化阶段。

(3) 快速发展阶段　从 1978 年到 1984 年左右。这个时期 PLC 进入持续高速发展的新阶段。PLC 由最初用于汽车工业取代继电器控制系统，发展到已广泛应用于所有工业领域。随着 PLC 应用面的扩大，其需求量大大增加，从而进一步促进了 PLC 的生产和研究，产品的品种越来越多。PLC 采用 8 位/16 位微处理器作为 CPU，有些还采用了多微处理器结构。PLC 的功能进一步增强，处理速度更快。增加了浮点数运算、平方、三角函数、查表/列表、脉宽调制变换、高速计数、PID 控制、定位控制、中断控制等多种特殊功能；自诊断功能和容错技术发展迅速；还具有通信功能和远程 I/O 能力，初步形成了分布式通信网络体系。

(4) 持续发展阶段　从 1984 年至今。由于超大规模集成电路技术的迅速发展，使得各种类型的 PLC 所采用的微处理器档次普遍提高，进一步提高 PLC 的处理速度，使得 PLC 软、硬件功能发生了巨大变化。PLC 用户存储器的容量增大；I/O 除了采用通用的扫描处理方式外，还可以采用直接处理方式；通信系统的开放，使各厂家生产的产品可以相互通信。通信协议的标准化，使 PLC 能成为计算机网络的一个成员，可以共享网络资源；PLC 的网络通信功能可构成三级通信网，实现工厂的管理与控制的自动化；PLC 的编程语言除了传统的梯形图、流程图、语句表外，还能用高级语言，如 BASIC、PASCAL、FORTRAN、C 语言、数控语言等；PLC 的人机对话能力增强，使编程软件得以普及和简化，屏幕对话十分灵活，可以进行全屏幕的编辑。用户程序在编辑过程中，不但排错、纠错能力加强，还可以进行在线仿真，加快了软件开发的周期。

1.3.2　PLC 的主要特点

PLC 是专为在工业环境下应用而设计的，具有以下主要特点。

1. 可靠性高、抗干扰能力强

PLC 在恶劣的工业环境下能可靠地工作，具有很强的抗干扰能力。例如，能够抗击电噪声、电源波动、振动、电磁干扰等，能抵抗 1000V、1 μs 脉冲的干扰；能在高温、高湿以及空气中存有各种强腐蚀物质粒子的恶劣环境下可靠地工作；能承受电网电压的变化，可直接由交流市电供电，允许电压波动范围大。一般由直流 24V 供电的机型，电源电压允许为 16V～32V；由交流供电的机型，允许电压为 115V/230V(±15%)、47Hz～63Hz 的电源供电。即使在电源瞬间断电的情况下，仍可正常工作。

PLC 在设计、生产过程中，除了对元器件进行严格的筛选外，硬件和软件还采用屏蔽、滤波、光隔离和故障诊断、自动恢复等措施，有的 PLC 还采用了冗余技术等，进一步增强了 PLC 的可靠性。通常 PLC 的平均无故障时间可达几万小时以上，有的甚至达几十万小时。

2. 通用性强、灵活性好、功能齐全

PLC 是通过软件实现控制的，其控制程序编在软件中，实现程序软件化，因而对于不同的控制对象都可采用相同的硬件进行配置。

目前，PLC 产品已系列化、模块化、标准化，能方便灵活地组成大小不同、功能不同的控制系统，通用性强。由于可编程序控制功能齐全，几乎可以满足所有控制场合的需求。组成系统后，即使控制程序发生变化，只要修改软件即可，增强了控制系统的柔性。

3. 编程简单、使用方便

PLC 在基本控制方面采用梯形图语言进行编程，其电路符号和表达式与继电器电路原理图相似，形式简练、直观，容易被广大电气工程人员所接受。用梯形图编程出错率比汇编语言低得多。 PLC 还可以采用面向控制过程的控制系统流程图编程和语句表方式编程。梯形图、流程图、语句表之间可有条件地相互转换，使用极其方便。这是 PLC 能够迅速普及和推广的重要原因之一。

4. 模块化结构

PLC 的各个部件，包括 CPU、电源、I/O(包括特殊功能 I/O)等均采用模块化设计，由机架和电缆将各模块连接起来。系统的功能和规模可根据用户的实际需求自行配置，从而实现最佳性能价格比。由于配置灵活，使扩展、维护方便。

5. 安装简便、调试方便

PLC 安装简便，只要把现场的 I/O 设备与 PLC 相应的 I/O 端子相连就完成了全部的接线任务，缩短了安装时间。

PLC 的调试工作分为室内调试和现场调试。室内调试时，用模拟开关模拟输入信号，其输入状态和输出状态可以观察 PLC 上的相应的发光二极管。可以根据 PLC 上的发光二极管和编程器提供的信息方便地进行测试、排错和修改。室内模拟调试后，即可到现场进行连机调试。

6. 维修工作量小、维护方便

PLC 的故障率很低，且有完善的自诊断和显示功能。PLC 或外部的输入装置和执行结构发生故障时，可以根据 PLC 上的发光二极管或编程器提供的信息迅速地查明故障的原因，更换相应的故障模块。

7. 体积小、能耗低

对于复杂的控制系统，使用 PLC 后，可以减少大量的中间继电器和时间继电器，小型 PLC 的体积仅相当于几个继电器的大小，极大地减小了开关柜的体积。另外，PLC 的配线比继电器控制系统的配线少得多，节省了大量的配线和附件，因此，可以节省大量的费用。PLC 体积小、能耗低，便于设备的机电一体化控制。

1.3.3 PLC 的主要应用领域

在发达的工业国家，PLC 已经广泛地应用在所有的工业部门，随着其性能价格比的不断提高，应用范围不断扩大，主要有以下几个方面。

1. 数字量逻辑控制

PLC 用“与”、“或”、“非”等逻辑指令来实现触点和电路的串联、并联，代替继电器进行组合逻辑控制、定时控制与顺序逻辑控制。数字量逻辑控制可以用于单台设备，也可以用于自动化生产线，其应用领域已遍及各行各业，甚至深入到家庭。

2. 运动控制

PLC 使用专用的运动控制模块，对直线运动或圆周运动的位置、速度和加速度进行控制，可以实现单轴、双轴、三轴和多轴位置控制，使运动控制与顺序控制功能有机地结合在一起。

PLC 的运动控制功能广泛用于各种机械，例如，金属切削机床、金属成形机械、装配机械、机器人、电梯等。

3. 闭环过程控制

过程控制是指对温度、压力、流量等连续变化的模拟量的闭环控制。PLC 通过模拟量 I/O 模块，实现模拟量和数字量之间的转换，一般称为 A/D 转换和 D/A 转换，并对模拟量实行闭环 PID 控制。现代的大中型 PLC 一般都有闭环 PID 控制功能，这一功能可以用 PID 子程序或专用的 PID 模块来实现。其 PID 闭环控制功能已经广泛地应用于塑料挤压成形机、加热炉、热处理炉、锅炉等设备，以及轻工、化工、机械、冶金、电力、建材等行业。

4. 数据处理

现代的 PLC 具有数学运算(包括四则运算、矩阵运算、函数运算、字逻辑运算以及求反、循环、移位、浮点数运算等)、数据传送、转换、排序和查表、位操作等功能，可以完成数据的采集、分析和处理。这些数据可以与储存在存储器中的参考值比较，也可以用通信功能传送到其他的智能装置，或者将它们打印制表。

5. 通信联网

PLC 的通信包括主机与远程 I/O 之间的通信、多台 PLC 之间的通信、PLC 与其他智能控制设备(如计算机、变频器、数控装置)之间的通信。PLC 与其他智能控制设备一起，可以组成“集中管理、分散控制”的分布式控制系统。

1.3.4 PLC 的发展趋势

PLC 经过 30 多年的发展，已成为当今增长速度最快的一种工业控制器。目前，PLC 的年生产增长率保持在 30%～40%的水平。未来的 PLC 技术将面临着诸多的挑战，这些挑战也迫使 PLC 向前发展。PLC 发展的趋势应该是向着大型化和小型化两个方向，以适应不同场合和不同要求的控制需要。

1. 大型化

为适应大规模控制系统的需求，大型 PLC 向着大存储容量、高速、高性能和增加 I/O 点数方向发展。主要表现在以下几个方面：增强网络通信功能，提高网络化和强化通信能力，这是 PLC 重要的发展趋势；发展智能模块，例如，通信模块、位置控制模块、快速响应模块、闭环控制模块、模拟量 I/O 模块、高速计数模块、数控模块、计算模块、模糊控制模块、语言处理模块等，使 PLC 在实时性精度、分辨率、人机对话等方面进一步得到改善和提高；提高外部故障诊断功能，能快速准确地诊断故障以减少维修时间和提高开机率，研发智能可编程 I/O 系统和故障检测程序，发展公共回路远距离诊断和网络诊断技术；编程语言、编程工具标准化、高级化，具有兼容性；实现软件、硬件的标准化，使 PLC 的硬件和软件的体系结构更具开放性；迅速发展编程组态软件，开发在个人计算机(PC)上运行的可实现 PLC 功能的软件包，使系统应用更加简单易行，方便 PLC 系统的开发人员和操作使用人员。

2. 小型化

发展小型 PLC，其目的是为了占领广大的、分散的、中小型的工业控制领域，使 PLC 不仅成为继电器控制柜的替代物，而且超过继电器控制系统的功能。小型、超小型和微小型 PLC 不仅便于机电一体化，也是实现家庭自动化的理想控制器。小型 PLC 向着简易化、体积小、功能强、价格低的方向发展。目前，随着 PLC 技术提高，已将原有大、中型 PLC 的功能移植到小型机上，使之具有灵活的组态特性。如西门子公司的 LOGO!通用逻辑模块就是一种微小型的 PLC。它采用整体式结构，集成有控制功能、操作和显示单元、电源、I/O 接口、扩展接口、通信接口等。可用于家庭自动化、建筑、商业、农业、交通等领域，也可用于小型工业控制领域。配置 AS-i 现场总线通信模块后还可实现对现场控制设备和控制过程的分布式控制。LOGO!使用功能块图(FBD)编程语言进行编程，特别适合熟悉逻辑电路的技术人员使用。LOGO!以其通用性好、可靠性高、功能多、体积小、使用方便、价格便宜而受到广大用户的青睐。

第 2 章　PLC 的组成、工作原理及技术指标

2.1　PLC 的组成

2.1.1　PLC 的基本结构

从广义上讲，PLC 实质上是一种以数字控制为主要特征的工业控制计算机，由硬件和软件两部分组成。与一般的计算机相比，它具有更强的与工业控制相连接的接口，编程语言更直接适用于控制要求。因此，在硬件结构上，PLC 与计算机的组成十分相似，主要包括中央处理器(CPU)、存储器、I/O 接口、电源等。PLC 的基本组成如图 2-1 所示。

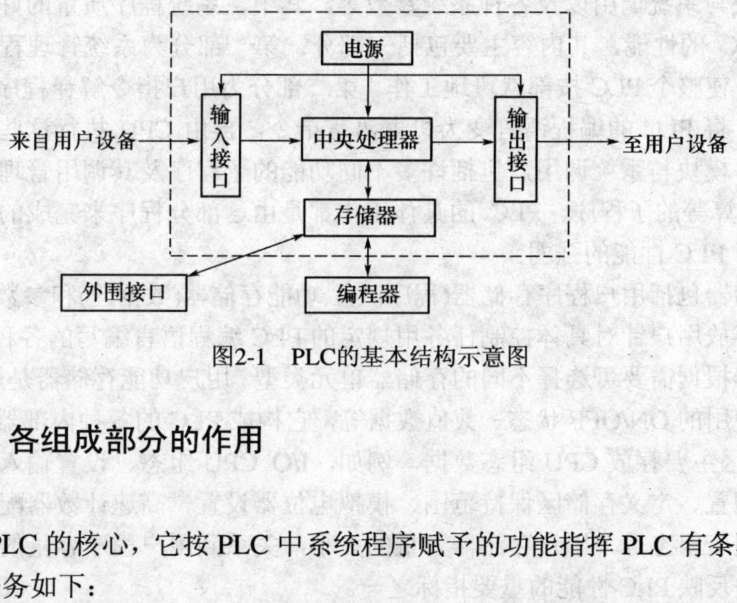
电源
输入接口
中央处理器
输出接口
来自用户设备
至用户设备
存储器
外围接口
编程器

图2-1　PLC的基本结构示意图

2.1.2　PLC 各组成部分的作用

1. CPU

CPU 是 PLC 的核心，它按 PLC 中系统程序赋予的功能指挥 PLC 有条不紊地进行工作，其主要任务如下：

(1) 当 PLC 处于编程状态时，控制从编程器输入的用户程序和数据的接收与存储。

(2) 当 PLC 处于运行状态时，用扫描的方式通过 I/O 部件接收现场的状态或数据，并存入输入映像存储器或数据存储器中；PLC 进入运行状态后，从存储器逐条读取用户指令，经过命令解释后，按指令规定的任务进行数据传送、存取、变换、处理、执行逻辑或算术运算等；根据运算结果，更新有关标志位的状态和输出映像存储器的内容，再经输出部件实现输出控制、制表打印或数据通信等功能。

(3) 监视 PLC 的工作状态，诊断 PLC 内部电路的工作故障和编程中的语法错误等。

不同型号 PLC 的 CPU 芯片是不同的，采用通用 CPU 芯片的有：8031、8051、8086、80286、M68000 等；采用位片式微处理器的有：AM2900、AM2901、AM2903 等；也有

采用厂家自行设计的专用 CPU 芯片的，如西门子公司的 S7-200 系列 PLC 均采用该公司自行研制的专用芯片。CPU 芯片的性能关系到 PLC 处理控制信号的能力与速度，通常 CPU 位数越高，系统处理的信息量越大，运算速度也越快。PLC 中常用的通用微处理器有 8 位和 16 位的。随着芯片技术的不断发展，PLC 所用的 CPU 芯片档次也越来越高。

小型 PLC 大多采用 8 位微处理器或单片机；中型 PLC 大多采用 16 位微处理器、单片机或采用 CPU；大型 PLC 则多采用高速微处理器。采用双 CPU 的 PLC 中，其中一个 CPU 作为主处理器，主要用于处理字节操作指令，控制系统总线，监视扫描时间，管理内部计数器/定时器、I/O 接口、编程接口等，以及协调位处理器。另一个 CPU 则作为从处理器，用来处理位操作指令，完成源程序向目标代码程序的转换等。

2. 存储器

PLC 的存储器包括系统存储器和用户存储器。系统存储器用来存放由 PLC 生产厂家编写的系统程序，并固化在 ROM 内，用户不可以访问和修改。系统程序相当于 PC 的操作系统，它关系到 PLC 的性能，同时，它使 PLC 具有基本的智能，能够完成 PLC 设计者规定的各项工作。系统程序包括系统管理程序、用户指令解释程序、系统监控程序、标准程序模块与系统调用以及各种系统参数等。其中，系统程序质量的好坏，很大程度上决定了 PLC 的性能，其内容主要包括三部分：第一部分为系统管理程序，主管控制 PLC 的运行，使整个 PLC 按部就班地工作。第二部分为用户指令解释程序，通过用户指令解释程序，将 PLC 的编程语言变为机器语言指令，再由 CPU 执行这些指令。第三部分为标准程序模块与系统调用，包括许多不同功能的子程序及其调用管理程序，如完成 I/O 及特殊运算等的子程序。PLC 的具体工作都是由这部分程序来完成的，这部分程序的多少决定了 PLC 性能的强弱。

用户存储器包括用户程序存储器(程序区)、功能存储器(数据区)和参数区。用户程序存储器用来存放用户针对具体控制任务用规定的 PLC 编程语言编写的各种用户程序；用户程序存储器根据需要可选择不同的存储器单元类型。用户功能存储器是用来存放(记忆)用户程序中使用的 ON/OFF 状态、数值数据等，它构成 PLC 的各种内部器件，也称“软元件”。参数区主要存放 CPU 组态数据，例如，I/O CPU 组态、设置输入滤波、脉冲捕捉、输出表配置、定义存储区保持范围、模拟电位器设置、高速计数器配置、高速脉冲输出配置、通信组态等。用户存储器容量的大小，关系到用户程序容量的大小和内部器件的多少，是反映 PLC 性能的重要指标之一。

PLC 通常使用以下几种物理存储器：

(1) 随机存取存储器(RAM)　用户可以用编程装置读出 RAM 中的内容，也可以将用户程序写入 RAM，因此 RAM 又叫读/写存储器。它是易失性的存储器，它的电源中断后，储存的信息将会丢失。RAM 的工作速度高、价格便宜、改写方便。在关断 PLC 的外部电源后，可以用锂电池保存 RAM 中的用户程序和某些数据。锂电池可以用 1 年～3 年，需要更换锂电池时，由 PLC 发出信号，通知用户。现在部分 PLC 仍用 RAM 来储存用户程序。

(2) 只读存储器(ROM)　ROM 的内容只能读出，不能写入，它是非易失性的，电源切断后，仍能保存储存的内容。ROM 用来存放 PLC 的系统程序。

(3) 电擦除可编程的只读存储器(EEPROM)　EEPROM 是非易失性的，但是可以用编程装置对它编程，兼有 ROM 的非易失性和 RAM 的随机存取优点，但是将信息写入它所需的时间比 RAM 长得多。EEPROM 用来存放用户程序和需长期保存的重要数据，存储器的信息可保留 10 年以上。

3. I/O 接口

I/O 接口是 PLC 与外界连接的接口。PLC 通过输入模块把控制现场的状态、信息读入主机，通过输出模块把经用户程序的运算与决策所得的操作结果输出给执行机构。输入模块用于将控制现场输入信号变换成 CPU 能接受的信号，并对其进行滤波、电平转换、隔离、放大等。输入接口用来接收和采集两种类型的输入信号：一类是由按钮、选择开关、行程开关、继电器触点、接近开关、光电开关、数字拨码开关等来的开关量输入信号；另一类是由电位器、测速发电机和各种变送器等来的模拟量输入信号。输出模块用于将 CPU 的决策输出信号变换成驱动控制对象执行机构的控制信号(含开关量或模拟量)，执行元件如，接触器、电磁阀、指示灯、调节阀(模拟量)、调速装置(模拟量)等，并对输出信号进行功率放大、隔离 PLC 内部电路和外部执行元件等。

I/O 模块一般包括：数字量输入模块、数字量输出模块、模拟量输入模块和模拟量输出模块。I/O 模块的类型还可按操作电平、驱动能力和各种用途来区分。如按用途来区分，I/O 模块还包括：数据传送/校验、串/并行转换、电平转换、电气隔离、A/D 转换、D/A 转换以及其他功能模块等。输出模块通常有 3 种形式：继电器式、晶体管式和晶闸管式。

下面就各种模块分别加以介绍。

1) 直流(DV)输入模块

直流输入模块的电路原理如图 2-2 所示。图中：R1 为限流电阻；R2 和 C 构成滤波电路，可以滤掉输入信号的谐波；VL 为输入指示灯；VLC 为光电耦合器。输入模块的外接直流电源极性可以任意选择。

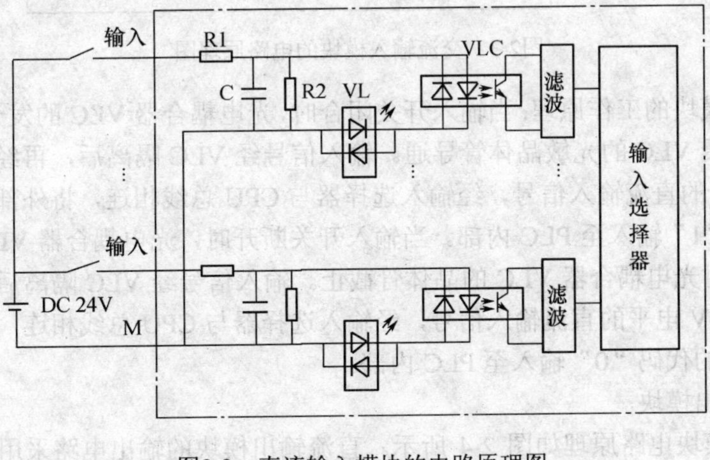
输入
R1
VLC
C
R2
VL
滤波
输入选择器
输入
DC 24V
M
滤波

图2-2　直流输入模块的电路原理图

直流输入模块的工作原理：当输入开关闭合时，经 R1、VLC 的发光二极管、输入指示灯 VL 构成通路。输入指示灯 VL 亮，表示该路输入的开关量状态为 ON。输入信号经光电耦合器 VLC 隔离后，再经滤波器滤波，转换成 5V 电平的直流输入信号，经输入选择器与 CPU 总线相连，将外部输入开关的状态 ON 的代码“1”输入 PLC 内部。

当输入开关断开时，经 R1、VLC 的发光二极管、输入指示灯 VL 没有构成通路，输入指示灯 VL 不亮，表示该路输入的开关量状态为 OFF。当然，输入选择器的输入端电平为 0V，经输入选择器与 CPU 总线相连，将外部输入开关的状态 OFF 的代码“0”输入 PLC 内部。图 2-2 是直流开关量输入模块两路输入信号的电路原理图，其他各路输入信号的原理图与其相同。各输入信号回路有一个公共点(图中的 M 点)的输入模块，称为汇点式输入模块。各输入信号回路相互独立的输入模块称为分隔式输入模块。

有的输入模块不需要外部电源，称为无源式输入模块。无源式输入模块的电路原理图及内部参数与直流模块相同，只不过其电源采用的是 CPU 的内部直流电源。

2) 交流(AV)输入模块

交流输入模块的电路原理如图 2-3 所示。图中：R1 为取样电阻，同时具有吸收浪涌的作用；C 为电容器，具有隔离直流而接通交流的作用；R2、R3 对交流电压起到分压作用；VL 为输入指示灯，指示灯 VL 亮，表示该路输入的开关量的状态为 ON；VLC 为光电耦合器。

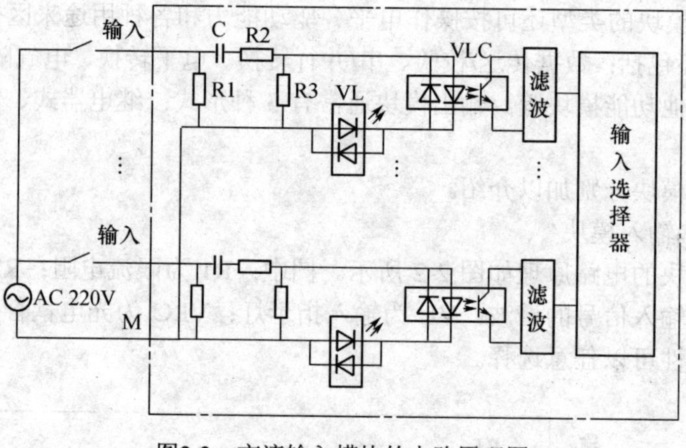
输入
C
R2
VLC
R1
R3
VL
滤波
输入选择器
输入
AC 220V
M
滤波

图2-3　交流输入模块的电路原理图

交流输入模块的工作原理：当输入开关闭合时，光电耦合器 VLC 的发光二极管导通，这时光电耦合器 VLC 的光敏晶体管导通。输入信号经 VLC 隔离后，再经滤波器滤波，转换成 5V 电平的直流输入信号，经输入选择器与 CPU 总线相连，将外部输入开关的状态 ON 的代码“1”输入至 PLC 内部。当输入开关断开时，光电耦合器 VLC 的发光二极管不发光，这时光电耦合器 VLC 的晶体管截止。输入信号经 VLC 隔离后，再经滤波器滤波，转换成 0V 电平的直流输入信号，经输入选择器与 CPU 总线相连，将外部输入开关的状态 OFF 的代码“0”输入至 PLC 内部。

3) 直流输出模块

直流输出模块电路原理如图 2-4 所示。直流输出模块的输出电路采用晶体管驱动，所以，也叫晶体管输出模块。其输出方式一般为集电极输出，外加直流负载电源。其带负载的能力一般每一个输出点为 0.75A 左右。因为晶体管输出模块为无触点输出模块，所以，使用寿命比较长。

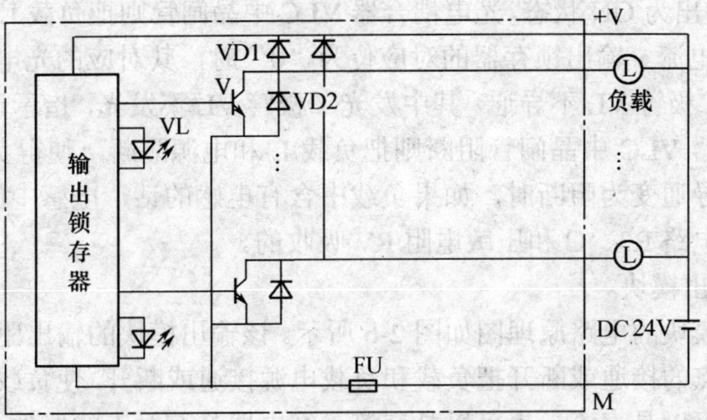
+V
VD1
V
VD2
VL
输出锁存器
负载
DC 24V
FU
M

图2-4 直流输出模块电路原理图

直流输出模块的工作原理：当 CPU 根据用户程序的运算把输出信号送入 PLC 的输出映像区后，通过内部总线把输出信号送到输出锁存器中。输出锁存器的对应位为“1”时，其对应的晶体管 V 导通，发光二极管 VL 发光。其中发光二极管 VL 指示该位的输出为 ON 状态，晶体管 V 则把负载 L 和电源连通起来，使得负载 L 获得电流。输出锁存器的对应位为“0”时，其对应的晶体管 V 截止，发光二极管 VL 不导通。其中发光二极管 VL 不发光指示该位的输出为 OFF 状态，晶体管 V 截止则把负载 L 和电源隔断，使得负载 L 不会获得电流。当晶体管 V 由导通变为截止时，如果负载中含有电感的话，电感中的磁场能量的释放是通过续流二极管 VDl 来完成的。

4) 交流输出模块

交流输出模块的电路原理如图 2-5 所示。交流输出模块的输出电路是采用光控双向硅开关驱动的，所以，又叫双向二极管、晶闸管输出模块。该模块需要外部电源，带负载的能力一般为 1A 左右，不同型号的交流输出模块的外加电压和带负载的能力有所不同。晶闸管输出模块为无触点输出模块，使用寿命较长。

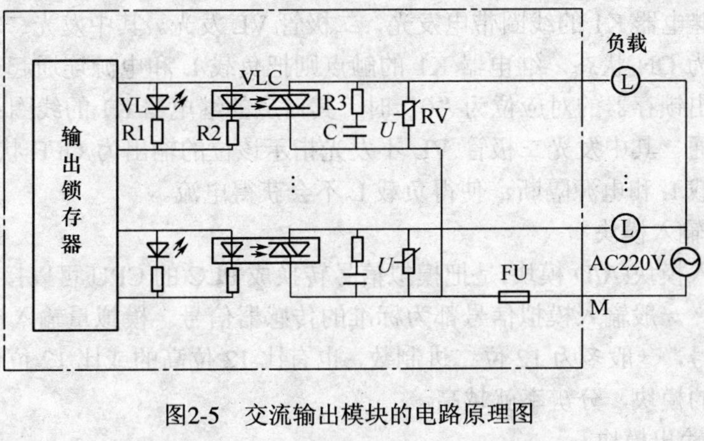
负载
VLC
VL
R1
R2
R3
C
U
RV
输出锁存器
AC220V
FU
M

图2-5 交流输出模块的电路原理图

交流输出模块的工作原理：当 CPU 根据用户程序的运算把输出信号送入 PLC 的输出映像区后，通过内部总线把输出信号送到输出锁存器中。输出锁存器的对应位为“1”时，其对应的光电耦合器 VLC 中晶闸管导通，发光二极管 VL 发光。其中发光二极管

VL 指示该位的输出为 ON 状态，光电耦合器 VLC 中晶闸管则把负载 L 和电源连通起来，使得负载 L 获得电流。输出锁存器的对应位为“0”时，其对应的光电耦合器 VLC 中晶闸管阻断，发光二极管 VL 不导通。其中发光二极管 VL 不发光，指示该位的输出为 OFF 状态，光电耦合器 VLC 中晶闸管阻断则把负载 L 和电源隔断，使得负载 L 不会获得电流。当晶闸管由导通变为阻断时，如果负载中含有电感的话，电感中的磁场能量的释放是通过阻容吸收电路 R3、C 和压敏电阻 RV 吸收的。

5) 继电器输出模块

继电器输出模块的电路原理图如图 2-6 所示。该输出模块的输出驱动电路是继电器。继电器的常开触点的接通或断开把负载和负载电源接通或断开，使负载可以得电或失电。外接的负载电源可以是直流，也可以是交流。继电器是有触点的器件，它的带负载能力比较强，一般在 2A 左右。而开关的寿命相对于无触点器件要短一些，一般为 5 万次左右。开关动作的频率也相应地低一些，一般为 10Hz 以下。

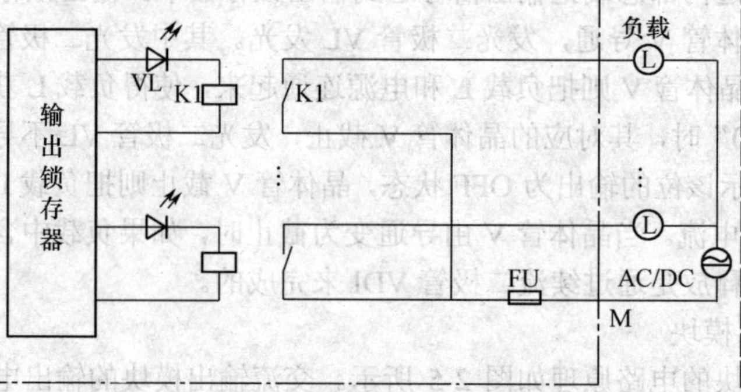

负载
VL
K1
K1
输出锁存器
L
L
FU
AC/DC
M

图2-6　继电器输出模块的电路原理图

继电器输出模块的工作原理：当 CPU 根据用户程序的运算把输出信号送入 PLC 的输出映像区后，通过内部总线把输出信号送到输出锁存器中。输出锁存器的对应位为“1”时，其对应的继电器 K1 的线圈带电发光，二极管 VL 发光。其中发光二极管 VL 发光指示该位的输出为 ON 状态，继电器 K1 的触点则把负载 L 和电源连通起来，使得负载 L 获得电流。输出锁存器的对应位为“0”时，其对应的继电器 K1 的线圈不带电，发光二极管 VL 不导通。其中发光二极管 VL 不发光指示该位的输出为 OFF 状态，继电器 K1 的触点则把负载 L 和电源隔断，使得负载 L 不会获得电流。

6) 模拟量输入模块

模拟量输入模块(A/D 模块)是把模拟信号转换成 PLC 的 CPU 可以接收的数字量。模拟量输入模块，一般输入模拟信号都为标准的传感器信号。模拟量输入模块把模拟信号转换成数字信号，一般多为 12 位二进制数，也有比 12 位高的或比 12 位低的。应该说数字量位数越多的模块，分辨率就越高。

7) 模拟量输出模块

模拟量输出模块(D/A 模块)是把 PLC 的 CPU 送往模拟量输出模块的数字量转换成外部设备可以接收的模拟量(电压或电流)。模拟量输出模块，一般输出模拟信号都为标准的传感器信号。模拟量输出模块所接收的数字信号，一般多为 12 位二进制数，也有比

12 位高的或比 12 位低的。同样数字量位数越多的模块，分辨率就越高。

8) 扩展接口模块

扩展接口模块用于将扩展单元与基本单元相连，使 PLC 的配置更加灵活。一般来说，扩展接口模块可以分为两种：一种是近程扩展接口；另一种是远程扩展接口。近程扩展接口是为了扩大 PLC 的控制规模；远程扩展接口是为了增大 PLC 的控制距离。

9) 通信接口模块

为了实现“人—机”或“机—机”之间的对话，PLC 配有多种通信接口。随着科学技术的发展，PLC 的功能也在不断地增强。PLC 通过这些通信接口可以与监视器、打印机、其他的 PLC 或计算机相连。

当 PLC 与打印机相连时，可将过程信息、系统参数等输出打印；当与监视器(CRT)相连时，可将过程图像显示出来；当与其他 PLC 相连时，可以组成多机系统或连成网络，实现更大规模的控制；当与计算机相连时，可以组成多级控制系统，实现控制与管理相结合的综合系统。一台计算机和一台 PLC 或多台 PLC 组成点对点通信网络或多点通信网络。大型控制工程，往往采取多台 PLC 组成的通信网络来完成。

PLC 在使用时，应正确地选择和使用各种接口模块。根据不同的要求，选用不同的输入模块和输出模块。

如果输入信号有多种类型，就应该根据点数多少选用不同类型、不同结构的输入模块。如果只能选一个输入模块，则应选择分隔式输入模块。如果所有输入信号都是一种类型时，可以选择汇点式输入模块。如果需要大电流输出，则应选择继电器型或晶闸管型。一般型号为 DC 24V/AC 220V、2A 电流。如果电路需要快速开断或频繁地动作，则应选择用晶体管型或晶闸管型。

4. 电源

PLC 电源的种类及组成形式很多。对于模块化的 PLC，有的具备独立的电源模块，有的则将电源并入 CPU 模块中；而对于整体式 PLC，电源也集成在箱体中。电源分为交流电源和直流电源，其中交流电源通常输出交流 220V 或 110V，有的还可输出 80V～240V 宽幅度电压；而直流电源通常输出直流 24V。

PLC 内部有一个开关式稳压电源。此电源一方面可为 CPU 板、I/O 板及扩展单元提供工作电源(DC5V)；另一方面可为外部输入元件提供 DC24V。

5. 智能 I/O 接口

随着 PLC 在自动化领域中的广泛应用，为了满足更加复杂的各种控制的需求，不少 PLC 制造厂家还开发了除数字量、开关量处理功能以外的多种专门用途的接口模块和智能接口模块。例如，模拟量 I/O 处理模块、高速计数模块、闭环控制功能模块、PID 模块、电动机驱动模块、定位控制模块、中断控制模块、温度传感器输入模块、语言输出模块、机间通信模块等。目前，开发此类产品的途径有两条：一条途径是利用 PLC 的主 CPU 加上一定的硬件和相应的软件来构成新的模块，例如，模拟量 I/O 模块、简单的控制模块等即是采用此种途径开发的；另一条途径是开发带独立 CPU、存储器以及接口电路等硬件组件以及模板系统软件的智能模板。智能模板工作的特点是：模板中的 CPU 和 PLC 的主 CPU 是独立且并行协调工作的，二者之间是通过总线接口实现信息或数据传送联系的。

6. 编程器

它的作用是供用户进行程序的编写、编辑、调试和监视。

1) 专用编程器

专用编程器是由 PLC 生产厂家提供的，只能用于对某一生产厂家的某些 PLC 产品编程。专用编程器又可分为简易编程器和图形编程器。

(1) 简易编程器　又称便携式编程器，这种编程器通常是直接与 PLC 的专用插座相连。一般采用指令形式编程语言，而不能直接输入和编辑梯形图等图形方式的程序。使用时，通过按键输入指令表程序和有关数字。有的简易编程器用发光二极管(LED)来显示指令的种类，用七段显示器显示用户存储器地址和编程元件的编号。另一些简易编程器用 LED 或液晶点阵式显示器直接显示出用英文字母表示的指令助记符。有的还可以用英文字母显示出其他信息，如编程错误的种类。这种编程器的显著特点是体积小，便于携带，但只能联机在线编程，监控功能也较少，主要适合于小型 PLC。

(2) 图形编程器　图形编程器功能较强，除了显示编程内容，还可显示诸如输入、输出、辅助继电器的情况以及各种信号状态、出错提示等。图形编程器提供了各种编程方式所需的功能键、数字键、字符键及屏幕控制键，还可提供各种操作显示提示，编程操作十分方便。可以使用多种编程语言，尤其使用梯形图编写程序更为方便。图形编程器既可联机编程，也可脱机编程。它还可提供连接打印机、磁盘驱动器、绘图仪等设备的接口。缺点是价格较高，体积较大，适用于中、大型 PLC 的编程需要。

2) PC 程序开发系统

PLC 产品更新换代的速度很快，大多数产品是使用以 PC 为基础的开发编程系统。PC 只要配置适当的硬件接口和软件包，即可构成功能强大的编程器。

这种方法的优点是使用了性能价格比较高、通用性又很强的 PC。对于不同厂家和不同型号的 PLC，用户只需要选择相应的编程软件就可以了。PC 程序开发系统的功能相当强大，涵盖了图形编程器的所有优点，甚至有过之而无不及。它可直接编写、修改、调试 PLC 的梯形图程序，采集和分析数据，监视系统运行，对工业现场和系统进行仿真，实现计算机和 PLC 之间的信息传送等。

PC 程序开发系统的软件包括以下几个部分：

(1) 编程软件　这是开发系统软件中最基本的软件。它提供给用户生成、编辑、储存、编译和打印梯形图程序和其他形式程序的编程工具。

(2) 数据采集和分析软件　这部分软件提供实时地从一个或多个 PLC 采集现场数据，并用各种处理方法分析这些数据，然后将结果用图形方式显示在显示器上。

(3) 实时操作员接口软件　这一类软件利用 PC 提供实时操作的人机接口。此时 PC 作为系统的监控装置，操作人员通过显示器了解系统的状况，还可以通过键盘输入各种操作控制指令，处理系统中出现的各种问题。

(4) 仿真软件　它提供利用计算机对控制过程和系统进行仿真的功能。它可以对已存在的系统实施有效的检测、分析和调试，也可以在系统建立之前，对系统进行仿真，以此及时发现设计中存在的问题，并加以修改。

(5) 其他软件　例如，运动控制软件、网络管理软件、各种智能控制设备的编程软件、文字处理、图形生成工具等。

3) 编程器的结构

编程器主要由以下 3 个部分组成：

(1) 显示部分　编程器的显示器多为液晶显示器，个别厂家也有用数码显示器的。其作用都是用来显示指令、地址、数据、工作方式、指令执行情况及系统工作状态等。

(2) 键盘部分　编程器键盘中的按键一般分为 3 种：一种是数字键 0～9，用来设定地址或必要的数据；另一种是用助记符表示或用图形来表示的指令符号键，用来键入各种指令；还有一种是功能键，其作用是用来编辑和调试程序。

(3) 通信接口　通常通信接口有用并行接口的，也有用串行接口的。其用途是将编写好的程序送到 PLC 中，或是将 PLC 中的相关信息取回来。

4) 编程器的工作状态

编程器的工作状态主要有两种：一种是编程工作状态；另一种是监控工作状态。有些编程器还有其他的工作状态，如命令工作状态、加载工作状态等。

(1) 编程工作状态　编程工作状态包含如下一些工作，即编写输入新程序，调试、修改、补充程序等。

编写程序的工作主要是依据指令集，用助记符或图形符号按系统的工作要求，根据系统的工作先后顺序以指令或梯形图的方式来体现控制的意图。其主要工作有：清除存储器内容、写入程序、读出及搜索程序、插入、更改、删除指令、设定数据、检查程序等。编程中所使用的操作数表示的是外部器件地址、触点号和对应的操作值等。

编写好的程序往往要经过反复调试，才能准确可靠地工作。在调试过程中，有可能要增、删指令，对某些操作数进行修改。不同厂家的编程器，操作方法和功能可能都不尽一样。

编程的工作状态又分为离线编程和在线编程。离线编程又称为脱机编程，在编程的过程中，编程器与 PLC 不相连接，编写的程序存放在编程器的存储器中。待程序编写完成后，再将编程器与 PLC 相连接，将程序送入 PLC 的存储器中。离线编程的显著特点是不影响 PLC 的工作。在线编程又叫做联机编程，在编程的过程中，编程器与 PLC 是相连接的，编写的用户程序直接写到 PLC 的用户程序存储器中。在联机编程方式中，可直接对所编写的程序进行检查、修改、调试，并可监视 PLC 的工作状态，或强制其某个端子置位或复位。

(2) 监控工作状态　在监控工作状态中，操作人员可以对运行中的 PLC 的工作状态进行监视、跟踪。一般既可对任一线圈、触点进行监视，亦可对 I/O 继电器、内部辅助继电器、定时器、计数器等成组器件进行监视，还可对某一器件在不同时间的状态进行跟踪，也可对定时器、计数器等器件进行数据设定，甚至还可对一些器件进行强制操作。

7. 其他部件

PLC 还可配人机接口、EPROM 写入器、存储器卡等其他外部设备。PLC 的人机接口功能较差，S7-200 可以使用多种显示面板，以增强系统的人机接口功能。

(1) 文本显示器 TD-200 和 TD-200C　TD-200 和 TD-200C 是一种价格低廉的人机界面，它们可以显示两行，每行 20 个字符，每两个字符的位置可以显示一个汉字。通过它们可以查看、监控和改变应用程序的过程变量。使用编程软件中的 TD-200 向导，可以轻松地对 S7-200 编程，以实现文本信息和其他应用程序数据的显示。

(2) TP070 和 TP170 触摸屏　TP070 和 TP170 触摸屏用专用的组态软件 PROT(X)L 来生成画面，由用户自定义操作接口，例如，图形、滚动条、按钮、指示灯、输入框等。

2.2　PLC 的工作原理

在分析 PLC 工作方式之前，首先分析一下继电器控制系统的工作方式。一种继电器控制系统如图 2-7 所示，它有三条支路。当按下按钮 SB1，中间继电器 K 得电，中间继电器 K 的常开触点闭合，接触器 KM1、KM2 同时得电动作，所以，继电器控制系统采用的是并行工作方式。

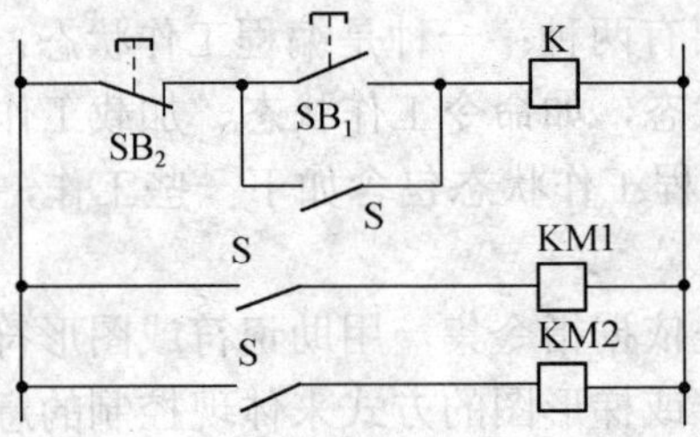

K
SB₂
SB₁
S
S
KM1
S
KM2

图2-7　继电器控制系统简图

1. PLC 工作原理

与继电器控制系统相比，PLC 的工作原理是建立在计算机工作原理基础上的，是通过执行反映控制要求的用户程序来实现的。CPU 是以分时操作方式来处理各项任务的，计算机在每一瞬间只能做一件事，所以，程序的执行是按程序顺序依次完成相应各电器的动作，在时间上形成串行工作方式。PLC 的工作方式是一个不断循环的顺序扫描工作方式，每一次扫描所用的时间称为扫描周期或工作周期。用 PLC 实现图 2-7 继电器控制系统的功能，如图 2-8 所示。CPU 从第一条指令开始，按顺序逐条地执行用户程序直到用户程序结束，然后返回第一条指令开始新的一轮扫描。PLC 就是这样周而复始地重复上述循环扫描的。由于 CPU 运算速度极高，各电器的动作似乎是同时完成的，但实际 I/O 的响应是有滞后的。图 2-8 中，左边是 PLC 的输入端，PLC 采集现场的各种控制信息。右边是 PLC 的输出端，将程序执行的结果按照顺序完成相应的电器动作。在 PLC 的存储器中，

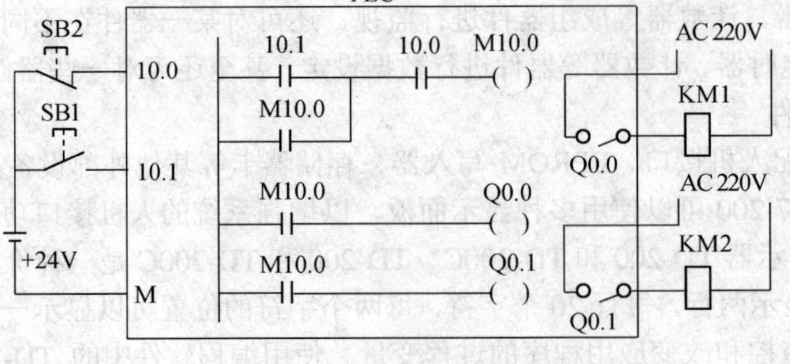

PLC
SB2
SB1
I0.0
I0.1
+24V
M
I0.1
I0.0
M10.0
M10.0
M10.0
Q0.0
M10.0
Q0.1
AC 220V
KM1
Q0.0
AC 220V
KM2
Q0.1

图2-8　用PLC实现功能控制系统简图

设置了一片区域来存放输入信号和输出信号，分别称为输入映像寄存器和输出映像寄存器。CPU 以字节(8 位)为单位来读写 I/O 映像寄存器。PLC 采集输入信号有两种方式：

(1) 集中采样输入方式　一般在扫描周期的开始或结束将所有输入信号(输入元件的通/断状态)采集并存放到输入映像寄存器(PII)中。当外接的输入电路闭合时，对应的输入映像寄存器为“1”状态，梯形图中对应的常开触点闭合。反之，外接电路断开时，对应的输入映像寄存器为“0”状态，梯形图中对应的常开触点断开，常闭触点接通。执行用户程序所需输入状态均在输入映像寄存器中取用，而不是实际的 I/O 点。

(2) 立即输入方式　随程序的执行需要哪一个输入信号就直接从输入端或输入模块取用这个输入状态，如“立即输入指令”就是这样。此时，输入映像寄存器的值未被更新，到下一次集中采样输入时才变化。

同样，PLC 对外部的输出控制也有集中输出和立即输出两种方式。集中输出方式在执行用户程序时不是得到一个输出结果就向外输出一个，而是把执行用户程序所得的所有输出结果，先后全部存放在输出映像寄存器(PIQ)中，执行完用户程序后所有输出结果一次性向输出端或输出模块输出，使输出部件动作。这样做的好处在于：程序执行阶段的输入值是固定的，程序执行完后再用输出映像寄存器的值更新输出点，使系统的运行更加稳定，同时，用户程序读写 I/O 映像寄存器比读写 I/O 点快得多，提高了程序执行速度。立即输出方式是在执行用户程序时将该输出结果立即向输出端或输出模块输出，如“立即输出指令”就是这样，此时输出映像寄存器的内容也更新。

PLC 对 I/O 信号的传送还有其他方式。例如，有的 PLC 采用 I/O 刷新指令，在需要的地方设置这类指令，可对此时的全部或部分输入点信号读入一次，以刷新输入映像寄存器内容；或将此时的输出结果立即向输出端或输出模块输出。又如，有的 PLC 上有 I/O 的禁止功能，实际上是关闭了 I/O 传送服务，这意味着此时的 I/O 信号不读入、也不输出。

PLC 有 RUN 和 STOP 两种工作模式：在 RUN 模式下，通过执行用户程序来实现控制功能；在 STOP 模式，CPU 不执行用户程序，可以用编程软件创建和编辑用户程序，设置 PLC 的硬件功能，并将用户程序和硬件设置信息下载到 PLC。如果有致命错误，在消除它之前不允许从 STOP 模式进入 RUN 模式。PLC 操作系统存储非致命错误，供用户检查，但不会从 RUN 模式自动进入 STOP 模式。

可以用模式开关来改变工作模式。CPU 模块上的模式开关在 STOP 位置时，将停止用户程序的运行；在 RUN 位置时，将启动用户程序的运行。模式开关在 STOP 或 TERM(Terminal，终端)位置时，电源通电后 CPU 自动进入 STOP 模式；在 RUN 位置时，电源通电后自动进入 RUN 模式。

用 STEP 7-Micro/WIN 32 编程软件改变工作模式。用编程软件控制 CPU 的工作模式必须满足下面两个条件：

(1) 在编程软件与 PLC 之间建立起通信连接；

(2) 将 PLC 的模式开关放置在 RUN 模式或 TERM 模式。

在编程软件中单击工具条上的“运行”按钮，或执行菜单命令“PLC”—“运行”，可以进入 RUN 模式。单击“停止”按钮，或执行菜单命令“PLC”—“停止”，可以进入 STOP 模式。

在程序中改变工作模式。在程序中插入 STOP 指令，可以使 CPU 由 RUN 模式进入 STOP 模式。

PLC 工作模式的扫描过程如图 2-9 所示。

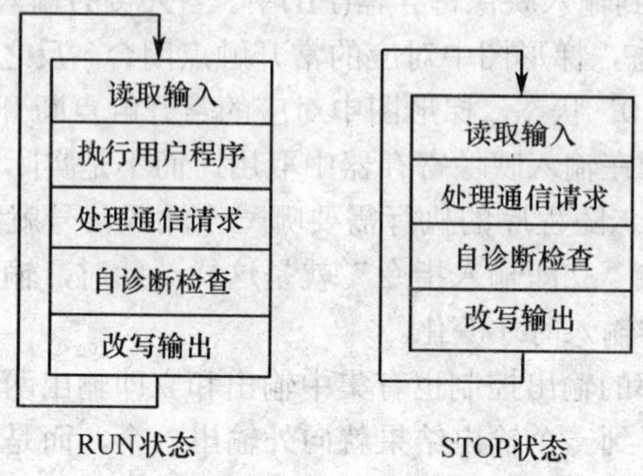
读取输入
执行用户程序
处理通信请求
自诊断检查
改写输出
读取输入
处理通信请求
自诊断检查
改写输出
RUN状态
STOP状态

图2-9　PLC工作模式的扫描过程

PLC 工作过程可用图 2-10 所示的运行框图来表示。

整个运行可分为 3 部分：

(1) 上电处理　PLC 上电后对系统进行一次初始化工作，包括:硬件初始化，I/O 模块配置检查，停电保持范围设定及其他初始化处理等。

(2) 扫描过程　PLC 完成上电处理完成以后，进入扫描工作过程。

先完成输入处理，其次完成与其他外设的通信处理，再次进行时钟、特殊寄存器更新。当 CPU 处于 STOP 方式时，转入执行自诊断检查。当 CPU 处于 RUN 方式时，还要完成用户程序的执行和输出处理，再转入执行自诊断检查。

(3) 出错处理　PLC 每扫描一次，执行一次自诊断检查，确定 PLC 自身的动作是否正常，例如，CPU、电池电压、程序存储器、I/O、通信等是否异常或出错。如检查出异常时，CPU 面板上的 LED 及异常继电器会接通，在特殊寄存器中会存入出错代码。当出现致命错误时，CPU 被强制为 STOP 方式，所有的扫描停止。

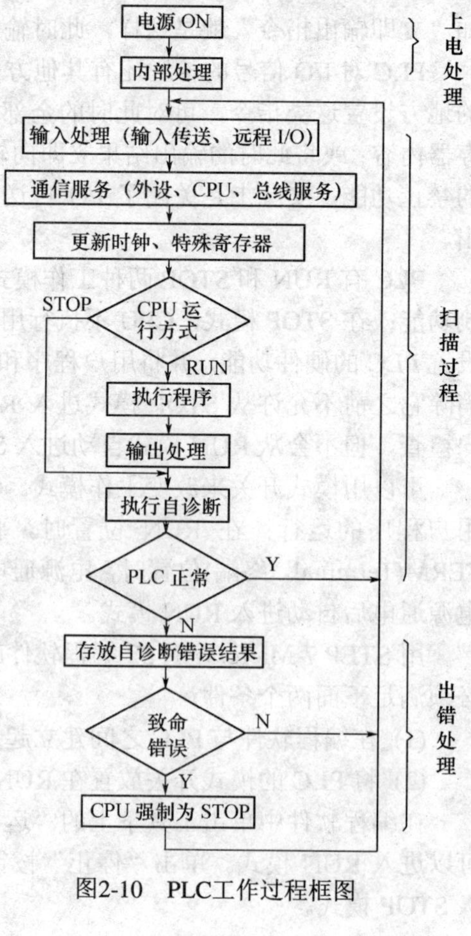
电源 ON
内部处理
上电处理
输入处理（输入传送、远程 I/O）
通信服务（外设、CPU、总线服务）
更新时钟、特殊寄存器
STOP
CPU 运行方式
RUN
执行程序
输出处理
执行自诊断
扫描过程
PLC 正常
Y
N
存放自诊断错误结果
致命错误
N
Y
CPU 强制为 STOP
出错处理

图2-10　PLC工作过程框图

PLC 运行正常时，扫描周期的长短与 CPU 的运算速度、I/O 点的情况、用户应用程序的长短及编程情况等均有关。通常用 PLC 执行 1K 字指令所需时间来说明其扫描速度(一般为 1ms/K 字～10ms/K 字)。值得注意的是，不同指令其执行时间是不同的，从零点几微秒到上百微秒，故选用不同指令所用的扫描时间将会不同。若用于高速系统要缩短扫描周期时，可从软硬件上考虑。

I/O 滞后时间又称系统响应时间，是指 PLC 输入信号发生变化的时刻至它控制的有关外部输出信号发生变化的时刻之间的时间间隔，它由输入电路滤波时间、输出电路的滞后时间和因扫描工作模式产生的滞后时间三部分组成。

输入模块的 RC 滤波电路用来滤除由输入端引入的干扰噪声，消除因外接输入触点动作时产生的抖动引起的不良影响；滤波电路的时间常数决定了输入滤波时间的长短，S7-200 的输入点的输入延迟时间可以用系统模块来设置。

输出模块的滞后时间与模块的类型有关，继电器型输出电路的滞后时间一般为 10ms 左右；场效应晶体管型输出电路的滞后时间最短为微秒级，最长的为 100μs 以上。

由扫描工作模式引起的滞后时间最长可达 2 个～3 个扫描周期。

PLC 总的响应延迟时间一般只有几毫秒至几十毫秒，对于一般的系统是无关紧要的。要求 I/O 滞后时间尽量短的系统，可以选用扫描速度快的 PLC 或采取其他措施。

2. PLC 的工作过程

当 PLC 处于正常运行时，它将不断重复图 2-10 中的扫描过程，不断循环扫描地工作下去。为方便进一步分析上述扫描过程，暂不考虑远程 I/O 特殊模块和其他通信服务，这样扫描工作过程就只剩下输入采样、程序执行、输出刷新 3 个阶段，并用图 2-11 表示。

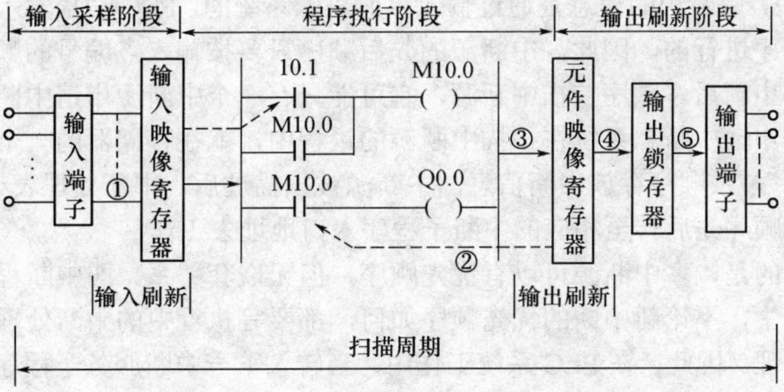

输入采样阶段
程序执行阶段
输出刷新阶段
输入端子
①
输入映像寄存器
I0.1
M10.0
M10.0
M10.0
Q0.0
②
③
元件映像寄存器
④
输出锁存器
⑤
输出端子
输入刷新
输出刷新
扫描周期

图2-11　PLC循环扫描工作过程

(1) 输入采样阶段　PLC 在输入采样阶段，首先扫描所有输入端子，并将各输入状态存入内存中各对应的输入映像寄存器中。此时，输入映像寄存器被刷新。接着，进入程序执行阶段，在程序执行阶段和输出刷新阶段，输入映像寄存器与外界隔离，无论输入信号如何变化，其内容保持不变，直到下一个扫描周期的输入采样阶段，才重新写入输入端的新内容。

(2) 程序执行阶段　根据 PLC 梯形图程序扫描原则，PLC 按先左后右、先上后下的顺序逐句扫描，但遇到程序跳转指令，则根据跳转条件是否满足来决定程序的跳转地址。

当指令中涉及 I/O 状态时，PLC 就从输入映像寄存器中“读入”上一阶段采入的对应输入端子状态，从元件映像寄存器“读入”对应元件(软继电器)的当前状态。然后，进行相应的运算，运算结果再存入元件映像寄存器中。对元件映像寄存器来说，每一个元件(软继电器)的状态会随着程序执行过程而变化。

(3) 输出刷新阶段　在所有指令执行完毕后，元件映像寄存器中所有输出继电器的状态(接通/断开)在输出刷新阶段转存到输出锁存器中，通过一定方式输出，驱动外部负载。

3. PLC 的中断处理

综上所述，外部信号的输入总是通过 PLC 扫描由“输入传送”来完成，这就不可避免地带来了“逻辑滞后”。PLC 能不能像计算机那样采用中断输入的方法，即当有中断申请信号输入后，系统会中断正在执行的程序而转去执行相关的中断子程序；系统若有多个中断源时，它们之间按重要性是否有一个先后顺序的排队；系统能否由程序设定允许中断或禁止中断等。PLC 关于中断的概念及处理思路与一般计算机系统基本是一样的，但也有特殊之处。

1) 中断响应问题

一般计算机系统的 CPU，在执行每一条指令结束时去查询有无中断申请。而 PLC 对中断的响应则是在相关的程序块结束后查询有无中断申请和在执行用户程序时查询有无中断申请，如有中断申请，则转入执行中断服务程序。如果用户程序以块式结构组成，则在每块结束或实行块调用时处理中断。

2) 中断源先后顺序及中断嵌套问题

在 PLC 中，中断源的信息是通过输入点而进入系统的，PLC 扫描输入点是按输入点编号的先后顺序进行的，因此，中断源的先后顺序只要按输入点编号的顺序排列即可。系统接到中断申请后，顺序扫描中断源，它可能只有一个中断源申请中断，也可能同时有多个中断源申请中断。系统在扫描中断源的过程中，就在存储器的一个特定区建立起“中断处理表”，按顺序存放中断信息，中断源被扫描过后，中断处理表亦已建立完毕，系统就按该表顺序先后转至相应的中断子程序入口地址去工作。

必须说明的是，多中断源可以有优先顺序，但无嵌套关系。即中断程序执行中，若有新的中断发生，不论新中断的优先顺序如何，都要等执行中的中断处理结束后，再进行新的中断处理。因此，在 PLC 系统工作中，当转入下一中断服务子程序时，并不自动关闭中断，所以，也没有必要去开启中断。

3) 中断服务程序执行结果信息输出问题

PLC 按巡回扫描方式工作，正常的 I/O 在扫描周期的一定阶段进行，这给外设希望及时响应带来了困难。采用中断输入，解决了对输入信号的高速响应。当中断申请被响应，在执行中断子程序后有关信息应当尽早送到相关外设，而不希望等到扫描周期的输出传送阶段，就是说对部分信息的 I/O 要与系统 CPU 的周期扫描脱离，可利用专门的硬件模块(如快速响应 I/O 模块)或通过软件利用专门指令使某些 I/O 立即执行来解决。

4. PLC 的系统软件

PLC 的软件分为两大部分：系统软件与用户程序。系统软件由 PLC 制造商固化在机内，用以控制 PLC 本身的运行；用户程序由 PLC 的使用者编写并输入，用于控制外部对象的运行。

1) 系统软件

系统软件又可分为系统管理程序、用户指令解释程序及标准程序模块和系统调用。

(1) 系统管理程序　系统管理程序是系统软件中最重要的部分，主管控制 PLC 的运作。其作用包括 3 个方面：一是运行管理，对控制 PLC 何时输入、何时输出、何时计算、何时自检、何时通信等做时间上的分配管理。二是存储空间管理，即生成用户环境，由它规定各种参数、程序的存放地址。将用户使用的数据参数、存储地址转化为实际的数据格式及物理存放地址，将有限的资源变为用户可很方便地直接使用的元件。例如，它可将有限个数的 CTC 扩展为上百个用户时钟和计数器。通过这部分程序，用户看到的就不是实际机器存储地址和 CTC 的地址了，而是按照用户数据结构排列的元件空间和程序存储空间。三是系统自检程序，它包括各种系统出错检验、用户程序语法检验、句法检验、警戒时钟运行等。

PLC 正是在系统管理程序的控制下，按部就班地工作的。

(2) 用户指令解释程序　众所周知，任何计算机最终都是执行机器语言指令的。但用机器语言编程却是非常复杂的事情。PLC 可用梯形图语言编程，把使用者直观易懂的梯形图变成机器懂得的机器语言，这就是解释程序的任务。解释程序将梯形图逐条解释，翻译成相应的机器语言指令，由 CPU 执行这些指令。

(3) 标准程序模块和系统调用　这部分由许多独立的程序块组成，各程序块完成不同的功能，有些完成 I/O 处理，有些完成特殊运算等。PLC 的各种具体工作都是由这部分程序来完成的，这部分程序的多少决定了 PLC 性能的强弱。

整个系统软件是一个整体，其质量的好坏很大程度上影响 PLC 的性能。很多情况下，通过改进系统软件就可在不增加任何设备的条件下大大改善 PLC 的性能，因此，PLC 的生产厂家对 PLC 的系统软件都非常重视，例如，S7-200 系列 PLC 在推出后，西门子公司不断地将其系统软件进行改进完善，使其功能越来越强。

2) 用户程序

用户程序是 PLC 的使用者针对具体控制对象编制的程序。因此，它需要一个编程环境、一个程序结构和一个编程方法。

用户环境也是由系统监控程序生成的。主要包括：用户数据结构、用户元件区、用户数据和程序存储区、用户参数区、文件存储区等。

(1) 用户数据结构：

① 第一类为位数据：这是一类逻辑量(1 位二进制数)，其值为“0 或 1”，它表示触点的通、断。触点接通状态为 ON，触点断开状态为 OFF。

② 第二类为字节数据：其位长为 8 位，其数制形式有多种形式。1 个字节可以表示 8 位二进制数、2 位十六进制数、2 位十进制数。

③ 第三类为字数据：其数制、位长、形式都有很多形式。1 个字可以表示 16 位二进制数、4 位十六进制数、4 位十进制数。十进制数据通常都用 BCD 码表示，书写时冠以 K 字符，如 K789。十六进制数据，书写时冠以 H 字符，如 H78F。二进制数，书写时冠以 B 字符，如 B011l-l000-11ll。实际处理时还可选用八进制、AscII 的形式。由于对控

制精度的要求越来越高，不少PLC开始采用浮点数，它极大地提高了数据运算的精度。

④ 第四类为混合型数据：即同一个元件有位数据又有字数据。例如，T(定时器)和C(计数器)，它们的触点只有ON和OFF两种状态，是位数据，而它们的设定值和当前值寄存器又为字数据。

(2) 用户数据存储区：

① 用户使用的每个I/O端，以及内部的每一个存储单元都称为元件。各种元件都有其固定的存储区(如I/O映像区)，即存储地址。给PLC中的I/O元件赋予地址的过程叫编址，不同的PLC I/O的编址方法不完全相同。

② PLC的内部资源，如内部继电器、定时器、计数器和数据区，各个不同的PLC之间也有一些差异。这些内部资源都按一定的数据结构存放在用户数据存储区，正确使用用户数据存储区的资源才能编写好用户程序。

用户程序结构大致可以分为3种：一是线性程序，这种结构是把一个工程分为多个小的程序块，这些程序块被依次排放在一个主程序中；二是分块程序，这种结构把一个工程中的各个程序块独立于主程序之外，工作时要由主程序一个个有序地去调用；三是结构化程序，这种结构是把一个工程中的具有相同功能的程序写成通用功能程序块，工程中的各个程序块都可以随时调用这些通用功能程序块。

5. PLC的编程语言

PLC提供了完整的编程语言，以适应PLC在工业环境中的使用。在小型PLC中，用户程序有4种形式：指令表(STL)、梯形图(LAD)、结构文本(ST)和顺序功能流程图(SFC)编程。

下面以S7-200系列PLC为例来说明。

1) 指令表编程

指令表编程是用一个或几个容易记忆的字符来代表PLC的某种操作功能。指令表语言类似于计算机中的助记符语言，它是PLC最基础的编程语言。

PLC S7-200系列PLC的基本指令包括“与”、“或”、“非”以及定时器、计数器等。图2-12是指令表编程示例。

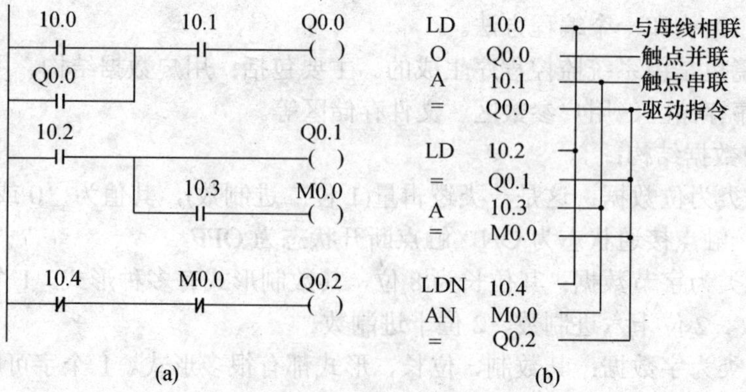

I0.0
I0.1
Q0.0
Q0.0
I0.2
Q0.1
I0.3
M0.0
I0.4
M0.0
Q0.2
(a)
LD I0.0
O Q0.0
A I0.1
= Q0.0
LD I0.2
= Q0.1
A I0.3
= M0.0
LDN I0.4
AN M0.0
= Q0.2
与母线相联
触点并联
触点串联
驱动指令
(b)

图2-12 指令表编程示例

(a) 梯形图；(b) 相应的指令表。

2) 梯形图编程

梯形图表达式是一种类似于继电器控制线路图的语言，但在使用符号和表达方式上有一定区别。PLC 梯形图使用的是内部继电器、定时/计数器等，都是由软件实现的。其主要特点是使用方便、修改灵活。

图 2-13 是典型的梯形图示意图。左右两垂直的线称为母线。在左右两垂线之间，接点在水平线上相串联，相邻的线也可以用一条垂直线连接起来，作为逻辑的并联。接点的水平方向串联相当于“与”，例如，图中第一条线，A、B、C 三者是“与”逻辑关系。垂直方向的接点并联，相当于“或”；例如，第二条线，D、E、F 三者是“或”逻辑关系。

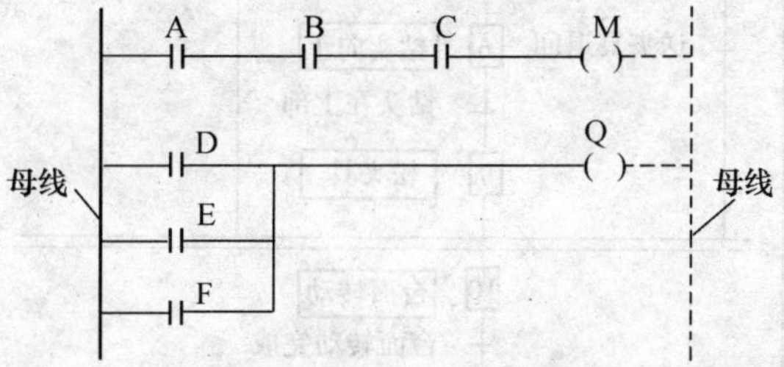
A
B
C
M
D
Q
E
F
母线
母线

图2-13　典型的梯形图示意图

PLC 梯形图的一个关键概念是“能流”(Power Flow)。这仅是概念上的“能流”。在图 2-13 中，把左边的母线假想为电源“火线”，而把右边的母线(虚线所示)假想为电源“零线”。

如果有“能流”从左至右流向线圈，则线圈被激励。如没有“能流”，则线圈未被激励。“能流”可以通过被激励(ON)的常开接点和未被激励(OFF)的常闭接点自左向右流，也可以通过并联接点中的一个接点流向右边。“能流”在任何时候都不会通过接点自右向左流。在图 2-13 中，当 A、B、C 接点都接通后，线圈 M 才能接通(被激励)，只要其中一个接点不接通，线圈就不会接通；而 D、E、F 接点中任何一个接通，线圈 Q 就被激励。

由图 2-13 可看出，梯形图是由一段一段组成的。每段的开始用 LD(LDN)指令，触点的串/并联用 A(AND)/O(OR)指令，线圈的驱动总是放在最右边，用=(OUT)指令，用这些基本指令，即可组成复杂逻辑关系的梯形图及指令表。

3) 结构文本

结构文本是为 IEC61131-3 标准创建的一种专用的高级编程语言。与梯形图相比，它能够实现复杂的数学运算，编写的程序非常简洁和紧凑。

4) 顺序功能流程图编程

顺序功能流程图编程是一种较新的编程方法，它的作用是用功能图来表达一个顺序控制过程。目前，顺序功能流程图也正在实施发展这种新的编程标准。

顺序功能流程图作为一种步进控制语言，用这种语言可以对一个控制过程进行控制，并显示该过程的状态。将用户应用的逻辑分成步和转换条件，来代替一个长的梯形图程序。这些步和转换条件的显示，使用户可以看到在某个给定时间中机器处于什么状态。

图 2-14 所示是钻孔顺序功能流程图编程示例，这是一个钻孔顺序的例子方框中的数

字代表顺序步，每一步对应于一个控制任务，每个顺序步的步进条件以及每个顺序执行的功能可以写在方框右边。

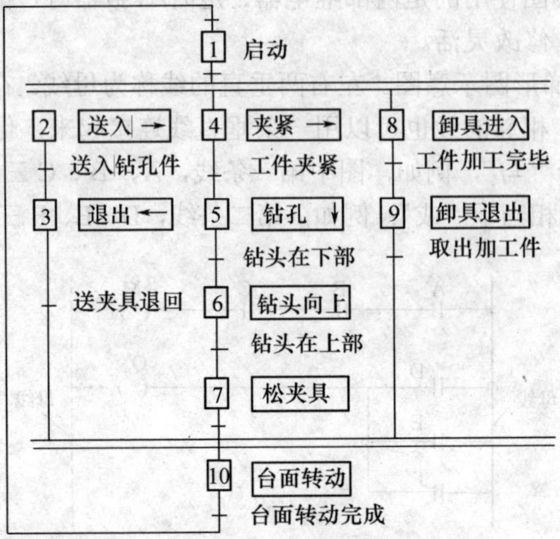
1
启动
2
送入
送入钻孔件
3
退出
送夹具退回
4
夹紧
工件夹紧
5
钻孔
钻头在下部
6
钻头向上
钻头在上部
7
松夹具
8
卸具进入
工件加工完毕
9
卸具退出
取出加工件
10
台面转动
台面转动完成

图2-14 钻孔顺序功能流程图编程示例

2.3 S7-200 的技术指标

2.3.1 S7-200 系列

西门子公司的 SIMATIC S7-200 是一种 PLC，它能够控制各种设备以满足自动化控制的需求。由于它有极强的通信功能，在大型网络控制系统中也能充分发挥其作用。S7-200 的用户程序中包括：位逻辑、计数器、定时器、复杂数学运算以及其他智能模块通信等指令内容，从而使它能够监视输入状态，改变输出状态以达到控制目的。

2004 年，西门子公司推出了升级产品 CPU 224 和 CPU 226，全新产品 CPU 224XP 和 TD 200C，以及编程软件 STEP 7-Micro/WINV4.0 和 OPC 服务器软件 PCAccessV1.0。最新升级的 CPU 224 和 CPU226 完全兼容老产品，运算速度提高了 40%，程序存储区扩大了 50%，数据存储区扩大了 60%，可以选择在线程序编写。全新产品 CPU 224XP 除了具备升级 CPU 的特性外，还集成有两路模拟量输入(10 位，±DC10V)。一路模拟量输出(10 位，DC 0V～10V 或 0mA～20mA)，有两个 RS485 通信口，高速脉冲输出频率提高到 100kHz，两相高速计数器频率提高到 100kHz，有 PID 自整定功能。这种新型 CPU 增强了 S7-200 在运动控制、过程控制、位置控制、数据监视和采集(远程终端应用)以及通信方面的功能。新的 CPU 产品增强了位置控制功能，极大地提高了 S7-200 在步进电动机和伺服系统应用中的位置控制特性。新增的 PID 自整定功能增强了 S7-200 在过程控制/如温度控制(或压力控制)方面的能力，使 PID 调试变得更加简单容易。新增的数据记录指令可以轻松实现数据记录功能，读取并永久保存设备或过程的信息。

S7-200 的文本显示器 TD 200C 包括标准 TD 200 的基本操作功能，同时它又允许用户建立特别的可定制的面板设计，另外增加的一整套新的功能使得 TD 200C 成为功能更强的文本显示器。新一代 TD 200C 提供了非常灵活的键盘布置和面板设计。使用 V4.0 版编程软件的键盘设计工具可轻松实现按键的布局，选择多达 20 种不同形状、颜色和字体的按键，背景图像可以任意变化。

STEP 7-Micro/WIN V4.0 是 S7-200PLC 系列产品的最新版编程软件，包括以下升级功能：PID 自整定控制面板、超级项目树形结构、状态趋势图、PLC 历史记录和事件缓存区、项目文件的口令保护、存储卡支持、TD 200 和 TD 200C 支持、PLC 内置位置控制向导、数据归档向导、配方向导、PTO 指令向导、诊断 LED 组态、数据块页、新的字符串和变量。STEP 7-Micro/WIN V4.0 的兼容性极强，支持当前所有 S7-200CPU 22X 系列产品。增加了数据记录指令、配方指令、PID 自整定指令、夏令时指令、间隔定时器指令、诊断 LED 指令、线性斜坡脉冲指令等。

新增的字符串变量和间接寻址功能支持更多的存储类型，改进了读写西门子变频器参数的 USS 库函数，还改进了数据块、数据块页和数据块自动增量功能。

PC Access V1.0 是专为连接 S7-200 PLC 和 S7-200 通信模块而设计的 OPC 服务器。它支持所有的 S7-200 数据形式，STEP 7-Micro/WIN PLC 编程软件中的符号都可以轻松移植到 PC Access 项目中。PC Access 还有外语安装选件，支持多 PLC 连接及任何一种标准的 OPC 客户机，并且支持所有的 S7-200 协议。PC Access 内置的客户机测试允许编程者迅速进行变量的在线测试，用户可以利用示例模板来建立项目。

2.3.2 S7-200 CPU 模块

S7-200 有 5 种 CPU 模块，CPU 模块的技术规范和电源规范分别见表 2-1 和表 2-2。

表2-1 CPU模块的技术规范

模块	CPU 221	CPU 222	CPU 224	CPU 226	CPU 226×M
存 储 器					
用户程序空间	2048字		4096字	4096字	8192字
用户数据(EEPROM)	1024字(永久存储)		2560字 (永久存储)	2560字 (永久存储)	5120字 (永久存储)
装备超级电容(可选电池)	50h/典型值(40℃时最少8h) 200天/典型值		190h/典型值(40℃时最少120h) 200天/典型值		
输入/输出					
本机数字输入/输出	6输入/4输出	8输入/6输出	14输入/10输出	24输入/6输出	
数字输入/输出现象区	256(128输入/128输出)				
模拟输入/输出现象区	无	32(16输入/16输出)	64(32输入/32输出)		
允许最大的扩展模块	无	2模块	7模块		
允许的最大的智能模块	无	2模块	7模块		
脉冲捕捉输入	6	8	14		
高速计数 单相 两相	4个计数器 4个30kHz 2个20kHz		6个计数器 6个30kHz 4个20kHz		
脉冲输出	2个20kHz(仅限于DC输出)				

(续)

模块	CPU 221	CPU 222	CPU 224	CPU 226	CPU 226×M
常 规					
定时器	256定时器：4定时器(1ms)；16定时器(10ms)；236定时器(100ms)				
计数器	256(由超级电容或电池备份)				
内部存储单位 掉电保存	256(由超级电容或电池备份) 112(存储在EEPROM)				
时间中断	2个1ms分辨率				
边沿中断	4个上升沿和/或4个下降沿				
模拟电位器	1个8位分辨率		2个8位分辨率		
布尔量运算执行时间	0.37μs(每条指令)				
时钟	可选卡件		内置		
卡件选项	存储卡、电池卡和时钟卡		存储卡和电池卡		
集成的通信功能					
接口	1个RS-485口			2个RS-485口	
PPI/MPI	9.6 kbaud、19.2 kbaud、187.5kbaud				
自由口波特率	1.2kbaud～115.2kbaud				
每段最大电缆长度	使用隔离的中继器：187.5kbaud可达1000m，384kbaud可达1200m 未使用隔离中继器：50m				
最大站点数	每段32个站，每个网络126个站				
最大主站数	32个				
点到点(PPI主站模式)	是(NETR/NETW)				
MPI连接	共4个，2个保留(1个给PG，1个给OP)				

表2-2 CPU模块电源规范

	直 流		交 流	
输 入 电 源				
输入电压	DC20.4V～28.8V		AC85V～264V(47Hz～63Hz)	
输入电流 CPU 221 CPU222 CPU 224 CPU226/CPU226XM	仅CPU(24V) 80mA 85mA 110mA 150mA	最大负载(24V) 450mA 500mA 700mA 1050mA	仅CPU 30mA(15mA 120V/240V) 40 mA(20mA 120 V/240V) 60 mA(30mA 120 V/240V) 80 mA(40mA 120 V/240V)	最大负载 120V/240V时120mA/60mA 120V/240V时140mA/70mA 120V/240V时200mA/100mA 120V/240V时320mA/160mA
冲击电流	28.8V时10A		264V时20A	
隔离(现场与逻辑)	不隔离		1500V	
保持时间(掉电)	10ms(24V)		20ms(80ms 120V/240V)	
保险(不可替换)	3A(250V慢速熔断)		2A(250V慢速熔断)	
24V传感器电源				
传感器电压	L±5V		20.4V～28.8V	
电流限定	1.5A峰值(终端限定非破坏性)			
纹波噪声	来自输入电源		小于1V峰值	
隔离（传感器与逻辑）	非隔离			

除CPU221无扩展功能外，其他型号的CPU模块都有扩展功能，CPU 224 和CPU 226是具有较强控制功能的控制器。CPU 226 和 CPU 226XM 适用于复杂的中小型控制系统，可扩展到 248 点数字量和 35 路模拟量，有两个 RS485 通信接口。

S7-200CPU 的指令功能强，有传送、比较、移位、循环移位、产生补码、调用子程序、脉冲宽度调制、脉冲序列输出、跳转、数制转换、算术运算、字逻辑运算、浮点数运算、开平方、三角函数和 PID 控制等指令。采用主程序、最多 8 级子程序和中断程序的程序结构，用户可以使用 1ms～255ms 的定时中断。用户程序可以设 3 级口令保护，监控定时器(看门狗)的定时时间为 300ms。

数字量输入中有 4 个用于硬件中断，6 个用于高速功能。除 CPU 224XP 外，32 位高速加/减计数器的最高计数频率为 30kHz，可以对增量式编码器的两个互差 90º 的脉冲列计数，计数值等于设定值或计数方向改变时产生中断，在中断程序中可以及时地对输出进行操作。两个高速输出可以输出最高 20kHz 且频率和宽度可调的脉冲列。

RS-485 串行通信口的外部信号与逻辑电路之间不隔离，支持 PPI、DP/T、自由通信口协议和点对点 PPI 主站模式，可做 MPI 从站。

PPI/MPI 协议的波特率为 9.6kbaud、19.2kbaud 和 187.5kbaud；自由口协议的波特率为 1.2kbaud～115.2kbaud。如果使用隔离中继器，波特率为 38.4kbaud 时，单段网络最大电缆长度为 1200m；波特率为 187.5kbaud 时，电缆长度为 1000m；未使用隔离中继器时，电缆长度为 50m。每段 32 个站，每个网络最多 126 个站，最多 32 个主站。MPI 共有 4 个连接，两个分别保留给编程器(PG)和操作员面板(OP)。通信接口可以用于与运行编程软件的计算机通信，与文本显示器 TD 200 和操作员界面 OP 的通信，以及 S7-200CPU 之间的通信。通过自由通信接口协议和 Modbus 协议，可以与其他设备进行串行通信。通过 AS-i 通信接口模块，可以接入 496 个远程数字量 I/O 点。

可选的存储器卡可以永久保存程序、数据和组态信息，可选的电池卡保存数据的时间典型值为 200 天。超级电容充电 20min，可以充 60%的电量。仅 DC 输出型有高速脉冲输出，有 4 个上升沿和/或 4 个下降沿的边沿中断。实时时钟精度在 25℃时为 2min/月；0℃～55℃时为 7min/月。

CPU 模块的数字量输入规范、数字量输出规范和 CPU 224XP 模拟量输入量和 CPU 224XP 模拟量输出规范，分别见表 2-3、表 2-4、表 2-5 和表 2-6。

表2-3　CPU模块数字量输入规范

常　规	DC24V 输入
类型	漏型/源型(IEC 类型 1 漏型)
额定电压	DC24V(4mA 典型值)
最大持续允许电压	DC30V
浪涌电压	DC35V(0.5s)
逻辑 1(最小)	DC15V(2.5mA)
逻辑 0(最大)	DC5V(1mA)
输入延时	可选(0.2ms～12.8ms)
	CPU 226，CPU 226×M；输入点(1.6～12.7)具有固定延迟(4.5ms)

(续)

常　规	DC24V 输入	
连接两线接近开关传感器(Bero)允许漏电流(最大)	1mA	
隔离(现场与逻辑) 光电隔离 隔离组	是 DC500V(1min) 见接线图	
高速输入速率(最大) 逻辑 1-DC15V～30V 逻辑 1-DC15V～26V	单相 20kHz 30kHz	两相 10kHz 20kHz
同时接通的输入	55℃时(所有的输入)	
电缆长度(最大) 屏蔽 非屏蔽	 普通输入 500m，HSC 输入 50m 普通输入 300m	

表2-4　CPU模块数字量输出规范

常　规	DC24V 输出	继电器输出
类型	固态-MOSFET'	干触点
额定电压	DC24V	DC24V 或 AC250V
电压范围	DC20.4V～28.8V	DC5V～30V 或 AC5V～250V
浪涌电流(最大)	8A(100ms)	7A(触点闭合)
逻辑 1(最小)	DC20V(最大电流)	
逻辑 0(最大)	DC0.1V(10 kΩ 负载)	
每点额定电流(最大)	0.75A	2.0A
每个公共端的额定电流(最大)	6A	10A
漏电流(最大)	10 μA	
灯负载(最大)	5W	DC30W，AC200W
感性嵌位电压	L ± DC48V(1W 功耗)	
接通电阻(接点)	0.3 Ω (最大)	0.2 Ω (新的时候的最大值)
隔离 光电隔离(现场到逻辑) 逻辑到接点 接点到接点 电阻(逻辑到接点) 隔离组	 AC500V(1min) 见接线图	 AC1500V(1min) AC750V(1min) 100 kΩ 见接线图
延时 断开到接通/接通到断开(最大) 切换(最大)	 2 μs /10 μs (Q0.0 和 Q0.1) 15 μs /100 μs (其他)	10ms
脉冲频率(最大)Q0.0 和 Q0.1	20kHz	1Hz
机械寿命周期		10 000 000(无负载)
触点寿命		100 000(额定负载)
同时接通的输出	55℃时(所有的输出)	55℃时(所有的输出)
两个输出并联	是	否

(续)

常　规	DC24V 输出	继电器输出
电缆长度(最大) 屏蔽 非屏蔽	 500m 150m	 500m 150m

表2-5　CPU224XP模拟量输入规范

模拟量输入特性	CPU 224 XP DC/DC/DC	CPU 224XP AC/DC/继电器
本机集成模拟量输入点数	2 输入	2 输入
模拟量输入类型	单端输入	单端输入
电压范围	±10V	±10V
数据字格式，满量程	-32 000～ +32 000	-32 000～+32 000
直流输入阻抗	>100 kΩ	>100 kΩ
最大输入电压	DC30 V	DC30 V
分辨率	11 位加 1 个符号位	11 位加 1 个符号位
最小有效值	4.88 mV	4.88 mV
隔离	无	无
精度		
最差情况（0℃～55℃）	±2.5%满量程	±2.5%满量程
典型值（25℃）	±1.0%满量程	±1.0%满量程
重复性	±0.05%满量程	±0.05%满量程
模拟到数字的转换时间	125 ms	125 ms
转换类型	Sigma Delta	Sigma Delta
阶跃响应	最大 250 ms	最大 250 ms
噪声抑制	-20dB(50Hz 典型值)	-20dB(50Hz 典型值)

表2-6　CPU224XP模拟量输出规范

模拟量输出特性	CPU 224 XP DC/DC/DC	CPU 224XP AC/DC/继电器
本机集成模拟量输出点数	1 输出	1 输出
信号范围 电压输出 电流输出	 0V～10V 0mA～20mA	 0V～10V 0mA～20mA
数据字格式（满量程） 电压 电流	 0～+32767 0～+32000	 0～+32767 0～+32000
分辨率（满量程）	12 位	12 位
最小有效值 电压 电流	 2.44mV 4.88 μA	 2.44mV 4.88 μA
隔离	无	无
精度 最差情况（0℃～55℃） 电压输出 电流输出	 ±2%满量程 ±3%满量程	 ±2%满量程 ±3%满量程
典型值（25℃） 电压输出 电流输出	 ±1%满量程 ±1%满量程	 ±1%满量程 ±1%满量程
稳定时间 电压输出 电流输出	 ＜50 μ s ＜100 μ s	 ＜50 μ s ＜100 μ s
最大驱动 电压输出 电流输出	 ≥5000Ω ≤500Ω	 ≥5000Ω ≤500Ω

2.3.3 S7-200 接口模块

1. 数字量 I/O 模块

数字量 I/O 模块是为了解决本机集成的数字量 I/O 点不能满足需要而使用的扩展模块。S7-200 PLC 可以提供 EM221、EM222 和 EM223，共 3 类、9 种数字量 I/O 模块。

1) EM221 数字量输入模块

EM221 模块具有 8 点直流输入、隔离，具体技术指标见表 2-7。

表2-7 EM221模块技术指标

型 号	EM221 数字量输入模块
总体特征	外形尺寸：46mm×80mm×62mm 功耗：2W
输入特性	本机输入点数：8 点数字量输入 输入电压：最大 DC 30V，标准 DC 24V/4mA 隔离：光隔离，AC 500V，lmin，4 点/组 输入延时：最大 4.5ms 电缆长度：不屏蔽 350m，屏蔽 500m
耗 电	从 CPU 的 DC 5V(I/O 总线)耗电 30mA
接线端子	1M、0.0、0.1、0.2、0.3 为第一组，1M 为第一组公共端 2M、0.4、0.5、0.6、0.7 为第二组，2M 为第二组公共端

2) EM222 数字量输出模块

EM222 数字量输出模块有两种类型：一种为 8 点 24V 直流输出型；另一种为 8 点继电器输出型。两种类型均有隔离，其技术指标见表 2-8。

表2-8 EM222模块技术指标

型 号	EM222 数字量(直流)输出模块	EM222 数字量(继电器)输出模块
总体特征	外形尺寸：46mm×80mm×62mm 功耗：2W	外形尺寸：46mm×80mm×62mm 功耗：2W
输出特性	本机输出点数：8 点数字量输出 输出电压：DC20.4V～28.8V，标准 DC 24V 输出电流：0.75A/点 隔离：光隔离，AC 500V，lmin，4 点/组 输出延时：OFF 到 ON 50μs，ON 到 OFF 200μs 电缆长度：不屏蔽 150m，屏蔽 500m	本机输出点数：8 点数字量输出 输出电压：DC5V～30V，AC5V～250V 输出电流：2.0A/点 隔离：光隔离，AC 500V，lmin，4 点/组 输出延时：最大 10ms 电缆长度：不屏蔽 150m，屏蔽 500m

(续)

型　号	EM222 数字量(直流)输出模块	EM222 数字量(继电器)输出模块
耗电	从 CPU 的 DC 5V(I/O 总线)耗电 50mA	从 CPU 的 DC 5V(I/O 总线)耗电 40mA
接线端子	1M、1L+、0.0、0.1、0.2、0.3 为第一组，1L+为第一组的公共端接电源正极，1M 为第一组电源负极 2M、2L+、0.4、0.5、0.6、0.7 为第二组，2L+为第二组的公共端接电源正极，2M 为第二组电源负极	1L、0.0、0.1、0.2、0.3 为第一组，1L 为第一组的公共端 2L、0.4、0.5、0.6、0.7 为第二组，2L 为第二组的公共端 M 为 DC 24V 电源负极端，L＋为 DC 24V 电源正极端

3) EM222 数字量混合模块

EM223 数字量混合模块有 6 种类型，包括 DC 24V 4 点输入/4 点输出，DC 24V 4 点输入/4 点继电器输出，DC 24V 8 点输入/8 点输出，DC 24V 8 点输入/8 点继电器输出，DC 24V 16 点输入/16 点输出，DC 24V 16 点输入/16 点继电器输出。6 种类型均有隔离，其技术指标见表 2-9。

表2-9　EM223模块技术指标

型　号	EM223 数字量(直流输入/直流输出)模块	EM223 数字量(直流输入/继电器输出)模块
总体特征	外形尺寸：71.2mm×80mm×62mm 功耗：3W	外形尺寸：71.2mm×80mm×62mm 功耗：3W
输入特性	本机输入点数：4/8/16 点数字量输入 输入电压：最大 DC 30V，标准 DC 24V/4mA 隔离：光隔离，AC 500V，1min，4 点/组 输入延时：最大 4.5ms 电缆长度：不屏蔽 300m，屏蔽 500m	本机输入点数：4/8/16 点数字量输入 输入电压：最大 DC 30V，标准 DC 24V/4mA 隔离：光隔离，AC 500V，lmin，4 点/组 输入延时：最大 4.5ms 电缆长度：不屏蔽 350m，屏蔽 500m
输出特性	本机输出点数：4/8/16 点数字量输出 输出电压：DC 20.4V～28.8V，标准 DC 24V 输出电流：0.75A/点 隔离：光隔离，AC 500V，lmin，4 点/组 输出延时：OFF 到 ON 50μs，ON 到 OFF 200μs 电缆长度：不屏蔽 150m，屏蔽 500m	本机输出点数：4/8/16 点数字量输出 输出电压：DC 5V～30V，AC 5V～250V 输出电流：2.0A/点 隔离：光隔离，AC 500V，lmin，4 点/组 输出延时：最大 10ms 电缆长度：不屏蔽 150m，屏蔽 500m
耗电	从 CPU 的 DC 5V(I/O 总线)耗电 40mA/ 80mA/ 160mA	从 CPU 的 DC 5V(I/O 总线)耗电 40mA/ 80mA/150mA
输入接线端子	1M、0.0、0.1、…、0.7 为第一组，1M 为第一组公共端 2M、0.0、0.1、…、0.7 为第二组，2M 为第二组公共端	1M、0.0、0.1、…、0.7 为第一组，1M 为第一组公共端 2M、0.0、0.1、…、0.7 为第二组，2M 为第二组公共端

(续)

型　号	EM223 数字量(直流输入/直流输出)模块	EM223 数字量(直流输入/继电器输出)模块
输出接线端子	1M、1L+、0.0、0.1、0.2、0.3 为第一组，1L+为第一组的公共端接电源正极，1M 为第一组电源负极 2M、2L+、0.4、0.5、0.6、0.7 为第二组，2L+为第二组的公共端接电源正极，2M 为第二组电源负极 3M、3L+、0.0、0.1、…、0.7 为第三组，3L+为第三组的公共端接电源正极，3M 为第三组电源负极	1L、0.0、0.1、0.2、0.3 为第一组，1L 为第一组的公共端 2L、0.4、0.5、0.6、0.7 为第二组，2L 为第二组的公共端 3L、0.0、0.1、0.2、0.3 为第三组，3L 为第三组的公共端 4L、0.4、0.5、0.6、0.7 为第四组，4L 为第四组的公共端 M 为 DC 24V 电源负极端，L+为 DC 24V 电源正极端

2. 模拟量 I/O 模块

模拟量 I/O 模块提供了模拟量输入和模拟量输出的扩展功能。S7-200 的模拟量扩展模块具有较大的适应性、可以直接与传感器相连，并有很大的灵活性，且安装方便。

1) EM231 模拟量输入模块

EM231 具有 4 路模拟量 I/O 信号可以是电压也可以是电流，其输入与 PLC 具有隔离。输入信号的范围可以由 SWl、SW2 和 SW3 设定，具体技术指标见表 2-10。

表2-10　EM231模块技术指标

型　号	EM231 模拟量输入模块
总体特征	外形尺寸：71.2mm×80mm×62mm 功耗：2W
输入特性	本机输入点数：4 路模拟量输入 电源电压：标准 DC 24V/4mA 输入类型：0V～10V、0V～5V、±5V、±2.5V、0mA～20mA 分辨率：12bit 转换时间：250μs 隔离：有
耗电	从 CPU 的 DC 5V(I/O 总线)耗电 10mA
开关设置	SWl　SW2　SW3　输入类型 ON　OFF　ON　0V～10V ON　ON　OFF　0V～5V 或 0mA～20mA OFF　OFF　ON　±5V OFF　ON　OFF　±2.5V
接线端子	M 为 DC24V 电源负极端，L＋为电源正极端 RA、A＋、A-；RB、B＋、B-；RC、C＋、C-，RD、D＋、D-分别为第1路～第 4 路模拟量输入端 电压输入时，“+”为电压正端，“-”为电压负端 电流输入时，需将“R”与“＋”短接后作为电流的进入端，“-”为电流流出端

2) EM232 模拟量输出模块

EM232 具有两路模拟量输出，输出信号可以是电压也可以是电流，其输入与 PLC 具有隔离。具体技术指标见表 2-11。

表2-11　EM232模块技术指标

型　号	EM232 模拟量输出模块
总体特征	外形尺寸：71.2mm×80mm×62mm 功耗：2W
输出特性	本机输出点数：2 路模拟量输出 电源电压：标准 DC 24V/4mA 输出类型：±10V、0mA～20mA 分辨率：12bit 转换时间：100 μ s(电压输出)，2ms(电流输出) 隔离：有
耗电	从 CPU 的 DC 5V(I/O 总线)耗电 10mA
接线端子	M 为 DC24V 电源负极端，L＋为电源正极端 M0、V0、I0，M1、V1、I1 分别为第 1 路～第 2 路模拟量输出端 电压输出时，"V"为电压正端，"M"为电压负端 电流输出时，"I"为电流的进入端，"M"为电流流出

3) EM235 模拟量混合模块

EM235 具有 4 路模拟量输入和 1 路模拟量输出。它的输入信号可以是不同量程的电压或电流。其电压、电流的量程由开关 SW1～SW6 设定。EM235 有 1 路模拟量输出，其输出可以是电压，也可以是电流。EM235 模块技术指标见表 2-12。

表2-12　EM235模块技术指标

型　号	EM235 模拟量混合模块
总体特征	外形尺寸：71.2mm×80mm×62mm 功耗：2W
输入特性	本机输入点数：4 路模拟量输入 电源电压：标准 DC 24V/4mA 输入类型：0mV～50mV、0mV～100mV、0mV～500mV、0V～1V、0V～5V、0V～10V、0mA～20mA ±25mV、±50mV、±100mV、±250mV、±500mV、±1V、±2.5V、±5V、±10V 分辨率：12bit 转换时间：250 μ s 隔离：有

(续)

型 号	EM235 模拟量混合模块
输出特性	本机输出点数：1 路模拟量输出 电源电压：标准 DC 24V/4mA 输出类型：±10V、0mA～20mA 分辨率：12bit 转换时间：100 μ s(电压输出)，2ms(电流输出) 隔离：有
耗电	从 CPU 的 DC 5V(I/O 总线)耗电 10mA
开关设置	SW1 SW2 SW3 SW4 SW5 SW6 输入类型 ON OFF OFF ON OFF ON 0mV～50mV OFF ON OFF ON OFF ON 0mV～100mV ON OFF OFF OFF ON ON 0mV～500mV OFF ON OFF OFF ON ON 0V～1V ON OFF OFF OFF OFF ON 0V～5V ON OFF OFF OFF OFF ON 0mA～20mA OFF ON OFF OFF OFF ON 0V～10V ON OFF OFF ON OFF OFF ±25mV OFF ON OFF ON OFF OFF ±50mV OFF OFF ON ON OFF OFF ±100mV ON OFF OFF OFF ON OFF ±250mV OFF ON OFF OFF ON OFF ±500mV OFF OFF ON OFF ON OFF ±1V ON OFF OFF OFF OFF OFF ±2.5V OFF ON OFF OFF OFF OFF ±5V OFF OFF ON OFF OFF OFF ±10V
接线端子	M 为 DC 24V 电源负极端，L+为电源正极端 M0、V0、I0 为模拟量输出端 电压输出时，“V0”为电压正端，“M0”为电压负端 电流输出时，“I0”为电流的进入端，“M0”为电流流出端 RA、A+、A−，RB、B+、B−，RC、C+、C−：RD、D+、D−分别为第 1 路～第 4 路模拟量输入端 电压输入时，“+”为电压正端，“−”为电压负端 电流输入时，需将“R”与“+”短接后作为电流的进入端，“−”为电流流出端

2.3.4 S7-200 安装

1. 模块的安装与拆卸

S7-200CPU 模块和扩展模块都有标准的安装孔，安装尺寸如图 2-15 所示。

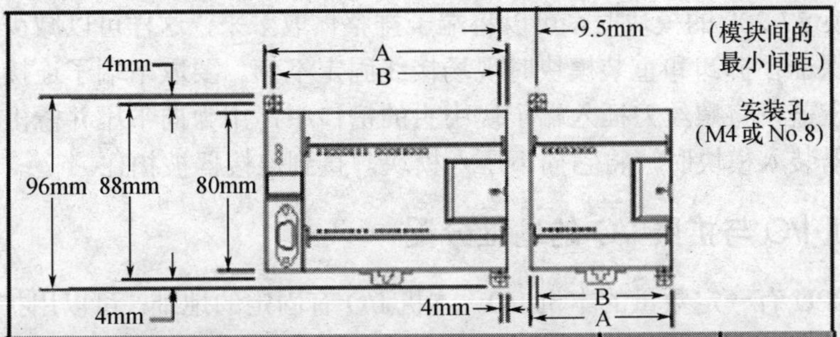
9.5mm
（模块间的
最小间距）
A
B
4mm
安装孔
（M4或No.8）
96mm
88mm
80mm
4mm
4mm
B
A

S7-200CPU模块	宽度A/mm	宽度B/mm
CPU221和CPU222	90	82
CPU224	120.5	112.5
CPU226和CPU226XM	196	188
扩展模块：8点直流和继电器I/O（8I，8O和4I/O）	46	38
扩展模块：16点数字量I/O（8I/8O），模拟量I/O（4I，4A1/1AQ，2AO）。RTD，TC，PROFIBUS，ASI，8点交流I/O（8I和8O），定位模块和调制解调器模块	71.2	63.2
扩展模块：32点数字量I/O（16I/16O）	137.3	129.3

图2-15　S7-200CPU模块和扩展模块安装尺寸

S7-200可以安装在背板上，也可以安装在标准DIN导轨上；既可以水平安装，又可以垂直安装。利用总线连接电缆，可以很容易地把CPU模块和扩展模块连接在一起。需要连接的扩展模块较多时，模块连接起来会过长，两组模块之间可以使用扩展连接电缆，将模块安装成两排。S7-200CPU 模块和扩展模块采用自然对流散热方式，每个单元的上方和下方应留25mm的散热空间，如图2-16所示。如果垂直安装，最高气温应减少10℃，前后板间的深度应不小于75mm。CPU模块应安装在扩展模块的下方。如果安装在垂直导轨上，应使用DIN导轨固定端子。在有剧烈振动的情况下，应在板上用M4螺钉固定模块。

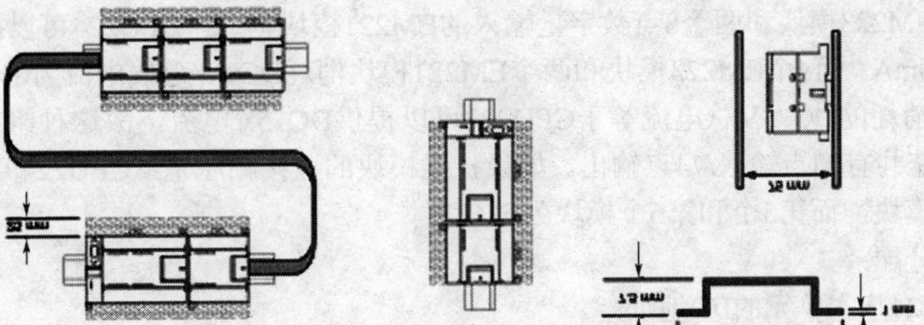

图2-16　S7-200CPU模块和扩展模块安装示意图

一般情况下可以在DIN导轨上安装，打开位于模块底部的DIN导轨夹子，将模块放在DIN导轨上，合上DIN夹子，检查模块是否已固定好。I/O模块应放在CPU模块的右侧，固定好各模块后，将扩展模块的电缆插到其左边的模块前盖下的连接器上。拆卸模块之前应切断PLC的电源，拆卸与模块相连的所有接线和电缆线后，松开固定螺钉或DIN夹子，然后取下模块。

2. 现场接线端子排与可拆卸的端子连接器

采用可选的现场接线端子排时，现场接线固定在端子排上，后者固定在模块的接线端子上。更换 S7-200 的模块时，可以将端子排整体取下来，这样可以减少更换模块的时间，还可以保证在拆卸和重装模块时现场接线固定不变。要取下端子连接器时，先抬起模块的端子上盖，将螺丝刀插入端子块中央的槽口中，用力向下压并橇出端子连接器，将端子连接器装入模块时，将它向下压入模块，直到连接器被扣住。

2.3.5 本机 I/O 与扩展 I/O 的地址分配

S7-200CPU 有一定数量的本机 I/O，本机 I/O 有固定的地址。可以用扩展 I/O 模块来增加 I/O 点数，扩展模块安装在 CPU 模块的右边，其 I/O 点的地址由模块的类型和模块在同类 I/O 模块链中的位置来决定。CPU 分配给数字量 I/O 模块的地址以字节(8 位)为单位，其中未用的位不会分配给 I/O 链中的后续模块(图 2-15)。输出模块保留字节中未用的位，可以像内部存储器标志那样来使用它们。对于输入模块，每次更新输入时都将输入字节中未用的位清零，因此，不能将它们用作内部存储器标志位。模拟量扩展模块以 2 点(4 字节)递增的方式来分配地址。例如，图 2-17 中的 CPU 224XP 未用 AQW2，它也不能分配给模块 2 用。

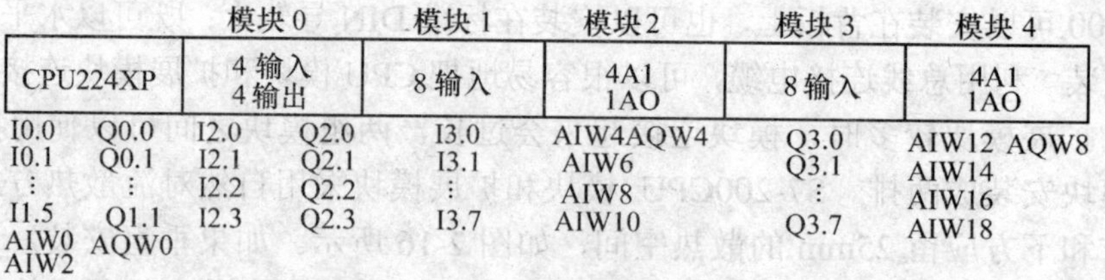
模块 0
模块 1
模块 2
模块 3
模块 4
CPU224XP
4 输入
4 输出
8 输入
4A1
1AO
8 输入
4A1
1AO
I0.0 Q0.0
I0.1 Q0.1
I1.5 Q1.1
AIW0 AQW0
AIW2
I2.0 Q2.0
I2.1 Q2.1
I2.2 Q2.2
I2.3 Q2.3
I3.0
I3.1
I3.7
AIW4 AQW4
AIW6
AIW8
AIW10
Q3.0
Q3.1
Q3.7
AIW12 AQW8
AIW14
AIW16
AIW18

图2-17　CPU 224XP本机I/O与扩展I/O地址分配举例

这里给出一个例子来说明。如果扩展单元是由4个16点数字量输入/16点数字量继电器输出的EM223模块和两个8点数字量输入的EM221模块构成。CPU224可以提供DC 5V电流为660mA。而4个EM223模块和两个EM221模块消耗DC 5V总线电流为660mA，可见扩展模块消耗的DC 5V总电流等于CPU222可以提供DC 5V电流，故这种组态还是可行的。此系统共有94点输入/74点输出。如果扩展模块的连接顺序是从CPU224开始分别为4个EM223模块，而第5个和第6个模块为EM221。

地址分配：

CPU224基本单元的I/O地址：

I0.0，I0.1，…，I0.7

I1.0，I1.1，…，I1.7

Q0.0，Q0.1，…，Q0.7

Q1.0，Q1.1

第1个EM223扩展模块的I/O地址：

I2.0，I2.1，…，I2.7

I3.0，I3.1，…，I3.7

Q2.0，Q2.1，…，Q2.7

Q3.0，Q3.1，…，Q3.7

第2个EM223扩展模块的I/O地址：

I4.0，I4.1，…，I4.7

I5.0，I5.1，…，I5.7

Q4.0，Q4.1，…，Q4.7

Q5.0，Q5.1，…，Q5.7

第3个EM223扩展模块的I/O地址：

I6.0，I6.1，…，I6.7

I7.0，I7.1，…，I7.7

Q6.0，Q6.1，…，Q6.7

Q7.0，Q7.1，…，Q7.7

第4个EM223扩展模块的I/O地址：

I8.0，I8.1，…，I8.7

I9.0，I9.1，…，I9.7

Q8.0，Q8.1，…，Q8.7

Q9.0，Q9.1，…，Q9.7

第5个EM221扩展模块的I/O地址：

I10.0，I10.1，…，I10.7

第6个EM221扩展模块的I/O地址：

I11.0，I11.1，…，I11.7

2.3.6 S7-200的外部接线与电源的选择

1. 现场接线的要求

S7-200采用0.5mm^2～1.5mm^{2}的导线，导线要尽量成对使用，应将交流线、电流大且变化迅速的直流线与弱电信号线分隔开，干扰较严重时应设置浪涌抑制设备。

2. 使用隔离电路时的接地与电路参考点

直流电源的0V是它的供电电路的参考点，有时将某些参考点接地。将相距较远的参考点连接在一起时，由于各参考点的电位不同，可能出现预想不到的电流，导致逻辑错误或损坏设备。使用同一个电源，有同一个参考点的电路，其参考点只能有一个接地点。将传感器供电的M端子接地可以提高抑制噪声的能力。

S7-200装有隔离电路，隔离电压小于AC 1500V时只能做功能隔离，不能做安全隔离。下面三组电路之间的隔离电压为AC 1500V：继电器输出、交流输出和输入与CPU逻辑电路之间；继电器输出组之间；交流电源线和零线与地、CPU逻辑电路及所有I/O之间。

将几个具有不同地电位的CPU连到一个PPI通信网络时，应使用隔离的RS-485中继器。

3. 交流电源系统的外部接线

交流电源系统的外部电路如图2-18所示，用单刀开关将电源与PLC隔离开。可以用过流保护设备(如空气开关)保护CPU的电源和I/O电路，也可以为输出点分组或分点设置熔断器。所有的地线端子集中到一起后，在最近的接地点用1.5 mm^{2}的导线一点接地。

以CPU 222模块为例，它的8个输入点I0.0～I0.7分为两组，1M和2M分别是两组输入点内部电路的公共端。L+和M端子分别是模块提供的DC24V电源的正极和负极。图中用该电源作输入电路的电源。6个输出点Q0.0～Q0.5分为两组，1L和2L分别是两组输出点内部电路的公共端。

PLC的交流电源接在L1(相线)和N(零线)端，此外还有保护接地(PE)端子。

4. 直流电源系统的外部电路

直流电源系统的外部电路如图2-19所示，用单刀开关将电源与PLC隔离开，过流保护设备、短路保护和接地的处理与交流电源系统相同。在外部交流/直流电源的输出端接大容量的电容器，负载突变时，可以维持电压稳定，以确保直流电源有足够的抗冲击能力。把所有的直流电源接地可以获得最佳的噪声抑制。

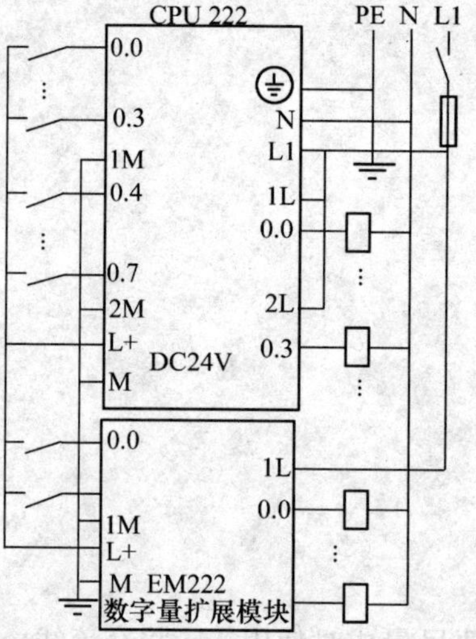

CPU 222
PE N L1
0.0
0.3
N
L1
1M
0.4
1L
0.0
0.7
2M
2L
L+
0.3
DC24V
M
0.0
1L
0.0
1M
L+
M EM222
数字量扩展模块

图2-18　交流电源系统的外部电路

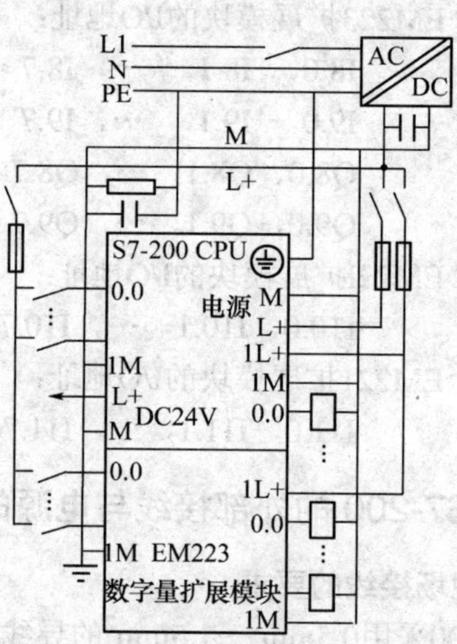

L1
N
PE
AC
DC
M
L+
S7-200 CPU
0.0
电源
M
L+
1L+
1M
1M
L+
0.0
DC24V
M
0.0
1L+
0.0
1M EM223
数字量扩展模块
1M

图2-19　直流电源系统的外部电路

未接地的直流电源的公共端M与保护地PE之间用RC并联电路连接，电阻和电容的典型值分别为1MΩ和4700pF，其中电阻提供了静电释放通路，电容用来提供高频噪声通路。

DC 24V电源回路与设备之间、AC 220V电源与危险环境之间，应提供安全电气隔离。

5. 对感性负载的处理

感性负载有储能作用，触点断开时，电路中的感性负载会产生高于电源电压数倍甚至数十倍的反电势。触点闭合时，会因触点的抖动而产生电弧，它们都会对系统产生干扰。对此可以采取以下措施：

输出端接有直流感性负载时，应在它两端并联续流二极管和稳压管的串联电路如图2-20所示。二极管可选IN4001，直流输出可以选8.2V/5W的稳压管，继电器输出可以选

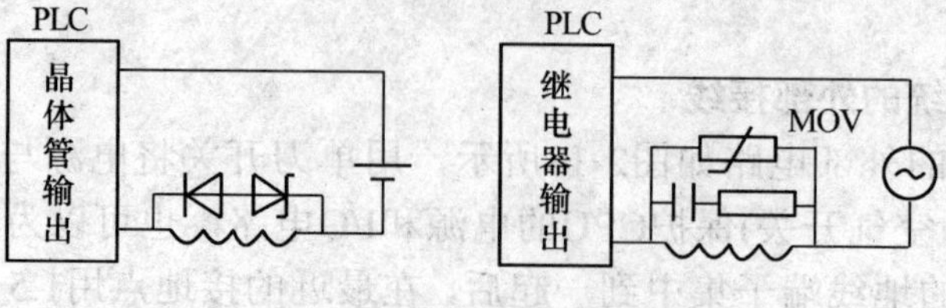

PLC
晶体管输出
PLC
继电器输出
MOV

图2-20　输出电路的处理

36V的稳压管。

输出端接有AC 230V感性负载时，应在它两端并联RC电路(图2-17)，电容可选0.1μF，电阻可选100Ω～120Ω。也可以用压敏电阻(MOV)来限制尖峰电压，其工作电压应比正常的电源电压的峰值高20%。

普通的白炽灯的工作温度在1000℃以上，冷态电阻比工作时的电阻小得多，其浪涌电流是动作电流的10倍～15倍。可以驱动AC 220V、2A电阻负载的继电器输出点只能驱动200W的白炽灯。频繁切换的灯负载应使用浪涌限制器。

6. 电源的选择

S7-200的CPU单元有一个内部电源，它为CPU模块、扩展模块和DC 24V用户供电，应根据下述的原则来确定电源的配置。

每一个CPU模块都有一个DC 24V传感器电源，它为本机的输入点或扩展模块的继电器线圈提供电源，如果要求的负载电流大于该电源的额定值，应增加一个DC 24V电源为扩展模块供电。

CPU模块为扩展模块提供DC 5V电源，如果扩展模块对DC 5V电源的需求超过其额定值，必须减少扩展模块。

S7-200的DC 24V传感器电源不能与外部的DC 24V电源并联，这种并联可能会使一个或两个电源失效，并使PLC产生不正确的操作，上述两个电源之间只能有一个连接点。

2.4 S7-200的内部元器件

2.4.1 数据的存取方式

PLC 在运行时，根据数据的不同类型、数据的不同功能作分类处理。需要处理的数据被存放在不同的存储空间，从而形成不同的数据区。这里首先涉及到对存储单元的编制问题。位存储单元的地址由字节地址和位地址组成，采取“字节.位”寻址方式。例如，I3.2，其含义为：I 为区域标示符，表示输入，字节地址为 3，位地址为 2，位地址左边为高，右边为低，如图 2-21 所示。输入字节 IB3，B 是 Byte 的缩写，由 I3.0～I3.7 这 8 位组成。

同样，图 2-22 给出了对同一地址进行字、字节和双字节存取操作示意图。相邻的两个字节组成 1 个字，用 W 表示字(Word)，用 D 表示存取双字(Double Word)。VW100 表示由 VB100 和 VB101 组成的 1 个字，其中 V 为区域标示符，100 为起始字节的地址。VD100 表示由 VB100～VB103 组成的双字，100 为起始字节的地址。

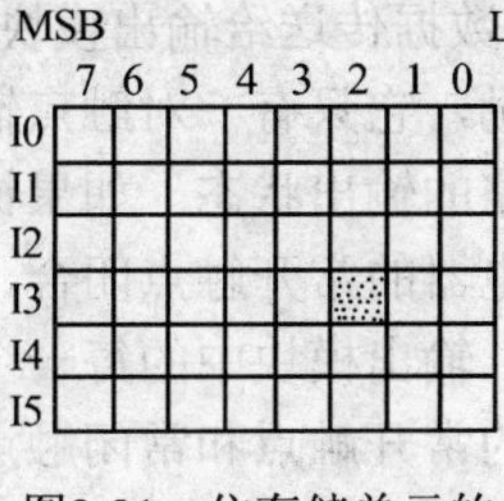
MSB
LSB
7 6 5 4 3 2 1 0
I0
I1
I2
I3
I4
I5

图2-21 位存储单元的地址示意图

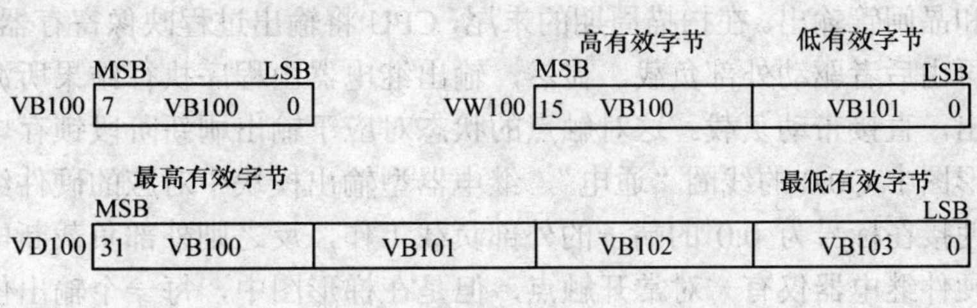
MSB
LSB
VB100
7
VB100
0
高有效字节
低有效字节
MSB
LSB
VW100
15
VB100
VB101
0
最高有效字节
最低有效字节
MSB
LSB
VD100
31
VB100
VB101
VB102
VB103
0

图2-22 同一地址进行字、字节和双字节存取操作示意图

2.4.2 CPU 的存储区

PLC 的逻辑指令一般都是针对 PLC 内某一个元器件状态而言的，这些元器件的功能是相互独立的，每种元器件用特定的字母来表示，例如，I 表示输入继电器，Q 表示输出继电器，T 表示定时器，C 表示计数器，AC 表示累加器等，并对这些元器件给予一定的编号。编号是采用八进制数码，即元件状态存放在指定地址的内存单元中，供编程时调用。在编写用户程序时，必须熟悉每条指令涉及的元器件的功能及其规定编号。

1. 输入继电器 I

输入继电器是 PLC 接收来自外部输入的数字量信号。在每个扫描周期的开始，PLC 通过光电耦合器，将外部信号的状态读入，CPU 对物理输入点进行采样，并将采样值存于输入映像寄存器中。外部输入电路接通时对应的映像寄存器为 ON(1)，反之为 OFF(0)。输入端可以外接常开触点或常闭触点，也可以接多个触点组成的串并联电路。在梯形图中，可以多次使用输入位的常开触点和常闭触点。

给出输入继电器 I0.0 的等效电路如图 2-23 所示。由输入按钮信号驱动，其常开、常闭点供编程时使用。编程时应注意，输入继电器只能由外部信号所驱动，而不能在程序内部用指令来驱动，其触点也不能直接输出带动负载。I、Q、V、M、S、SM、L 均可以按位、字节、字和双字来存取。

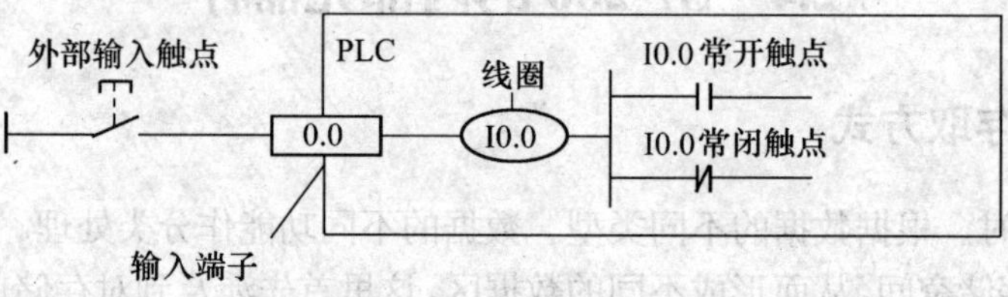
外部输入触点
PLC
线圈
I0.0 常开触点
0.0
I0.0
I0.0 常闭触点
输入端子

图2-23　输入继电器I0.0的等效电路图

S7-200 系列 PLC 的指令集还支持直接访问实际 I/O。使用立即输入指令时，绕过输入映像寄存器，直接读取输入端子上的 ON、OFF 状态，且不影响输入映像寄存器的状态。

2. 输出继电器 Q

PLC 的输出端子是 PLC 向外部负载发出控制命令。输出继电器的外部输出触点接到输出端子，以控制外部负载。输出继电器的输出方式有 3 种：继电器输出、晶体管输出和晶闸管输出。在扫描周期的末尾，CPU 将输出过程映像寄存器的数据传送给输出模块，再由后者驱动外部负载。显然，输出继电器由程序执行结果所激励，它只有一对触点输出，直接带动负载。这对触点的状态对应于输出刷新阶段锁存电路的输出状态。如果梯形图中 Q0.0 的线圈“通电”，继电器型输出模块中对应的硬件继电器的常开触点闭合，使接在标号为 0.0 的端子的外部负载工作，反之则外部负载断电。输出模块中的每一个硬件继电器仅有一对常开触点，但是在梯形图中，每一个输出位的常开触点和常闭触点都可以多次使用。

给出输出继电器 Q0.0 的等效电路如图 2-24 所示。

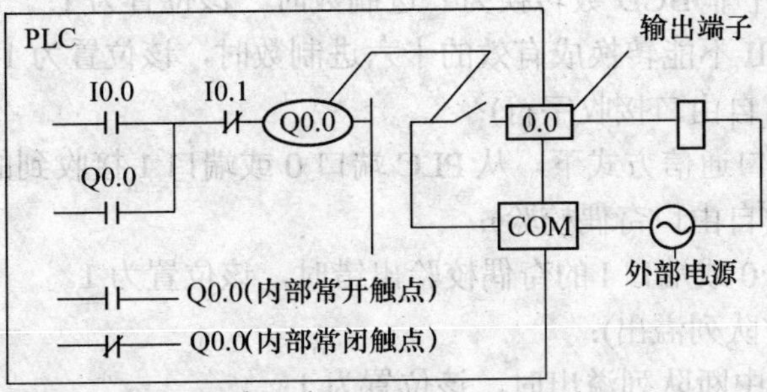
PLC
I0.0
I0.1
Q0.0
Q0.0
输出端子
0.0
COM
外部电源
Q0.0(内部常开触点)
Q0.0(内部常闭触点)

图2-24 输出继电器Q0.0的等效电路图

使用立即输出指令时，除影响输出映像寄存器相应位的状态外，还立即将其内容传送到实际输出端子去驱动外部负载。

3. 变量寄存器 V

变量寄存器在程序执行的过程中存放中间结果，或用来保存与工序或任务有关的其他数据。S7-200 系列 PLC 有较大容量的变量寄存器，用于模拟量控制、数据运算、设置参数用途。变量寄存器以 bit 为单位使用，也可按字节、字、双字为单位使用。其数目取决于 CPU 的型号

4. 辅助继电器 M

辅助继电器作为控制继电器来存储中间操作状态或其他控制信息，并不直接驱动外部负载。一般以位为单位使用，即等同于一个中间继电器。也可以字节、字、双字为单位来存取。在 S7-200 系列 P L C 中，CPU 型号不同，辅助继电器的数量也不同。

5. 特殊标志位 SM

特殊标志位是用户程序与系统程序之间的界面，为用户提供一些特殊的控制功能及系统信息，用户对操作的一些特殊要求也可通过特殊标志位通知系统。特殊标志位的数目取决于 CPU 的型号。特殊标志位分为只读区和可读/可写区两大部分。可读/可写特殊标志位用于特殊控制功能。例如，用于自由通信口设置的 SMB30 字节，用于定时中断间隔时间设置的 SMB34 字节和 SMB35 字节，用于高速计数器设置的 SMB36 字节～SMB65 字节，用于脉冲串输出控制的 SMB66 字节～SMB85 字节等。

常用的特殊继电器及其功能如下：

(1) SMB0 字节(系统状态位)：

SM0.0 PLC 运行时这一位始终为 1，是常闭(ON)继电器；

SM0.1 PLC 首次扫描时为一个扫描周期。用途之一是调用初始化使用；

SM0.3 开机进人 RUN 方式，将 ON(闭合)一个扫描周期；

SM0.4 该位提供了一个周期为 1min、占空比为 0.5 的时钟；

SM0.5 该位提供了一个周期为 1s、占空比为 0.5 的时钟。

(2) SMB1 字节(系统状态位)：

SM1.0 当执行某些命令时，其结果为 0 时，该位置为 1；

SM1.1 当执行某些命令时，其结果溢出或出现非法数值时，该位置为 1；

SM1.2 当执行数学运算时，其结果为负数时，该位置为 1；

SMl.6　当把一个非 BCD 数转换为二进制数时，该位置为 1；

SMl.7　当 ASCII 不能转换成有效的十六进制数时，该位置为 1。

(3) SMB2 字节(自由口接收字符)：

SMB2　在自由口通信方式下，从 PLC 端口 0 或端口 1 接收到的每一个字符。

(4) SMB3 字节(自由口奇偶校验)：

SM3.0　当端口 0 或端口 1 的奇偶校验出错时，该位置为 1。

(5) SMB4 字节(队列溢出)：

SM4.0　当通信中断队列溢出时，该位置为 1；

SM4.1　当输入中断队列溢出时，该位置为 1；

SM4.2　当定时中断队列溢出时，该位置为 1；

SM4.3　在运行时刻，发现编程问题时，该位置为 1；

SM4.4　当全局中断允许时，该位置为 1；

SM4.5　当口 0 发送空闲时，该位置为 1；

SM4.6　当口 1 发送空闲时，该位置为 1。

(6) SMB5 字节(I/O 状态)：

SM5.0　有 I/O 错误时，该位置为 1；

SM5.1　当 I/O 总线上接了过多的数字员 I/O 点时，该位置为 1；

SM5.2　当 I/O 总线上接了过多的模拟量 I/O 点时，该位置为 1；

SM5.7　当 DP 标准总线出现错误时，该位置为 1。

(7) SMB6 字节(CPU 识别寄存器)：

SM6.7~SM6.4=0000 为 CPU212/CPU222；

SM6.7~SM6.4=0010 为 CPU214/CPU224；

SM6.7~SM6.4=0110 为 CPU22l；

SM6.7~SM6.4=1000 为 CPU215；

SM6.7~SM6.4=100l 为 CPU216/CPU226。

(8) SMB8 字节～SMB21 字节(I/O 模块识别和错误寄存器)：

SMB8　　模块 0 识别寄存器；

SMB9　　模块 0 错误寄存器；

SMB10　模块 1 识别寄存器；

SMB11　模块 1 错误寄存器；

SMB12　模块 2 识别寄存器；

SMB13　模块 2 错误寄存器；

SMB14　模块 3 识别寄存器；

SMB15　模块 3 错误寄存器；

SMB16　模块 4 识别寄存器；

SMB17　模块 4 错误寄存器；

SMB18　模块 5 识别寄存器；

SMB19　模块 5 错误寄存器；

SMB20　模块 6 识别寄存器；

SMB21　模块 6 错误寄存器。

(9) SMW22 字节～SMW26 字节(扫描时间)：

SMW22　上次扫描时间；

SMW24　进入 RUN 方式后，所记录的最短扫描时间；

SMW26　进入 RUN 方式后，所记录的最长扫描时间。

(10) SMB28 字节和 SMB29 字节(模拟电位器)：

SMB28　存储模拟电位 0 的输入值；

SMB29　存储模拟电位 1 的输入值。

(11) SMB30 字节和 SMBl30 字节(自由口控制寄存器)：

SMB30　控制自由口 0 的通信方式；

SMBl30　控制自由口 1 的通信方式。

(12) SMB34 字节和 SMB35 字节(定时中断时间间隔寄存器)：

SMB34　定义定时中断 0 的时间间隔(5ms～255ms，以 1ms 为增量)；

SMB35　定义定时中断]的时间间隔(5ms～255ms，以 lms 为增量)。

(13) SMB36 字节～SMB65 字节(高速计数器 HSC0、HSCl 和 HSC2 寄存器)：

SMB36　HSC0 当前状态寄存器；

SMB37　HSC0 控制寄存器；

SMD38　HSC0 新的当前值；

SMD42　HSC0 新的预置值；

SMB46　HSCl 当前状态寄存器；

SMB47　HSCl 控制寄存器；

SMD48　HSCl 新的当前值；

SMD52　HSCl 新的预置值；

SMB56　HSC2 当前状态寄存器；

SMB57　HSC2 控制寄存器；

SMD58　HSC2 新的当前值；

SMD62　HSC2 新的预置值。

(14) SMB66 字节～SMB85 字节(监控脉冲输出(PTO)和脉宽调制(PWM)功能)。

(15)SMB86 字节～SMB94 字节、SMBl86 字节～SMBl79 字节(接收信息控制)：

SMB86～SMB94 为通信口 0 的接收信息控制；

SMB179～SMBl86 为通信口 1 的接收信息控制；

SMB86 和 SMBl86 为接收信息状态寄存器；

SMB87 和 SMBl87 为接收信息控制寄存器。

(16) SMB98 字节和 SMB99 字节(有关扩展总线的错误号)。

(17) SMBl31 字节～SMBl65 字节(高速计数器 HSC3、HSC4 和 HSC5 寄存器)。

(18) SMBl66 字节～SMBl79 字节(PTO0、PTO1 的包络步的数量、包络表的地址和 V 存储器中表的地址)。

6. 定时器 T

定时器相当于继电器系统中的时间继电器。S7-200 有 3 种定时器，它们的时基增量分别为 1ms、10ms 和 100ms。定时器的当前值寄存器是 16 位有符号整数，用于存储定时器累计的时基增量值(1~32767)。

定时器位用来描述定时器的延时动作的触点状态，定时器位为 1 时，梯形图中对应的常开触点闭合，常闭触点断开；定时器位为 0 时则触点的状态相反。

接通延时定时器的当前值(SV)大于等于设定值(PT)时，定时器位被置为 1。其线圈断电时，定时器位被复位为 0。用定时器地址来存取当前值和定时器位，带位操作数的指令存取定时器位，带字操作数的指令存取当前值。定时器有关技术指标见表 2-13。

表2-13　定时器有关技术指标

型　号	CPU212	CPU214	CPU215	CPU216
定时器	64 T0～T63	128 T0～T127	256 T0～T255	256 T0～T255
保持型延时通定时器(1ms)	T0	T0，T64	T0，T64	T0，T64
保持型延时通定时器(10ms)	T1～T4	T1～T4 T65～T68	T1～T4 T65～T68	T1～T4 T65～T68
保持型延时通定时器(100ms)	T5～T31	T5～T31 T69～T95	T5～T31 T69～T95	T5～T31 T69～T95
延时通定时器(1ms)	T32	T32，T96	T32，T96	T32，T96
延时通定时器(10ms)	T33～T36	T33～T36 T97～T100	T33～T36 T97～T100	T33～T36 T97～T100
延时通定时器(100ms)	T37～T63	T37～T63 T101～T127	T37～T63 T101～T255	T37～T63 T101～T255

7. 计数器 C

计数器用来累计其计数输入端脉冲电平由低到高的次数，CPU 提供加计数器、减计数器和加减计数器。计数器的结构与定时器基本一样，计数器的当前值为 16 位有符号整数，用来存放累计的脉冲数(1～32767)。用计数器地址来存取当前值和计数器位。带位操作数的指令存取计数器位；带字操作数的指令存取当前值。

加计数器的功能是每收到一个计数脉冲，计数器的计数增加 1。当计数值等于或大于设定值时，计数器由 OFF 转变为 ON 状态。

减计数器的功能是每收到一个计数脉冲，计数器的计数值减 1。当计数值等于 0 时，计数器由 OFF 转变为 ON 状态。

加减计数器的功能是可以加计数也可以减计数。当加计数时，每收到一个计数脉冲，计数器的计数值加 1。当计数值等于或大于设定值时，计数器由 OFF 转变为 ON 状态。当减计数时，每收到一个计数脉冲，计数器的计数值减 1。当计数值小于设定值时，计数器由 ON 转变为 OFF 状态。

8. 高速计数器 HSC

高速计数器用来累计比 CPU 的扫描速率更快的事件，计数过程与扫描周期无关。其当前值和设定值为 32 位有符号整数，当前值为只读数据。高速计数器的地址由区域标示符 HC 和高速计数器号组成。S7-200 有 6 个高速计数器，编号为：HSC0、HSC1、HSC2、HSC3、HSC4、HSC5；其中 CPU221 和 CPU222 仅有 4 个高速计数器：HSC0、HSC3、HSC4、HSC5。

9. 累加器 AC

累加器是可以像存储器那样使用的读/写单元，例如，可以用它向子程序传递参数，或从子程序返回参数，以及用来存放计算的中间值。CPU 提供了 4 个 32 位累加器(AC0～AC3)，可以按字节、字和双字来存取累加器中的数据。按字节、字只能存取累加器的低 8 位或低 16 位，双字存取全部的 32 位，存取的数据长度由所用的指令决定。

10. 状态元件 S

状态元件是使用步进控制指令编程时的重要元件，通常与步进指令 LSCR、SCRT、SCRE 结合使用，实现顺序功能流程图编程即 SFC 编程。状态元件的数目取决于 CPU 型号。

11. 模拟量 I/O (AIW/AQW)

模拟量信号经 A/D、D/A 转换，在 PLC 外为模拟量，在 PLC 内为数字量。在 PLC 内的数字量字长为 16bit，即 2Byte，故其地址均以偶数表示。例如，AIW0，AIW2，AIW4，…；AQW0，AQW2，AQW4，…。地址范围：AIW0～AIW30，AQW0～AQW30。

12. CPU 存储器的范围和特性

S7-200 CPU 存储器的范围和特性及操作数范围分别见表 2-14 和表 2-15。

表2-14　CPU存储器的范围和特性

描　述	CPU221	CPU222	CPU224	CPU226	CPU226XM
用户程序大小	2K 字	2K 字	4K 字	4K 字	8K 字
用户数据大小	1K 字	1K 字	2.5K 字	2.5K 字	5K 字
输入映像寄存器	10.0～115.7	10.0～115.7	10.0～115.7	10.0～115.7	10.0～115.7
输出映像寄存器	Q0.0～Q15.7	Q0.0～Q15.7	Q0.0～Q15.7	Q0.0～Q15.7	Q0.0～Q15.7
模拟量输入(只读)	-	A/W0～A/W30	A/W0～A/W62	A/W0～A/W62	A/W0～A/W62
模拟量输出(只写)	-	AQW0～AQW30	AQW0～AQW62	AQW0～AQW62	AQW0～AQW62
变量存储器 V	VB0～VB2047	VB0～VB2047	VB0～VB5119	VB0～VB5119	VB0～VB10239
局部存储器 L	LB0～LB63	LB0～LB63	LB0～LB63	LB0～LB63	LB0～LB63
位存储器 M	M0.0～M31.7	M0.0～M31.7	M0.0～M31.7	M0.0～M31.7	M0.0～M31.7
特殊存储器 SM(只读)	SM0.0～SM179.7 SM0.0～SM29.7	SM0.0～SM299.7 SM0.0～SM29.7	SM0.0～SM549.7 SM0.0～SM29.7	SM0.0～SM549.7 SM0.0～SM29.7	SM0.0～SM549.7 SM0.0～SM29.7
定时器 有记忆接通延时 1ms 有记忆接通延时 10ms 有记忆接通延时 100ms 接通/关断延时 1ms	256(T0～T255) T0，T64 T1～T4，T65～T65 T5～T31， T69～T95 T32，T96	256(T0～T255) T0，T64 T1～T4，T65～T68 T5～T31， T69～T95 T32，T96	256(T0～T255) T0～T64 T1～T4,T65～T68 T5～T31， T69～T95 T32，T96	256(T0～T255) T0，T64 T1～T4,T65～T68 T5～T31， T69～T95 T32,T96	256(T0～T255) T0，T64 T1～T4，T65～T68 T5～T31 T69～T95 T32，T96

(续)

描　述	CPU221	CPU222	CPU224	CPU226	CPU226XM
接通/关断延时 10ms	T33～T36 T97～T100	T33～T36 T97～T100	T33～T 36 T97～T100	T33～T36 T97～T100	T33～T36 T97～T100
接通/关断延时 100ms	T37～T63 T101～T255	T37～T63 T101～T255	T37～T63 T101～T255	T37～T63 T101～T255	T37～T63 T101～T255
计数器	C0～C255	C0～C255	C0～C255	C0～C255	C0～C255
高速计数器	HC0，HC3，HC4，HC5	HC0，HC3，HC4，HC5	HC0，HC5	HC0，HC5	HC0，HC5
顺序控制继电器 S	S0.0～S31.7	S0.0S31.7	S0.0～S31.7	S0.0～S31.7	S0.0～S31.7
累加寄存器	AC0～AC3	AC0～AC3	AC0～AC3	AC0～AC3	AC0～AC3
跳转/标号	0～255	0～255	0～255	0～255	0～255
调用/子程序	0～63	0～63	0～63	0～63	0～127
中断程序	0～127	0～127	0～127	0～127	0～127
正/负跳变	256	256	256	256	256
PID 回路	0～7	0～7	0～7	0～7	0～7
端口	端口 0	端口 0	端口 0	端口 0，1	端口 0，1

表2-15　CPU操作数范围

存储方式	元器件符号	CPU221	CPU222	CPU224, CPU226	CPU 226XM
位存数(字节，位)	I	0.0～15.7	0.0～15.7	0.0～15.7	0.0～15.7
	O	0.0～15.7	0.0～15.7	0.0～15.7	0.0～15.7
	V	0.0～2047.7	0.0～2047.7	0.0～5119.7	0.0～10239.7
	M	0.0～31.7	0.0～31.7	0.0～31.7	0.0～31.7
	SM	0.0～179.7	0.0～299.7	0.0～543.7	0.0～649.7
	S	0.0～31.7	0.0～31.7	0.0～31.7	0.0～31.7
	T	0～255	0～255	0～255	0～255
	C	0～255	0～255	0～255	0～255
	L	0.0～59.7	0.0～59.7	0.0～59.7	0.0～59.7
字节存数	IB	0～15	0～15	0～15	0～15
	OB	0～15	0～15	0～15	0～15
	VB	0～2047	0～2047	0～5119	0～10239
	MB	0～31	0～31	0～31	0～31
	SMB	0～179	0～299	0～549	0～549
	SB	0～31	0～31	0～31	0～31
	L	0～63	0～63	0～63	0～256
	AC	0～3	0～3	0～3	0～256

(续)

存储方式	元器件符号	CPU221	CPU222	CPU224，CPU226	CPU 226XM
字存数	IW	0～14	0～14	0～14	0～14
	QW	0～14	0～14	0～14	0～14
	VW	0～2046	0～2046	0～5118	0～10238
	MW	0～30	0～30	0～30	0～30
	SMW	0～178	0～298	0～548	0～548
	SW	0～30	0～30	0～30	0～30
	T	0～255	0～255	0～255	0～255
	C	0～255	0～255	0～255	0～255
	LW	0～58	0～58	0～58	0～58
	AC	0～3	0～3	0～3	0～3
	AW	无	0～30	0～62	0～62
	AQW	无	无	0～62	0～62
双字存数	ID	0～12	0～12	0～12	0～12
	OD	0～12	0～12	0～12	0～12
	VD	0～2044	0～2044	0～5116	0～10236
	MD	0～28	0～28	0～28	0～28
	SMD	0～176	0～296	0～546	0～545
	SD	0～28	0～28	0～28	0～28
	LD	0～56	0～56	0～56	0～56
	AC	0～3	0～3	0～3	0～3
	HC	0，3，4，5	0，3，4，5	0～5	0～5

第 3 章　PLC 的基本指令及步进控制指令

3.1　PLC 逻辑指令

3.1.1　位逻辑指令

S7-200 系列 PLC 中的位逻辑指令主要包括：触点指令、触点串并联指令、电路块串并联指令等。

1. 触点指令(LD、LDN)

LD(Load)：常开触点逻辑运算；

LDN(Load Not)：常闭触点逻辑运算。

上述两条指令的梯形图和指令表如图 3-1 所示。

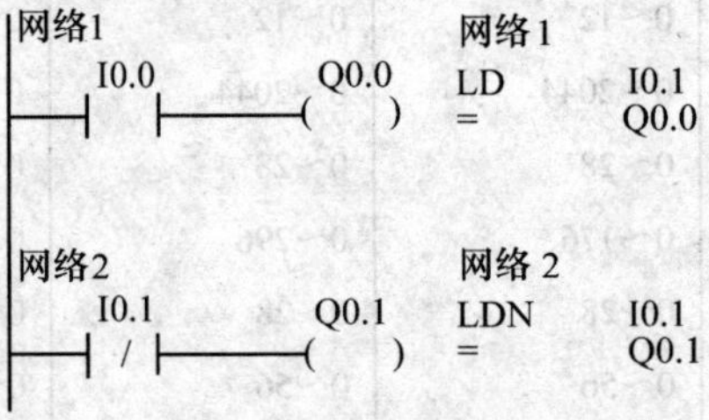

网络1
I0.0
Q0.0
网络1
LD I0.1
= Q0.0
网络2
I0.1
Q0.1
网络 2
LDN I0.1
= Q0.1

图3-1　LD、LDN指令梯形图和指令表

LD、LDN 指令用于与输入公共线(输入母线)相连的触点，也可以与 OLD、ALD 指令配合使用于分支回路的开头。

2. 触点串联指令(A、AN)

A(And)：常开触点串联连接；

AN(And Not)：常闭触点串联连接。

上述两条指令的梯形图和指令表如图 3-2 所示。

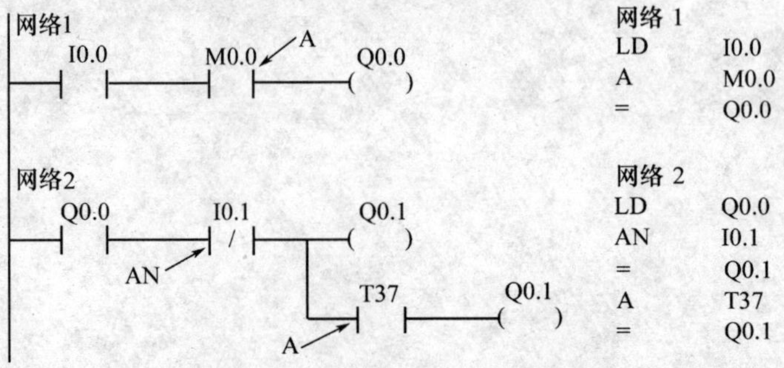

网络1
I0.0
M0.0
A
Q0.0
网络 1
LD I0.0
A M0.0
= Q0.0
网络2
Q0.0
I0.1
Q0.1
AN
T37
Q0.1
A
网络 2
LD Q0.0
AN I0.1
= Q0.1
A T37
= Q0.1

图3-2　A、AN指令梯形图和指令表

A、AN 是单个触点串联连接指令，可连续使用。

3. 触点并联指令(O、ON)

O(Or)：常开触点并联连接；

ON(Or Not)：常闭触点并联连接。

O、ON 指令的梯形图和指令表如图 3-3 所示。

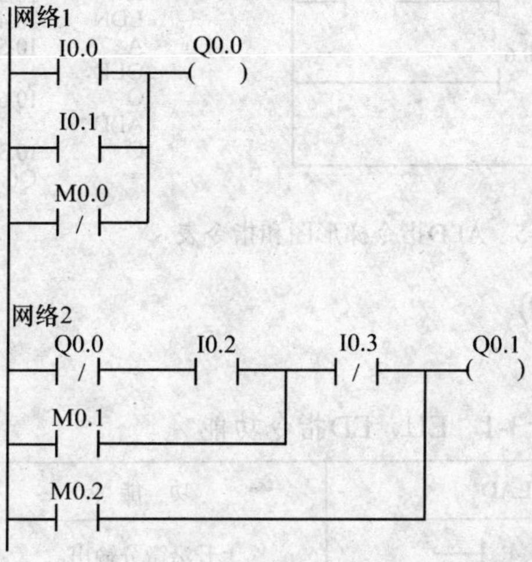
网络1
I0.0
Q0.0
I0.1
M0.0
网络2
Q0.0
I0.2
I0.3
Q0.1
M0.1
M0.2

网络 1

```
LD    I0.0
O     I0.1
ON    M0.0
=     Q0.0
```

网络 2

```
LDN   Q0.0
A     I0.2
O     M0.1
AN    I0.3
O     M0.2
=     Q0.1
```

图3-3　O、ON指令梯形图和指令表

O、ON 指令可作为一个接点并联连接指令，紧接在 LD，LDN 指令之后使用，即对其前面 LD、LDN 指令所规定的触点再并联一个触点，可以连续使用。

4. 串联电路块的并联指令(OLD)

OLD(Or Load)指令用于串联电路块的并联连接。

OLD 指令的梯形图和指令表如图 3-4 所示。

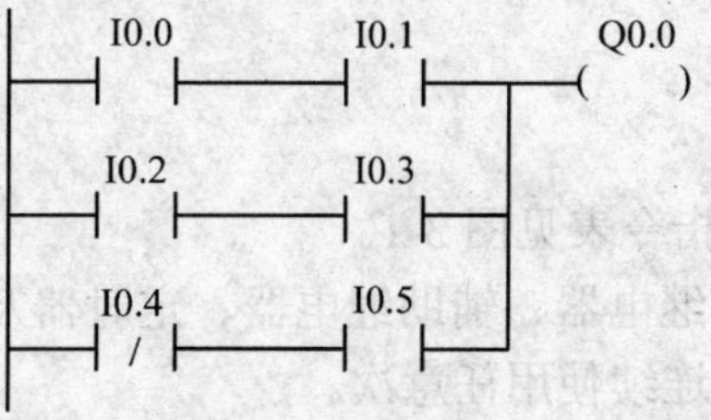
I0.0
I0.1
Q0.0
I0.2
I0.3
I0.4
I0.5

```
LD    I0.0
A     I0.1
LD    I0.2
A     I0.3
OLD
LDN   I0.4
A     I0.5
OLD
=     Q0.0
```

图3-4　OLD指令梯形图和指令表

当几个串联支路并联连接时，其支路的起点以 LD、LDN 开始，支路终点用 OLD 指令结束。如果需要将多个支路并联，从第二条支路开始，在每一支路后面加 OLD 指令。用这种方法编程，对并联支路的个数没有限制。

5. 并联电路块的串联指令(ALD)

ALD(And Load)指令用于并联电路块的串联连接。

ALD 指令的梯形图和指令表如图 3-5 所示。

在分支电路(并联电路块)与前面电路串联连接时，使用 ALD 指令。分支的起点用

LD，LDN 指令，并联电路块结束后，使用 ALD 指令与前面电路串联。如果有多个并联电路块串联，顺次以 ALD 指令与前面支路连接，支路数量没有限制。

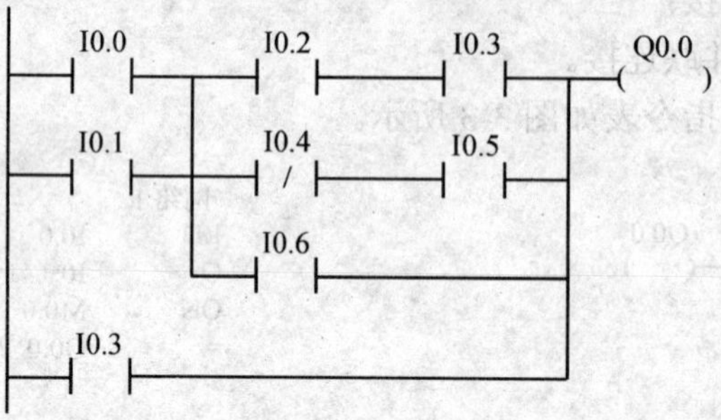
I0.0
I0.2
I0.3
Q0.0
I0.1
I0.4
I0.5
I0.6
I0.3

```
LD    I0.0
O     I0.1
LD    I0.2
A     I0.3
LDN   I0.4
A     I0.5
OLD
O     I0.6
ALD
O     I0.3
=     Q0.0
```

图3-5　ALD指令梯形图和指令表

6. 正、负跳变指令(EU、ED)

EU、ED 指令功能见表 3-1。

表3-1　EU、ED指令功能

STL	LAD	功　能	操作元件
EU(Edge Up)	─┤ P ├─	上升沿微分输出	无
ED(Edge Down)	─┤ N ├─	下降沿微分输出	无

EU 指令在检测到对应 EU 指令前的逻辑运算结果有一个正跳变时(由 0～1)，让能流接通一个扫描周期，驱动其后面的输出线圈。

ED 指令在检测到每一次负跳变(由 1～0)时，让能流接通一个扫描周期。

3.1.2　线圈

1. 输出指令

＝(Out)：线圈驱动。

线圈驱动输出指令的梯形图和指令表见图 3-1。

＝指令在使用时可以用于输出继电器、辅助继电器、定时器及计数器等，但不能用于输入继电器。并联的＝指令可以连续使用任意次。

2. 置位和复位指令(S/R)

S/R 指令功能见表 3-2。

表3-2　S/R指令功能

STL	LAD	功　能
S　BIT, N	BIT ─(S) N	从 BIT 位开始的 N 个元件置 1 并保持
R　BIT, N	BIT ─(R) N	从 BIT 位开始的 N 个元件清 0 并保持

置位(S)和复位(R)指令将从指定地址开始的 N 个点置位或者复位。可以一次置位或者复位 1 个～255 个点。

S/R 指令应用示例如图 3-6 所示，I0.0 的上升沿令 Q0.0 接通并保持，即使 I0.0 断开也不再影响 Q0.0。I0.1 的上升沿时 Q0.0 断开并保持断开状态，直到 I0.0 的下一个脉冲到来。

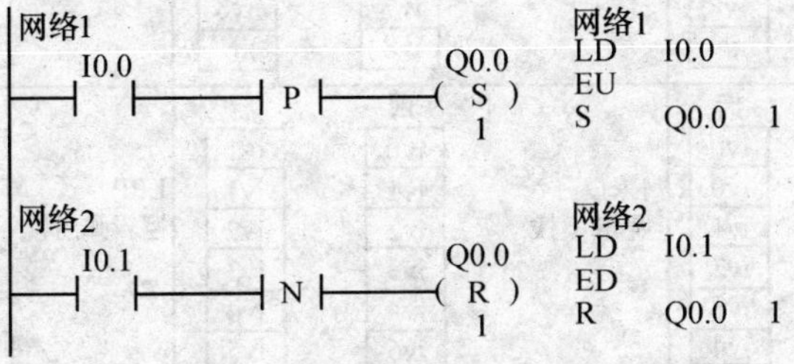
网络1
I0.0
P
Q0.0
S
1
网络1
LD I0.0
EU
S Q0.0 1
网络2
I0.1
N
Q0.0
R
1
网络2
LD I0.1
ED
R Q0.0 1

图3-6 S/R指令应用示例

对同一元件可以多次使用 S/R 指令(与＝指令不同)。实际上图 3-6 的例子组成一个 R/S 触发器，但要注意，由于扫描工作方式，故写在后面的指令有优先权。在此示例中，若 I0.0 和 I0.1 同时为 1，则 Q0.0 为 0。因为 R 指令写在后面，有优先权。

如果复位指令指定的是一个定时器 T 或者计数器 C，指令不但复位定时器或计数器，而且清除定时器或计数器的当前值。

3.1.3 逻辑堆栈指令

S7-200 系列 PLC 中有一个 9 层堆栈，用于处理所有逻辑操作，成为逻辑堆栈。

ALD 指令：栈装载与指令，ALD 指令把逻辑堆栈中第一层和第二层的值做“与”操作，结果置于栈顶。执行完栈装载与指令之后，栈深度减 1。

OLD 指令：栈装载或指令，OLD 指令把逻辑堆栈中第一层和第二层的值做“或”操作，结果置于栈顶。执行完栈装载或指令之后，栈深度减 1。

LPS 指令：逻辑推入栈指令，LPS 指令复制堆栈顶的值，并将这个值推入堆栈。栈低的值被推出并消失。

LRD 指令：逻辑读栈指令，LRD 指令复制堆栈中的第二个值到栈顶。堆栈没有推入栈或者弹出栈操作，但旧的栈顶值被新的复制值取代。

LPP 指令：逻辑弹出栈指令，LPP 指令弹出栈顶的值，堆栈的第二个栈值成为新的栈顶值。

逻辑堆栈指令的操作如图 3-7 所示。

逻辑堆栈指令的应用示例如图 3-8 所示。

图 3-8 所示的例子说明这几条指令的作用。其中仅用了 2 层栈，实际上因为逻辑堆栈有 9 层，故可以连续使用多次 LPS，形成多层分支。但要注意的是，LPS 和 LPP 必须配对使用。

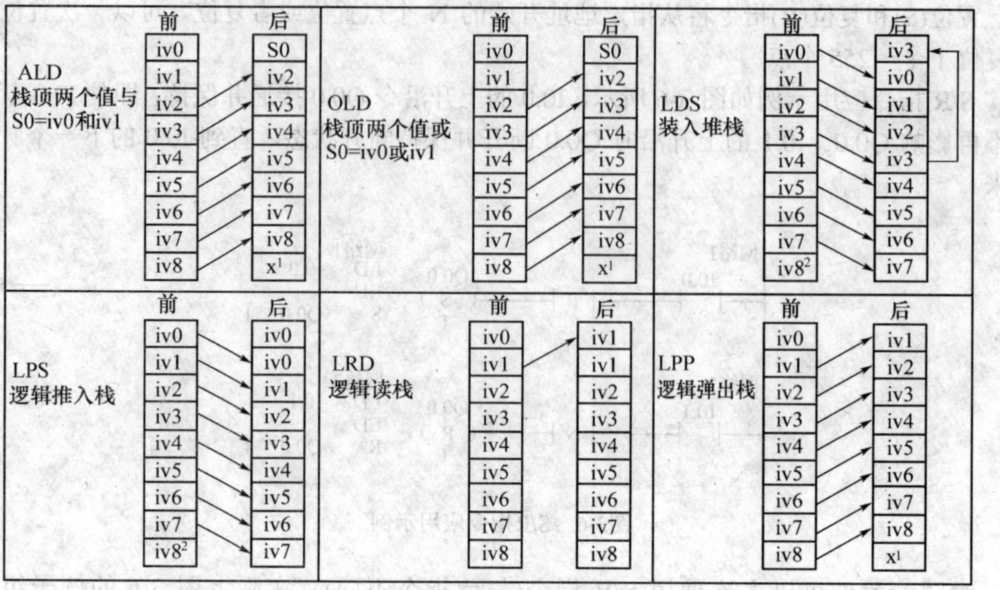
前
后
ALD
栈顶两个值与
S0=iv0和iv1
OLD
栈顶两个值或
S0=iv0或iv1
LDS
装入堆栈
LPS
逻辑推入栈
LRD
逻辑读栈
LPP
逻辑弹出栈

图3-7　逻辑堆栈指令的操作

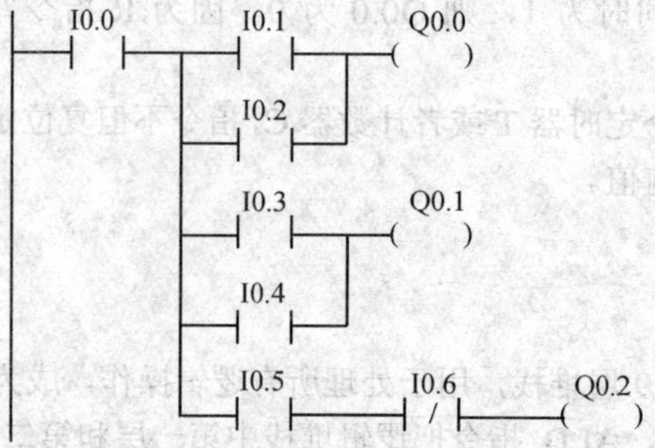
I0.0
I0.1
Q0.0
I0.2
I0.3
Q0.1
I0.4
I0.5
I0.6
Q0.2

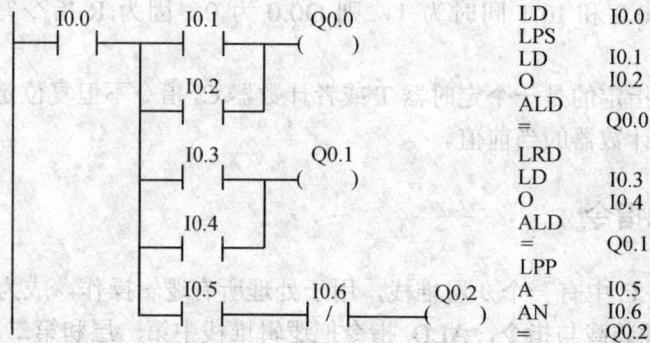

```
LD    I0.0
LPS
LD    I0.1
O     I0.2
ALD
=     Q0.0
LRD
LD    I0.3
O     I0.4
ALD
=     Q0.1
LPP
A     I0.5
AN    I0.6
=     Q0.2
```

图3-8　LPS、LRD、LPP指令的应用示例

3.1.4　定时器

1. 定时器指令

S7-200 系列 PLC 按工作方式分有 3 类定时器：

TON：接通延时定时器(On Delay Timer)；

TONR：有记忆的接通延时定时器(Retentive On Delay Timer)；

TOF：断开延时定时器(Off Delay Timer)。

3 类定时器的指令见表 3-3。

3 类定时器用于执行不同类型的定时任务：

(1) 接通延时定时器(TON)用于单一间隔的定时。

(2) 有记忆接通延时定时器(TONR)用于累计许多时间间隔。

(3) 断开延时定时器(TOF)用于关断或者故障时间后的延时(如在电动机停后，需要冷却电动机)。

表3-3 定时器指令

STL	LAD	功 能
TON T××, PT	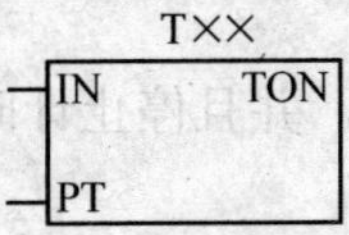 T×× IN TON PT	接通延时定时器
TONR T××, PT	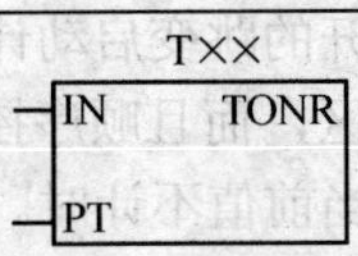 T×× IN TONR PT	有记忆的接通延时定时器
TOF T××, PT	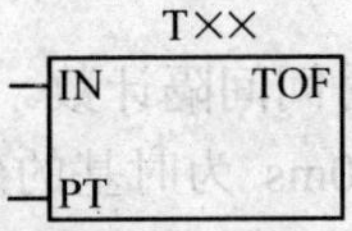 T×× IN TOF PT	断开延时定时器

3 类定时器指令的有效操作数见表 3-4。

表3-4 定时器指令的有效操作数

输入/输出	数据类型	操 作 数
T××	WORD	常数(T0～T255)
IN	BOOL	I、Q、V、M、SM、S、T、C、L、能流
PT	INT	IW、QW、VW、MW、SMW、T、C、LW、AC、AIW、常数

3 类定时器指令的详细操作数据见表 3-5。

表3-5 定时器指令的操作数据

定时器类型	当前值>=预设值	使能输入接通	使能输入断开	上电周期/首次扫描
TON	定时器位 ON，当前连续计数到 32767	当前值计数时间	定位器 OFF，当前值=0	定时器位 OFF，当前值=0
TONR	定时器位 ON，当前连续计数到 32767	当前值计数时间	定时器位 OFF，当前值保持最后状态	定时器位 OFF，当前值保持
TOF	定时器位 OFF，当前值=预设值，停止计数	定时器位 ON，当前值=0	发生 ON 到 OFF 的跳变之后，定时器计数	定时器位 OFF，当前值=0

接通延时定时器和有记忆接通延时定时器的使用说明：

(1) 当使能输入接通时，接通延时定时器和有记忆接通延时定时器开始计时，当定时器的当前值大于或等于预设值时，该定时器被置位。

(2) 当使能输入断开时，接通延时定时器清除当前值，而有记忆接通延时定时器，则保持其当前值不变。

(3) 可以用有记忆接通延时定时器累计输入信号的接通时间，利用复位指令 R 清除其当前值。

(4) 当达到预设时间后，接通延时定时器和有记忆接通延时定时器继续计时，一直计到最大值 32767。

断开延时定时器使用说明：

(1) 断开延时定时器(TOF)用来在输入断开后延时一段时间断开输出。当使能输入接通时，定时器位立即接通，并把当前值设为 0。当输入断开时，定时器开始定时，直到达到预设的时间。

(2) 当达到预设时间时，定时器位断开，并且停止计时当前值。当输入断开的时间短语预设时间时，定时器位保持接通。

(3) TOF 指令必须用输入信号接通到断开的跳变启动计时。

(4) 如果 TOF 定时器在顺序控制(SCR)区，而且顺序控制区没有启动，TOF 定时器的当前值设置为 0，定时器位设置为断开，当前值不计时。

2. 定时器的分辨率

S7-200 系列 PLC 的定时器的计时是对时间间隔计数。定时器的分辨率(时基)决定了每个时间间隔的时间长短。例如，一个以 10ms 为时基的延时接通定时器，在使能为接通后，以 10ms 的时间间隔技术，10ms 的定时器计数值 PT 为 50 代表 500ms(50×10ms)。SIMATIC 定时器有 3 种分辨率：1ms、10ms 和 100ms，定时器号决定了定时器的分辨率。

各类定时器的定时器号和分辨率见表 3-6 所示。

表3-6　定时器号和分辨率

定时器类型	用毫秒表示的分辨率/ms	用秒表示的最大当前值/s	定 时 器 号
TONR	1	32.767	T0，T64
	10	327.67	T1~T4，T65~T68
	100	3276.7	T5~T31，T69~T95
TON、TOF	1	32.767	T32，T96
	10	327.67	T33~T36，T97~T100
	100	3276.7	T37~T63，T101~T255

3. 定时器指令应用示例

接通延时定时器指令如图 3-9 所示。

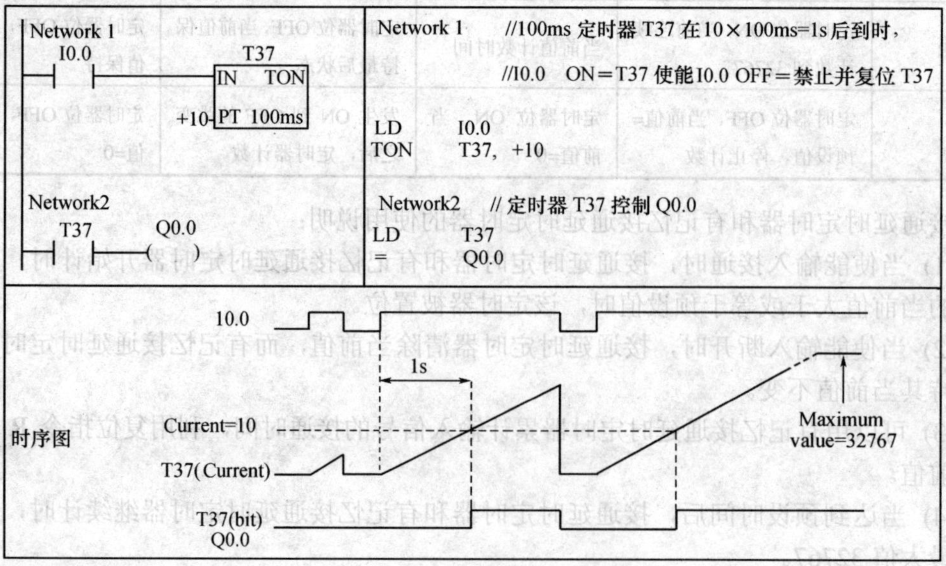
Network 1
I0.0
T37
IN TON
+10 PT 100ms
Network 1 //100ms 定时器 T37 在 10×100ms=1s 后到时，
//I0.0 ON＝T37 使能 I0.0 OFF＝禁止并复位 T37
LD I0.0
TON T37，+10
Network2
T37
Q0.0
Network2 // 定时器 T37 控制 Q0.0
LD T37
= Q0.0
10.0
1s
Current=10
时序图
T37(Current)
Maximum value=32767
T37(bit)
Q0.0

图3-9　接通延时定时器指令

自复位接通延时定时器指令如图 3-10 所示。

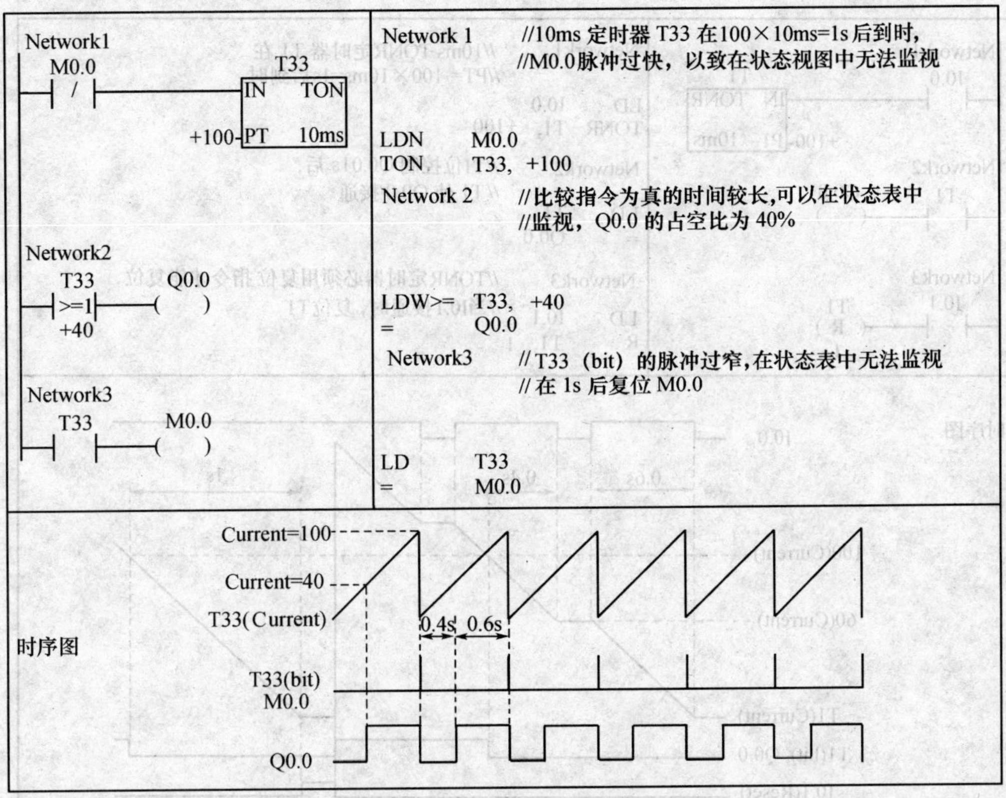
Network1
M0.0
T33
IN TON
+100-PT 10ms
Network2
T33
Q0.0
>=I
+40
Network3
T33
M0.0
Network 1 //10ms 定时器 T33 在100×10ms=1s 后到时,
//M0.0脉冲过快，以致在状态视图中无法监视
LDN M0.0
TON T33，+100
Network 2 //比较指令为真的时间较长,可以在状态表中
//监视，Q0.0 的占空比为 40%
LDW>= T33，+40
= Q0.0
Network3 // T33 (bit) 的脉冲过窄,在状态表中无法监视
// 在 1s 后复位 M0.0
LD T33
= M0.0
Current=100
Current=40
T33(Current)
0.4s
0.6s
时序图
T33(bit)
M0.0
Q0.0

图3-10 自复位接通延时定时器指令

断开延时定时器指令如图 3-11 所示。

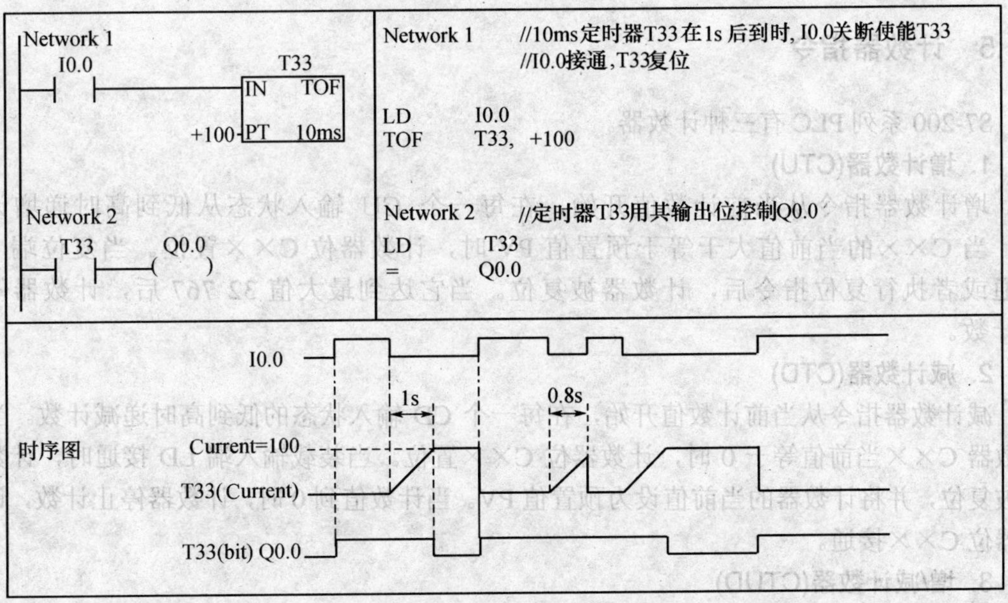
Network 1
I0.0
T33
IN TOF
+100-PT 10ms
Network 2
T33
Q0.0
Network 1 //10ms定时器T33在1s 后到时, I0.0关断使能T33
//I0.0接通,T33复位
LD I0.0
TOF T33，+100
Network 2 //定时器T33用其输出位控制Q0.0
LD T33
= Q0.0
I0.0
1s
0.8s
时序图
Current=100
T33(Current)
T33(bit) Q0.0

图3-11 断开延时定时器指令

有记忆的接通延时定时器指令如图 3-12 所示。

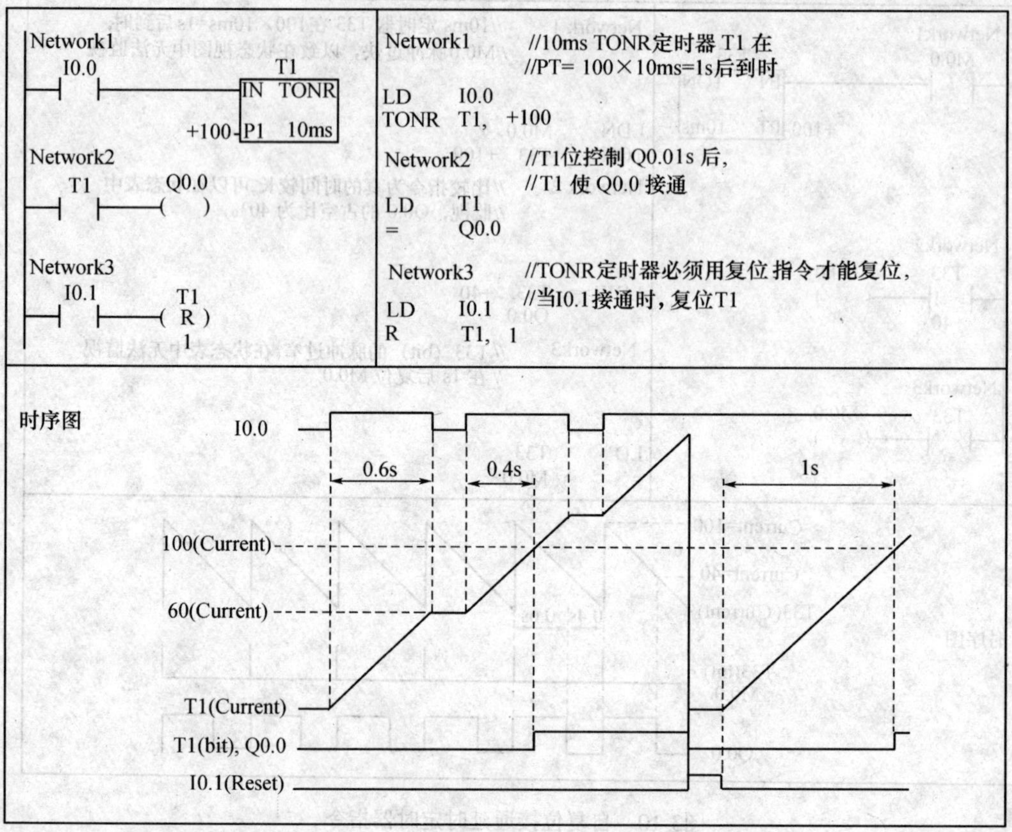
Network1
I0.0
T1
IN TONR
+100
PT 10ms
Network2
T1
Q0.0
Network3
I0.1
T1
R
1
Network1 //10ms TONR定时器 T1 在
//PT= 100×10ms=1s后到时
LD I0.0
TONR T1, +100
Network2 //T1位控制 Q0.01s 后,
//T1 使 Q0.0 接通
LD T1
= Q0.0
Network3 //TONR定时器必须用复位指令才能复位,
//当I0.1接通时，复位T1
LD I0.1
R T1, 1
时序图
I0.0
0.6s
0.4s
1s
100(Current)
60(Current)
T1(Current)
T1(bit), Q0.0
I0.1(Reset)

图3-12　有记忆的接通延时定时器指令

3.1.5　计数器指令

S7-200 系列 PLC 有三种计数器。

1. 增计数器(CTU)

增计数器指令从当前计数值开始，在每一个 CU 输入状态从低到高时递增计数。当 C××的当前值大于等于预置值 PV 时，计数器位 C××置位。当复位端 R 接通或者执行复位指令后，计数器被复位。当它达到最大值 32 767 后，计数器停止计数。

2. 减计数器(CTD)

减计数器指令从当前计数值开始，在每一个 CD 输入状态的低到高时递减计数。当计数器 C××当前值等于 0 时，计数器位 C××置位。当装载输入端 LD 接通时，计数器被复位，并将计数器的当前值设为预置值 PV。当计数值到 0 时，计数器停止计数，计数器位 C××接通。

3. 增/减计数器(CTUD)

增/减计数器指令，在每一个增计数输入 CU 的低到高时增计数，在每一个减计数输入 CD 的低到高时减计数，计数器的当前值 C××保存当前计数值。在每一次计数执行时，预置值 PV 与当前值作比较。

当达到最大值 32 767 时，在增计数输入处的下一个上升沿导致当前计数值变为最小值−32 767。当达到最小值−32 767 时，在减计数输入处的下一个上升沿导致当前计数值变为最大值 32 767。

当 C××的当前值大于等于预置值 PV 时，计数器位 C××置位。否则，计数器位关断。当复位端 R 接通或者执行复位指令后，计数器被复位。当到达预置值 PV 时，CTUD 计数器停止计数。

以上介绍的 3 类计数器指令见表 3-7，有效操作数见表 3-8，详细的操作数见表 3-9。3 类计数器都可以使用复位(R)指令进行复位，使用复位指令复位计数器时，计数器位复位并且计数器当前值被清零。计数器标号 C××可为 C0～C255。

表3-7　计数器指令

STL	LAD	功　能
CTU　C××, PV	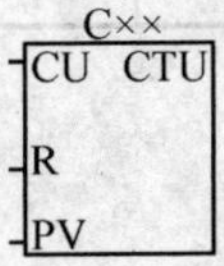C×× CU　CTU R PV	增计数器
CTD　C××, PV	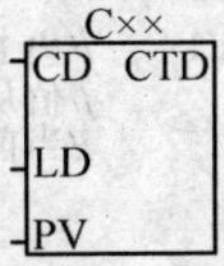C×× CD　CTD LD PV	减计数器
CTUD　C××, PV	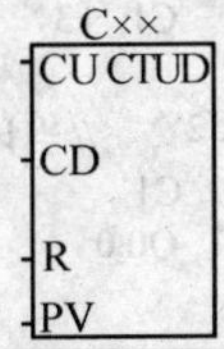C×× CU CTUD CD R PV	增/减计数器

表3-8　计数器指令有效操作数

输入/输出	数据类型	操　作　数
C××	WORD	常数(T0～T255)
CU、CD、LD、R	BOOL	I、Q、V、M、SM、S、T、C、L、能流
PV	INT	IW、QW、VW、MW、SMW、T、C、LW、AC、AIW、*VD、*LD、*AC、常数

表3-9　计数器指令的操作数

计数器类型	操 作 数	计 数 器 位	上电周期/首次扫描
CTU	CU 是当前值递增 当前值持续递增至 32767	当前值>=预设值时，计数器位接通	计数器位关断 当前值可以保留
CTUD	CU 使当前值递增 CD 使当前值递减 当前值持续递增或递减除非计数器被复位	当前值>=预设值时，计数器位接通	计数器位关断 当前值可以保留
CTD	CD 使当前值递减至为 0	当前值>=预设值 当前值=0	计数器位关断 当前值可以保留

4. 计数器应用示例

减计数器指令如图 3-13 所示。

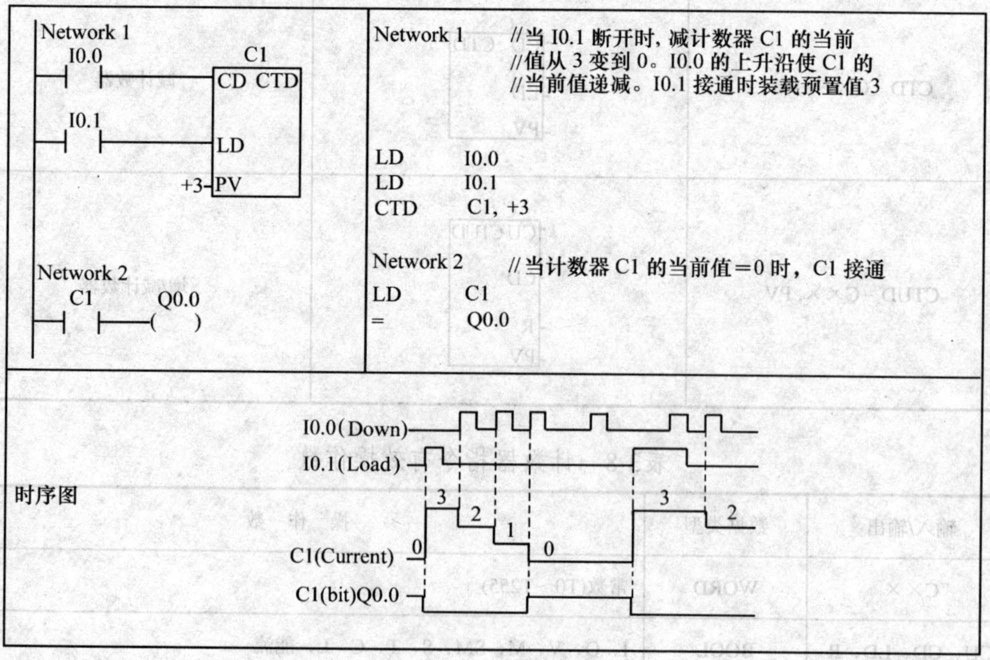

Network 1
I0.0
C1
CD CTD
I0.1
LD
+3
PV
Network 2
C1
Q0.0
Network 1
//当 I0.1 断开时，减计数器 C1 的当前
//值从 3 变到 0。I0.0 的上升沿使 C1 的
//当前值递减。I0.1 接通时装载预置值 3
LD I0.0
LD I0.1
CTD C1, +3
Network 2
//当计数器 C1 的当前值＝0 时，C1 接通
LD C1
= Q0.0
时序图
I0.0(Down)
I0.1(Load)
C1(Current)
C1(bit)Q0.0
3
2
1
0
0
3
2

图3-13　减计数器指令

增减计数器指令如图 3-14 所示。

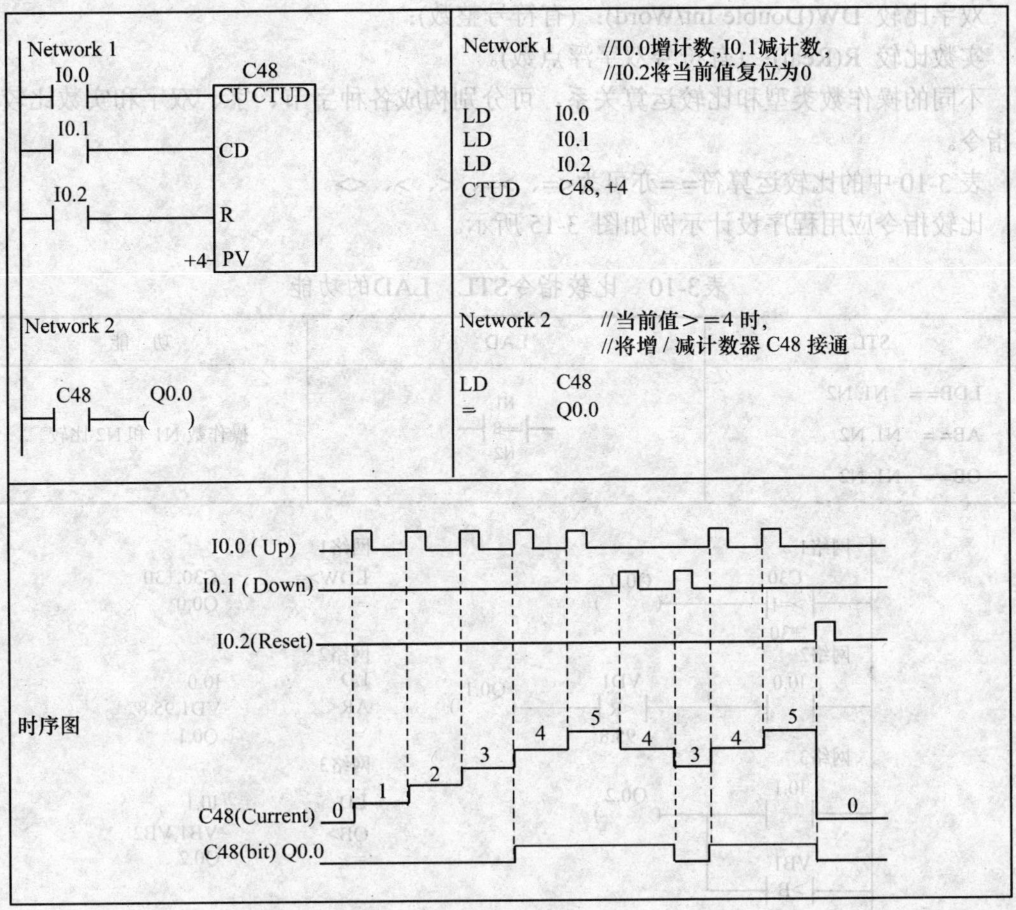
Network 1
I0.0
C48
CU CTUD
I0.1
CD
I0.2
R
+4 PV
Network 2
C48
Q0.0
Network 1
//I0.0增计数,I0.1减计数，
//I0.2将当前值复位为0
LD I0.0
LD I0.1
LD I0.2
CTUD C48, +4
Network 2
//当前值>=4 时,
//将增 / 减计数器 C48 接通
LD C48
= Q0.0
I0.0 (Up)
I0.1 (Down)
I0.2(Reset)
时序图
C48(Current)
C48(bit) Q0.0

图3-14 增减计数器指令

3.1.6 比较指令

比较指令用于两个操作数按一定条件的比较。操作数可以是整数，也可以是实数(浮点数)。在梯形图中用带参数和运算符的触点表示比较指令，比较条件满足时，触点闭合，否则断开。在梯形图程序中，比较触点可以装入，也可以串联或并联。

比较指令有整数和实数两种数据类型的比较。整数类型的比较指令包括无符号数的字节比较，有符号数的整数比较、双字比较。整数比较的数据范围为(8000)16～(7FFF)16，双字比较的数据范围为(80000000)16～(7FFFFFFF)16。实数(32 位浮点数)比较的数据范围：负实数范围为-1.175495E-38～-3.402823E+38，正实数范围为+1.175495E-38～+3.402823E+38。比较指令 STL、LAD 的功能见表 3-10，表中给出了梯形图字节相等比较的符号。比较指令其他比较关系和操作数类型说明如下：

比较运算符：= =、<=、>=、<、>、<>。

操作数类型：

字节比较 B(Byte)：(无符号整数)；

整数比较 I(Int)/W(Word)：(有符号整数)；

双字比较 DW(Double Int/Word)：(有符号整数)；

实数比较 R(Real)：(有符号双字浮点数)。

不同的操作数类型和比较运算关系，可分别构成各种字节、字、双字和实数比较运算指令。

表 3-10 中的比较运算符= =亦可为<=、>=、<、>、<>。

比较指令应用程序设计示例如图 3-15 所示。

表3-10　比较指令STL、LAD的功能

STL	LAD	功　能
LDB= =　N1, N2 AB= =　N1, N2 OB= =　N1, N2	N1 ==B N2	操作数 N1 和 N2 比较

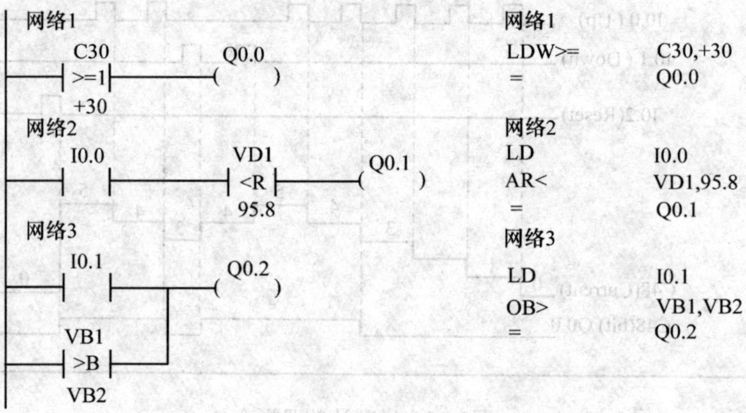

网络1
C30
>=1
+30
Q0.0
网络2
I0.0
VD1
<R
95.8
Q0.1
网络3
I0.1
Q0.2
VB1
>B
VB2
网络1
LDW>=　C30,+30
=　Q0.0
网络2
LD　I0.0
AR<　VD1,95.8
=　Q0.1
网络3
LD　I0.1
OB>　VB1,VB2
=　Q0.2

图3-15　比较指令程序示例

3.2　程序控制指令

3.2.1　条件结束指令

条件结束(END)指令：执行条件成立(左侧逻辑值为 1)时，终止当前扫描周期，结束主程序，返回主程序起点。END 指令可以在主程序中使用，但不能在子程序或中断服务程序中使用。END 指令见表 3-11。

3.2.2　停止指令

停止(STOP)指令：执行条件成立(左侧逻辑值为 1)时，停止执行用户程序时 CPU 状态由 RUN 转到 STOP。STP 指令见表 3-12。

如果 STOP 指令在中断程序中执行，那么该中断立即终止，并且忽略所有挂起的中断，继续扫描程序剩余部分，完成当前周期的剩余动作，包括主用户程序的执行，并在当前扫描的最后，完成从 RUN 到 STOP 模式的转变。

3.2.3 看门狗复位指令

看门狗复位(WDR)指令允许 S7-200 CPU 的看门狗定时器被重新触发，这样可以在不引起看门狗错误的情况下，增加此扫描所允许的时间。WDR 指令见表 3-13。

表3-11 END指令

LAD	STL
——(END)	END

表3-12 STP指令

LAD	STL
——(STOP)	STOP

表3-13 WDR指令

LAD	STL
——(WDR)	WDR

3.2.4 跳转指令

跳转(JMP)指令：把程序的执行跳转到指定的标号，执行跳转后，逻辑堆栈顶总为 1；

标号(LBL)指令：标记跳转目的地的位置；

操作数 n：0～255。

JMP 指令见表 3-14，JMP 指令梯形图示例如图 3-16 所示。

表3-14 JMP指令

LAD	STL
N ——(JMP)	JMP N
N LBL	LBL N

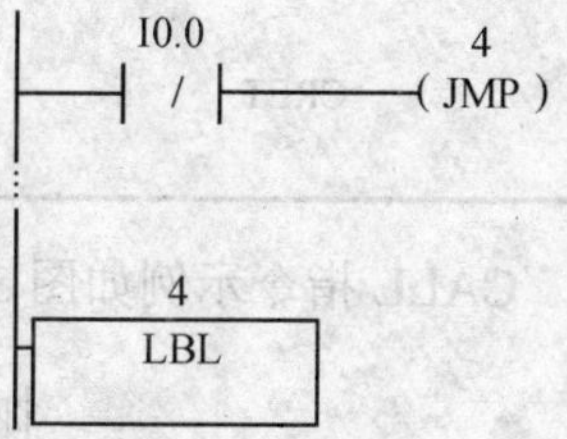

I0.0
/
4
(JMP)
4
LBL

图 3-16 JMP 指令梯形图示例

JMP 指令可以在主程序、子程序或者中断服务程序中使用。跳转和与之相应的标号指令必须位于同一程序代码(无论是主程序、子程序还是中断服务程序)。

不能从主程序跳到子程序或中断程序，同样也不能从子程序或中断程序中跳出。

可以在顺序控制(SCR)程序段中使用 JMP 指令，但相应的标号指令必须在同一个顺序控制程序段中。

3.2.5 子程序指令

S7-200 PLC 的指令系统具有简单、方便、灵活的子程序调用功能。与子程序有关的操作有：建立子程序、子程序的调用和返回。

1. 建立子程序

建立子程序是通过编程软件来完成的。可用编程软件“编辑”菜单中的“插入”选项，选择“子程序”，以建立或插入一个新的子程序，同时，在指令树窗口可以看到新建的子程序图标，默认的程序名是 SBR_N，编号 N 从 0 开始按递增顺序生成，也可以在图标上直接更改子程序的程序名，把它变为更能描述该子程序功能的名字。在指令树窗口双击子程序的图标就可进入子程序，并能对它进行编辑。S7-200 CPU 221、CPU 222、CPU 224 最大支持 64 个(0～63)子程序；S7-200 CPU 224XP、CPU 226 最大支持 128 个(0～127)子程序。

2. 子程序调用

(1) 子程序调用(CALL)指令　在使能输入有效时，主程序把程序控制权交给子程序。子程序的调用可以带参数，也可以不带参数。它在梯形图中以指令盒的形式编程。CALL 指令见表 3-15。

(2) 子程序条件返回(CRET)指令　在使能输入有效时，结束子程序的执行，返回主程序中(此子程序调用的下一条指令)。梯形图中以线圈的形式编程，指令不带参数。

表3-15　CALL指令

STL	LAD	功　能
CALL　SBR_0	SBR_0 EN	子程序调用指令
CRET	—(RET)	子程序条件返回指令

CALL 指令示例如图 3-17 所示。

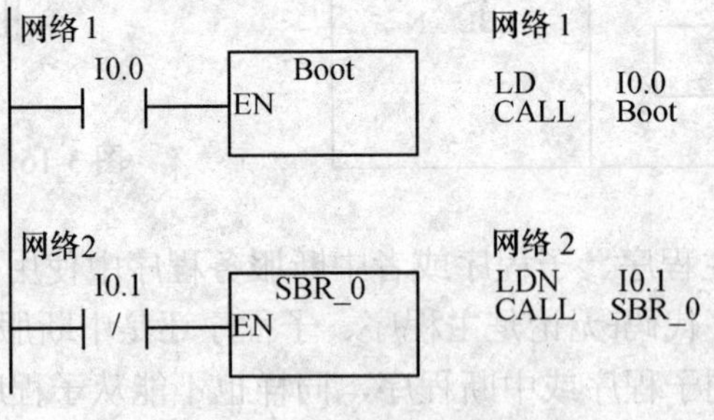

网络 1
I0.0
Boot
EN
网络 1
LD　I0.0
CALL　Boot
网络2
I0.1
/
SBR_0
EN
网络 2
LDN　I0.1
CALL　SBR_0

图3-17　CALL指令示例

使用说明：

(1) CRET 指令　多用于子程序的内部，由判断条件决定是否结束子程序调用；RET 指令用于子程序的结束。用 Micro/WIN32 编程时，不需要手工输入 RET 指令，而是由软件自动加在每个子程序结尾。

(2) 子程序嵌套　如果在子程序的内部又对另一子程序执行调用指令，则这种调用称为子程序的嵌套。子程序的嵌套深度最多为 8 级。

(3) 当一个子程序被调用时，系统自动保存当前的堆栈数据，并把栈顶置为 1，堆栈中的其他置为 0，子程序占有控制权。子程序执行结束，通过返回指令自动恢复原来的逻辑堆栈值，调用程序又重新取得控制权。

(4) 累加器可在调用程序和被调用子程序之间自由传递，所以累加器的值在子程序调用时既不保存也不恢复。

3. 带参数的子程序调用

子程序中可以有参变量，带参数的子程序调用扩大了子程序的使用范围，增加了调用的灵活性。子程序的调用过程如果存在数据的传递，则在调用指令中应包含相应的参数。

1) 子程序参数

子程序最多可以传递 16 个参数。参数在子程序的局部变量表中加以定义。参数包含下列信息：变量名、变量类型和数据类型。

(1) 变量名　变量名最多用 8 个字符表示，第一个字符不能是数字。

(2) 变量类型　变量类型是按变量对应数据的传递方向来划分的，可以是传入子程序(IN)、传入/传出子程序(IN/OUT)、传出子程序(OUT)和暂时变量(TEMP)四种类型。四种变量类型的参数在变量表中的位置必须按以下先后顺序：

① IN 类型　传入子程序参数。所接的参数可以是直接寻址数据(如VB100)、间接寻址数据(如 AC1)、立即数(如 16#2344)和数据的地址值(如&VB106)。

② IN/OUT 类型：传入/传出子程序参数。调用时将指定参数位置的值传到子程序，返回时从子程序得到的结果值被返回到同一地址。参数可以采用直接和间接寻址，但立即数(如 16#1234)和地址值(如&VB100)不能作为参数。

③ OUT 类型：传出子程序参数。它将从子程序返回的结果值送到指定的参数位置。输出参数可以采用直接和间接寻址，但不能是立即数或地址编号。

④ TEMP 类型：暂时变量类型。在子程序内部暂时存储数据，不能用来与主程序传递参数数据。

(3) 数据类型　局部变量表中还要对数据类型进行声明。数据类型包括：能流，布尔型，字节、字和双字型，整数、双整数型以及实型。

① 能流：仅允许对位输入操作，是位逻辑运算的结果。在局部变量表中，布尔能流输入处于所有类型的最前面。

② 布尔型：布尔型用于单独的位输入和输出。

③ 字节、字和双字型：这三种类型分别声明一个 1 字节、2 字节和 4 字节的无符号输入或输出参数。

④ 整数、双整数型：这两种类型分别声明一个 2 字节或 4 字节的有符号输入或输出参数。

⑤ 实型：该类型声明一个 IEEE 标准的 32 位浮点参数。

2) 参数子程序调用的规则

常数参数必须声明数据类型。例如，把值为 223344 的无符号双字作为参数传递时，必须用 DW#223344 来指明。如果缺少常数参数的这一描述，常数可能会被当作不同类型使用。

输入或输出参数没有自动数据类型转换功能。例如，局部变量表中声明一个参数为实型，而在调用时使用一个双字，则子程序中的值就是双字。参数在调用时必须按照一定的顺序排列，先是输入参数，然后是输入输出参数，最后是输出参数。

3) 变量表使用

按照子程序指令的调用顺序，参数值分配给局部变量存储器，起始地址是 L0.0。使用编程软件时，地址分配是自动的。在局部变量表中要加入一个参数，右击要加入的变量类型区可以得到一个选择菜单，选择“插入”，然后选择“下一行”即可。局部变量表使用局部变量存储器。当在局部变量表中加入一个参数时，系统自动给各参数分配局部变量存储空间。参数子程序调用指令格式：CALL 子程序，参数 1，参数 2，…，参数 n。

局部变量分配见表 3-16，带参数调用子程序示例如图 3-18 所示。

表3-16　局部变量分配表

L 地址	参数	参数类型	数据类型	说　明
无	EN	IN	BOOL	指令使能输入参数
LB0.0	IN1	IN	BOOL	第一个输入参数，布尔型
LB1	IN2	IN	BYTE	第二个输入参数，字节型
LB2.0	IN3	IN	BOOL	第三个输入参数，布尔型
LD3	IN4	IN	DWORD	第四个输入参数，双字型
LW7	IN/OUT1	IN/OUT	WORD	第一个输入输出参数，字型
LD9	OUT1	OUT	DWORD	第一个输出参数，双字型

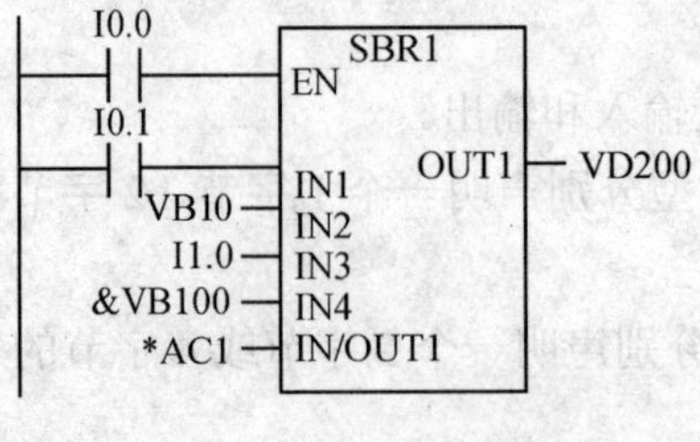
I0.0
I0.1
SBR1
EN
IN1
VB10
IN2
I1.0
IN3
&VB100
IN4
*AC1
IN/OUT1
OUT1
VD200

```
LD     I0.0
CALL   I,I0.1 VB10,
       I1.0,&VB100,
       *AC1,VD200
```

图3-18　带参数调用子程序示例

3.2.6 中断指令

1. 中断允许和中断禁止指令

中断允许(ENI)指令：ENI 指令全局地允许所有被有连接的中断事件。

中断禁止(DISI)指令：DISI 指令全局地禁止处理所有中断事件。

当 CPU 进入 RUN 模式时，中断被禁止。在 RUN 模式，可以执行全局 ENI 指令允许所有中断。执行全局 DISI 指令不允许处理中断服务程序，中断事件仍然会排队等候，但不执行中断程序。

2. 中断条件返回、中断连接和中断分离指令

中断条件返回(CRETI)指令：CRETI 指令用于根据前面的逻辑操作的条件，从中断服务程序中返回。

中断连接(ATCH)指令：ATCH 指令将中断事件 EVENT 与中断服务程序号 INT 相关联，并使能该中断事件。

中断分离(DTCH)指令：DTCH 指令将中断事件 EVENT 与中断服务程序之间的关联切断，并禁止该中断事件。

中断程序标号 n：0～127。

必须指出的是，STEP7-Micro/WIN32 没有中断程序无条件返回指令，但它会自动加一无条件返回指令到每一个中断程序的结尾。

3.3 PLC 逻辑指令应用示例

3.3.1 电动机的启动与停止控制

电动机的启动与停止是最常见的控制，通常需要设置“启动”按钮、“停止”按钮以及对接触器进行控制，热继电器用于防止电动机过载。PLC 的 I/O 点分配表见表 3-17。

表3-17 PLC的I/O点分配表

输 入 点		输 出 点	
“启动”按钮 SB1	I0.0	接触器 KM	Q0.0
“停止”按钮 SB2	I0.1		
热继电器	I0.2		

电动机启动与停止控制梯形图和指令表如图 3-19 所示。

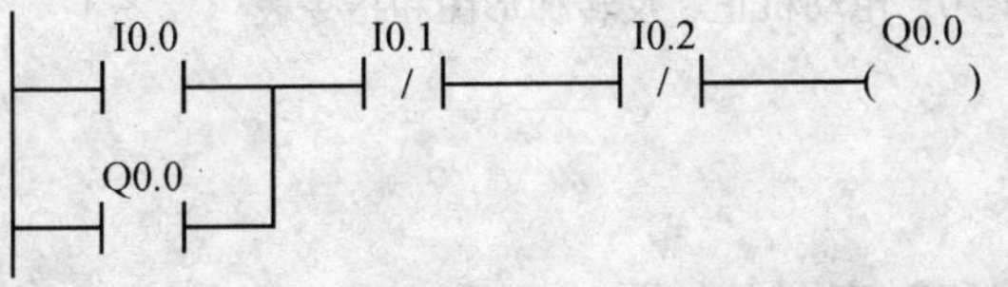
I0.0
I0.1
I0.2
Q0.0
Q0.0

```
LD    I0.0
O     Q0.0
AN    I0.1
AN    I0.2
=     Q0.0
```

图3-19 电动机启动与停止控制梯形图和指令表

3.3.2 电动机的正、反转控制

电动机的正、反转控制是常用的控制形式，输入点有“停止”按钮 SB1、正向“启动”按钮 SB2、反向“启动”按钮 SB3，输出点有正、反转接触器 KM1、KM2。PLC 的 I/O 点分配表见表 3-18。

表3-18 PLC的I/O点分配表

输 入 点		输 出 点	
停止按钮 SB1	I0.0	正转接触器 KM1	Q0.1
正向启动按钮 SB2	I0.1		
反向启动按钮 SB3	I0.2	反转接触器 KM2	Q0.2

电动机可逆运行方向的切换是通过改变电源相序，具体操作时可通过两个接触器 KM1、KM2 的切换来实现。电路中加入定时器的作用是为了防止在接触器转换瞬间，主触点产生的电弧引起电源短路。

电动机正、反转梯形图和指令表如图 3-20 所示。

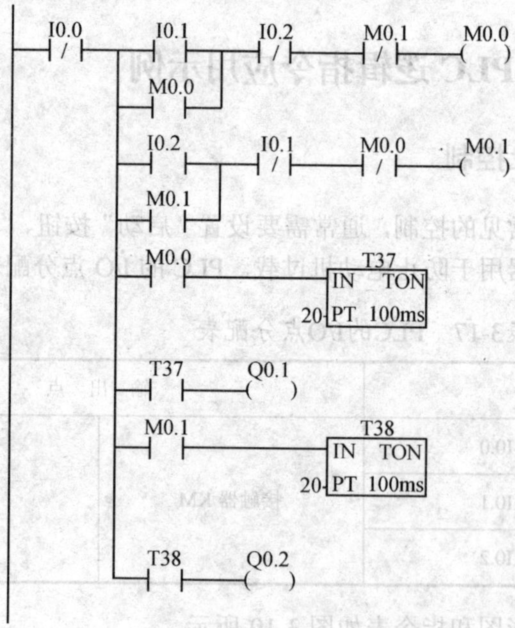
I0.0
I0.1
I0.2
M0.1
M0.0
I0.2
I0.1
M0.0
M0.1
M0.1
M0.0
T37
IN TON
20 PT 100ms
T37
Q0.1
M0.1
T38
IN TON
20 PT 100ms
T38
Q0.2

```
LDN   I0.0
LPS
LD    I0.1
O     M0.0
ALD
AN    I0.2
AN    M0.1
=     M0.0
LRD
LD    I0.2
O     M0.1
ALD
AN    I0.1
AN    M0.0
=     M0.1
LPP
LPS
A     M0.0
TON   T37, 20
LRD
A     T37
=     Q0.1
LRD
A     M0.1
TON   T38,20
LPP
A     T38
=     Q0.2
```

图3-20 电动机正、反转梯形图和指令表

3.3.3 报警电路

报警电路梯形图、指令表和时序图，如图 3-21 所示。

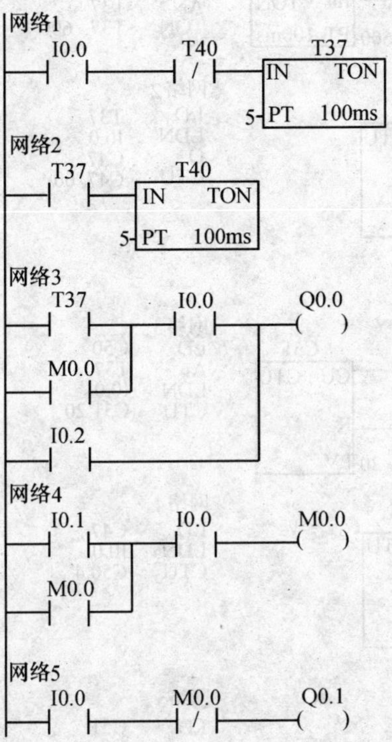
网络1
I0.0
T40
T37
IN
TON
5
PT
100ms
网络2
T37
T40
IN
TON
5
PT
100ms
网络3
T37
I0.0
Q0.0
M0.0
I0.2
网络4
I0.1
I0.0
M0.0
M0.0
网络5
I0.0
M0.0
Q0.1

```
网络1
LD      I0.0
AN      T40
TON     T37, 5

网络2
LD      T37
TON     T40, 5

网络3
LD      T37
O       M0.0
A       I0.0
O       I0.2
=       Q0.0

网络4
LD      I0.1
O       M0.0
A       I0.0
=       M0.0

网络5
LD      I0.0
AN      M0.0
=       Q0.1
```

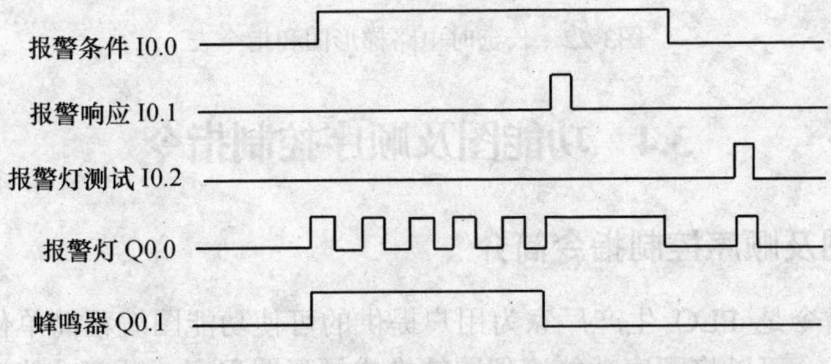
报警条件 I0.0
报警响应 I0.1
报警灯测试 I0.2
报警灯 Q0.0
蜂鸣器 Q0.1

图3-21　报警电路梯形图、指令表和时序图

输入点 I0.0 为报警输入条件，即 I0.0＝ON 要求报警。输出 Q0.0 为报警灯，Q0.1 为报警蜂鸣器。输入条件 I0.1 为报警响应。I0.1 接通后 Q0.0 报警灯从闪烁变为常亮，同时 Q0.1 报警蜂鸣器关闭。输入条件 I0.2 为报警灯的测试信号。I0.2 接入则 Q0.0 接通。定时器 T37 和定时器 T40 构成振荡电路，每 0.5s OFF、0.5s ON，反复循环。

3.3.4　长延时电路

许多控制场合需要用到长延时，这里介绍的长延时电路可以以小时(h)、分钟(min)为单位来设定。本例输出 Q0.1 在输入 I0.0 接通 4h20min 后才接通。该长延时电路的梯形图、指令表如图 3-22 所示。

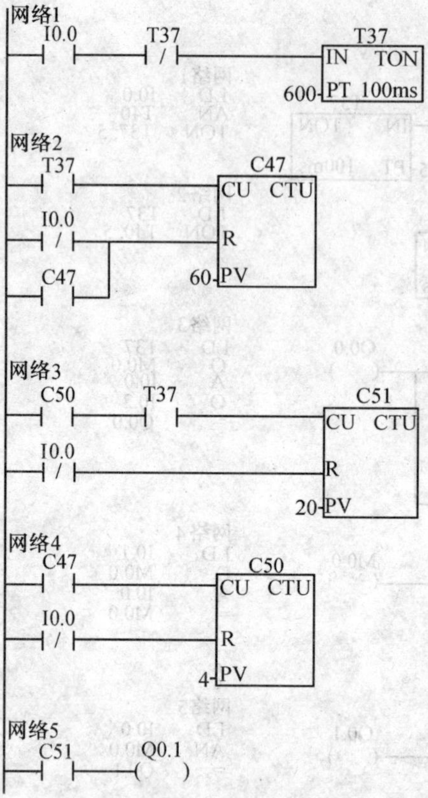
网络1
I0.0
T37
T37
IN TON
600 PT 100ms
网络2
T37
C47
CU CTU
I0.0
R
C47
60 PV
网络3
C50
T37
C51
CU CTU
I0.0
R
20 PV
网络4
C47
C50
CU CTU
I0.0
R
4 PV
网络5
C51
Q0.1

网络1
LD I0.0
AN T37
TON T37, 600

网络2
LD T37
LDN I0.0
O C47
CTU C47, 60

网络3
LD C50
A T37
LDN I0.0
CTU C51,20

网络4
LD C47
LDN I0.0
CTU C50,4

网络5
LD C51
= Q0.1

图3-22 长延时电路梯形图和指令表

3.4 功能图及顺序控制指令

3.4.1 功能图及顺序控制指令简介

顺序控制指令是 PLC 生产厂家为用户提供的可使功能图编程简单化和规范化的指令。顺序控制指令可以将顺序功能流程图转换成梯形图程序，顺序功能流程图是设计梯形图程序的基础。

1. 顺序功能图简介

顺序功能图(Sequential Function Chart，SFC)又称功能流程图或功能图，它是描述控制系统的控制过程、功能和特性的一种图形，也是设计 PLC 的顺序控制程序的有力工具。

1) 功能图的产生

20 世纪 80 年代初，法国科技人员根据 PETRI NET 理论，提出了 PLC 设计的 Grafacet 法。Grafacet 法是专用于工业顺序控制程序设计的一种功能说明语言，现已成为法国国家标准(NFC03190)。1988 年，国际电工委员会(IEC)公布了类似的“控制系统功能图准备”标准(IEC848)。1986 年，我国颁布了顺序功能图的国家标准(GB 6988.6—86)，1994 年 5 月公布的 IEC PLC 标准(IEC1131)中，顺序功能图被确定为 PLC 位居首位的编程语言。

2) 顺序功能图的基本概念

顺序功能图主要由步、转移及有向线段等元素组成。如果适当运用组成元素，就可得到控制系统的静态表示方法，再根据转移触发规则模拟系统的运行，就可以得到控制系统的动态过程。

(1) 步　将控制系统的一个周期划分为若干个顺序相连的阶段，这些阶段称为步，并用编程元件来代表各步。步的图形符号如图 3-23 所示。矩形框中可写上该步的编号或代码。

① 初始步：与系统初始状态相对应的步称为初始步，初始状态一般是系统等待启动命令的相对静止的状态，一个控制系统至少要有一个初始步。初始步的图形符号为双线的矩形框，如图 3-24 所示。在实际使用时，有时也画成单线矩形框，有时画一条横线表示功能图的开始。

编号

图3-23　步的图形符号

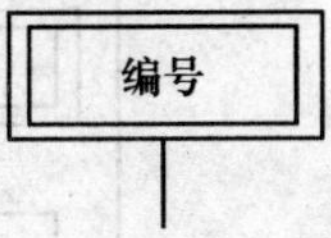
编号

图3-24　初时步的图形符号

② 活动步：当控制系统正处于某一步所在的阶段时，该步处于活动状态，称该步为活动步。步处于活动状态时，相应的动作被执行；处于不活动状态时，相应的非存储型的动作被停止执行。与步对应的动作或命令：在每个稳定的步下，可能会有相应的动作，动作的表示方法如图 3-25 所示。

(2) 转移　为了说明从一个步到另一个步的变化，要用转移概念，即用一个有向线段来表示转移的方向。两个步之间的有向线段上再用一段横线表示这一转移。转移符号如图 3-26 所示。转移是一种条件，当此条件成立，称为转移使能。该转移如果能够使步发生转移，则称为触发。一个转移能够触发必须满足：步为活动步及转移使能。转移条件是指使系统从一个步向另一个步转移的必要条件，通常用文字、逻辑方程及符号来表示。

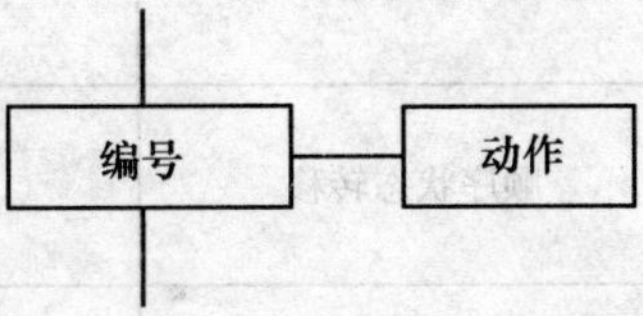
编号
动作

图3-25　动作的表示

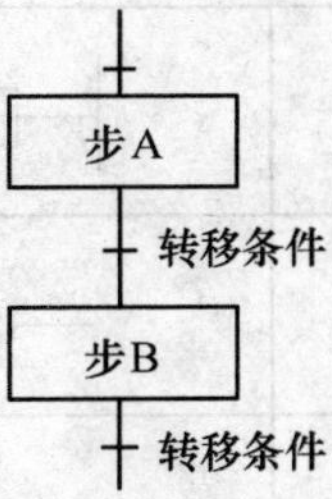
步A
转移条件
步B
转移条件

图3-26　转移符号

3) 功能图的构成规则

控制系统功能图的绘制必须满足以下规则：

(1) 步与步不能相连，必须用转移分开。

(2) 转移与转移不能相连，必须用步分开。

(3) 步与转移、转移与步之间的连接采用有向线段，从上向下画时，可以省略箭头；当有向线段从下向上画时，必须画上箭头，以表示方向。

(4) 一个功能图至少要有一个初始步。

下面用一个例子来说明功能图的绘制。某一冲压机的初始位置是冲头抬起，处于高位；当操作者按“启动”按钮时，冲头向工件冲击；到最低位置时，触动低位行程开关；然后冲头抬起，回到高位，触动高位行程开关，停止运行。冲压机运行过程功能图如图3-27所示，冲压机的工作顺序可分为3步：初始步、下冲步和返回步。从初始步到下冲步的转移必须满足启动信号和高位行程开关信号同时为 ON 才能发生；从下冲步到返回步，必须满足低位行程开关为 ON 才能发生。

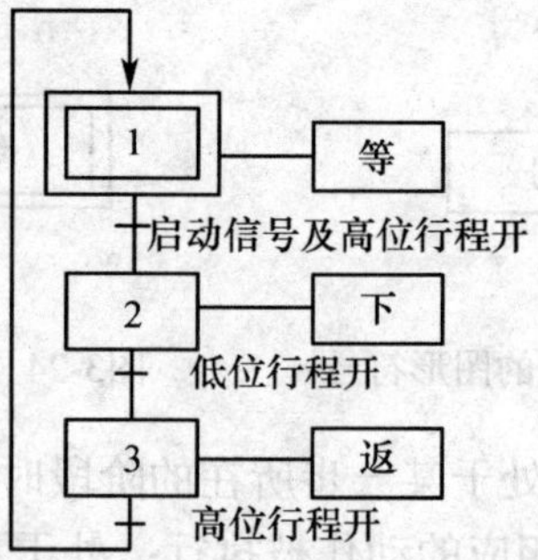
1
等
启动信号及高位行程开
2
下
低位行程开
3
返
高位行程开

图3-27 冲压机运行过程功能图

2. 顺序控制指令

S7-200 PLC 提供了3条顺序控制指令，它们的 STL 形式、顺序控制指令见表3-19。从表中可以看出，顺序控制指令的操作对象为状态继电器 S，每一个继电器 S 的位都表示功能图中的一步。S 的范围为 S0.0～S31.7。

表3-19 顺序控制指令

STL	LAD	功 能	操 作 对 象
LSCR bit	bit SCR	顺序状态开始	继电器 S
SCRT bit	bit —(SCRT)	顺序状态转移	继电器 S
SCRE	bit —(SCRE)	顺序状态结束	无

顺序控制序号被顺序控制继电器指令（LSCR）划分为 LSCR 与 SCRE 指令之间的若干个 SCR 段。从 LSCR 指令开始到 SCRE 指令结束的所有指令组成一个顺序控制(SCR)

段，对应功能图中的一步。每个SCR段都有SCRT、SCR、SCRE，LSCR指令标记一个SCR步的开始，当该步的状态继电器置位时，允许该SCR步工作。SCR步必须用SCRE指令结束。当SCRT指令的输入端有效时：一方面置位下一个SCR步的状态继电器S，以便使下一个SCR步工作；另一方面又同时使该步的状态继电器复位，使该步停止工作。由此可以总结出每一个SCR程序步一般有三种功能：

(1) 驱动处理　在该步状态继电器有效时，根据程序完成相应工作。

(2) 指定转移条件和目标　在满足转移条件后活动步移到目标所指的下一个步。

(3) 转移源自动复位功能　步发生转移后，使下一个步变为活动步的同时，自动复位原步。

SCR指令仅仅对于顺序控制继电器S有效，但是对于顺序控制继电器能够使用LD、LDN、A、AN、O、ON、=、S、R等指令且具有一般辅助继电器的功能。

3.4.2 功能图主要类型

1. 单支流程

单支流程功能图、梯形图和指令表如图3-28所示。程序按照满足的条件一步步进行，直到完成整个工作。单支流程在PLC实际应用中单独应用较少。

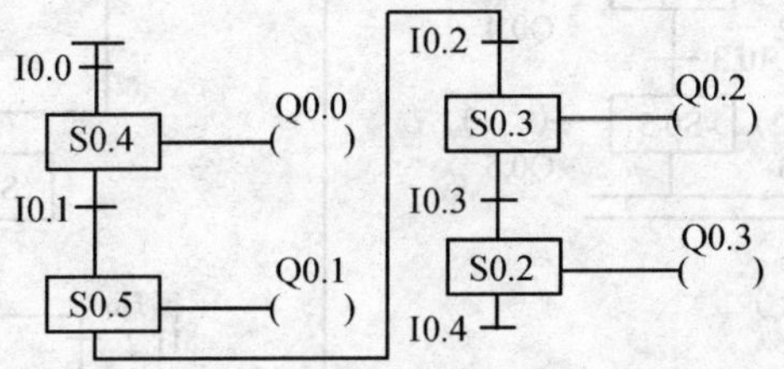

I0.0
S0.4
Q0.0
I0.1
S0.5
Q0.1
I0.2
S0.3
Q0.2
I0.3
S0.2
Q0.3
I0.4

图3-28　单支流程功能图、梯形图和指令表

2. 选择分支和连接

选择分支和连接的功能图如图3-29所示。图中，顺控继电器S0.2或S0.4接通，则顺控继电器S0.1自动复位。顺控继电器S0.6由顺控继电器S0.3或S0.5置位。顺控继电器S0.6置位，则顺控继电器S0.3或S0.5自动复位。

3. 并行分支和连接

并行分支和连接功能图如图3-30所示。图中，顺控继电器S0.2和S0.4同时接通，则顺控继电器S0.1自动复位。顺控继电器S0.6由顺控继电器S0.3和S0.5置位。在顺控继电器S0.3和S0.5同时接通且转移条件满足的情况下，顺控继电器S0.6被置位。顺控继电器S0.6置位后，顺控继电器S0.3和S0.5自动复位。

4. 跳转和循环

跳转和循环功能图如图3-31所示。

图3-31中，当I1.0接通，顺控继电器S0.1~S0.3循环重复工作。当I1.0未接通并且I1.1接通时，顺控继电器S0.5和S0.6不工作，程序跳转。

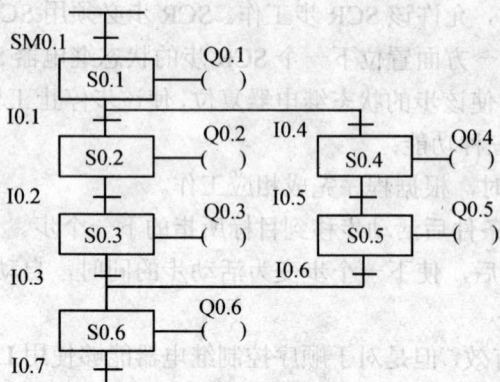

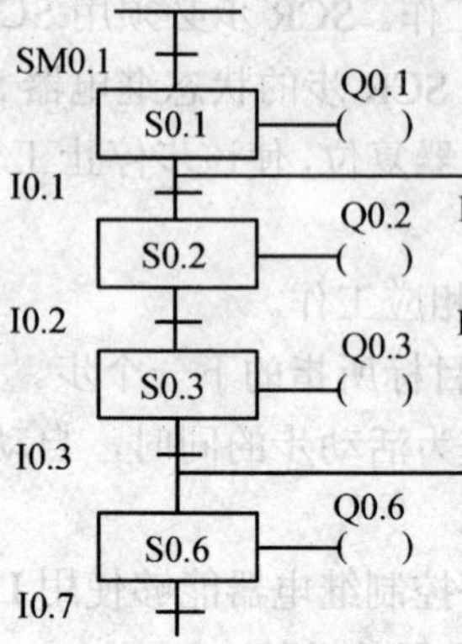
SM0.1
S0.1
Q0.1
I0.1
S0.2
Q0.2
I0.4
S0.4
Q0.4
I0.2
I0.5
S0.3
Q0.3
S0.5
Q0.5
I0.3
I0.6
S0.6
Q0.6
I0.7

图3-29　选择分支和连接功能图

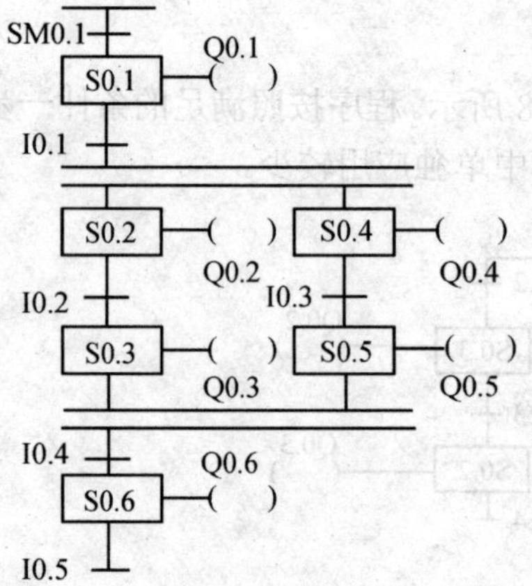
SM0.1
S0.1
Q0.1
I0.1
S0.2
S0.4
Q0.2
Q0.4
I0.2
I0.3
S0.3
S0.5
Q0.3
Q0.5
I0.4
S0.6
Q0.6
I0.5

图3-30　并行分支和连接功能图

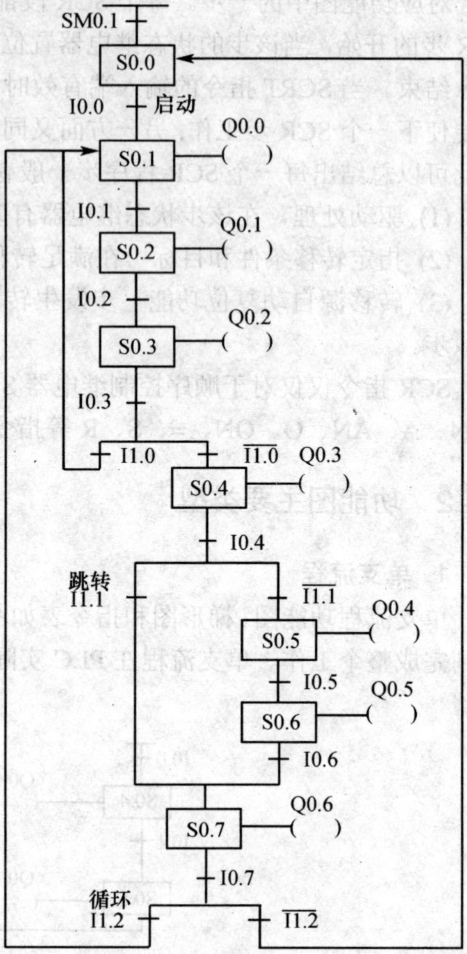
SM0.1
S0.0
I0.0
启动
S0.1
Q0.0
I0.1
S0.2
Q0.1
I0.2
S0.3
Q0.2
I0.3
I1.0
$\overline{I1.0}$
Q0.3
S0.4
I0.4
跳转
I1.1
$\overline{I1.1}$
S0.5
Q0.4
I0.5
S0.6
Q0.5
I0.6
S0.7
Q0.6
I0.7
循环
I1.2
$\overline{I1.2}$

图3-31　跳转和循环功能图

在使用 SCR 指令时，应注意以下几点：

(1) 不能将同一个继电器 S 位用于不同程序中。例如，如果在主程序中用了继电器 S0.1，在子程序中就不能再使用它。

(2) 在 SCR 段之间不能使用 JMP 和 LBL 指令，即不允许跳入、跳出，可以在 SCR 段附近使用跳转和标号指令或着在 SCR 段内使用。

(3) 在 SCR 段中不能使用 END 指令。

3.4.3　顺序控制指令示例

1. 大小球机械臂分检装置的工作过程

大小球机械臂分检装置如图 3-32 所示。当机械臂处于原始位置时，即上限位开关 LS1 和左限位开关 LS3 压下，抓球电磁铁处于失电状态，这时按“启动”按钮后，机械臂下行，碰到下限位开关后停止下行，且电磁铁得电吸球。如果吸住的是小球，则大小球检测开关 SQ 为 ON；如果吸住的是大球，则检测开关 SQ 为 OFF。1s 后，机械臂上行，

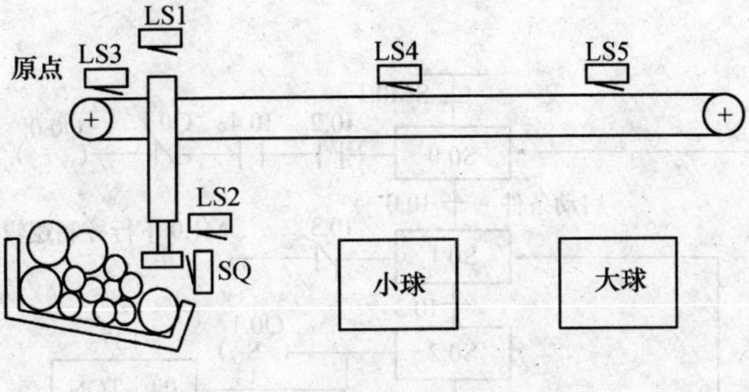
LS1
原点
LS3
LS4
LS5
LS2
SQ
小球
大球

图3-32　机械臂分检装置示意图

碰到上限位开关 LS1 后右行，它会根据大小球的不同，分别在限位开关 LS4(小球)和 LS5(大球)处停止右行，然后下行至下限位停止，电磁铁失电，机械臂把球放在小球箱里或大球箱里，1s 后返回。如果不按"停止"按钮，则机械臂一直工作下去；如果按了"停止"按钮，则不管何时按，机械臂最终都要停止在原始位置。再次按"启动"按钮后，系统可以再次从头开始循环工作。

2. 程序设计

(1) I/O 点地址分配。I/O 点地址分配表见表 3-20。

表3-20　I/O点地址分配表

输 入 点	地 址	输 出 点	地 址
启动按钮 SB1	I0.0	原始位置指示灯 HL	Q0.0
停止按钮 SB2	I0.1	抓球电磁铁 K	Q0.1
上限位开关 LS1	I0.2	下行接触器 KM1	Q0.2
下限位开关 LS2	I0.3	上行接触器 KM2	Q0.3
左限位开关 LS3	I0.4	右行接触器 KM3	Q0.4
小球右限位开关 LS4	I0.5	左行接触器 KM4	Q0.5
大球右限位开关 LS5	I0.6		
大小球检测开关 SQ	I0.7		

(2) 机械臂分检装置顺序功能图如图 3-33 所示；程序梯形图如图 3-34 所示。

3. 说明

(1) 由于大小球不同，所以选择了分支选择电路使机械臂能够在右行后在不同的位置下行，把大小球分别放进各自的箱子里去。

(2) 在机械手上、下、左、右行走的控制中，加上了一个软件联锁触点，替代了 SM0.0。

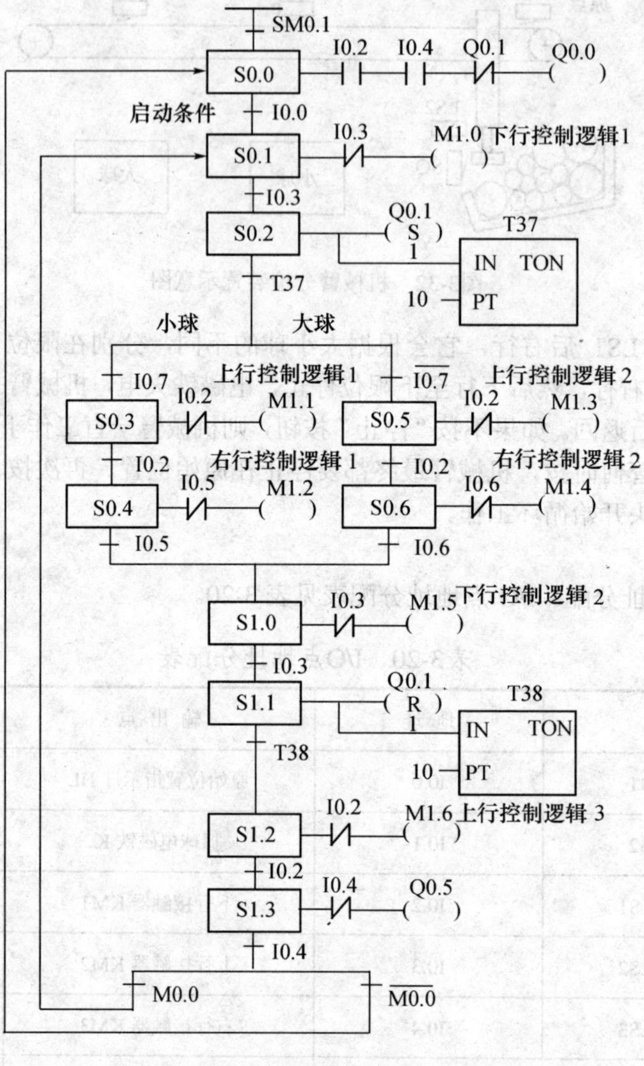
SM0.1
S0.0
I0.2
I0.4
Q0.1
Q0.0
启动条件
I0.0
S0.1
I0.3
M1.0 下行控制逻辑1
I0.3
S0.2
Q0.1
S
1
T37
IN
TON
10
PT
T37
小球
大球
I0.7
上行控制逻辑 1
$\overline{I0.7}$
上行控制逻辑 2
S0.3
I0.2
M1.1
S0.5
I0.2
M1.3
I0.2
右行控制逻辑 1
I0.2
右行控制逻辑 2
S0.4
I0.5
M1.2
S0.6
I0.6
M1.4
I0.5
I0.6
下行控制逻辑 2
I0.3
M1.5
S1.0
I0.3
S1.1
Q0.1
R
1
T38
IN
TON
10
PT
T38
I0.2
M1.6 上行控制逻辑 3
S1.2
I0.2
S1.3
I0.4
Q0.5
I0.4
M0.0
$\overline{M0.0}$

图3-33　机械臂分检装置顺序功能图

(3) 图 3-33 中的 M0.0 是一个选择逻辑，其功能如图 3-34 中的网络 1 所示，它相当于一个开关，由其决定系统是进行单周期操作还是循环操作。

(4) S7-200 PLC 的顺控指令不支持直接输出(=)的双线圈操作。如果在图 3-33 中的状态 S0.1 的 SCR 段有 Q0.2 输出，在状态 S1.5 的 SCR 段也有 Q0.2 输出。则不管在什么情况下，在前面的 Q0.2 永远不会有效，所以，在使用 S7-200 PLC 的顺控指令时，一定不要有双线圈输出。为解决这个问题，可采用中间继电器逻辑过渡的办法，如本例中的机械手进行上行、下行和右行的控制逻辑设计。凡是有重复使用的相同输出驱动，在 SCR 段中先用中间继电器表示其分段的输出逻辑，在程序的最后再进行合并输出处理。

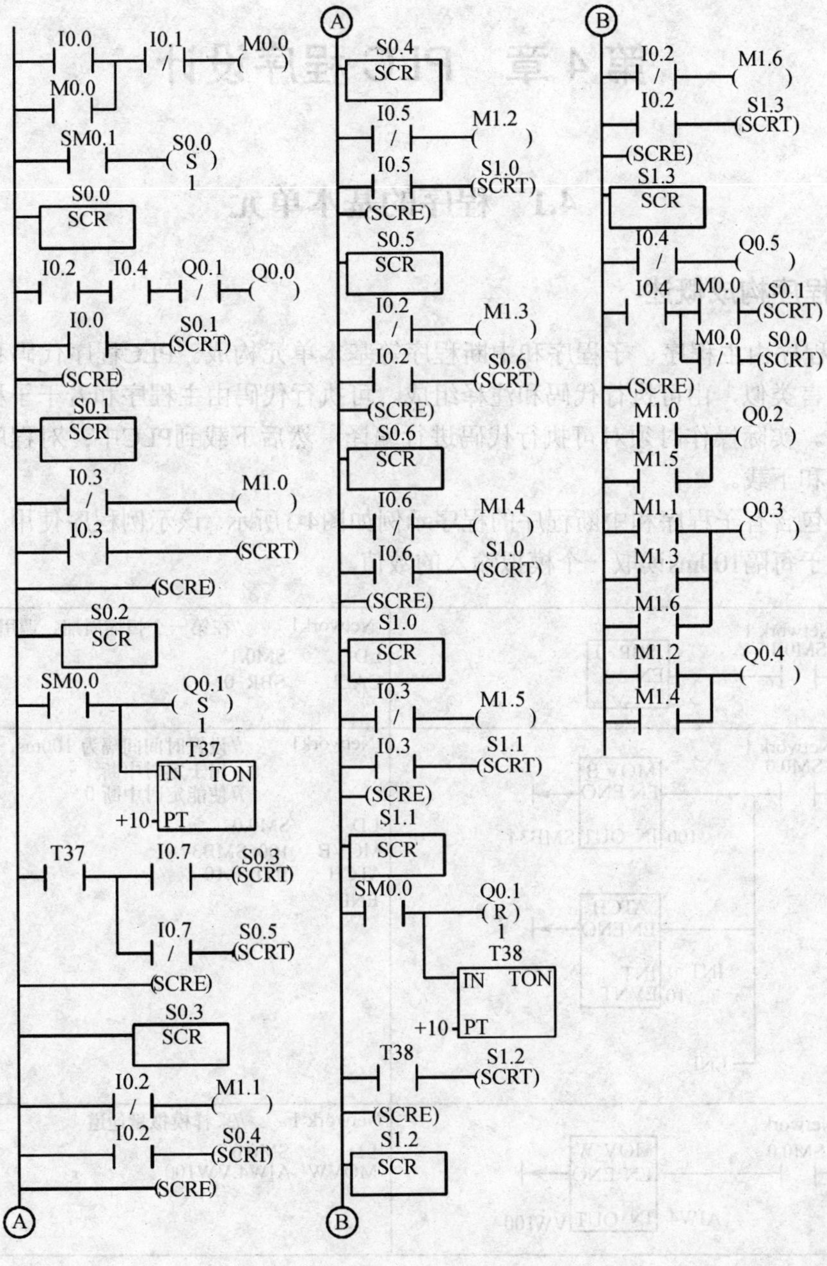
I0.0
I0.1
M0.0
M0.0
SM0.1
S0.0
S
1
S0.0
SCR
I0.2
I0.4
Q0.1
Q0.0
I0.0
S0.1
SCRT
SCRE
S0.1
SCR
I0.3
M1.0
I0.3
SCRT
SCRE
S0.2
SCR
SM0.0
Q0.1
S
1
T37
IN
TON
+10
PT
T37
I0.7
S0.3
SCRT
I0.7
S0.5
SCRT
SCRE
S0.3
SCR
I0.2
M1.1
I0.2
S0.4
SCRT
SCRE
A
A
S0.4
SCR
I0.5
M1.2
I0.5
S1.0
SCRT
SCRE
S0.5
SCR
I0.2
M1.3
I0.2
S0.6
SCRT
SCRE
S0.6
SCR
I0.6
M1.4
I0.6
S1.0
SCRT
SCRE
S1.0
SCR
I0.3
M1.5
I0.3
S1.1
SCRT
SCRE
S1.1
SCR
SM0.0
Q0.1
R
1
T38
IN
TON
+10
PT
T38
S1.2
SCRT
SCRE
S1.2
SCR
B
B
I0.2
M1.6
I0.2
S1.3
SCRT
SCRE
S1.3
SCR
I0.4
Q0.5
I0.4
M0.0
S0.1
SCRT
M0.0
S0.0
SCRT
SCRE
M1.0
Q0.2
M1.5
M1.1
Q0.3
M1.3
M1.6
M1.2
Q0.4
M1.4

图3-34　机械臂分检装置程序梯形图

第 4 章　PLC 程序设计

4.1　程序的基本单元

4.1.1　程序构成概述

PLC程序由主程序、子程序和中断程序等基本单元构成。PLC程序代码和计算机高级程序语言类似，由可执行代码和注释组成。可执行代码由主程序和若干子程序或中断程序组成。实际操作时须对可执行代码进行编译，然后下载到PLC中；对程序注释则不进行编译和下载。

一个包含有子程序和中断程序的程序示例如图4-1所示。该示例程序使用了一个定时中断，用于每隔100ms读取一个模拟输入的数值。

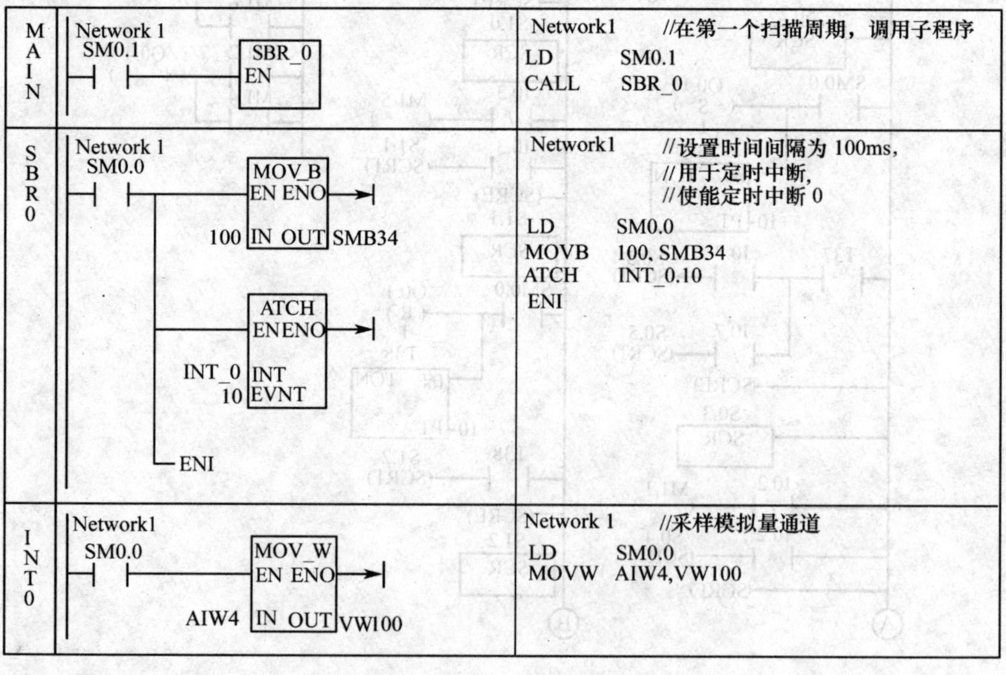

MAIN
Network 1
SM0.1
SBR_0
EN
Network1 //在第一个扫描周期，调用子程序
LD SM0.1
CALL SBR_0
SBR0
Network 1
SM0.0
MOV_B
EN ENO
100 IN OUT SMB34
ATCH
ENENO
INT_0 INT
10 EVNT
ENI
Network1 //设置时间间隔为 100ms，
//用于定时中断，
//使能定时中断 0
LD SM0.0
MOVB 100, SMB34
ATCH INT_0.10
ENI
INT0
Network1
SM0.0
MOV_W
EN ENO
AIW4 IN OUT VW100
Network 1 //采样模拟量通道
LD SM0.0
MOVW AIW4,VW100

图4-1　程序的基本单元示例

4.1.2　主程序、子程序和中断程序

1. 主程序

主程序是程序的主体，每个项目必须且只能有一个主程序。在主程序中可调用子程序和中断程序。PLC按顺序执行程序指令，每个扫描周期执行一次。

2. 子程序

子程序作为PLC程序的可选单元只有在被下列程序调用时才执行：主程序、中断程序或另一个子程序。在需要重复执行某个操作时，可使用子程序。子程序可根据主程序的需要多次调用。使用子程序的优点如下：

(1) 使用子程序可减少整个程序的大小。

(2) 使用子程序可缩短扫描时间，因为子程序的代码不包含在主程序中。无论代码执行与否，PLC都将在每个扫描周期内执行程序代码，但只有在调用子程序时才执行子程序中的代码，并且PLC在不调用子程序的扫描期间，不执行子程序代码。

(3) 使用子程序可创建可移植代码。将子程序中的代码复制，即可将该子程序移植到其他项目的程序中去。

3. 中断程序

中断程序的作用是对指定的中断事件做出反应。在PLC程序中可设计一个或多个中断程序，处理预定义的中断事件。中断事件一旦发生，PLC就将执行相应中断程序。

中断程序不是被主程序调用，而是将中断程序与中断事件关联起来。只有在发生中断事件时，PLC才执行中断程序中的指令。

4.1.3 程序的其他块

程序的其他块包括系统块和数据块，它们包含了程序的系统和数据信息。当下载程序时可选择下载这些块。

1. 系统块

系统块允许配置PLC的不同硬件选项。

2. 数据块

数据块存储程序所使用的不同变量(V内存)的数值。可使用数据块来输入数据的初始值。

4.2 STEP 7-Micro/WIN 开发环境

4.2.1 STEP 7 编程软件概述

STEP 7 是西门子系列可编程控制器专用的编程和组态开发软件包,有以下几种版本：

(1) STEP 7-Micro/WIN 32 用于 S7-200 的简单单站。

(2) STEP 7 Mini 用于 S7-300 和 C7-620 的简单单站。

(3) STEP 7 用于带有各种功能的 S7-300/M7、S7-400 和 C7。

本节主要介绍适用于 S7-200 的 STEP 7-Micro/WIN32。运用该软件开发应用程序，除了具有创建程序的相关功能，还有一些文档管理等辅助功能，还可直接通过该软件来设置 PLC 的工作方式、参数和运行监控等。

4.2.2 STEP 7 软件安装

1. 系统要求

操作系统：Windows 95、Windows 98、Windows ME 或 Windows 2000。计算机：IBM 486 以上兼容机，内存 8MB 以上，VGA 显示器，至少 50MB 以上硬盘空间，Windows 支持的鼠标。通信电缆：PC/PPI 电缆(或使用一个通信处理器卡)，用来将计算机与 PLC 连接。

2. 软件安装

STEP 7-Micro/WIN 32 编程软件在一张光盘上，按以下步骤安装：

(1) 将光盘插入光盘驱动器。

(2) 系统自动进入安装向导，或单击“开始”按钮启动 Windows 菜单。

(3) 单击“运行”菜单。

(4) 按照安装向导完成软件的安装。

(5) 在安装结束时，会出现是否重新启动计算机选项。

3. 硬件连接

可以用 PC/PPI 电缆建立 PC 与 PLC 之间的通信。典型的单主机连接如图 4-2 所示。这是单主机与 PC 之间的连接，不需要其他硬件，如调制解调器和编程设备等。

1
0
1
2
3
4
5
S7-200 CPU

图4-2 PLC与PC的单主机连接示意图

4. 参数设置

安装完软件并且连接好硬件之后，可以按下面的步骤确认默认的参数：

(1) 在 STEP 7-Micro/WIN 32 运行时单击“通信”图标，或从菜单中选择 View 中选择选项 Communications，则会出现一个“通信”对话框。

(2) 在对话框中双击 PC/PPI 电缆的图标，将出现“PG/PC 接口”对话框。

(3) 单击 Properties 按钮，将出现“接口属性”对话框。检查各参数的属性是否正确，其中通信波特率默认值为 9600b/s。

5. 在线联机

完成上述操作后，则可以建立与 SIMATIC S7-200 CPU 的在线联机，其操作步骤如下：

(1) 在 STEP 7-Micro/WIN 32 下，单击“通信”图标，或从菜单中选择 View 中选择选项 Communications，则会出现一个“通信建立结果”对话框，显示是否连接了 CPU 主机。

(2) 双击“通信建立”对话框中的“刷新”图标，STEP 7-Micro/WIN 32 将检查所连接的所有 S7-200 CPU 站，并为每个站建立一个 CPU 图标。

(3) 双击要进行通信的站，在“通信建立结果”对话框中可以显示所选站的通信参数。

6. 设置修改 PLC 通信参数

如果建立了计算机和 PLC 的在线联机，就可利用软件设置、检查和修改 PLC 的通信参数。步骤如下：

(1) 单击引导条中的“系统块”图标，或从主菜单中选择 View 菜单中的 System Block 选项，将出现“系统块”对话框。

(2) 单击 Port(s)选项卡。检查各参数，确认无误后单击 OK 按钮确定。如果需要修改某些参数，可以先进行有关的修改，然后单击 Apply 按钮，再单击 OK 按钮确认后退出。

(3) 单击工具条中的“下载”图标，即可把修改后的参数下载到 PLC 主机。

4.2.3 STEP 7 软件主要功能

1. 基本功能

使用程序编辑中的语法检查功能可以避免一些语法和数据类型方面的错误。梯形图和语句表的错误检查如图 4-3 所示。

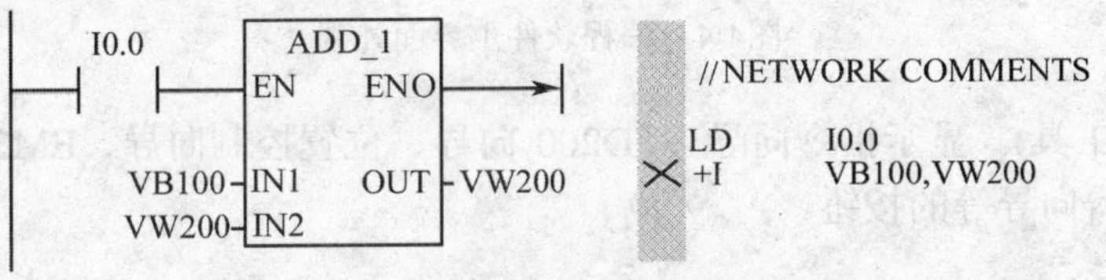
I0.0
ADD_I
EN
ENO
VB100
IN1
OUT
VW200
VW200
IN2
//NETWORK COMMENTS
LD
+I
I0.0
VB100,VW200

图4-3　梯形图和语句表的错误检查

在连机工作方式(在线方式)下可以进行软件的各项操作，部分功能也可以在离线工作方式下进行。

连机方式是指装有编程软件的计算机或编程器与 PLC 连接，此时允许两者之间直接通信。

离线方式是指装有编程软件的计算机或编程器与 PLC 断开连接，此时也能进行部分基本操作，如编程、编译和调试程序、系统组态等。

2. 界面及各部分功能

启动 STEP 7-Micro/WIN 32 编程软件，编程软件主界面外观如图 4-4 所示。界面一般可分以下几个区：菜单条(包含 8 个主菜单项)、工具条(快捷按钮)、导引条(快捷操作窗口)、指令树(快捷操作窗口)、输出窗口和用户窗口(可同时或分别打开图中的 5 个用户窗口)。

1) 导引条

也称为浏览条，用来显示常用的编程按钮群组。导引条包括：

(1) View(视图)　显示程序块、符号表、状态表、数据块、系统块、交叉参考及通信按钮。

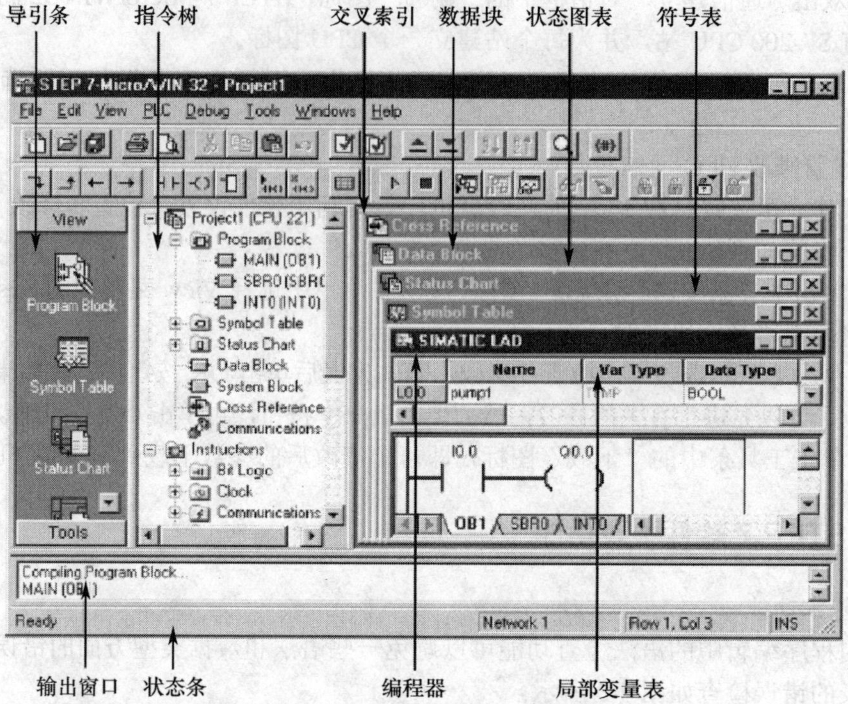
导引条
指令树
交叉索引
数据块
状态图表
符号表
输出窗口
状态条
编程器
局部变量表

图4-4　编程软件主界面外观

(2) Tools(工具)　显示指令向导、TD200 向导、位置控制向导、EM253 控制面板和扩展调制解调器向导等的按钮。

2) 指令树

指令树提供所有项目对象和当前程序编辑器(LAD、FBD 或 STL)的所有指令的树形视图。可以在项目分支里对所打开项目的所有包含对象进行操作；利用指令分支输入编程指令。

3) 交叉索引

交叉索引也称为交叉参考，用于查看程序的交叉引用和元件使用信息。

4) 数据块

数据块用于显示和编辑数据块内容。

5) 状态图表

状态图表的作用是允许将程序输入、输出或变量置入图表中，监视其状态。可以建立多个状态表，以便分组查看不同的变量。

6) 符号表

符号表也称为全局变量表，作用是允许分配和编辑全局符号。可以为一个项目建立多个符号表。

7) 输出窗口

输出窗口用于在编译程序或指令库时提供消息。当输出窗口列出程序错误时，双击错误信息，会自动在程序编辑器窗口中显示相应的程序部分。

8) 状态条

状态条用于提供在 STEP 7-Micro/WIN 32 中操作时的操作状态信息。

9) 编程器

编程器包含用于该项目的编辑器(LAD、FBD 或 STL)的局部变量表和程序视图。可以拖动分割条以扩充程序视图，并覆盖局部变量表。单击编程器窗口底部的标签，可以在主程序、子程序和中断程序之间移动。

10) 局部变量表

局部变量表包含对局部变量所作的定义赋值(即子程序和中断程序使用的变量)。

3. 系统组态设置

1) 数字量信号输入滤波

在 Input Filters 选项中成组定义数字量信号输入滤波时间，时间为 0.2ms～12.8ms，如图 4-5 所示。此功能仅对 S7-200 上集成的数字量输入点有效。

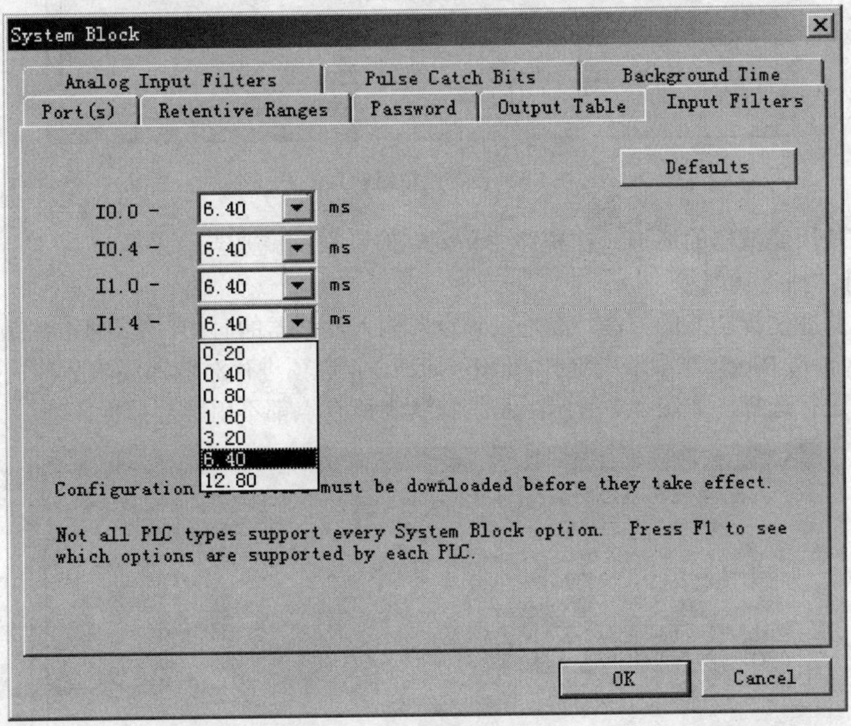

System Block
Analog Input Filters
Pulse Catch Bits
Background Time
Port(s)
Retentive Ranges
Password
Output Table
Input Filters
Defaults
I0.0 -
6.40
ms
I0.4 -
6.40
ms
I1.0 -
6.40
ms
I1.4 -
6.40
ms
0.20
0.40
0.80
1.60
3.20
6.40
12.80
Configuration
must be downloaded before they take effect.
Not all PLC types support every System Block option. Press F1 to see which options are supported by each PLC.
OK
Cancel

图4-5 设置数字输入滤波

2) 模拟量输入滤波

在 Analog Input Filters 选项中允许为单个模拟量输入通道选择是否使用软件滤波器。软件滤波的输出就是对一定采样数的模拟量取平均值，如图 4-6 所示。

所有选择使用滤波器的通道都具有同样的采样数和死区设置。模拟量输入滤波可以使信号变得更稳定。为变化比较缓慢的模拟量输入选用滤波器可以抑制波动；为变化较快的模拟量设置较小的采样数和死区会加快响应速度；对高速变化的模拟量不能使用滤波器。如果用模拟量传递数值信号，或者使用热电阻、热电偶、AS-Interface 模块时，应当不使用滤波器。

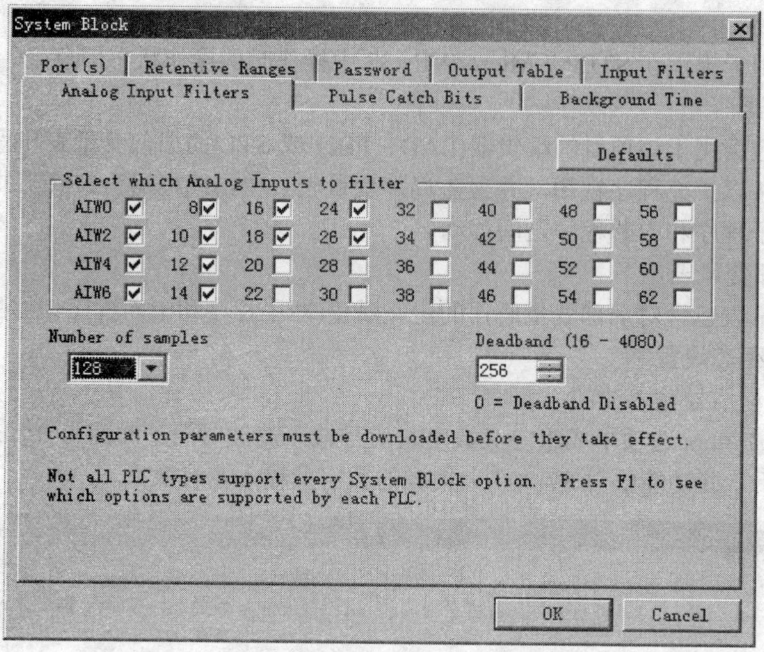
System Block
Port(s)
Retentive Ranges
Password
Output Table
Input Filters
Analog Input Filters
Pulse Catch Bits
Background Time
Defaults
Select which Analog Inputs to filter
AIW0 8 16 24 32 40 48 56
AIW2 10 18 26 34 42 50 58
AIW4 12 20 28 36 44 52 60
AIW6 14 22 30 38 46 54 62
Number of samples
128
Deadband (16 - 4080)
256
0 = Deadband Disabled
Configuration parameters must be downloaded before they take effect.
Not all PLC types support every System Block option. Press F1 to see which options are supported by each PLC.
OK
Cancel

图4-6　设置模拟量输入滤波

没有使用滤波器的通道，在程序中访问它时读取的就是当前采样值。

3) 脉冲捕捉功能

设置脉冲捕捉功能的方法：首先正确设置输入滤波器的时间，使之不能将脉冲滤掉。然后在 System Block 选项卡中选择 Pulse Catch Bit 选项进行对输入要求脉冲捕捉的数字量输入点进行选择，如图 4-7 所示。系统默认为所有点都不用脉冲捕捉。

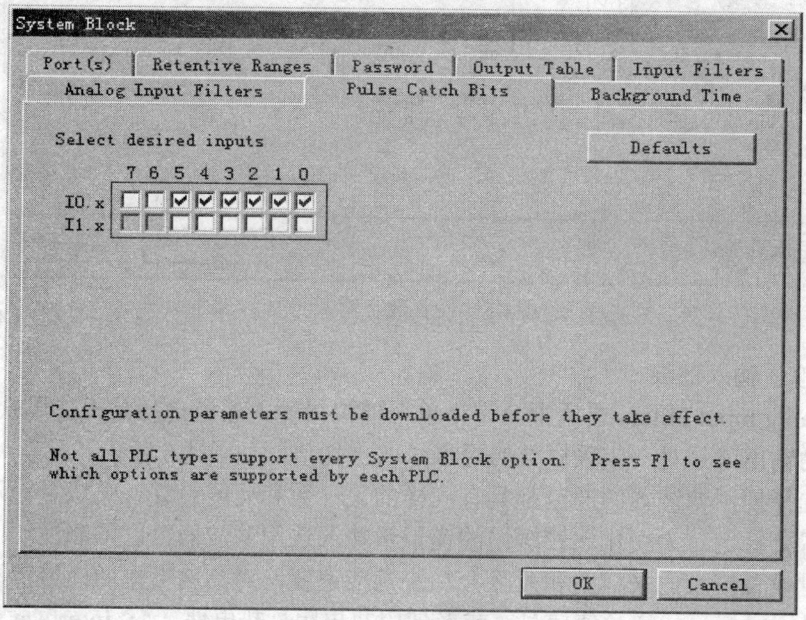
System Block
Port(s)
Retentive Ranges
Password
Output Table
Input Filters
Analog Input Filters
Pulse Catch Bits
Background Time
Select desired inputs
Defaults
7 6 5 4 3 2 1 0
I0.x
I1.x
Configuration parameters must be downloaded before they take effect.
Not all PLC types support every System Block option. Press F1 to see which options are supported by each PLC.
OK
Cancel

图4-7　设置脉冲捕捉

4) 输出表配置

可在 Output Table(输出表)选项中定义 S7-200 CPU 从 RUN(运行)状态转到 STOP(停止)状态时，CPU 如何操作数字量和模拟量输出信号。此功能对于实际系统在 CPU 停机时保持安全连锁，或者维持某些特定设备的运转非常有用。输出表配置如图 4-8 所示。

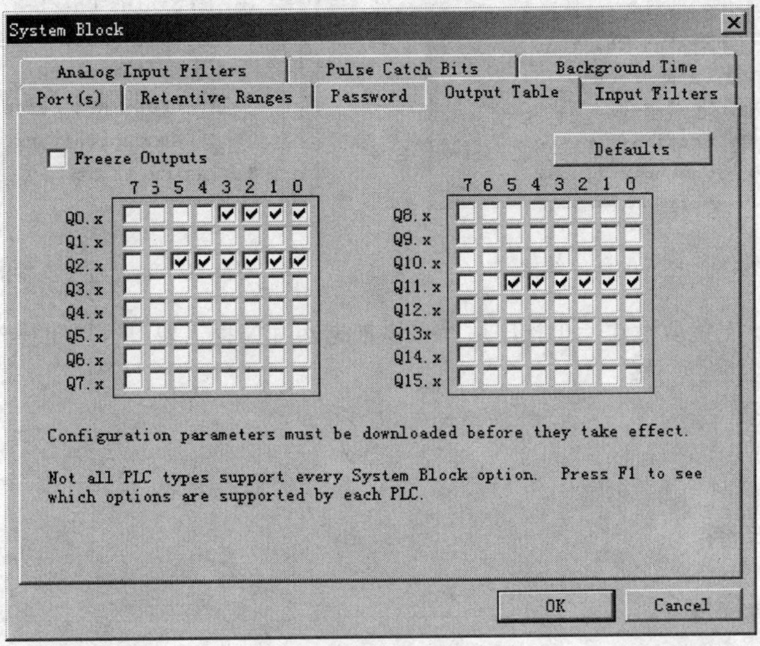

System Block
Analog Input Filters
Pulse Catch Bits
Background Time
Port(s)
Retentive Ranges
Password
Output Table
Input Filters
Freeze Outputs
Defaults
Q0.x
Q1.x
Q2.x
Q3.x
Q4.x
Q5.x
Q6.x
Q7.x
Q8.x
Q9.x
Q10.x
Q11.x
Q12.x
Q13x
Q14.x
Q15.x
Configuration parameters must be downloaded before they take effect.
Not all PLC types support every System Block option. Press F1 to see which options are supported by each PLC.
OK
Cancel

图4-8　输出表配置

4.3　STEP 7-Micro/WIN 编程

4.3.1　程序来源

PLC 程序文件来源有 3 种：打开、上传和新建。

1. 打开

打开一个磁盘中已有的程序文件，可用 File|Open 菜单，在弹出的对话框中选择打开的程序文件；也可用工具条中的 Open 按钮来完成。一个在指令树窗口中打开的程序结构如图 4-9 所示。

2. 上传

在已经与 PLC 建立通信的前提下，如果要上传一个 PLC 存储器中的程序文件，可用 File|Upload 菜单，也可用工具条中的 Upload 按钮来完成。

3. 新建

新建一个程序文件，可用 File|New 菜单，在主窗口将显示新建的程序文件主程序区，也可用工具条中的 New 按钮来完成。一个新建程序文件的结构如图 4-10 所示。

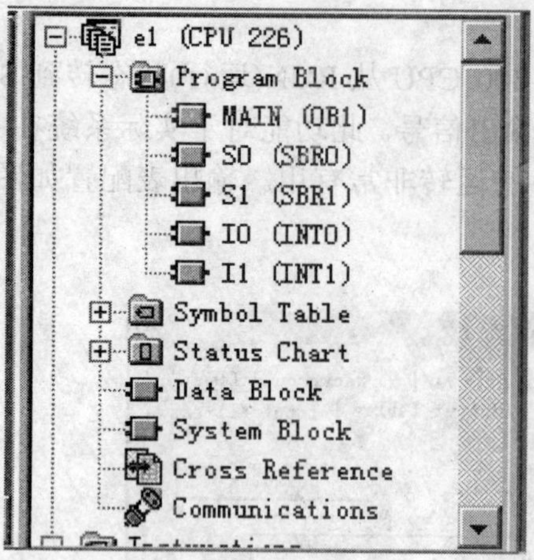
e1 (CPU 226)
Program Block
MAIN (OB1)
S0 (SBR0)
S1 (SBR1)
I0 (INT0)
I1 (INT1)
Symbol Table
Status Chart
Data Block
System Block
Cross Reference
Communications

图4-9 打开的程序结构

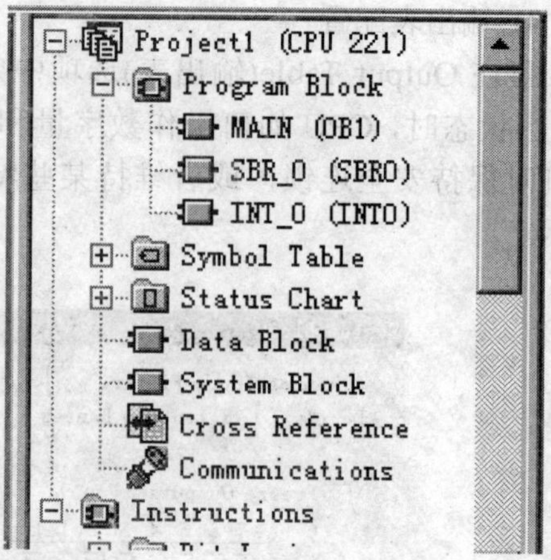
Project1 (CPU 221)
Program Block
MAIN (OB1)
SBR_0 (SBR0)
INT_0 (INT0)
Symbol Table
Status Chart
Data Block
System Block
Cross Reference
Communications
Instructions

图4-10 新建程序文件的结构

在打开、上传或新建一个程序后，可以根据实际编程需要进行以下操作：

(1) 确定主机型号；

(2) 程序更名；

(3) 添加一个子程序；

(4) 添加一个中断程序；

(5) 编辑程序。

4.3.2 编辑程序

1. 输入编程元件

1) 方法 1

如图 4-11 所示，选择指令树窗口中的 Instructions 所列的一系列指令，双击要输入的指令，再根据指令的类别将指令分别排在若干子目录中。

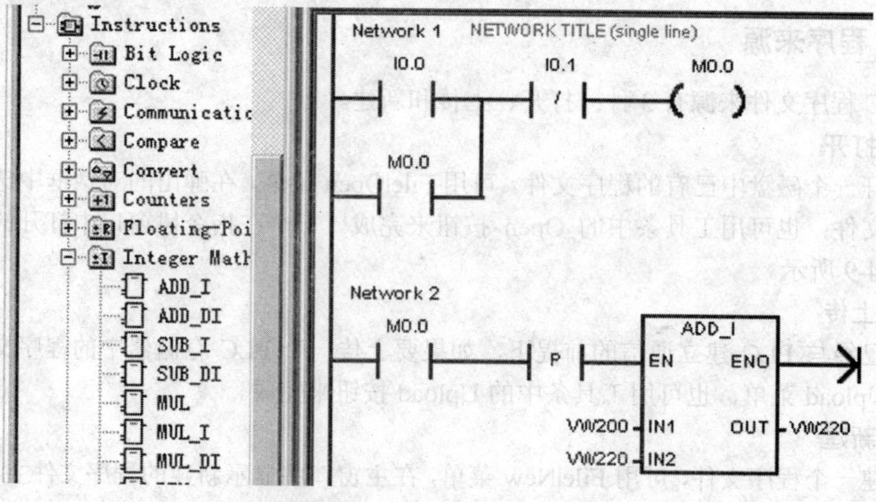
Instructions
Bit Logic
Clock
Communicatio
Compare
Convert
Counters
Floating-Poi
Integer Math
ADD_I
ADD_DI
SUB_I
SUB_DI
MUL
MUL_I
MUL_DI
Network 1
NETWORK TITLE (single line)
I0.0
I0.1
M0.0
M0.0
Network 2
M0.0
P
ADD_I
EN
ENO
VW200
IN1
OUT
VW220
VW220
IN2

图4-11 输入编程元件示例

2) 方法 2

用工具条上的一组“编程”按钮，单击“触点、线圈或指令盒”按钮，从弹出的窗口中从下拉菜单所列出的指令中选择要输入的指令单击即可。按钮和弹出的窗口下拉菜单如图 4-12 和图 4-13 所示。顺序输入元件示例如图 4-14 所示。

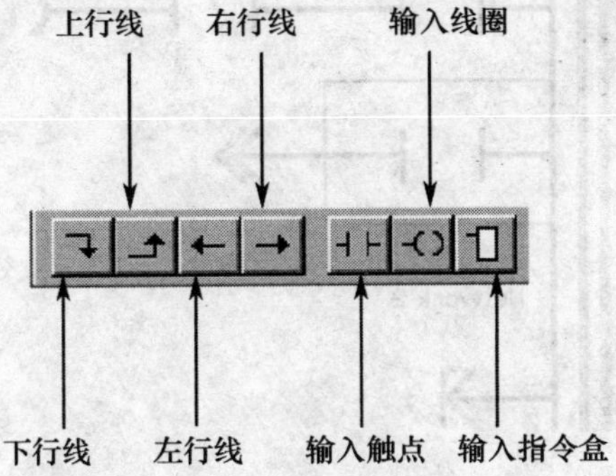
上行线
右行线
输入线圈
下行线
左行线
输入触点
输入指令盒

图4-12 “编程”按钮

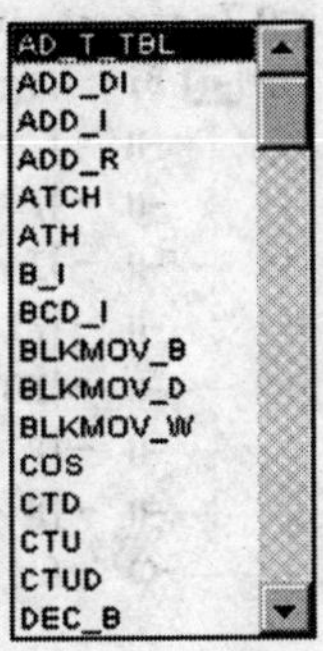
AD_T_TBL
ADD_DI
ADD_I
ADD_R
ATCH
ATH
B_I
BCD_I
BLKMOV_B
BLKMOV_D
BLKMOV_W
COS
CTD
CTU
CTUD
DEC_B

图4-13 下拉菜单

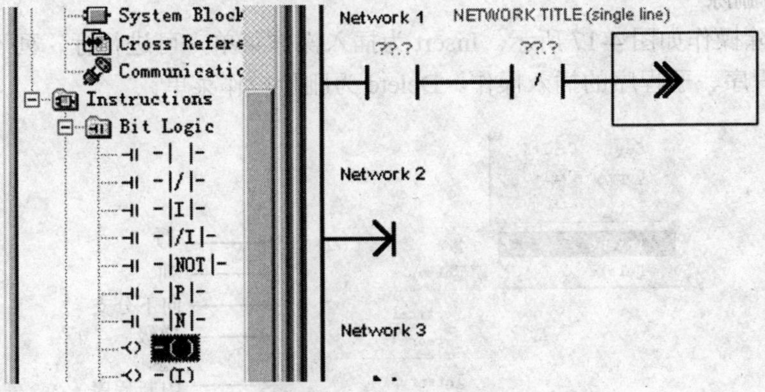
System Block
Cross Refere
Communicatio
Instructions
Bit Logic
Network 1
NETWORK TITLE (single line)
??.?
??.?
Network 2
Network 3

图4-14 顺序输入元件示例

2. 复杂结构编辑方法

用工具条中的“指令”按钮可编辑复杂结构的梯形图。如图 4-15 所示为新生成行，单击图中第一行下方的编程区域，则在本行下一行的开始处显示小图标，然后输入触点

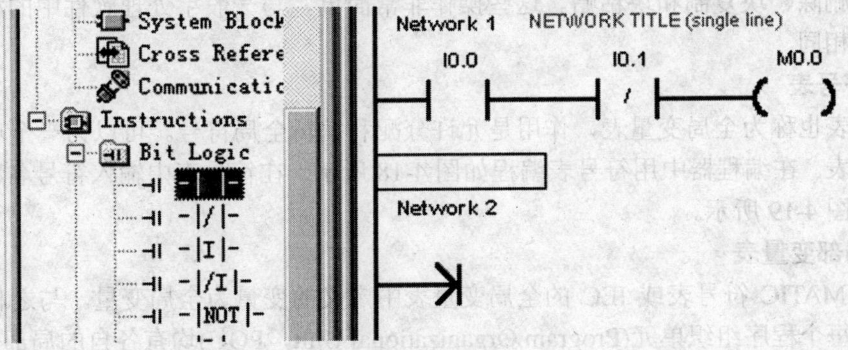
System Block
Cross Refere
Communicatio
Instructions
Bit Logic
Network 1
NETWORK TITLE (single line)
I0.0
I0.1
M0.0
Network 2

图4-15 新生成行

新生成一行。输入完成后若要向上合并，则如图 4-16 所示，将光标移到要合并的触点处，单击“上行线”按钮即可。

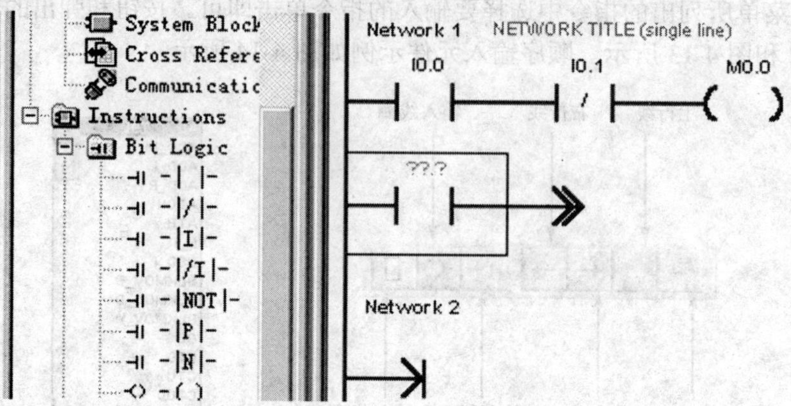

System Block
Cross Refere
Communicatic
Instructions
Bit Logic
Network 1
NETWORK TITLE (single line)
I0.0
I0.1
M0.0
??.?
Network 2

图4-16　向上合并

3. 插入/删除

插入/删除操作如图 4-17 所示。Insert 为插入操作菜单，可进行行、列、向下分支、梯级、中断程序、子程序的插入操作。Delete 为删除操作菜单。

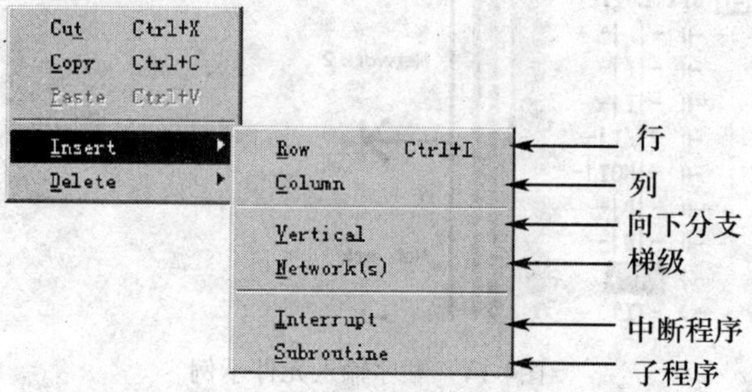

Cut Ctrl+X
Copy Ctrl+C
Paste Ctrl+V
Insert
Delete
Row Ctrl+I
Column
Vertical
Network(s)
Interrupt
Subroutine
行
列
向下分支
梯级
中断程序
子程序

图4-17　插入/删除操作

4. 块操作

利用块操作对程序大面积删除、移动、复制操作十分方便。块操作包括块选择、块剪切、块删除、块复制和块粘贴。这些操作非常简单，与一般字处理软件中的相应操作方法完全相同。

5. 符号表

符号表也称为全局变量表，作用是允许分配和编辑全局符号。可以为一个项目建立多个符号表。在编程器中用符号表编程如图 4-18 所示。在符号表中输入符号名称、地址和注释如图 4-19 所示。

6. 局部变量表

在 SIMATIC 符号表或 IEC 的全局变量表中定义的变量为全局变量。与之相对地，程序中的每个程序组织单元(Program Organizational Unit，POU)均有各自的局部变量表。局部变量表的使用如图 4-20 所示。

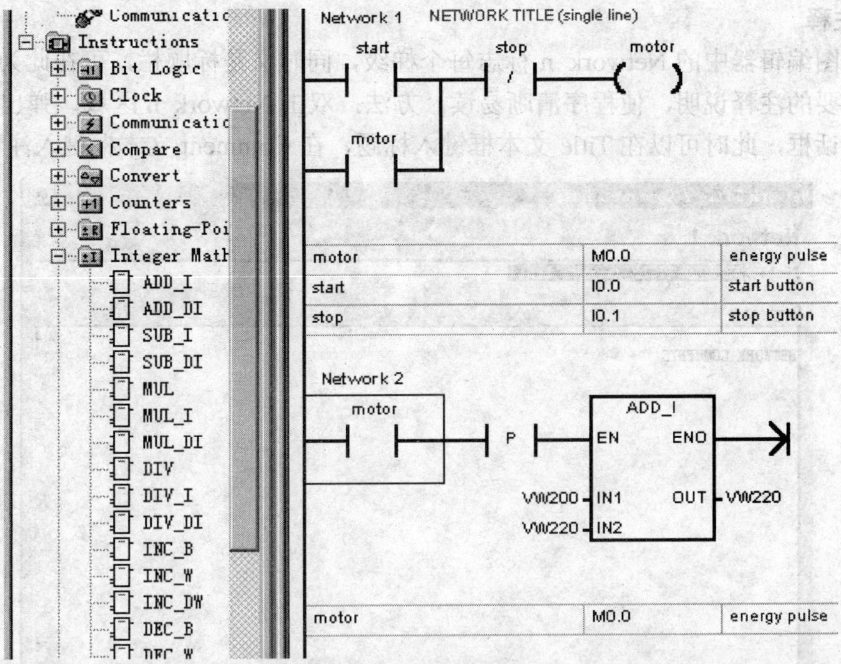
Communicatic
Instructions
Bit Logic
Clock
Communicatic
Compare
Convert
Counters
Floating-Poi
Integer Math
ADD_I
ADD_DI
SUB_I
SUB_DI
MUL
MUL_I
MUL_DI
DIV
DIV_I
DIV_DI
INC_B
INC_W
INC_DW
DEC_B
DEC_W
Network 1 NETWORK TITLE (single line)
start
stop
motor
motor
motor M0.0 energy pulse
start I0.0 start button
stop I0.1 stop button
Network 2
motor
P
ADD_I
EN
ENO
VW200 IN1
OUT VW220
VW220 IN2
motor M0.0 energy pulse

图4-18 用符号表编程

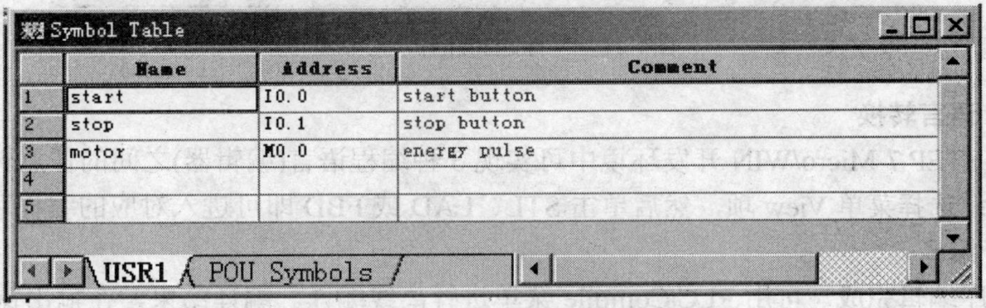
Symbol Table
Name
Address
Comment
1 start I0.0 start button
2 stop I0.1 stop button
3 motor M0.0 energy pulse
4
5
USR1
POU Symbols

图4-19 在符号表中输入符号名称、地址和注释

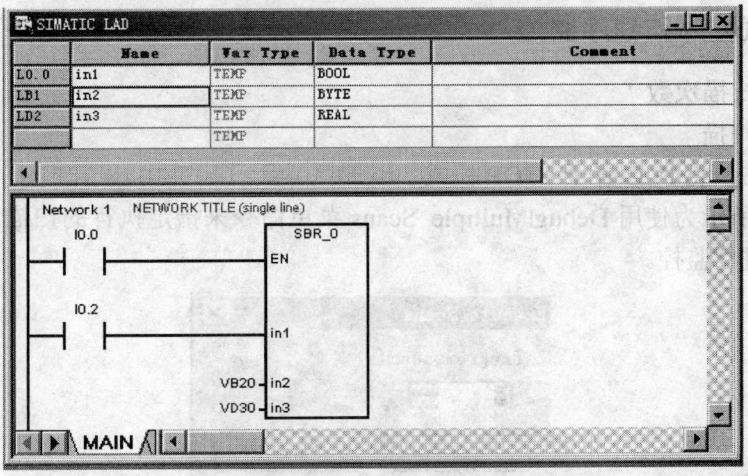
SIMATIC LAD
Name
Var Type
Data Type
Comment
L0.0 in1 TEMP BOOL
LB1 in2 TEMP BYTE
LD2 in3 TEMP REAL
TEMP
Network 1 NETWORK TITLE (single line)
I0.0
SBR_0
EN
I0.2
in1
VB20 in2
VD30 in3
MAIN

图4-20 局部变量表的使用

7. 注释

梯形图编辑器中的 Network n 标志每个梯级，同时又是标题栏，可在此为本梯级加标题或必要的注释说明，使程序清晰易读。方法：双击 Network n 区域，弹出如图 4-21 所示的对话框，此时可以在 Title 文本框键入标题，在 Comment 文本框键入注释。

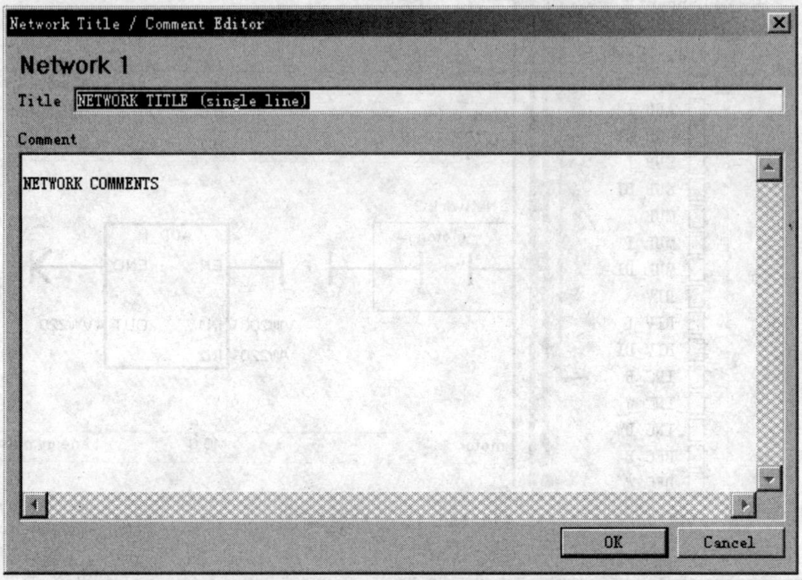

Network Title / Comment Editor
Network 1
Title
NETWORK TITLE (single line)
Comment
NETWORK COMMENTS
OK
Cancel

图4-21　“标题和注释”对话框

8. 语言转换

在 STEP 7-Micro/WIN 开发环境中可实现 3 种编程语言(编辑器)之间的任意转换。转换方法：选择菜单 View 项，然后单击 STL、LAD 或 FBD 即可进入对应的编程环境。

9. 编译

程序编辑完成，可用 PLC|Compile 菜单进行离线编译。编译结束，在输出窗口显示编译结果信息。

4.3.3 调试程序和程序监控

1. 选择扫描次数

1) 多次扫描

扫描方法：将 PLC 置于 STOP 模式。

图 4-22 所示为使用 Debug|Multiple Scans 菜单命令来指定执行的扫描次数，然后单击 OK 按钮进行监控。

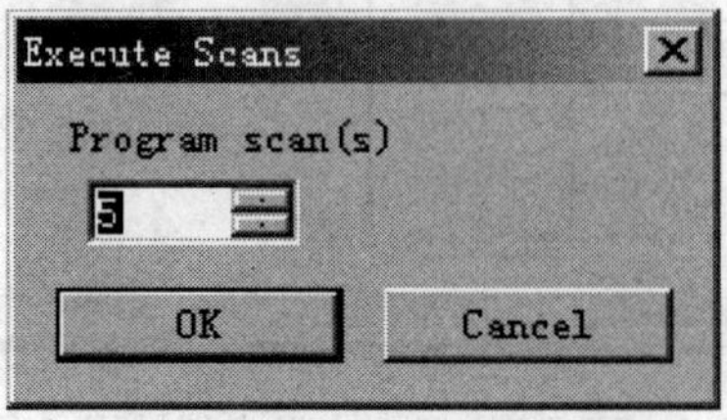

Execute Scans
Program scan(s)
5
OK
Cancel

图4-22　执行多次扫描

2) 初次扫描

将 PLC 置于 STOP 模式。然后使用 Debug|First Scan 菜单命令进行。

2. 状态图表监控

1) 状态图表

使用状态图表可以监控数据，状态图表监控界面如图 4-23 所示。

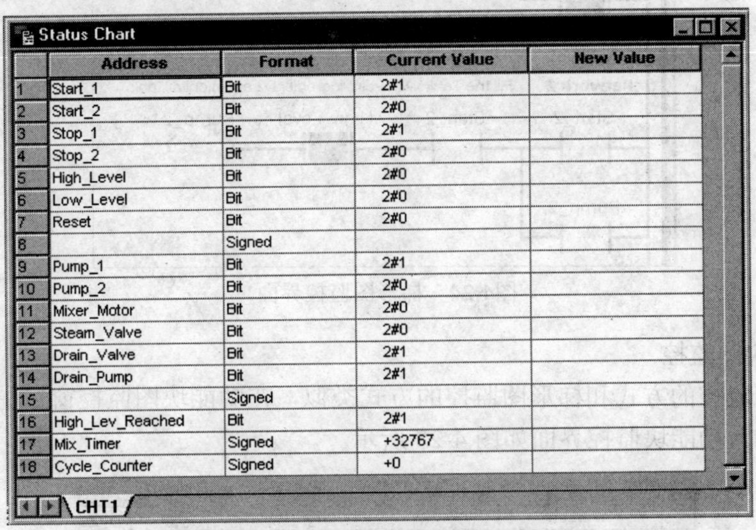

Status Chart

	Address	Format	Current Value	New Value
1	Start_1	Bit	2#1	
2	Start_2	Bit	2#0	
3	Stop_1	Bit	2#1	
4	Stop_2	Bit	2#0	
5	High_Level	Bit	2#0	
6	Low_Level	Bit	2#0	
7	Reset	Bit	2#0	
8		Signed		
9	Pump_1	Bit	2#1	
10	Pump_2	Bit	2#0	
11	Mixer_Motor	Bit	2#0	
12	Steam_Valve	Bit	2#0	
13	Drain_Valve	Bit	2#1	
14	Drain_Pump	Bit	2#1	
15		Signed		
16	High_Lev_Reached	Bit	2#1	
17	Mix_Timer	Signed	+32767	
18	Cycle_Counter	Signed	+0	

CHT1

图4-23 状态图表监控界面

2) 强制功能

S7-200 CPU 提供了强制功能以方便程序调试工作，例如，在现场不具备某些外部条件的情况下模拟工艺状态。使用强制功能可以对所有的数字量 I/O(DI 和 DO)以及多达 16 个内部存储器数据或模拟量 I/O(AI 和 AO)进行强制。

在没有实际输入输出连线的条件下，也可使用强制功能调试程序。

3. 运行模式下编辑

运行模式下编辑的操作步骤如下：

(1) 选择 Debug|Program Edit in RUN 菜单；

(2) 屏幕弹出警告信息；

(3) 在运行模式进行下载；

(4) 退出运行模式编辑。

4. 程序监控

PLC 的程序可用梯形图(LAD)、功能块图(FBD)和语句表(STL)3 种形式表示。对 PLC 程序的监控也可分别在这 3 种形式下进行。

1) 梯形图监控

使用梯形图监控功能可以对梯形图中各个元件的状态进行监控。导通的元件在图中用蓝色表示；定时器和计数器的方框为绿色时表示它们包含有效数据；红色方框表示执行指令时出现了错误；灰色表示无能流、指令被跳过、未调用或 PLC 处于 STOP(停止)模式。梯形图监控界面如图 4-24 所示。

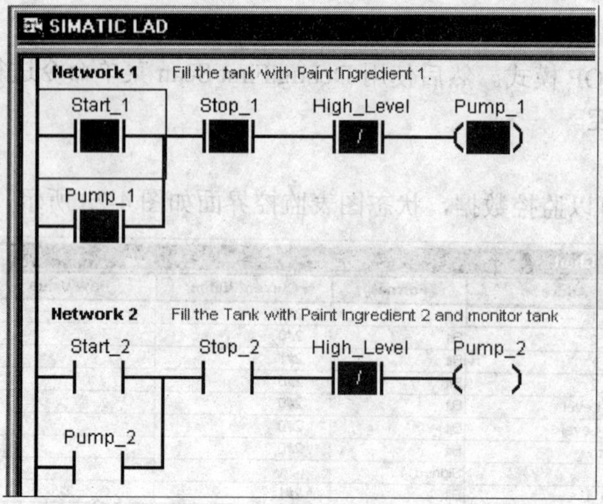
SIMATIC LAD
Network 1
Fill the tank with Paint Ingredient 1.
Start_1
Stop_1
High_Level
Pump_1
Pump_1
Network 2
Fill the Tank with Paint Ingredient 2 and monitor tank
Start_2
Stop_2
High_Level
Pump_2
Pump_2

图4-24　梯形图监控界面

2) 功能块图监控

功能块图监控的方式和梯形图监控的方式类似，在功能块图监控窗口中显示每个功能块图的状态。功能块监控界面如图 4-25 所示。

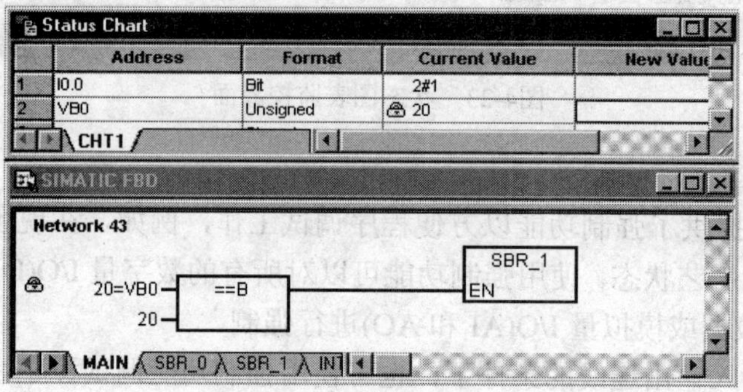
Status Chart
Address
Format
Current Value
1 I0.0 Bit 2#1
2 VB0 Unsigned 20
CHT1
SIMATIC FBD
Network 43
20=VB0
==B
20
SBR_1
EN
MAIN
SBR_0
SBR_1

图4-25　功能块图监控界面

3) 语句表监控

启动语句表监控和梯形图的程序状态监控方法完全相同。语句表程序状态监控每条指令最多可以监控 17 个操作数、逻辑堆栈中 4 个当前值和 11 个指令状态位。语句表监控界面如图 4-26 所示。

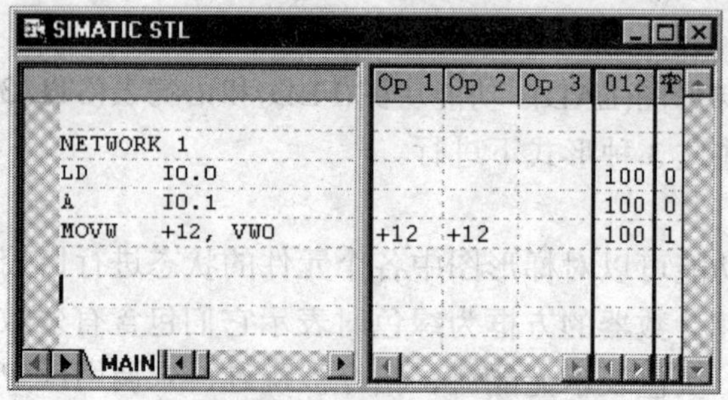
SIMATIC STL
Op 1
Op 2
Op 3
012
NETWORK 1
LD I0.0
A I0.1
MOVW +12, VW0
+12 +12
100 0
100 0
100 1
MAIN

图4-26　语句表监控界面

第 5 章　功 能 指 令

5.1　功能指令概述

为了满足用户的一些特殊要求，从 20 世纪 80 年代开始，众多的 PLC 制造商就在小型机上加入了功能指令(Functional Instruction)或称应用指令(Applied Instruction)。这些功能指令的出现，大大拓宽了 PLC 的应用范围。本章主要介绍西门子 S7-200 系列 PLC 的功能指令。

S7-200 系列 PLC 的功能指令极其丰富，主要包括以下几方面：

(1) 算术与逻辑运算指令；

(2) 传送、移位、循环移位及填充指令；

(3) PID 指令；

(4) FOR/NEXT 循环指令；

(5) 数据表处理指令；

(6) 高速处理指令；

(7) 转换指令；

(8) 中断指令；

(9) 通信指令；

(10) 实时时钟。

本章介绍功能指令以梯形图、功能块图和语句表 3 种形式表示。操作数表列出每个指令的操作数和有效的数据类型。

对于梯形图：EN 和 ENO 是能流并且是布尔数据类型。

对于功能块图表：EN 和 ENO 是 I、Q、V、M、SM、S、T、C、L 或能流并且是布尔数据类型。

EN/ENO 的操作数和数据类型没有显示在指令操作数表中，因为 EN/ENO 的操作数对于所有梯形图和功能块图表指令是相同的。

5.2　四则运算指令及加 1/减 1 指令

5.2.1　四则运算指令

S7-200 系列 PLC 可进行相同位数的各种数据类型的加、减、乘、除四则运算，它们的指令格式相同。对四则运算指令来说,IN1、IN2 是指令所要求的操作数；OUT 是指令执行结果的存放单元地址。

1. 加法指令

加法指令是把两个输入端 IN1、IN2 指定的数相加，结果送到输出端 OUT 指定的存储单元中。加法指令可分为整数指令、双整数指令、实数加法指令。加法指令如图 5-1 所示。它们各自对应的操作数数据类型分别是有符号整数(INT)、有符号双整数(DINT)、实数(REAL)。

加法指令	整数加法	双整数加法	实数加法
LAD (FBD)	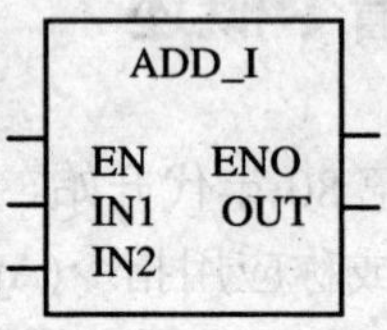ADD_I EN ENO IN1 OUT IN2	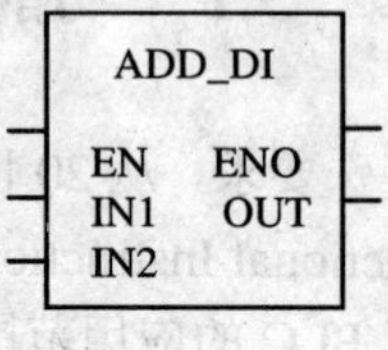ADD_DI EN ENO IN1 OUT IN2	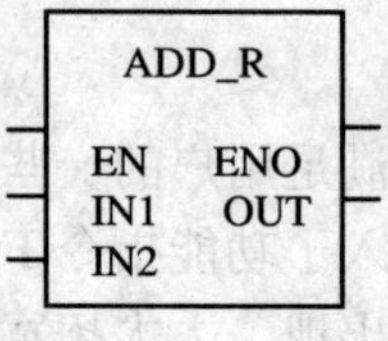ADD_R EN ENO IN1 OUT IN2
STL	+I IN1, OUT	+D IN1, OUT	+R IN1, OUT

图5-1 加法指令

执行加法操作时，操作数 IN2 与 OUT 共用一个地址单元，因而，在语句表中 IN1+OUT=OUT。

2. 减法指令

减法指令是把两个输入端 IN1、IN2 指定的数相减，结果送到输出端 OUT 指定的存储单元中。减法指令可分为整数指令、双整数指令和实数减法指令。减法指令如图 5-2 所示。它们各自对应的操作数数据类型分别是有符号整数、有符号双整数、实数。

减法指令	整数减法	双整数减法	实数减法
LAD (FBD)	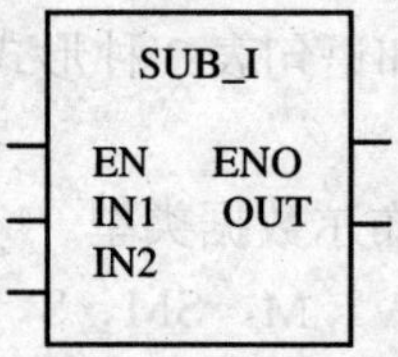SUB_I EN ENO IN1 OUT IN2	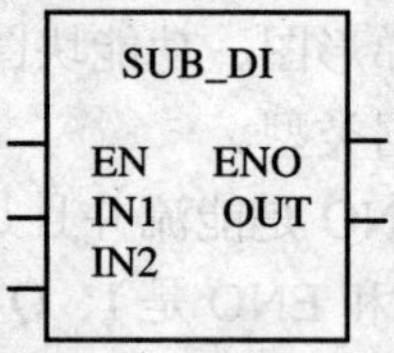SUB_DI EN ENO IN1 OUT IN2	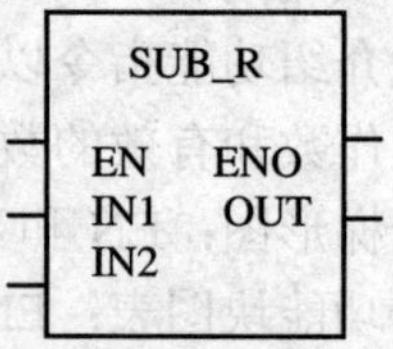SUB_R EN ENO IN1 OUT IN2
STL	−I IN1, OUT	−D IN1, OUT	−R IN1, OUT

图5-2 减法指令

执行减法操作时，操作数 IN1 与 OUT 共用一个地址单元，因而，在语句表中 OUT−IN2=OUT。

3. 乘法指令

乘法指令是把两个输入端 IN1、IN2 指定的数相乘，结果送到输出端 OUT 指定的存储单元中。乘法指令可分为整数、双整数、实数乘法指令和整数完全乘法指令。乘法指令如图 5-3 所示。前 3 种指令各自对应的操作数数据类型分别是有符号整数、有符号双整数、实数。整数完全乘法指令是把输入端 IN1、IN2 指定的两个 16 位整数相乘，产生一个 32 位乘积，并送到输出端 OUT 指定的存储单元中去。

乘法指令	整数乘法	双整数乘法	实数乘法	整数完全乘法
LAD (FBD)	MUL_I EN ENO IN1 OUT IN2	MUL_DI EN ENO IN1 OUT IN2	MUL_R EN ENO IN1 OUT IN2	MUL EN ENO IN1 OUT IN2
STL	*I IN1, OUT	*D IN1, OUT	*R IN1, OUT	MUL IN1, OUT

图5-3 乘法指令

执行乘法操作时，操作数 IN2 与 OUT 共用一个地址单元(整数完全乘法指令的 IN2 与 OUT 的低 16 位用的是同地址单元)，因而在语句表中 IN1*OUT=OUT。

加法、减法、乘法指令影响的特殊存储器位：SM1.0(零)、SM1.1(溢出)、SM1.2(负)。

4. 除法指令

除法指令是把两个输入端 IN1、IN2 指定的数相除，结果送到输出端 OUT 指定的存储单元中。除法指令可分为整数、双整数、实数除法指令和整数完全除法指令。除法指令如图 5-4 所示。前 3 种指令各自对应的操作数数据类型分别是有符号整数、有符号双整数、实数。整数完全除法指令是把输入端 IN1、IN2 指定的两个 16 位整数相除，产生一个 32 位的结果，并送到输出端 OUT 指定的存储单元中去，其中高 16 位是余数，低 16 位是商。

除法指令	整数除法	双整数除法	实数除法	整数完全除法
LAD (FBD)	DIV_I EN ENO IN1 OUT IN2	DIV_DI EN ENO IN1 OUT IN2	DIV_R EN ENO IN1 OUT IN2	DIV EN ENO IN1 OUT IN2
STL	/I IN1, OUT	/D IN1, OUT	/R IN1, OUT	DIV IN1, OUT

图5-4 除法指令

执行除法操作时，操作数 IN1 与 OUT 共用一个地址单元(整数完全除法指令的 IN1 与 OUT 的低 16 位用的是同地址单元)，因而，在语句表中 OUT/IN2=OUT。

除法指令影响的特殊存储器位：SM1.0(零)、SM1.1(溢出)、SM1.2(负)、SM1.3(除数为 0)。

四则运算指令的有效操作数见表 5-1。

表5-1　四则运算指令的有效操作数

输入/输出	数据类型	操　作　数
IN1、IN2	INT	IW、QW、VW、MW、SMW、SW、T、C、LW、AC、A/W、*VD、*AC、*LD、常量
	DINT	ID、QD、VD、MD、SMD、SD、LD、AC、HC、*VD、*LD、*AC、常量
	REAL	ID、QD、VD、MD、SMD、SD、LD、AC、*VD、*LD、*AC、常量
OUT	INT	IW、QW、VW、MW、SMW、SW、LW、T、C、AC、*VD、*AC、*LD、ID、
	DINT、REAL	QD、VD、MD、SMD、SD、LD、AC、*VD、*LD、*AC

四则运算指令示例如图 5-5 所示。

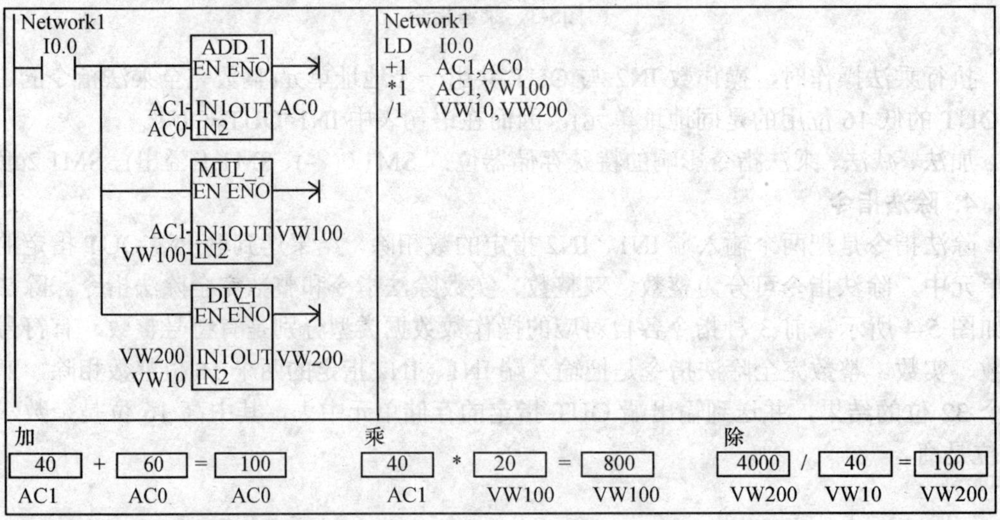

Network1
I0.0
ADD_I
EN ENO
AC1 IN1 OUT AC0
AC0 IN2
MUL_I
EN ENO
AC1 IN1 OUT VW100
VW100 IN2
DIV_I
EN ENO
VW200 IN1 OUT VW200
VW10 IN2
Network1
LD I0.0
+1 AC1,AC0
*1 AC1,VW100
/1 VW10,VW200
加
40 + 60 = 100
AC1 AC0 AC0
乘
40 * 20 = 800
AC1 VW100 VW100
除
4000 / 40 = 100
VW200 VW10 VW200

(a)

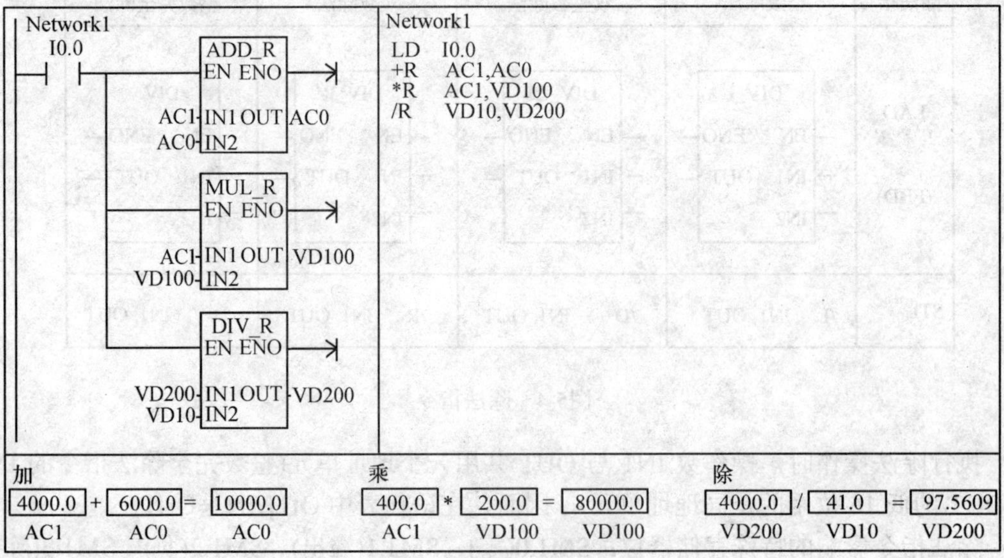

Network1
I0.0
ADD_R
EN ENO
AC1 IN1 OUT AC0
AC0 IN2
MUL_R
EN ENO
AC1 IN1 OUT VD100
VD100 IN2
DIV_R
EN ENO
VD200 IN1 OUT VD200
VD10 IN2
Network1
LD I0.0
+R AC1,AC0
*R AC1,VD100
/R VD10,VD200
加
4000.0 + 6000.0 = 10000.0
AC1 AC0 AC0
乘
400.0 * 200.0 = 80000.0
AC1 VD100 VD100
除
4000.0 / 41.0 = 97.5609
VD200 VD10 VD200

(b)

图5-5　四则运算指令示例

(a) 整数运算指令；(b) 实数运算指令。

5.2.2 加 1/减 1 指令

加1/减1指令是把输入IN数据加1或减1,并把结果存放到输出单元OUT中，加1/减1指令按操作数的数据类型可以分为字节、字、双字加1/减1指令。加1/减1指令如图5-6所示。

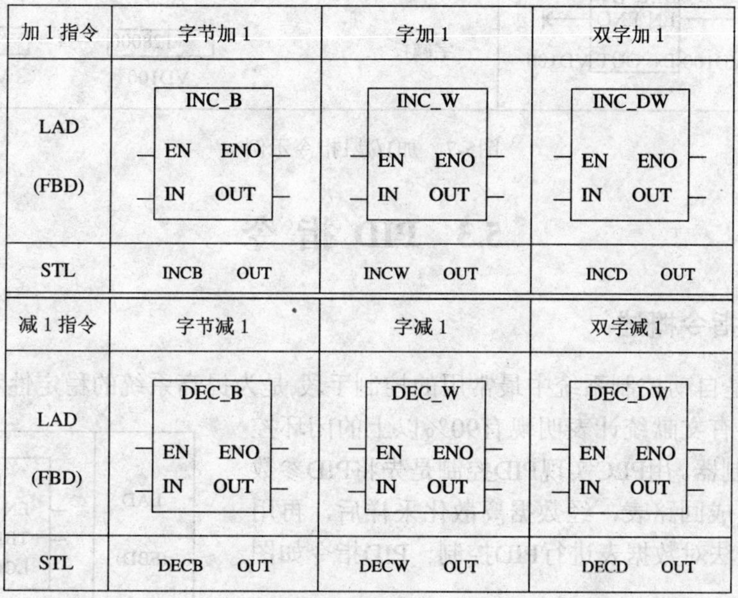

加 1 指令
字节加 1
字加 1
双字加 1
LAD
(FBD)
INC_B
EN ENO
IN OUT
INC_W
EN ENO
IN OUT
INC_DW
EN ENO
IN OUT
STL
INCB OUT
INCW OUT
INCD OUT
减 1 指令
字节减 1
字减 1
双字减 1
LAD
(FBD)
DEC_B
EN ENO
IN OUT
DEC_W
EN ENO
IN OUT
DEC_DW
EN ENO
IN OUT
STL
DECB OUT
DECW OUT
DECD OUT

图5-6 加1/减1指令

执行加1/减1操作时，操作数IN和OUT共用一个地址单元，因而，在语句表中OUT+1=OUT，OUT-1=OUT。字节加1/减1指令的操作数数据类型是无符号字节(BYTE)，指令影响的特殊存储器位：SM1.0(零)、SM1.1(溢出)。字、双字加1/减1指令的操作数数据类型分别是有符号整数、有符号双字整数，指令影响的特殊存储器位：SM1.0(零)、SM1.1(溢出)、SM1.2(负)。加1/减1指令的有效操作数见表5-2。

表5-2 加1/减1指令的有效操作数

输入/输出	数据类型	操 作 数
输入	BYTE	IB、QB、VB、MB、SMB、SB、LB、AC、*VD、*LD、*AC、常量
	INT	IW、QW、VW、MW、SMW、SW、T、C、LW、AC、AIW、*VD、*LD、*AC、常量
	DINT	ID、QD、VD、MD、SMD、SD、LD、AC、HC、*VD、*LD、*AC、常量
输出	BYTE	IB、QB、VB、MB、SMB、SB、LB、AC、*VD、*AC、*LD
	INT	IW、QW、VW、MW、SMW、SW、T、C、LW、AC、*VD、*LD、*AC
	DINT	ID、QD、VD、MD、SMD、SD、LD、AC、*VD、*LD、*AC

加 1/减 1 指令示例如图 5-7 所示。

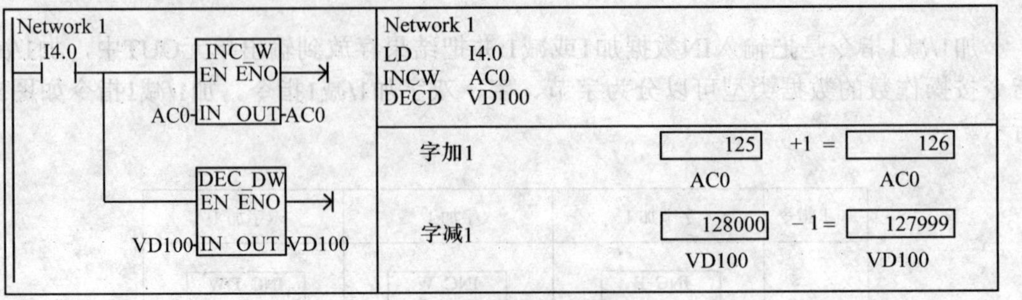
Network 1
I4.0
INC_W
EN ENO
AC0 IN OUT AC0
DEC_DW
EN ENO
VD100 IN OUT VD100
Network 1
LD I4.0
INCW AC0
DECD VD100
字加1
125
+1 =
126
AC0
AC0
字减1
128000
-1 =
127999
VD100
VD100

图5-7 加1/减1指令示例

5.3 PID 指 令

5.3.1 PID 指令概述

PID控制是自动控制系统中最常用的控制手段,是为提高系统的稳定性和响应特性而进行的调节。有文献统计表明现有90%以上的闭环控制采用PID控制器。用PLC实现PID控制是先将PID参数输入存储器组成回路表，经数据离散化采样后，再用定时中断的方法对数据表进行PID控制。PID指令如图5-8所示。

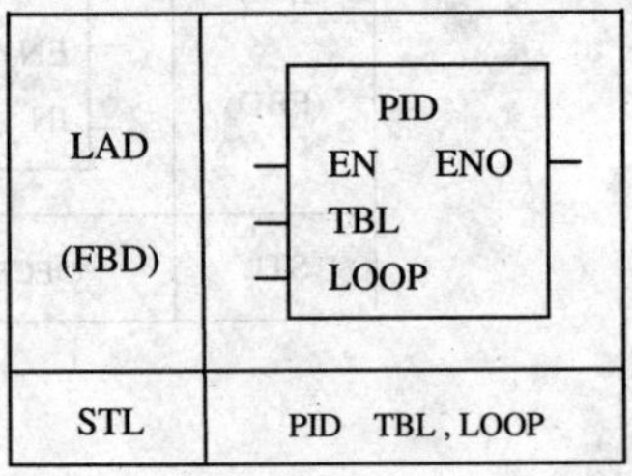
LAD
(FBD)
PID
EN ENO
TBL
LOOP
STL
PID TBL, LOOP

图5-8 PID指令

PID指令设置ENO = 0的错误条件：SM1.1(溢出)0006(间接地址)；受影响特殊内存位SM1.1(溢出)。

PID指令有两个操作数：作为循环表起始地址的“表”地址和从0～7的常量的回路号码。逻辑堆栈的顶部(TOS)必须为ON以启用PID计算。循环表存储9个用于控制和监控循环操作的参数，并包含进程变量、设定值、输出、增益、采样时间、积分时间、微分时间和积分总和的当前值和前一个数值。PID循环指令的有效操作数见表5-3。

表5-3 PID循环指令的有效操作数

输入/输出	数据类型	操 作 数
TBL	BYTE	VB
LOOP	BYTE	常量(0～7)

PLC程序中最多可以使用8个PID指令。如果两个或更多PID指令使用同样的回路号，即使它们有不同的表地址，PID运算也将互相干扰，使输出产生混乱。

采样时间作为一个输入值通过循环表提供给PID指令。在设定的采样率下，PID指令从定时中断程序中或从主程序中由计时器控制执行。

STEP 7-Micro/WIN提供PID向导指导用户定义闭环控制进程的PID算法。选择工具

(Tools)> 指令向导(Instruction Wizard)菜单命令，然后从指令向导窗口选择PID。

5.3.2 PID 算法简介

1. PID 算法基础

在稳定的控制系统中，PID控制器调节输出数值使得误差e为零。误差e是设定值SP和进程变量PV之差。PID控制原理的表达为输出$M(t)$是比例项、积分项和微分项之和(输出=比例项+积分项+微分项)，即

$$M(t)=K_C e+K_C\int_0^t e\mathrm{d}t+K_C\mathrm{d}e/\mathrm{d}t+M_{\text{initial}} \tag{5-1}$$

式中 $M(t)$——回路输出；

K_C——增益；

e——误差(设定值和进程变量之间的差)；

M_{initial}——输出的初始值。

为了在计算机上实现此控制函数，连续的函数必须先通过周期性采样进行信号的离散化处理。作为离散化的PID控制的公式如下：

$$M_n=K_C e_n+K_I\sum_{j=1}^{n}e_j+K_D(e_n-e_{n-1})+M_{\text{initial}} \tag{5-2}$$

式中 M_n——采样时间 n 时刻的回路计算输出值；

K_C——回路增益；

e_n——采样时间 n 时刻的误差值；

e_{n-1}——采样时间 $n-1$ 时刻的误差值；

K_I——积分项的比例常数；

M_{initial}——输出的初始值；

K_D——微分项的比例常数。

从式(5-2)可知，积分项为所有误差项(从第一个采样值到当前采样值)的函数。微分项是误差当前采样值与前一个采样值的函数，而比例项只是误差当前采样值的函数。在计算机上，存储所有的误差采样值是不实际的，也是不必要的，所以，只有必要存储前一个误差采样值和前一个积分项的数值。因为，PLC程序实现PID控制的重复特性，所以，可以使用简化公式。简化公式为

$$M_n=K_c e_n+K_I e_n+MX+K_D(e_n-e_{n-1}) \tag{5-3}$$

式中 M_n——采样时间 n 时刻的回路计算输出值；

K_c——回路增益；

e_n——采样时间 n 时刻的误差值；

e_{n-1}——采样时间 $n-1$ 时刻的误差值；

K_I——积分项的比例常数；

MX——采样时间 $n-1$ 时刻的积分项数值；

K_D——微分项的比例常数。

在实际进行PID计算时，S7-200使用式(5-3)的简化形式，即

$$M_n = MP_n + MI_n + MD_n \quad (5\text{-}4)$$

式中 M_n——采样时间 n 时刻的回路计算输出值；

MP_n——采样时间 n 时刻的比例项数值；

MI_n——采样时间 n 时刻的积分项数值；

MD_n——采样时间 n 时刻的微分项数值。

2. PID 公式的比例项

比例项MP是增益K_C和误差e的乘积，它控制输出计算的灵敏度。误差是设定值SP和进程变量PV在给定采样时间的差。S7-200系列PLC中的比例项公式为

$$MP_n = K_C(SP_n - PV_n) \quad (5\text{-}5)$$

式中 MP_n——采样时间 n 时刻的比例项数值；

K_C——回路增益；

SP_n——采样时间 n 时刻的设定值；

PV_n——采样时间 n 时刻的进程变量值。

3. PID 公式的积分项

积分项MI与误差e的累加和成正比。S7-200系列PLC中的积分项公式为

$$MI_n = K_C T_S / T_I (SP_n - PV_n) + MX \quad (5\text{-}6)$$

式中 MI_n——在采样时间 n 时刻的积分项数值；

K_C——回路增益；

T_S——回路采样时间；

T_I——回路的积分时间；

SP_n——在采样时间 n 时刻的设定值；

PV_n——在采样时间 n 时刻的进程变量值；

MX——在采样时间 $n-1$ 时刻的积分项值之和。

积分项值之和MX是积分项在时间$n-1$时刻以前的积分总和。在每次计算MI_n后，积分总和用MI_n的数值更新，该数值可以被调整或箝位。积分总和的初始值一般地设置为输出值$M_{initial}$。设置不同的回路增益K_C、采样时间T_S或积分时间T_I，可以在PID控制中调整积分项部分控制作用的强弱。

4. PID 公式的微分项

微分项MD与误差中的改变成比例。S7-200系列PLC中的微分项公式为

$$MD_n = K_C T_D / T_s ((SP_n - PV_n) - (SP_{n-1} - PV_{n-1})) \quad (5\text{-}7)$$

为避免由于设定值变化而引起的微分部分的跳变，可以令设定值不变($SP_n = SP_{n-1}$)。微分项公式修改为

$$MD_n = K_C T_D / T_s (SP_n - PV_n - SP_n + PV_{n-1}) \quad (5\text{-}8)$$

或

$$MD_n = K_C T_D / T_s (PV_{n-1} - PV_n) \quad (5\text{-}9)$$

式中　MD_n——采样时间n时刻的微分项数值；

K_c——回路增益；

T_s——回路采样时间；

T_D——回路的微分时间；

SP_n——采样时间n时刻的设定值；

SP_{n-1}——采样时间$n-1$时刻的设定值；

PV_n——采样时间n时刻的进程变量值；

PV_{n-1}——采样时间 $n-1$ 时刻的进程变量值。

在计算时，本次的进程变量值PV_n需要保存，作为微分项下一次计算的 PV_{n-1}。在第一次采样时，PV_{n-1} 的值初始用PV_n来替代。

5.3.3 选择回路控制的类型

在某些实际的控制系统中，往往只应用P、I、D中的一种或两种回路控制的方法。例如，可能只需要比例控制或比例积分控制。可以通过参数的设置来对控制回路的类型进行选择。

若不需要积分操作，即在PID计算中没有“I”，那么应为积分时间指定数值无穷大(INF)。在这种情况下，即使没有积分运算，积分项的值也可能不是零，因为有积分总和MX的初始值存在。

若不需要微分操作，即在PID计算中没有“D”，那么微分时间应设置为0。

若不需要比例操作，即在PID计算中没有“P”，仅作为I或ID控制，那么，应设置回路增益为0。

5.3.4 转换和标准化回路输入

PID控制回路有两个输入变量：设定值和进程变量(实际值)。设定值通常是一个固定的数值，例如，在电动机转速定值控制中的转速设定值。进程变量是经A/D转换和计算后得到的被控变量的实际值。在电动机转速定值控制的实例中，进程变量(实际值)是电动机转速通过相应的转速传感器测量所得的。

设定值和进程变量的大小、范围和单位可能不同。因此，这些数值必须先转换成标准化的、浮点数表达方式，才能用于PID指令中。

转换和标准化回路输入的第一步是将输入数值从16位整数值转换为浮点或实数值。通过下列指令将整数值转换为实数：

```
ITD     AIW0,AC0        //转换输入数值为双字
DTR     AC0,AC0         //转换32位整数为实数
```

第二步是将实际值的实数值表达方式转换为标准化的0.0～1.0之间的数值。下式用于将设定值或实际值标准化：

$$R_{norm} = ((R_{raw}/S_{pan})+\text{Offset}) \tag{5-10}$$

式中　R_{norm}——实际值的标准化、实数值表达式；

R_{raw}——实际值的未标准化或原始的、实数值表达式；

Offset——偏移量，对于单极性数值是0.0；对于双极性数值是0.5；

S_{pan}——取值范围，对于单极性数值的典型值是32000；对于双极性数值的典型值是64000。

在将实际值转换为标准值之后，通过下列指令将AC0中的双极性数值标准化：

```
/R       64000.0,AC0    //将累加器中的数值标准化
+R       0.5,AC0        //加上偏移值，使其范围为0.0～1.0
MOVR     AC0,VD100      //将标准化后的值存入回路表中
```

5.3.5 将回路输出转换为整数值

回路输出是控制变量，例如，电动机转速控制中的转速设置。回路输出应是标准化的、为0.0～1.0的实数值。在回路输出用来驱动模拟输出前，回路输出必须转换为16位、成比例的整数值。这一转换过程可看作是设定值和进程变量(实际值)转换为标准化数值的反向转换。使用下式将回路输出转换为成比例的实数值，即

$$R_{scal} = (M_n - \text{Offset})S_{pan} \tag{5-11}$$

式中 R_{scal}——成比例的，回路输出的实数值；

M_n——标准化的、回路输出的实数值；

Offset——偏移量，对于单极性数值为0.0；对于双极性数值为0.5；

S_{pan}——取值范围，对于单极性数值的典型值为32000；对于双极性数值的典型值为64000。

通过下列指令标准化回路输出：

```
MOVR     VD108,AC0      //将回路输出送入累加器
-R       0.5,AC0        //仅对双极性数有此语句
*R       64000.0,AC0    //单极性变量应乘以32000
```

通过下列指令将回路输出的实数转换成16位整数：

```
ROUND    AC0,AC0        //将实数转换为32位整数
DTI      AC0,LW0        //将32位整数转换为16位整数
MOVW     LW0,AQW0       //将16位整数输入模拟输出寄存器
```

5.3.6 回路的正作用与反作用

如果增益是正的，回路是正作用的；如果增益为负，回路是反作用的。对于I或ID控制，当增益数值是0.0时，若积分和微分时间为正，回路是正作用的；若积分和微分时间为负，则回路是反作用的。

5.3.7 变量和范围

实际值和设定值是PID计算的输入数值，所以，这些变量的循环表域被PID指令读取，

但不被PID指令改变。

输出值由PID计算得到，所以，循环表中的输出值域在每次PID计算完成时刷新。输出值被限制为0.0～1.0。当进行从手动控制到PID指令(自动)控制的输出转变时，输出值域可以被用户用做输入以指定初始输出值。

如果使用积分控制，偏差数值由PID计算更新，更新数值用做下一个PID计算的输入。当计算的输出值超出范围(输出小于0.0或大于1.0)，偏差根据下列公式调整：

当计算输出M_n>1.0时，

$$MX=1.0-(MP_n+MD_n) \tag{5-12}$$

当计算输出M_n<0.0时，

$$MX=-(MP_n+MD_n) \tag{5-13}$$

式中 MX——调整后的积分和；

MP_n——采样时间n时刻的比例项数值；

MD_n——采样时间n时刻的微分项数值；

M_n——采样时间n时刻回路输出的数值。

通过调整积分和MX，使输出Mn回到0.0～1.0之间，可以提高系统的响应性能。MX也应限制为0.0～1.0，每次PID运算结束时，将MX写入循环表，供下一次PID运算使用。

在执行PID指令之前，可以修改循环表内上一次的积分值MX，以解决某些情况下MX引起的问题。手动调节MX时须格外小心，写入循环表的MX必须为0.0～1.0的实数。循环表内进程变量的差值用于PID计算的微分部分，不应对它进行手动修改。

5.3.8 PID 控制模式的设置

对于S7-200 PID循环，没有内置模式控制。只有当能流到PID方框时，才启动PID计算。

PID指令有一个能流历史位，与计数器指令相似。指令使用此历史位来检测0到1的能流转变。当检测到能流转变，将引起指令进行一系列操作以便无波动地从手动控制切换到自动控制。为了无波动地切换到自动模式控制，在转换到自动控制之前，必须把当前的手动控制输出值写入循环表的参数M_n。当检测到0～1的能流转变时，PID指令对循环表中的数值进行下列操作，以确保从手动到自动控制的无波动切换：

(1) 令给定值SP_n=进程变量PV_n；

(2) 令上一次进程变量PV_{n-1}=当前进程变量PV_n；

(3) 令积分和MX= 输出值M_n。

PID历史位的默认状态是“1”，在启动和每次控制器停止到运行模式转变时置位该状态。如果在进入运行(RUN)模式后PID指令首次有效时，没有检测到能流的转变，则不进行无波动模式的切换操作。

5.3.9 报警检查和特殊操作

PID指令是进行PID计算的简单但功能强大的指令。如果需要其他进程诸如报警检查或回路变量的特殊计算，则必须使用S7-200的基本指令实现。

5.3.10 错误条件

程序进行编译时，如果循环表起始地址或在指令中指定的PID循环数字操作数超出范围，CPU将生成编译错误(范围错误)，即编译失败。某些循环表输入数值没有被PID指令进行数值范围检查。因此，为了防止产生编译错误，必须确保进程变量、设定值以及偏差和前一个进程变量为0.0～1.0的实数。如果在进行PID控制的运算时，遇到出错，则SM1.1(溢出或非法数值)置位，PID指令的执行被终止。

5.3.11 PID 指令循环表

S7-200的PID指令使用一个存储回路参数的循环表，该表原长度为36个字节，增加了PID自整定后，长度扩展到80个字节，见表5-4。

表5-4 PID指令循环表

偏移地址	参数名	格式	类型	描述
0	过程变量PV_n	实数	输入	进程变量，必须为0.1～1.0
4	给定值SP_n	实数	输入	给定值，必须为0.1～1.0
8	输出值M_n	实数	输入/输出	输出值，必须为0.1～1.0
12	增益K_C	实数	输入	增益是比例常数，可正可负
16	采样时间T_S	实数	输入	单位是秒(s)，必须为正数
20	积分时间T_I	实数	输入	单位是分钟(min)，必须为正数
24	微分时间T_D	实数	输入	单位是分钟(min)，必须为正数
28	积分项前项MX	实数	输入/输出	积分项前项，必须为0.0～1.0
32	前次进程变量PV_{n-1}	实数	输入/输出	最近一次PID运算的进程变量
36	PID回路表ID	ASCII码	常数	‘PIDA’(PID扩展表，版本A)ASCII码常数
40	AT控制(ACNTL)	字节	输入	
40	AT控制(ACNTL)	字节	输入	
41	AT状态(ASTAT)	字节	输出	
42	AT结果(ARES)	字节	输入/输出	
43	AT配置(ACNFG)	字节	输入	

(续)

偏移地址	参数名	格式	类型	描述
44	偏移(DEV)	实数	输入	归一化以后的过程变量振幅最大值(范围：0.025～0.25)
48	滞后(HYS)	实数	输入	归一化以后的过程变量滞后值，用于确定零相交(范围：0.005～0.1)当DEV与HYS的比率小于4时，自整定过程中会发出警告
52	初始输出阶跃幅度(STEP)	实数	输入	归一化以后的输出值阶跃变化幅度，用于减小过程变量的振动(范围：0.05～0.4)
56	看门狗时间(WDOG)	实数	输入	两次零相交之间允许的最大时间间隔，单位是s(范围：60s～7200s)
60	推荐增益(AT_K$_C$)	实数	输入	自整定过程推荐的增益值
64	推荐积分时间(AT_T$_I$)	实数	输出	自整定过程推荐的积分时间值
68	推荐微分时间(AT_T$_D$)	实数	输出	自整定过程推荐的微分时间值
72	实际输出阶跃幅度(ASTEP)	实数	输出	自整定过程确定的归一化以后的输出阶跃幅度
76	实际滞后(AHYS)	实数	输出	自整定过程确定的归一化以后的过程变量滞后值

5.3.12 PID 程序示例

在此示例中，要求储水罐保持恒定的水压。水以变化的速率不断地从储水罐排出。为了保证恒定的水压，使用变速泵将水注入到储水罐。

此系统的设定值为储水罐满水位的75%。进程变量由浮点型液位传感器提供，它提供储水罐水位的测量值，可检测从0%(空水位)～100%(满水位)之间变化。输出是泵速的数值，允许泵从0%(停机)～100%(全速)运行。

设定值是预先确定的，直接输入循环表。进程变量是来自浮点型液位传感器的单极性、模拟量数值。回路的输出是用于控制泵速的单极性模拟量。模拟输入和模拟输出的S_{pan}(扩展)都是32000。

对于水位和压力的控制对象一般采用比例和积分控制。循环增益和时间常量从工程计算中得到，可以根据需要调整以获得最佳控制效果。时间常量的计算数值：$K_C = 0.25$，$T_S = 0.1$s，$T_I = 30$min。

泵速是手动控制的，直到水位达到75%满水位，阀打开允许水从储水罐中排出。同时，泵从手动切换到自动控制模式。数字输入用于将控制从手动切换到自动。手动/自动控制切换由输入点I0.0的输入确定：0为手动，1为自动。当处于手动控制模式，泵速度由操作员按0.0～1.0的实数值写到VD108。

此示例的梯形图和语句表如图5-9所示。

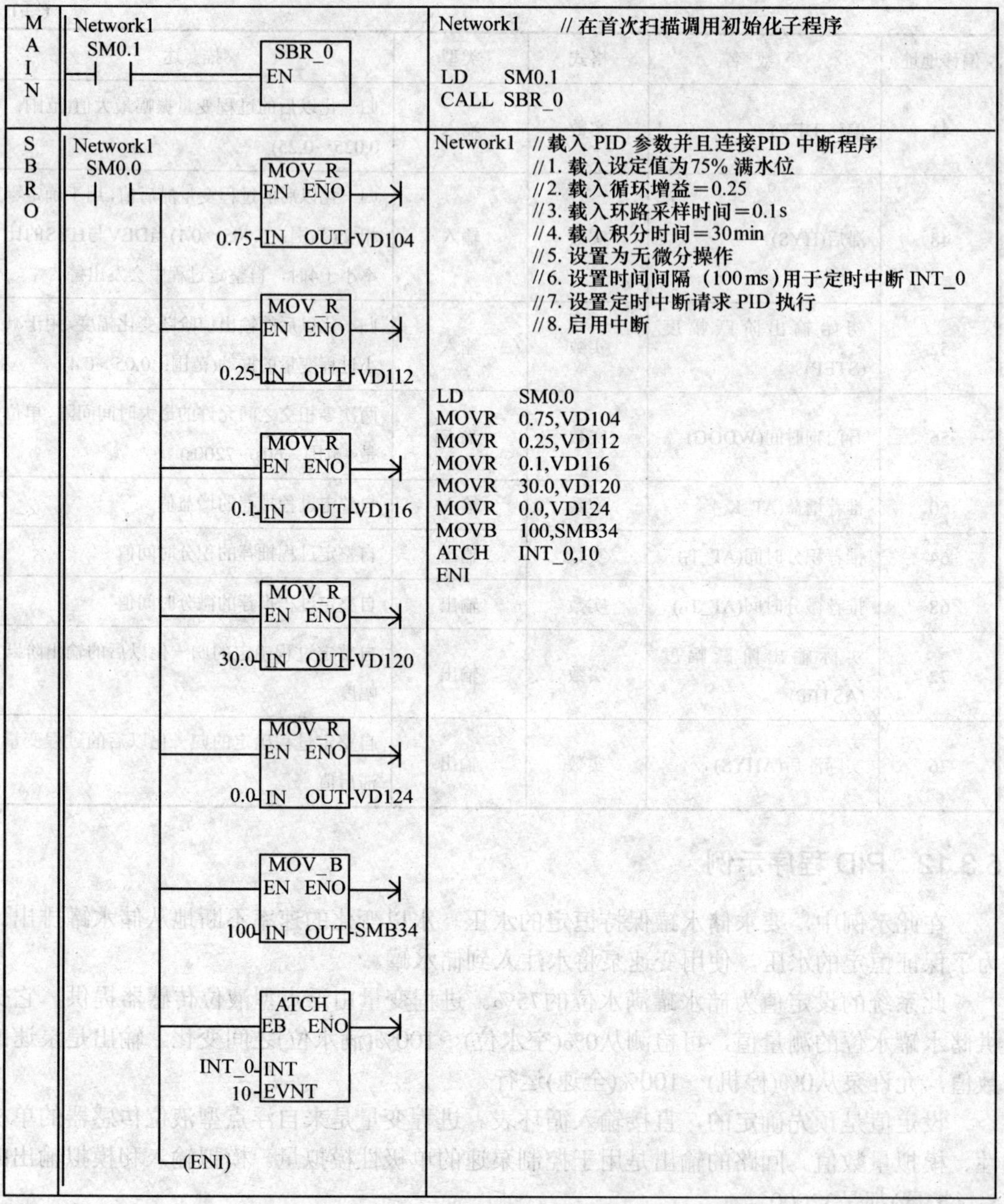
M A I N
Network1
SM0.1
SBR_0
EN
Network1 // 在首次扫描调用初始化子程序
LD SM0.1
CALL SBR_0
S B R O
Network1
SM0.0
MOV_R
EN ENO
0.75 IN OUT VD104
MOV_R
EN ENO
0.25 IN OUT VD112
MOV_R
EN ENO
0.1 IN OUT VD116
MOV_R
EN ENO
30.0 IN OUT VD120
MOV_R
EN ENO
0.0 IN OUT VD124
MOV_B
EN ENO
100 IN OUT SMB34
ATCH
EB ENO
INT_0 INT
10 EVNT
(ENI)
Network1 //载入 PID 参数并且连接PID 中断程序
//1. 载入设定值为75% 满水位
//2. 载入循环增益＝0.25
//3. 载入环路采样时间＝0.1s
//4. 载入积分时间＝30min
//5. 设置为无微分操作
//6. 设置时间间隔（100ms）用于定时中断 INT_0
//7. 设置定时中断请求 PID 执行
//8. 启用中断
LD SM0.0
MOVR 0.75,VD104
MOVR 0.25,VD112
MOVR 0.1,VD116
MOVR 30.0,VD120
MOVR 0.0,VD124
MOVB 100,SMB34
ATCH INT_0,10
ENI

图5-9 PID指令示例

5.4 移位与循环指令

5.4.1 向左移位和向右移位指令

S7-200系列PLC可以进行字节、字、双字类型的左移位、右移位、循环左移位及循环右移位，它们的指令格式相同。

整数0

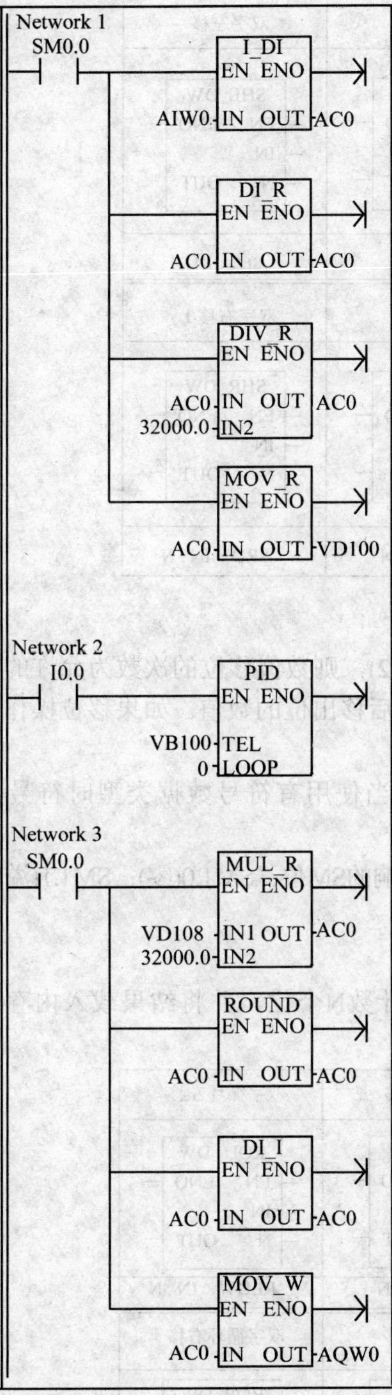
Network 1
SM0.0
I_DI
EN ENO
AIW0 IN OUT AC0
DI_R
EN ENO
AC0 IN OUT AC0
DIV_R
EN ENO
AC0 IN OUT AC0
32000.0 IN2
MOV_R
EN ENO
AC0 IN OUT VD100
Network 2
I0.0
PID
EN ENO
VB100 TEL
0 LOOP
Network 3
SM0.0
MUL_R
EN ENO
VD108 IN1 OUT AC0
32000.0 IN2
ROUND
EN ENO
AC0 IN OUT AC0
DI_I
EN ENO
AC0 IN OUT AC0
MOV_W
EN ENO
AC0 IN OUT AQW0

```
Network 1     //标度PV到标准化的实数
              //1. 转换整数值到双整数
              //2. 转换双整数到实数
              //3. 标准化数值
              //4. 在循环表中存储标准化的PV
LD     SM0.0
ITD    AIW0,AC0
DTR    AC0,AC0
/R     32000.0,AC0
MOVR   AC0,VD100

Network 2     //当置于自动模式时执行环路
LD     I0.0
PID    VB100,0

Network 3 //标度输出Mn到整数Mn是单极性数值,不能为负
          //1. 将环路输出移动到累加器
          //2. 在累加器中标度数值
          //3. 转换实数到双整数
          //4. 转换双整数至整数
          //5. 将数值写到模拟输出
LD     SM0.0
MOVR   VD108,AC0
*R     32000.0,AC0
ROUND  AC0,AC0
DTI    AC0,AC0
MOVW   AC0,AQW0
```

梯形图和语句表

移位指令将输入数值IN向左或向右移位，移位计数N个位，并将结果载入输出OUT。移位指令的形式如图5-10所示。

当每个位都被移出，移位指令将用0填补每个位。如果移位次数N大于或等于允许

向左移位指令	字节左移	字左移	双字左移
LAD (FBD)	SHL_B EN ENO IN N OUT	SHL_W EN ENO IN N OUT	SHL_DW EN ENO IN N OUT
STL	SLB IN, N	SLW IN, N	SLD IN, N
向右移位指令	字节右移	字右移	双字右移 1
LAD (FBD)	SHR_B EN ENO IN N OUT	SHR_W EN ENO IN N OUT	SHR_DW EN ENO IN N OUT
STL	SRB IN, N	SRW IN, N	SRD IN, N

图5-10 移位指令

的最大值(字节操作为8、字操作为16、双字操作为32)，则数值移位的次数为允许的最大值。如果移位次数大于0，溢出内存位SM1.1采用最后移出位的数值。如果移位操作的结果是0，零内存位SM1.0置1。

字节操作是无符号的。对于字和双字操作，当使用有符号数据类型时符号位被移位。

设置ENO＝0的错误条件：0006(间接地址)。受影响的SM位：SM1.0(零)；SM1.1(溢出)。

5.4.2 向左循环和向右循环指令

循环指令将输入数值IN向右或向左循环移位计数N个位，并将结果载入内存位置OUT。循环指令如图5-11所示。

向左循环指令	字节循环左移	字循环左移	双字循环左移
LAD (FBD)	ROL_B EN ENO IN N OUT	ROL_W EN ENO IN N OUT	ROL_DW EN ENO IN N OUT
STL	RLB IN, N	RLW IN, N	RLDW IN, N
向右循环指令	字节循环右移	字循环右移	双字循环右移
LAD (FBD)	ROR_B EN ENO IN N OUT	ROR_W EN ENO IN N OUT	ROR_DW EN ENO IN N OUT
STL	RRB IN, N	RRW IN, N	RRD IN, N

图5-11 循环指令

如果移位计数大于或等于运算的最大值(字节操作为8，字操作为16，双字操作为32)，在执行循环前，S7-200会执行取模操作，得到一个有效的移位计数。此结果对于字节操作为0～7的移位计数，对于字操作为0～15，对于双字操作为0～31。

如果移位计数是0，循环操作不进行。如果循环操作完成，最后循环位的数值复制到溢出位SM1.1。

如果移位计数不是8的整数倍(对于字节操作)、16的整数倍(对于字操作)或者32的整数倍(对于双字操作)，最后循环出的位被复制到溢出内存位SM1.1。当循环的数值为零时，零内存位SM1.0被设置。

字节操作是无符号的。对于字和双字操作，当使用有符号数据类型时，符号位被移位。设置ENO = 0的错误条件：0006(间接地址)。受影响的SM位：SM1.0(零)；SM1.1(溢出)。

移位和循环指令的有效操作数见表5-5。移位与循环指令的示例如图5-12所示。

表5-5 移位和循环指令的有效操作数

输入/输出	数据类型	操 作 数
输入	BYTE	IB、QB、VB、MB、SMB、SB、LB、AC、*VD、*LD、*AC、常量
	WORD	IW、QW、VW、MW、SMW、SW、T、C、LW、AC、AIW、*VD、*LD、*AC、常量
	DWORD	ID、QD、VD、MD、SMD、SD、LD、AC、HC、*VD、*LD、*AC、常量
输出	BYTE	IB、QB、VB、MB、SMB、SB、LB、AC、*VD、*LD、*AC
	WORD	IW、QW、VW、MW、SMW、SW、T、C、LW、AIW、AC、*VD、*LD、*AC
	DWORD	ID、QD、VD、MD、SMD、SD、LD、AC、*VD、*LD、*AC
N	BYTE	IB、QB、VB、MB、SMB、SB、LB、AC、*VD、*LD、*AC、常量

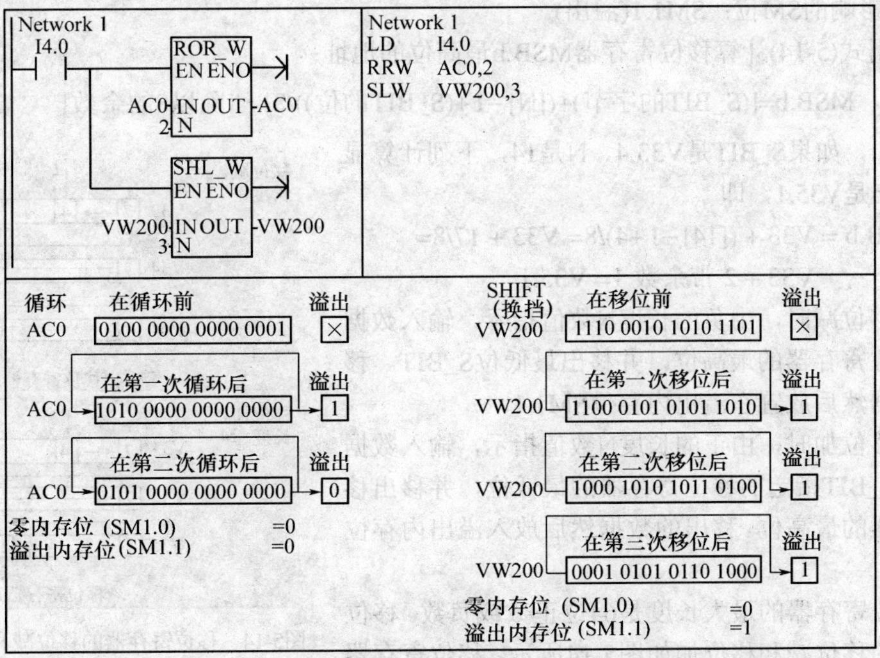

Network 1
I4.0
ROR_W
EN ENO
AC0 IN OUT AC0
2 N
SHL_W
EN ENO
VW200 IN OUT VW200
3 N
Network 1
LD I4.0
RRW AC0,2
SLW VW200,3
循环
在循环前
溢出
AC0
0100 0000 0000 0001
在第一次循环后
1010 0000 0000 0000
1
在第二次循环后
0101 0000 0000 0000
0
零内存位 (SM1.0) =0
溢出内存位 (SM1.1) =0
SHIFT
(换挡)
在移位前
VW200
1110 0010 1010 1101
在第一次移位后
1100 0101 0101 1010
在第二次移位后
1000 1010 1011 0100
在第三次移位后
0001 0101 0110 1000
零内存位 (SM1.0) =0
溢出内存位 (SM1.1) =1

图5-12 移位与循环指令示例

5.4.3 移位寄存器位指令

移位寄存器位指令将数值移入移位寄存器。此指令提供用于排序和控制产品流或数据的容易方法。使用此指令移位整个寄存器1位，每个扫描一次。移位寄存器位指令将数据的数值移入移位寄存器。S_BIT指定移位寄存器的最低位。N指定移位寄存器的长度和移位的方向(移位加=N，移位减=-N)。每个由SHRB指令移出的位放入溢出内存位SM1.1。此指令由最低位S_BIT和由长度N指定的位数定义。移位寄存器位指令如图5-13所示。移位寄存器位指令的有效操作数见表5-6。

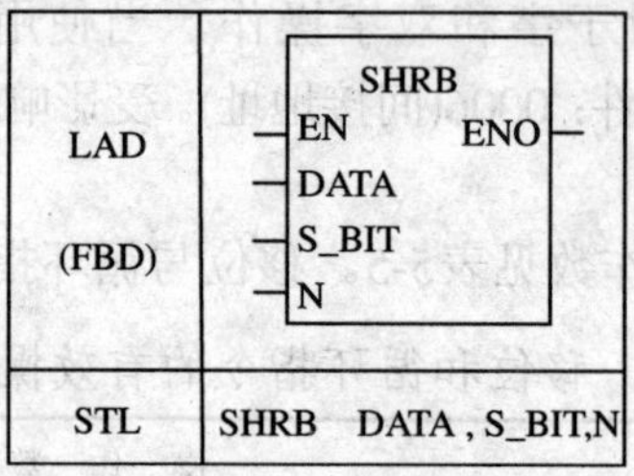

LAD
(FBD)
SHRB
EN
ENO
DATA
S_BIT
N
STL
SHRB DATA , S_BIT,N

图5-13 移位寄存器位指令

表5-6 移位寄存器位指令的有效操作数

输入/输出	数据类型	操 作 数
DATA、S_Bit	BOOL	I、Q、V、M、SM、S、T、C、L
N	BYTE	IB、QB、VB、MB、SMB、SB、LB、AC、*VD、*LD、*AC、常量

设置ENO=0的错误条件：0006(间接地址)，0091(操作数超出范围)；0092(计数域出错)。受影响的SM位：SM1.1(溢出)。

使用式(5-14)计算移位寄存器MSB.b最高位的地址：

$$MSB.b=[(S\_BIT的字节)+([N]-1+(S\_BIT的位))/8]\cdot[除以8的余数] \tag{5-14}$$

例如，如果S_BIT是V33.4，N是14，下列计算显示MSB.b是V35.1，即

$$MSB.b = V33 + ([14]-1+4)/8= V33 + 17/8=$$

$$V33 + 2 带余数 1= V35.1$$

在移位减时，由负的长度N数值指示，输入数据移入移位寄存器的最高位，并移出最低位S_BIT。移出的数据然后放置在溢出内存位SM1.1。

在移位加时，由正的长度N数值指示，输入数据移入由S_BIT指定的移位寄存器的最低位，并移出移位寄存器的最高位。移出的数据然后放入溢出内存位SM1.1。

移位寄存器的最大长度是64位正数或负数。移位寄存器的移位减和移位加如图5-14所示。移位寄存器指令示例如图5-15所示。

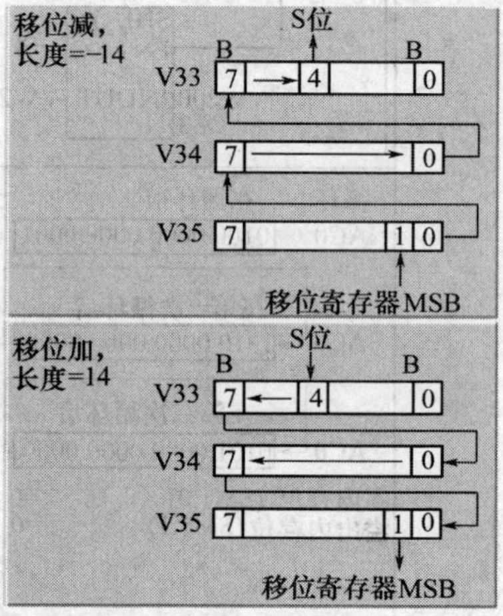

移位减，
长度=-14
S位
B
B
V33
7
4
0
V34
7
0
V35
7
1
0
移位寄存器MSB
移位加，
长度=14
S位
B
B
V33
7
4
0
V34
7
0
V35
7
1
0
移位寄存器MSB

图5-14 移位寄存器的移位减和移位加

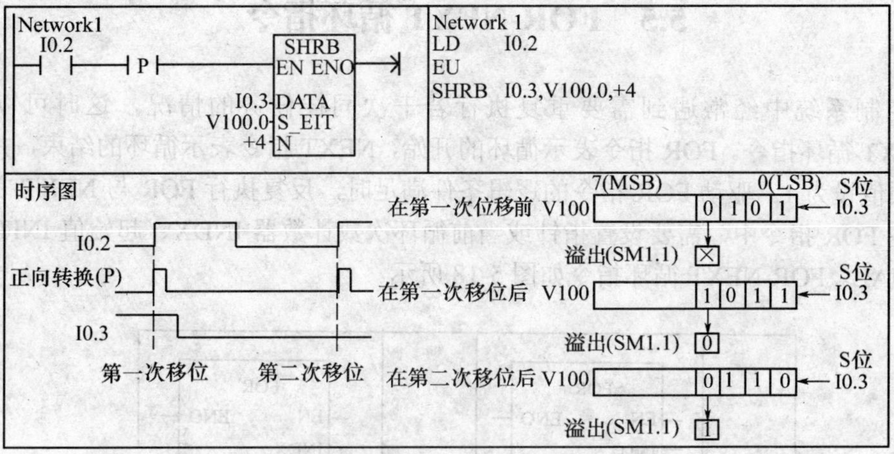
Network1
I0.2
P
SHRB
EN ENO
I0.3 DATA
V100.0 S_EIT
+4 N
Network 1
LD I0.2
EU
SHRB I0.3,V100.0,+4
时序图
I0.2
正向转换(P)
I0.3
第一次移位
第二次移位
7(MSB)
0(LSB)
S位
在第一次位移前 V100
0 1 0 1
I0.3
溢出(SM1.1)
在第一次移位后 V100
1 0 1 1
溢出(SM1.1)
0
在第二次移位后 V100
0 1 1 0
溢出(SM1.1)
1

图5-15 移位寄存器指令示例

5.4.4 交换字节指令

交换字节指令用字IN的最低字节交换最高有效字节，交换字节指令如图5-16所示。交换字节指令的有效操作数见表5-7，交换字节指令的示例如图5-17所示。

设置ENO=0的错误条件：0006(间接地址)。

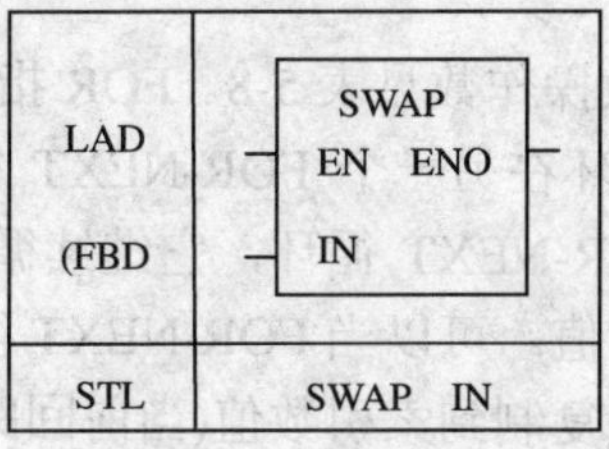
LAD
(FBD
SWAP
EN ENO
IN
STL
SWAP IN

图5-16 交换字节指令

表5-7 交换字节指令的有效操作数

输入/输出	数据类型	操 作 数
IN	WORD	IW、QW、VW、MW、SMW、SW、T、C、LW、AIW、AC、*VD、*LD、*AC

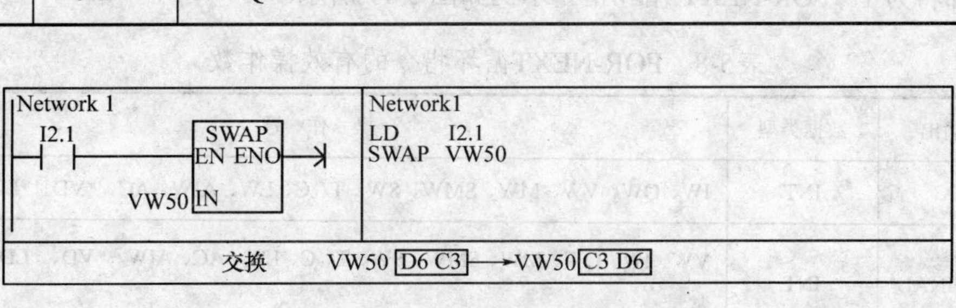
Network 1
I2.1
SWAP
EN ENO
VW50 IN
Network1
LD I2.1
SWAP VW50
交换 VW50 D6 C3 → VW50 C3 D6

图5-17 交换字节指令示例

5.5 FOR-NEXT 循环指令

在控制系统中经常遇到需要重复执行若干次同样任务的情况，这时可以使用FOR-NEXT 循环指令。FOR 指令表示循环的开始，NEXT 指令表示循环的结束，并将堆栈的栈顶值设为 1。驱动 FOR 指令的逻辑条件满足时，反复执行 FOR 与 NEXT 之间的指令。在 FOR 指令中，需要设置指针或当前循环次数计数器 INDX、起始值 INIT 和结束值 FINAL。FOR-NEXT 循环指令如图 5-18 所示。

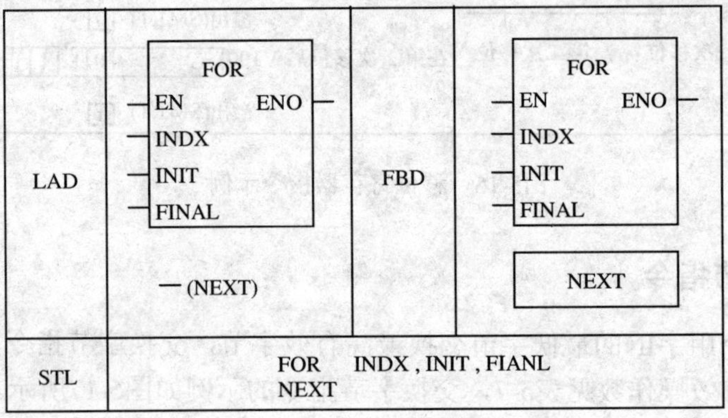
LAD
FOR
EN
ENO
INDX
INIT
FINAL
—(NEXT)
FBD
FOR
EN
ENO
INDX
INIT
FINAL
NEXT
STL
FOR INDX , INIT , FIANL
NEXT

图5-18 FOR-NEXT循环指令

FOR-NEXT 循环指令的有效操作数见表 5-8。FOR 指令与 NEXT 指令配套使用。允许循环嵌套，即 FOR-NEXT 循环在另一个 FOR-NEXT 循环之中。可以最多嵌套 8 个FOR-NEXT 循环。如果启用 FOR-NEXT 循环，它继续循环过程直到它完成迭代操作，除非从循环自身内部改变最后数值。可以当 FOR-NEXT 循环在循环过程中时改变数值。当循环再次启用时，它将初始值复制到索引数值(当前回路号码)。FOR-NEXT 循环指令在下一次启用时自己重新设定。例如，给定 INIT 值为 1 和 FINAL 值为 10，随着 INDX数值增加，在 FOR 指令和 NEXT 指令之间的指令被执行 10 次：1，2，3，…，10。如果起始值大于最后数值，循环不执行。在每次执行 FOR 指令和 NEXT 指令之间的指令后，INDX 数值增加，结果与最终数值比较。如果 INDX 大于最终数值，循环终止。当程序进入 FOR-NEXT 循环时，如果堆栈顶部为 1，那么当程序退出 FOR-NEXT 循环时，堆栈顶部将为 1。FOR-NEXT 循环指令示例如图 5-19 所示。

表5-8 FOR-NEXT循环指令的有效操作数

输入/输出	数据类型	操 作 数
INDX	INT	IW、QW、VW、MW、SMW、SW、T、C、LW、AIW、AC、*VD、*LD、*AC
INIT、FINAL	INT	VW、IW、QW、MW、SMW、SW、T、C、LW、AC、AIW、*VD、*LD、*AC、常量

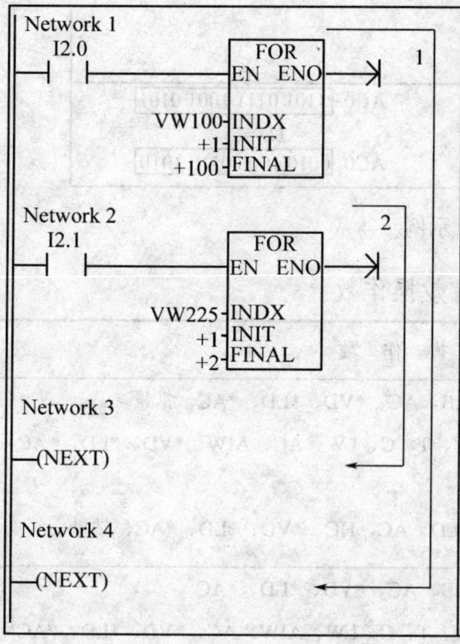
Network 1
I2.0
FOR
EN ENO
1
VW100 INDX
+1 INIT
+100 FINAL
Network 2
I2.1
FOR
EN ENO
2
VW225 INDX
+1 INIT
+2 FINAL
Network 3
(NEXT)
Network 4
(NEXT)

Network 1 //当I2.0接通时，外部循环(箭头 1)执行100 次

```
LD      I2.0
FOR     VW100,+1,+100
```

Network 2 //当 I2.1 为接通时，对于外部循环的每次执行内部循环(箭头 2)执行两次

```
LD      I2.1
FOR     VW225,+1,+2
```

Network 3 //循环 2 的结束

```
NEXT
```

Network 4 //循环 1 的结束

```
NEXT
```

图5-19 FOR-NEXT循环指令示例

5.6 逻辑运算指令

5.6.1 逻辑运算指令概述

S7-200 系列 PLC 支持对存储区以字节、字、双字形式的逻辑功能运算。这些逻辑功能运算包括：取反运算、与运算、或运算、及异或运算等。

5.6.2 取反指令

取反指令包括取反字节、字和双字。取反字节(INVB)、取反字(INVW)和取反双字(INVD)指令形成输入 IN 的反码，并将结果输出到内存位置 OUT。取反指令如图 5-20 所示；取反指令示例如图 5-21 所示；取反指令的有效操作数见表 5-9。

取反指令	字节取反	字取反	双字取反
LAD (FBD)	INV_B EN ENO IN OUT	INV_W EN ENO IN OUT	INV_DW EN ENO IN OUT
STL	INVB OUT	INVW OUT	INVD OUT

图5-20 取反指令

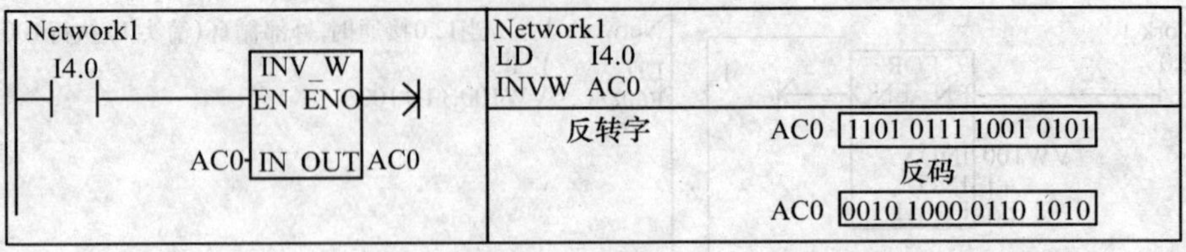
Network1
I4.0
INV_W
EN ENO
AC0 IN OUT AC0
Network1
LD I4.0
INVW AC0
反转字
AC0 1101 0111 1001 0101
反码
AC0 0010 1000 0110 1010

图5-21 取反指令示例

表5-9 取反指令的有效操作数

输入/输出	数据类型	操 作 数
输入	BYTE	IB、QB、VB、MB、SMB、SB、LB、AC、*VD、*LD、*AC、常量
	WORD	IW、QW、VW、MW、SMW、SW、T、C、LW、AC、AIW、*VD、*LD、*AC、常量
	DWORD	ID、QD、VD、MD、SMD、SD、LD、AC、HC、*VD、*LD、*AC、常量
输出	BYTE	IB、QB、VB、MB、SMB、SB、LB、AC、*VD、*LD、*AC
	WORD	IW、QW、VW、MW、SMW、SW、T、C、LW、AIW、AC、*VD、*LD、*AC
	DWORD	ID、QD、VD、MD、SMD、SD、LD、AC、*VD、*LD、*AC

设置 ENO=0 的错误条件 0006(间接地址)；受影响的 SM 位：SM1.0 (零)。

5.6.3 与、或和异或指令

1. 与指令

“AND(与)字节”(ANDB)、“AND(与)字”(ANDW)和“AND(与)双字”(ANDD)指令将两个输入数值 IN1 和 IN2 的相应位做 AND(与)运算，并将结果输出到内存位置 OUT。逻辑 AND(与)指令如图 5-22 所示。

逻辑 AND 指令	字节的逻辑 AND 指令	字的逻辑 AND 指令	双字的逻辑 AND 指令
LAD (FBD)	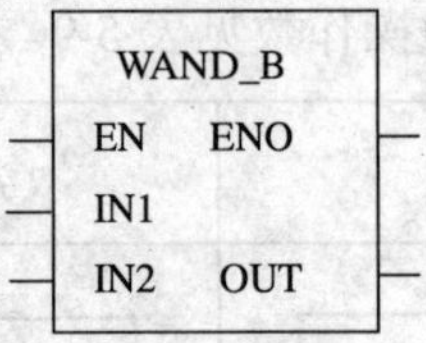WAND_B EN ENO IN1 IN2 OUT	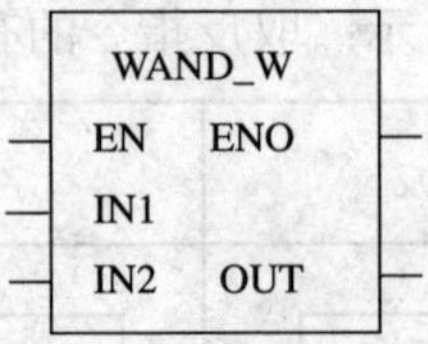WAND_W EN ENO IN1 IN2 OUT	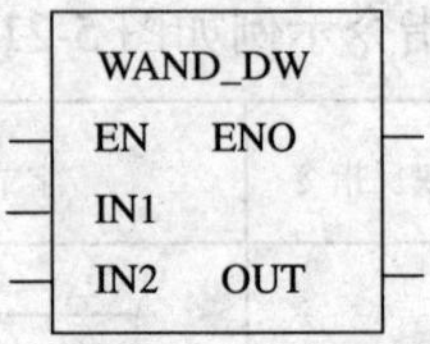WAND_DW EN ENO IN1 IN2 OUT
STL	ANDB IN1 , OUT	ANDW IN1 , OUT	ANDD IN1 , OUT

图5-22 逻辑AND指令

2. 或指令

“OR(或)字节”(ORB)、“OR(或)字”指令(ORW)和“OR(或)双字”(ORD)指令将两个输入数值 IN1 和 IN2 的相应位作 OR(或)运算，并将结果输出到内存位置 OUT。逻辑 OR(或)指令如图 5-23 所示。

逻辑 OR 指令	字节的逻辑 OR 指令	字的逻辑 OR 指令	双字的逻辑 OR 指令
LAD (FBD)	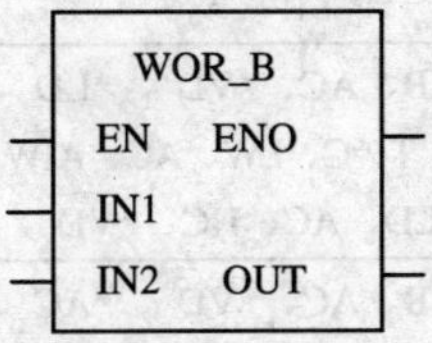	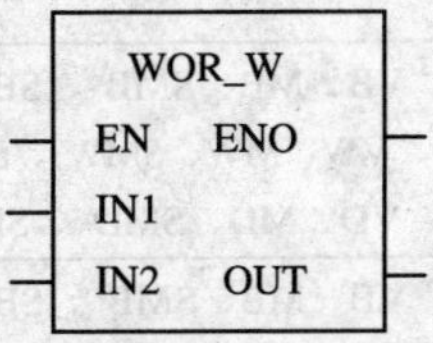	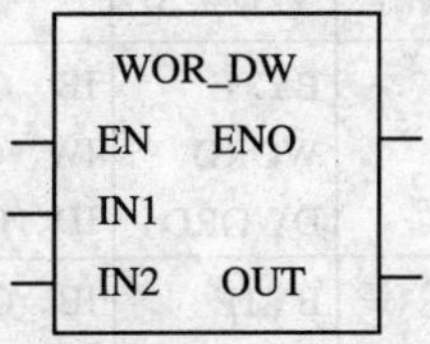
STL	ORB IN1, OUT	ORW IN1, OUT	ORD IN1, OUT

图5-23 逻辑OR指令

3. 异或指令

“XOR (异或)字节”(XROB)、“XOR (异或)字”(XORW)和“XOR (异或)双字”(XORD)指令将两个输入数值IN1和IN2的相应位作XOR(异或)运算，并将结果输出到内存位置OUT。逻辑XOR (异或)指令如图5-24所示。图5-25为AND(与)、OR(或)和XOR(异或)指令的示例。ENO = 0 的错误条件：0006(间接地址)；受影响的SM位：SM1.0 (零)。AND(与)、OR(或)和Exclusive OR (异或)指令的有效操作数见表5-10。

逻辑 XOR 指令	字节的逻辑 XOR 指令	字的逻辑 XOR 指令	双字的逻辑 XOR 指令
LAD (FBD)	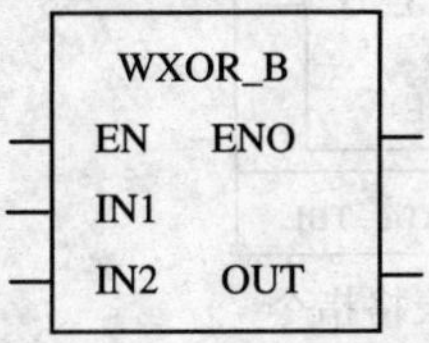	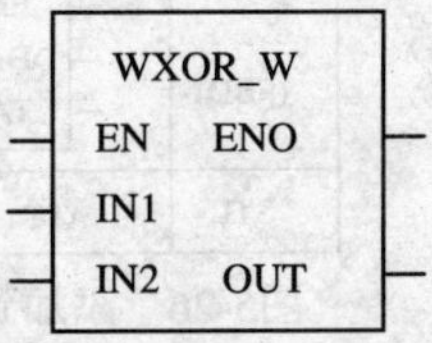	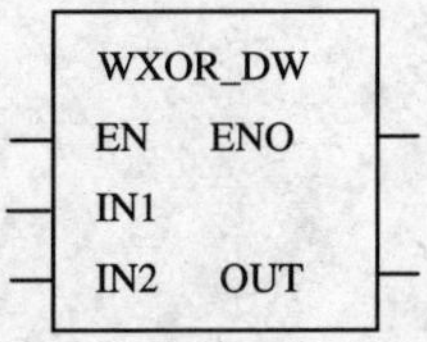
STL	XORB IN1, OUT	XORW IN1, OUT	XORD IN1, OUT

图5-24 逻辑XOR指令

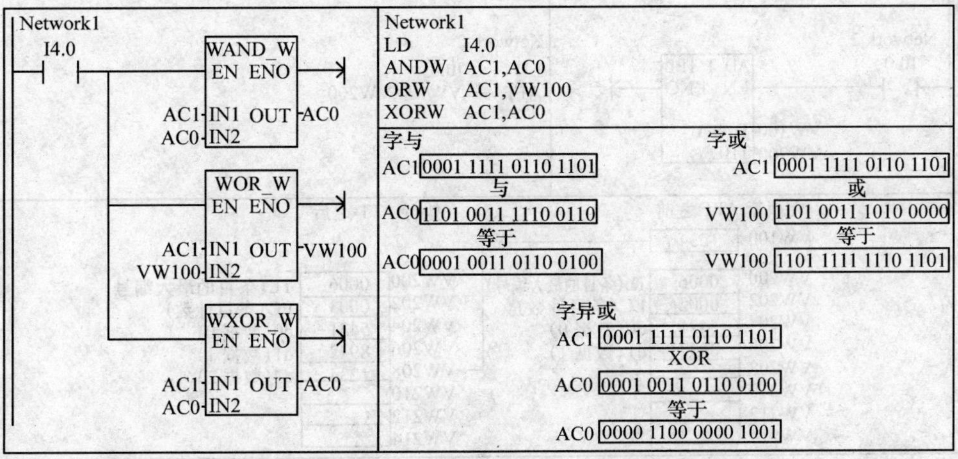
Network1
I4.0
WAND_W
EN ENO
AC1 IN1 OUT AC0
AC0 IN2
WOR_W
EN ENO
AC1 IN1 OUT VW100
VW100 IN2
WXOR_W
EN ENO
AC1 IN1 OUT AC0
AC0 IN2
Network1
LD I4.0
ANDW AC1,AC0
ORW AC1,VW100
XORW AC1,AC0
字与
AC1 0001 1111 0110 1101
与
AC0 1101 0011 1110 0110
等于
AC0 0001 0011 0110 0100
字或
AC1 0001 1111 0110 1101
或
VW100 1101 0011 1010 0000
等于
VW100 1101 1111 1110 1101
字异或
AC1 0001 1111 0110 1101
XOR
AC0 0001 0011 0110 0100
等于
AC0 0000 1100 0000 1001

图5-25 AND(与)、OR(或)和XOR(异或)指令示例

表5-10　AND(与)、OR(或)和Exclusive OR (异或)指令的有效操作数

输入/输出	数据类型	操　作　数
输入 1、输入 2	BYTE	IB、QB、VB、MB、SMB 、SB、LB、AC、*VD 、*LD 、*AC 、常量
	WORD	IW、QW、VW、MW、SMW 、SW、T、C、LW、AC、AIW、*VD 、*LD 、*AC 、常量
	DWORD	ID、QD、VD、MD、SMD 、SD、LD、AC、HC、*VD 、*LD 、*AC 、常量
输出	BYTE	IB、QB、VB、MB、SMB 、SB、LB、AC、*VD 、*AC 、*LD
	WORD	IW、QW、VW、MW、SMW 、SW、T、C、LW、AC、*VD 、*AC 、*LD
	DWORD	ID、QD、VD、MD、SMD 、SD、LD、AC、*VD 、*AC 、*LD

5.7　表处理及表搜索指令

5.7.1　添加到表格指令

添加到表格指令将字数值(数据)添加到表格中(TBL)。表格的第一个参数是最大表格长度TL。第二个参数是条目计数EC，它指定表格中输入的数目。新数据添加到表格中最后一个条目的后面。每次新数据添加到表格，输入计数增加。一个表格可以有最多100个数据条目。添加到表格指令如图5-26所示。添加到表格指令示例如图5-27所示。表格指令的有效操作数见表5-11。

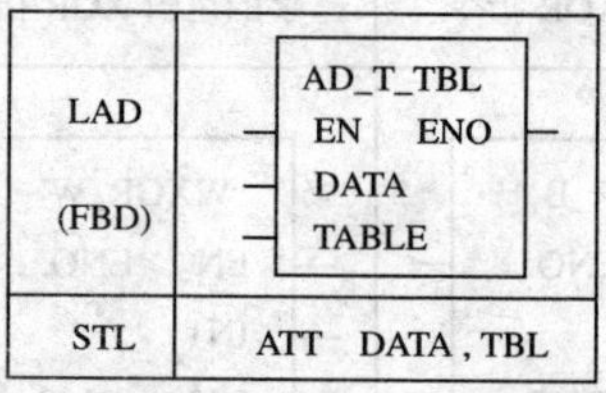

LAD
(FBD)
AD_T_TBL
EN
ENO
DATA
TABLE
STL
ATT　DATA , TBL

图5-26　添加到表格指令

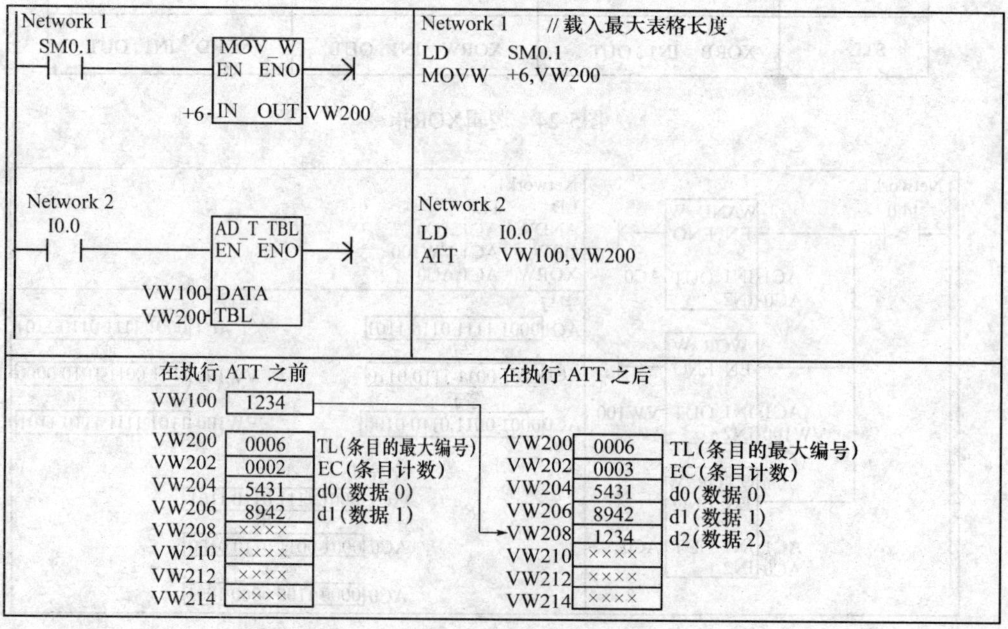

Network 1
SM0.1
MOV_W
EN ENO
+6
IN OUT
VW200
Network 1　// 载入最大表格长度
LD　SM0.1
MOVW　+6,VW200
Network 2
I0.0
AD_T_TBL
EN ENO
VW100
DATA
VW200
TBL
Network 2
LD　I0.0
ATT　VW100,VW200
在执行 ATT 之前
VW100　1234
VW200　0006　TL(条目的最大编号)
VW202　0002　EC(条目计数)
VW204　5431　d0(数据 0)
VW206　8942　d1(数据 1)
VW208　××××
VW210　××××
VW212　××××
VW214　××××
在执行 ATT 之后
VW200　0006　TL(条目的最大编号)
VW202　0003　EC(条目计数)
VW204　5431　d0(数据 0)
VW206　8942　d1(数据 1)
VW208　1234　d2(数据 2)
VW210　××××
VW212　××××
VW214　××××

图5-27　添加到表格指令示例

表5-11　表格指令的有效操作数

输入/输出	数据类型	操　作　数
数据	INT	IW、QW、VW、MW、SMW、SW、T、C、LW、AC、AIW、*VD、*LD、*AC、常量
TBL	WORD	IW、QW、VW、MW、SMW、SW、T、C、LW、*VD、*LD、*AC

设置ENO=0的错误条件：SM1.4(表格溢出)；0006(间接地址)；0091(操作数超出范围)。受影响的SM位：如果表格溢出，则SM1.4设置为1。

5.7.2　先入先出和后入先出指令

1. 先入先出指令

先入先出(FIFO)指令通过删除表格中第一个条目(TBL)将表格中最早的(第一个)条目移动到输出内存地址，并且将该数值移动到数据指定的位置。表格的所有其他条目向上移位一个位置。指令每次执行，表格的条目计数减1。先入先出指令如图5-28所示。

2. 后入先出指令

后入先出(LIFO)指令通过删除表格中最后一个条目(TBL)将表格中最新的(最后一个)条目移动到输出内存地址，并且将该数值移动到数据指定的位置。每次执行指令，表格中的条目计数减1。后入先出指令如图5-29所示。

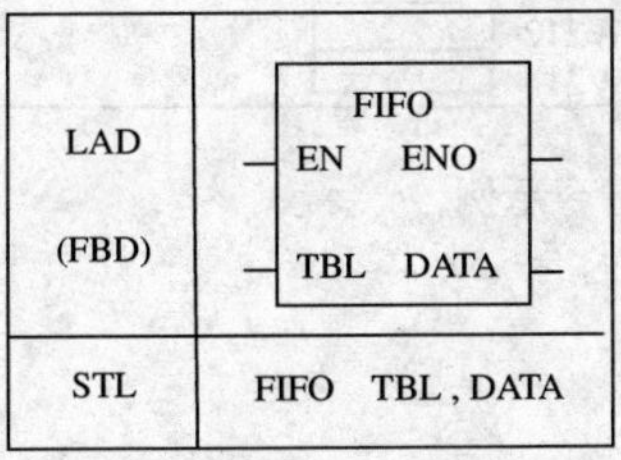
LAD
(FBD)
FIFO
EN ENO
TBL DATA
STL
FIFO TBL , DATA

图5-28　先入先出指令

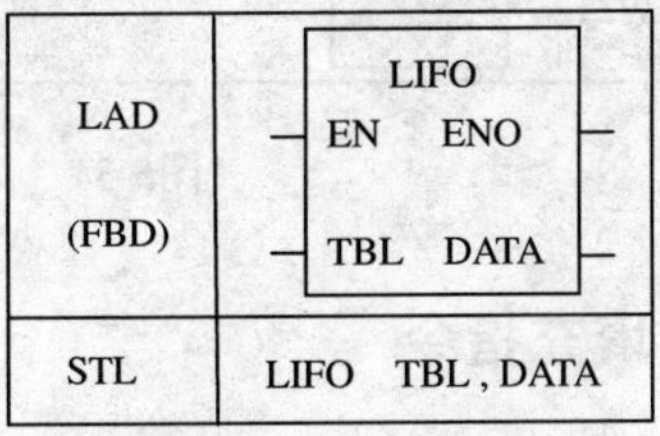
LAD
(FBD)
LIFO
EN ENO
TBL DATA
STL
LIFO TBL , DATA

图5-29　后入先出指令

设置ENO=0的错误条件：SM1.5(空表格)；0006(间接地址)；0091(操作数超出范围)。受影响的SM位：如果试图从空表格中删除条目，SM1.5设置为1。先入先出指令和后入先出指令的有效操作数见表5-12。

表5-12　先入先出指令和后入先出指令的有效操作数

输入/输出	数据类型	操　作　数
TBL	WORD	IW、QW、VW、MW、SMW、SW、T、C、LW、*VD、*LD、*AC
数据	INT	IW、QW、VW、MW、SMW、SW、T、C、LW、AC、AQW、*VD、*LD、*AC

图5-30为先入先出指令示例，图5-31为后入先出指令示例。

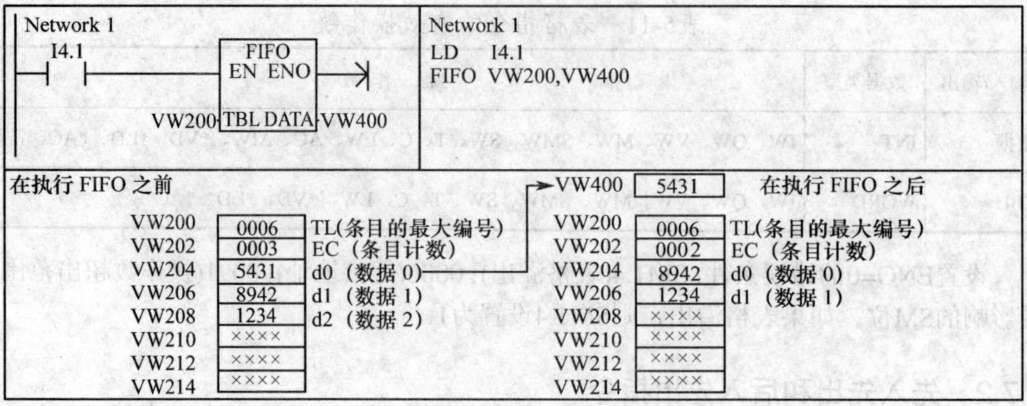

Network 1
I4.1
FIFO
EN ENO
VW200 TBL DATA VW400
Network 1
LD I4.1
FIFO VW200,VW400
在执行 FIFO 之前
VW200 0006 TL(条目的最大编号)
VW202 0003 EC（条目计数）
VW204 5431 d0（数据 0）
VW206 8942 d1（数据 1）
VW208 1234 d2（数据 2）
VW210 ××××
VW212 ××××
VW214 ××××
VW400 5431
在执行 FIFO 之后
VW200 0006 TL(条目的最大编号)
VW202 0002 EC（条目计数）
VW204 8942 d0（数据 0）
VW206 1234 d1（数据 1）
VW208 ××××
VW210 ××××
VW212 ××××
VW214 ××××

图5-30　先入先出指令示例

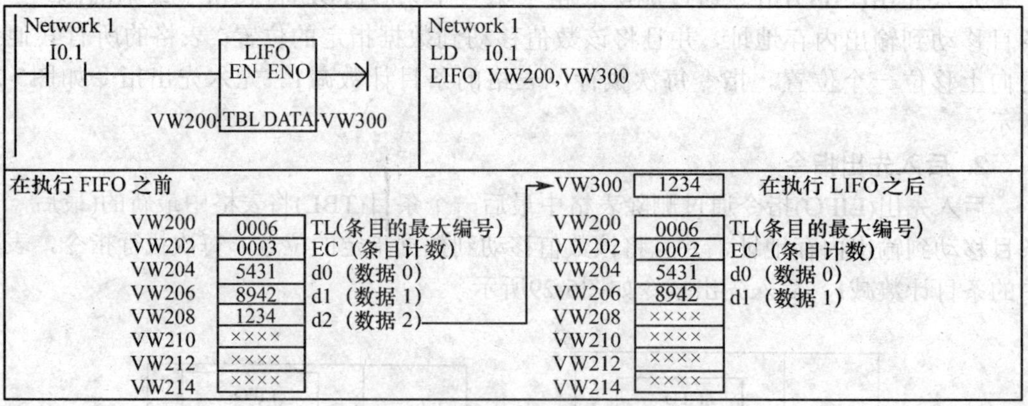

Network 1
I0.1
LIFO
EN ENO
VW200 TBL DATA VW300
Network 1
LD I0.1
LIFO VW200,VW300
在执行 FIFO 之前
VW200 0006 TL(条目的最大编号)
VW202 0003 EC（条目计数）
VW204 5431 d0（数据 0）
VW206 8942 d1（数据 1）
VW208 1234 d2（数据 2）
VW210 ××××
VW212 ××××
VW214 ××××
VW300 1234
在执行 LIFO 之后
VW200 0006 TL(条目的最大编号)
VW202 0002 EC（条目计数）
VW204 5431 d0（数据 0）
VW206 8942 d1（数据 1）
VW208 ××××
VW210 ××××
VW212 ××××
VW214 ××××

图5-31　后入先出指令示例

5.7.3　内存填充指令

内存填充(FILL)指令将在地址IN中包含的字数值写到以地址OUT开始的N个连续的字。N的范围为1～255。内存填充指令如图5-32所示。内存填充指令示例如图5-33所示。内存填充指令的有效操作数见表5-13。

设置ENO=0的错误条件：0006(间接地址)；0091(操作数超出范围)。

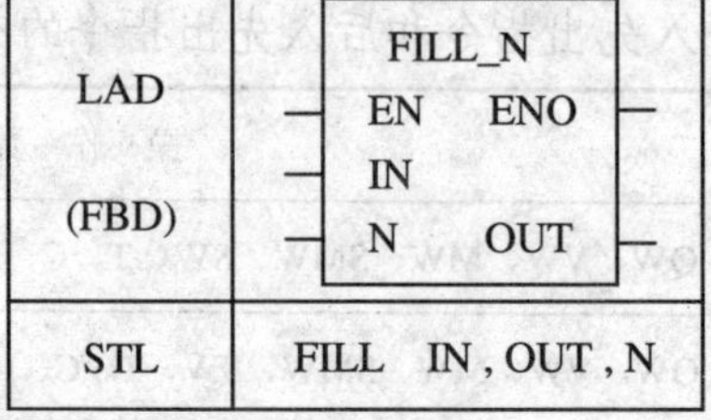

LAD
(FBD)
FILL_N
EN ENO
IN
N OUT
STL
FILL IN, OUT, N

图5-32　内存填充指令

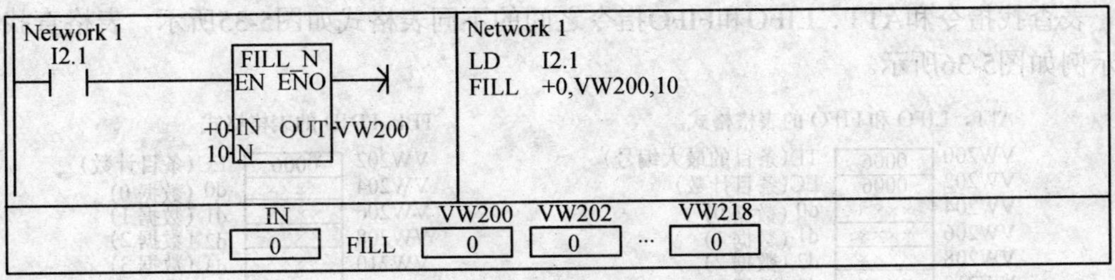
Network 1
I2.1
FILL_N
EN ENO
+0 IN OUT VW200
10 N
Network 1
LD I2.1
FILL +0,VW200,10
IN
0
FILL
VW200
0
VW202
0
…
VW218
0

图5-33 内存填充指令示例

表5-13 内存填充指令的有效操作数

输入/输出	数据类型	操 作 数
输入	INT	IW、QW、VW、MW、SMW、SW、T、C、LW、AC、AIW、*VD、*LD、*AC、常量
N	BYTE	IB、QB、VB、MB、SMB、SB、LB、AC、*VD、*LD、*AC、常量
输出	INT	IW、QW、VW、MW、SMW、SW、T、C、LW、AQW、*VD、*LD、*AC

5.7.4 表格查找指令

表格查找(FND)指令搜索表格以找到匹配某种标准的数据。表格查找指令如图5-34所示。表格查找指令搜索表格TBL，以表格条目INDX开始，查找匹配由CMD指定的搜索标准的数据数值或模式PTN。命令参数CMD给定一个1～4的数字值，分别相当于=、<>、

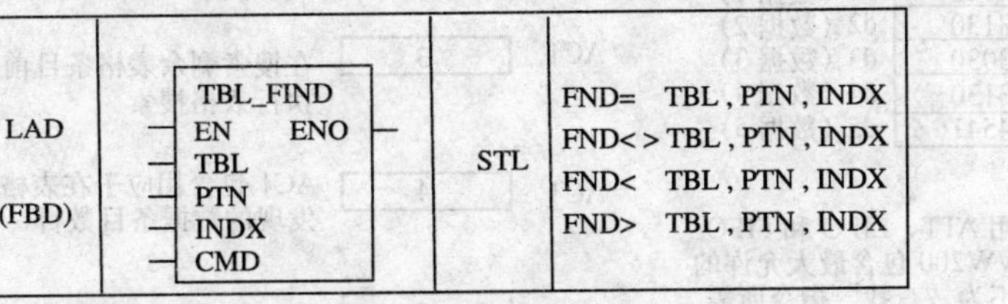
LAD
(FBD)
TBL_FIND
EN ENO
TBL
PTN
INDX
CMD
STL
FND= TBL, PTN, INDX
FND<> TBL, PTN, INDX
FND< TBL, PTN, INDX
FND> TBL, PTN, INDX

图5-34 表格查找指令

<和>。如果匹配找到，INDX指向表格中匹配的条目。要发现下一个匹配条目，在再次调用“表格查找”指令前INDX必须增加。如果没有找到匹配对象，INDX则等于条目计数的数值。表格可以有最多100个数据条目。数据条目(搜索的区域)从0计数到最大数值99。表格查找指令的有效操作数见表5-14。

表5-14 表格查找指令的有效操作数

输入/输出	数据类型	操 作 数
TBL	WORD	IW、QW、VW、MW、SMW、T、C、LW、*VD、*LD、*AC
PTN	INT	IW、QW、VW、MW、SMW、SW、T、C、LW、AC、AIW、*AD、*LD、*AC、常量
INDX	WORD	IW、QW、VW、MW、SMW、SW、T、C、LW、AIW、AC、*VD、*LD、*AC
CMD	BYTE	(常量)1：等于 (=)；2：不等于 (<>)；3：小于(<)；4：大于(>)

设置ENO=0的错误条件：0006(间接地址);0091(操作数超出范围)。

表查找指令和ATT、LIFO和FIFO指令之间的不同表格式如图5-35所示。表格查找指令示例如图5-36所示。

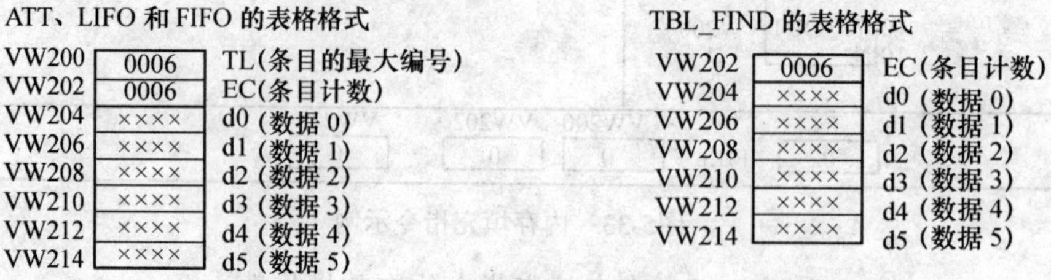
ATT、LIFO 和 FIFO 的表格格式
VW200 0006 TL(条目的最大编号)
VW202 0006 EC(条目计数)
VW204 ×××× d0 (数据 0)
VW206 ×××× d1 (数据 1)
VW208 ×××× d2 (数据 2)
VW210 ×××× d3 (数据 3)
VW212 ×××× d4 (数据 4)
VW214 ×××× d5 (数据 5)
TBL_FIND 的表格格式
VW202 0006 EC(条目计数)
VW204 ×××× d0 (数据 0)
VW206 ×××× d1 (数据 1)
VW208 ×××× d2 (数据 2)
VW210 ×××× d3 (数据 3)
VW212 ×××× d4 (数据 4)
VW214 ×××× d5 (数据 5)

图5-35 表查找指令和ATT、LIFO和FIFO指令之间的不同表格式

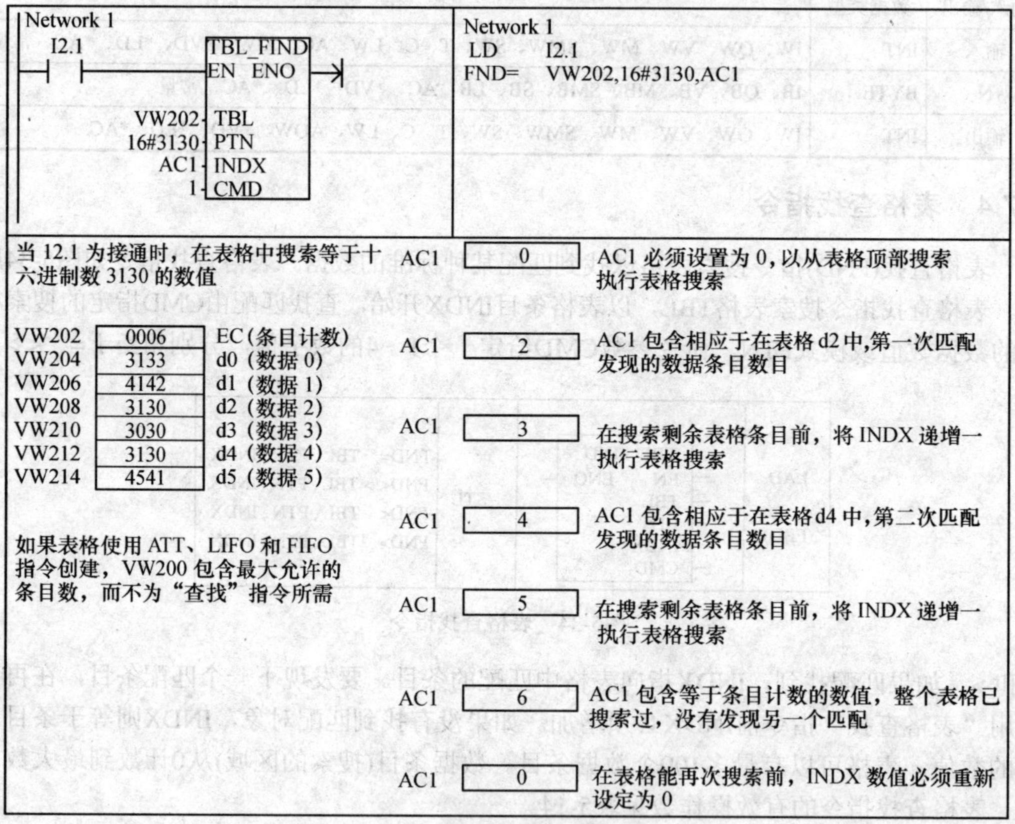
Network 1
I2.1
TBL_FIND
EN ENO
VW202 TBL
16#3130 PTN
AC1 INDX
1 CMD
Network 1
LD I2.1
FND= VW202,16#3130,AC1
当 12.1 为接通时，在表格中搜索等于十六进制数 3130 的数值
VW202 0006 EC (条目计数)
VW204 3133 d0 (数据 0)
VW206 4142 d1 (数据 1)
VW208 3130 d2 (数据 2)
VW210 3030 d3 (数据 3)
VW212 3130 d4 (数据 4)
VW214 4541 d5 (数据 5)
如果表格使用 ATT、LIFO 和 FIFO 指令创建，VW200 包含最大允许的条目数，而不为“查找”指令所需
AC1 0 AC1 必须设置为 0，以从表格顶部搜索执行表格搜索
AC1 2 AC1 包含相应于在表格 d2 中，第一次匹配发现的数据条目数目
AC1 3 在搜索剩余表格条目前，将 INDX 递增一执行表格搜索
AC1 4 AC1 包含相应于在表格 d4 中，第二次匹配发现的数据条目数目
AC1 5 在搜索剩余表格条目前，将 INDX 递增一执行表格搜索
AC1 6 AC1 包含等于条目计数的数值，整个表格已搜索过，没有发现另一个匹配
AC1 0 在表格能再次搜索前，INDX 数值必须重新设定为 0

图5-36 表格查找指令示例

创建表格示例如图5-37所示。此示例的程序为创建具有20个条目的表格。表格的第一个内存位置包含表格的长度(在此示例中为20个条目)。第二内存位置显示当前表格条目数。其他位置包含条目。表格可以有最多100个条目。它不包含定义表格最大长度或真实条目数(此处为VW0和VW2)的参数。表格中的真实条目数(此处为VW2)随着每个命令自动由CPU增加或减少。

在使用表格前，分配表格条目的最大数目。否则，无法在表格中制作条目，也要确定所有的读和写命令在边沿激活。要搜索表格，在进行查找前，索引VW106必须设置为0。如果匹配查找到，索引将具有表格条目号码，但如果没有找到匹配，索引将匹配表格VW2当前条目计数。

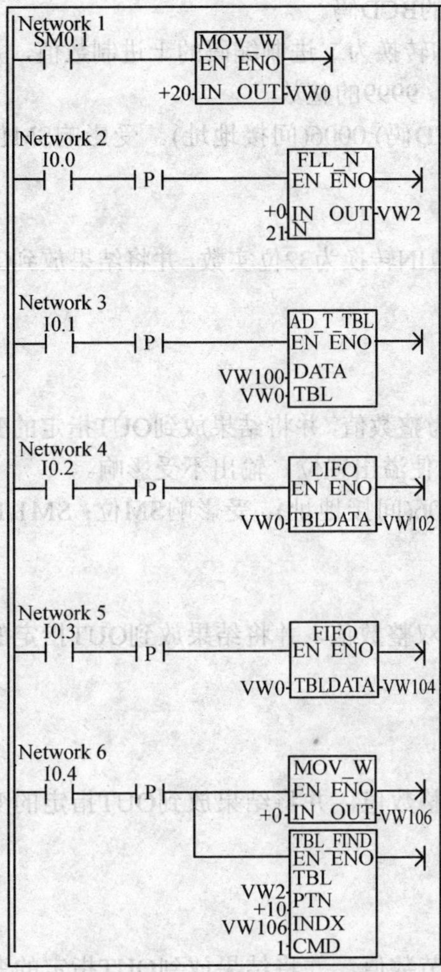
Network 1
SM0.1
MOV_W
EN ENO
+20 IN OUT VW0
Network 2
I0.0
P
FLL_N
EN ENO
+0 IN OUT VW2
21 N
Network 3
I0.1
P
AD_T_TBL
EN ENO
VW100 DATA
VW0 TBL
Network 4
I0.2
P
LIFO
EN ENO
VW0 TBLDATA VW102
Network 5
I0.3
P
FIFO
EN ENO
VW0 TBLDATA VW104
Network 6
I0.4
P
MOV_W
EN ENO
+0 IN OUT VW106
TBL_FIND
EN ENO
VW2 TBL
+10 PTN
VW106 INDX
1 CMD

```
Network 1   //创建以内存位置 4 开始的具有 20 个条目的表格
            //1, 在首次扫描，定义表格的最大长度
LD          SM0.1
MOVW        +20,VW0
Network 2   //用输入 I0.0 重新设计表
            //在 I0.0 的上升沿，从 VW2 用“+0” 填充内存位置
LD          I0.0
EU
FILL        +0,VW2,21
Network 3   //用输入 I0.1 写数值到表格，
            //在 I0.1 的上升沿，将内存位置VW100 的数值复制到表格
LD          I0.1
EU
ATT         VW100,VW0
Network 4   //用输入 I0.2 读第一个表格数值，
            //将最后一个表格数值移动到位置 VW102，
            //这减少了条目数，
            //在 I0.2 的上升沿，移动最后一个表格数值到 VW102
LD          I0.2
EU
LIFO        VW0,VW102
Network 5   //用输入 I0.3 读最后一个表格数值，
            //将第一个表格数值移动到位置 VW102，
            //这减少了条目数，
            //在 I0.0 的上升沿，移动第一个表格数值到 VW104
LD          I0.3
EU
FIFO        VW0,VW104
Network 6   //搜索表查找具有数值 10 的第一个位置
            //1. 在 I0.4 的上升沿，重新设定索引指针
            //2. 查找等于 10 的表格条目
LD          I0.4
EU
MOVW        +0,VW106
FND=        VW2,+10,VW106
```

图5-37　创建表格示例

5.8 转换指令

5.8.1 转换指令概述

对同一个数据，往往需要按不同的格式进行访问，而转换指令可解决这一问题。转换时并不需要知道数据在存储区中的存储格式。

5.8.2 数字转换指令

数字转换指令包括：字节转整数(BTI)、整数转字节(ITB)、整数转双整数(ITD)、双整数转整数(DTI)、双整数转实数(DTR)、BCD转整数(BCDI)和整数转BCD(IBCD)指令。这些指令将输入数值IN转换为指定的格式，并将输出值存储在输出OUT指定的内存位置。例如，可以将双整数值转换为实数；也可以在整数和BCD码格式之间转换。

1. BCD 码转整数和整数转 BCD 码指令

BCD码转整数(BCDI)指令将二进制编码的十进制数值IN转换为整数值，并将结果输出到OUT指定的变量。IN的有效范围为0～9999的BCD码。

整数转BCD码(IBCD)指令将输入的整数值IN转换为二进制编码的十进制数值，并将结果输出到OUT指定的变量。IN的有效范围为0～9999的整数。

设置ENO=0的错误条件：SM1.6(无效的BCD码);0006(间接地址)。受影响SM位：SM1.6(无效的BCD码)。

2. 双整数转实数指令

双整数转实数(DTR)指令将32位、有符号整数IN转换为32位实数，并将结果放到OUT指定的变量中。

设置ENO=0的错误条件：0006(间接地址)。

3. 双整数转整数指令

双整数转整数(DTI)指令将双整数值IN转换为整数值，并将结果放到OUT指定的变量中。如果转换的数值太大不能在输出中表示，会使溢出置位，输出不受影响。

设置ENO=0的错误条件：SM1.1(溢出)；0006(间接地址)。受影响SM位：SM1.1(溢出)。

4. 整数转双整数指令

整数转双整数(ITD)指令将整数值IN转换为双整数值，并将结果放到OUT指定的变量中。

设置ENO=0的错误条件：0006(间接地址)。

5. 字节转整数指令

字节转整数(BTI)指令将字节数值IN转换为整数值，并将结果放到OUT指定的变量中。字节是无符号的，因此没有符号扩展。

设置ENO=0的错误条件：0006(间接地址)。

6. 整数转字节指令

整数转字节(ITB)指令将字数值IN转换为字节数值，并将结果放到OUT指定的变量中。转换数值为0～255。导致溢出和输出的所有其他数值不受影响。

设置ENO = 0的错误条件：SM1.1(溢出)；0006(间接地址)。受影响SM位：SM1.1(溢出)。若要将整数转变为实数，使用整数转双整数指令，然后使用双整数转实数指令。

字节和整数转换指令如图5-38所示；双整数转换指令如图5-39所示；整数和BCD码转换指令如图5-40所示。转换指令的有效操作数见表5-15。

字节和整数转换指令	字节转整数指令	整数转字节指令
LAD (FBD)	B_I EN ENO IN OUT	I_B EN ENO IN OUT
STL	BTI IN, OUT	ITB IN, OUT

图5-38 字节和整数转换指令

双整数转换指令	整数转双整数指令	双整数转整数指令	双整数转实数指令
LAD (FBD)	I_D EN ENO IN OUT	D_I EN ENO IN OUT	D_R EN ENO IN OUT
STL	ITD IN, OUT	DTI IN, OUT	DTR IN, OUT

图5-39 双整数转换指令

整数和BCD码转换指令	整数转 BCD 指令	BCD转整数指令
LAD (FBD)	I_BCD EN ENO IN OUT	BCD_I EN ENO IN OUT
STL	IBCD OUT	BCDI OUT

图5-40 整数和BCD码转换指令

表5-15 转换指令的有效操作数

输入/输出	数据类型	操 作 数
输入	BYTE	IB、QB、VB、MB、SMB、SB、LB、AC、*VD、*LD、*AC、常量
	WORD、INT	IW、QW、VW、MW、SMW、SW、T、C、LW、AIW、AC、*VD、*LD、*AC、常量
	DINT	ID、QD、VD、MD、SMD、SD、LD、HC、AC、*VD、*LD、*AC、常量
	REAL	ID、QD、VD、MD、SMD、SD、LD、AC、*VD、*LD、*AC、常量
输出	BYTE	IB、QB、VB、MB、SMB、SB、LB、AC、*VD、*LD、*AC
	WORD、INT	IW、QW、VW、MW、SMW、SW、T、C、LW、AIW、AC、*VD、*LD、*AC
	DINT、REAL	ID、QD、VD、MD、SMD、SD、LD、AC、*VD、*LD、*AC

5.8.3 进位和取整指令

进位(ROUND)指令将实数IN转换为双整数值，并将四舍五入结果放到OUT指定的变量中。如果小数部分大于或等于0.5，则数字向上进位。

取整(TRUNC)指令将实数IN转换为双整数，并把结果的整数部分放到OUT指定的变量中。只有实数的整数部分被转换，小数部分被舍去。进位和取整指令如图5-41所示。

设置ENO = 0的错误条件：SM1.1(溢出)；0006(间接地址)。受影响SM位：SM1.1(溢出)。

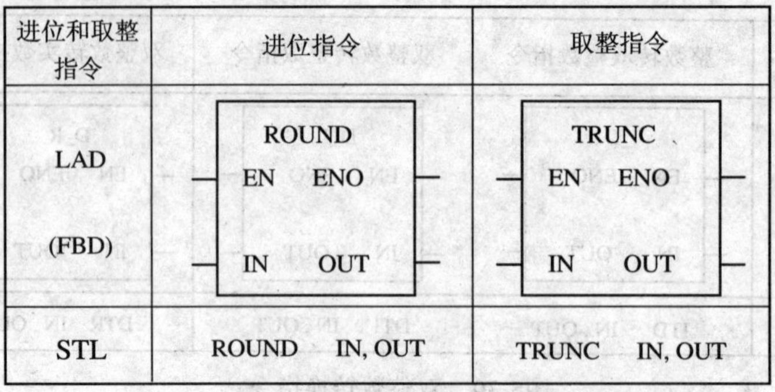
进位和取整指令
进位指令
取整指令
LAD
(FBD)
ROUND
EN ENO
IN OUT
TRUNC
EN ENO
IN OUT
STL
ROUND IN, OUT
TRUNC IN, OUT

图5-41 进位和取整指令

如果转换的数值不是有效的实数或超出范围，则会使溢出置位，而输出不受影响。转换指令示例如图 5-42 所示。

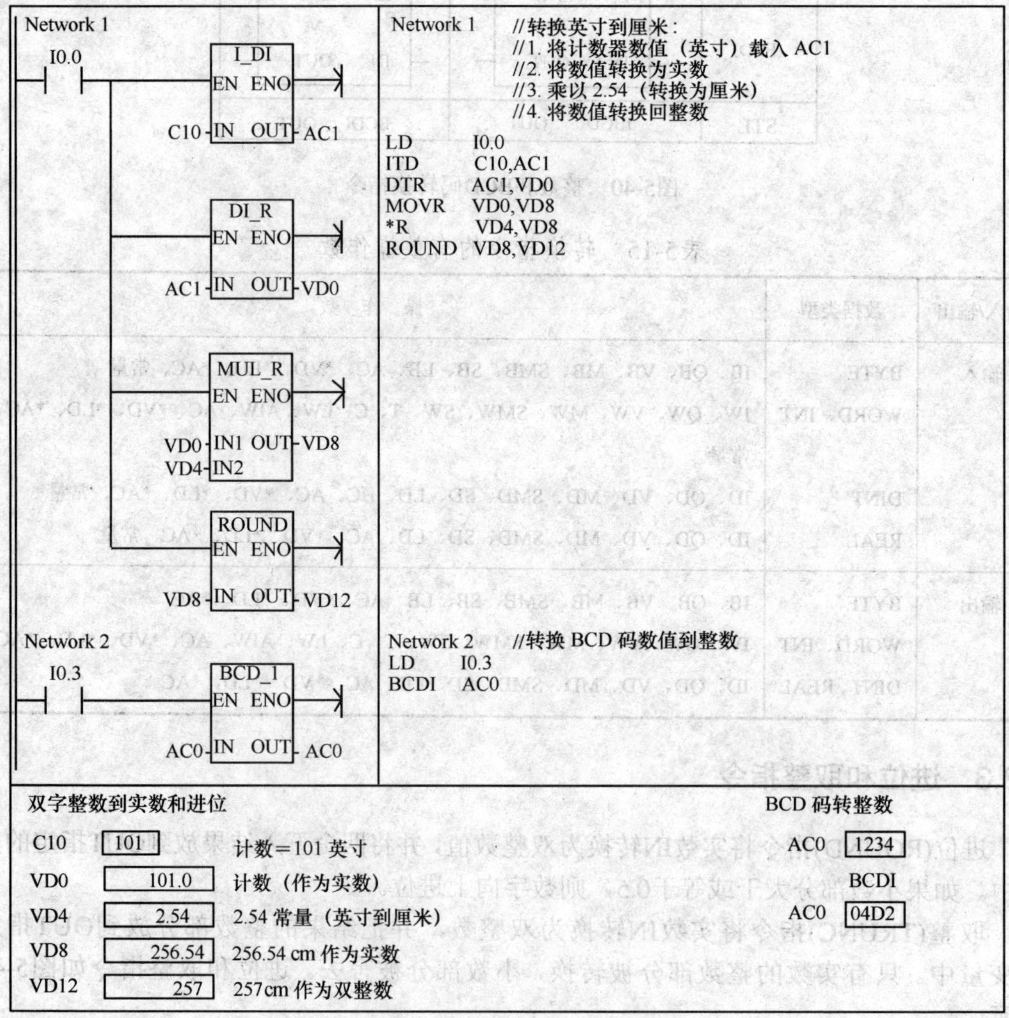
Network 1
I0.0
I_DI
EN ENO
C10 IN OUT AC1
DI_R
EN ENO
AC1 IN OUT VD0
MUL_R
EN ENO
VD0 IN1 OUT VD8
VD4 IN2
ROUND
EN ENO
VD8 IN OUT VD12
Network 1 //转换英寸到厘米：
//1. 将计数器数值（英寸）载入 AC1
//2. 将数值转换为实数
//3. 乘以 2.54（转换为厘米）
//4. 将数值转换回整数
LD I0.0
ITD C10,AC1
DTR AC1,VD0
MOVR VD0,VD8
*R VD4,VD8
ROUND VD8,VD12
Network 2
I0.3
BCD_I
EN ENO
AC0 IN OUT AC0
Network 2 //转换 BCD 码数值到整数
LD I0.3
BCDI AC0
双字整数到实数和进位
C10 101 计数＝101 英寸
VD0 101.0 计数（作为实数）
VD4 2.54 2.54 常量（英寸到厘米）
VD8 256.54 256.54 cm 作为实数
VD12 257 257cm 作为双整数
BCD 码转整数
AC0 1234
BCDI
AC0 04D2

图5-42 转换指令示例

5.8.4 段指令

段(SEG)指令把输入 IN 指定的字符(字节)转换，在输出 OUT 指定的位置产生位模式(字节)。段指令如图 5-43 所示，显示的段代表了输入字节的最低位中的字符。图 5-44 显示段指令使用的七段显示编码，如图 5-45 所示为段指令示例。

设置ENO=0的错误条件：0006(间接地址)。

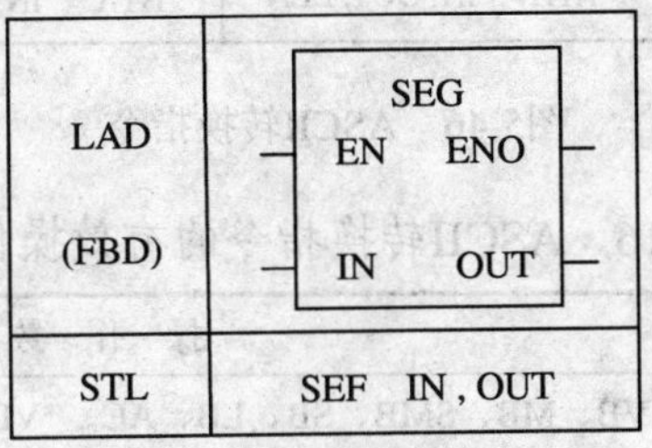

LAD
(FBD)
SEG
EN ENO
IN OUT
STL
SEF IN , OUT

图5-43 段指令

(IN) LSD	段显示	(OUT) -gfe dcba
0	0	0011 1111
1	1	0000 0110
2	2	0101 1011
3	3	0100 1111
4	4	0110 0110
5	5	0110 1101
6	6	0111 1101
7	7	0000 0111

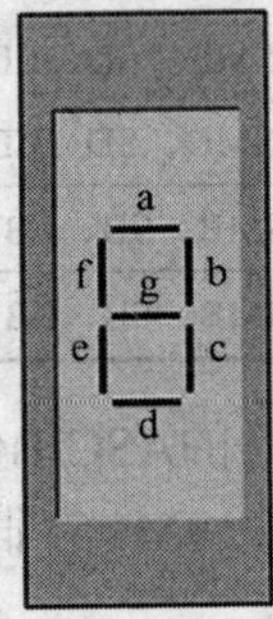

a
f
g
b
e
c
d

(IN) LSD	段显示	(OUT) -gfe dcba
8	8	0111 1111
9	9	0110 0111
A	A	0111 0111
B	b	0111 1100
C	C	0011 1001
D	d	0101 1110
E	E	0111 1001
F	F	0111 0001

图5-44 七段显示的编码

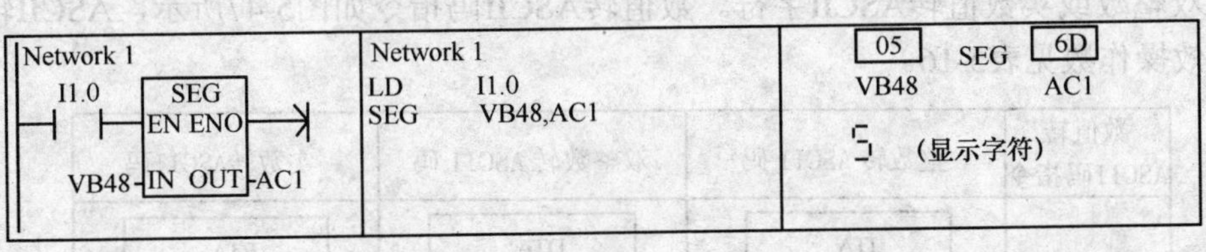

Network 1
I1.0
SEG
EN ENO
VB48
IN OUT
AC1
Network 1
LD I1.0
SEG VB48,AC1
05
SEG
6D
VB48
AC1
5
(显示字符)

图5-45 段指令示例

5.8.5 ASCII 码转换指令

1. ASCII 码和十六进制数转换指令

ASCII码转十六进制数(ATH)指令将以输入IN开始的ASCII字符的数字LEN转换为以输出OUT开始的十六进制数字。十六进制数转ASCII码(HTA)指令将以输入字节IN开始的十六进制数字转换为以输出OUT开始的ASCII字符。要转换的十六进制数字的数目由长度LEN指定，可转换的ASCII字符或十六进制数字的最大数目是255。ASCII转换指令如图5-46所示，ASCII转换指令的有效操作数见表5-16。

ASCII转换指令	ASCII码转十六进制数指	十六进制数转ASCII码指
LAD (FBD)	ATH EN ENO IN OUT LENT	HTA EN ENO IN OUT FMT
STL	ATH IN, OUT, LEN	HTA IN, OUT, LEN

图5-46 ASCII转换指令

表5-16 ASCII转换指令的有效操作数

输入/输出	数据类型	操作数
输入	BYTE	IB、QB、VB、MB、SMB、SB、LB、AC、*VD、*LD、*AC
	INT	IW、QW、VW、MW、SMW、SW、T、C、LW、AC、AIW、*VD、*LD、*AC、常量
	DINT	ID、QD、VD、MD、SMD、SD、LD、AC、HC、*VD、*LD、*AC、常量
	REAL	ID、QD、VD、MD、SMD、SD、LD、AC、*VD、*LD、*AC、常量
LEN、FMT	BYTE	IB、QB、VB、MB、SMB、SB、LB、AC、*VD、*LD、*AC、常量
输出	BYTE	IB、QB、VB、MB、SMB、SB、LB、AC、*VD、*LD、*AC

设置ENO=0的错误条件：SM1.7(非法的ASCII)仅ASCII到十六进制；0006(间接地址)；0091(操作数超出范围)。受影响的SM位：SM1.7(非法的ASCII)。

2. 数值转 ASCII 码指令

整数转ASCII码(ITA)、双整数转ASCII码(DTA)和实数转ASCII码(RTA)指令用于转换整数、双整数或实数值转ASCII字符。数值转ASCII码指令如图5-47所示，ASCII转换指令的有效操作数见表5-16。

数值转ASCII码指令	整数转 ASCII 码	双整数转 ASCII 码	实数转ASCII码
LAD (FBD)	ITA EN ENO IN OUT FMT	DTA EN ENO IN OUT FMT	RTA EN ENO IN OUT FMT
STL	ITA IN, OUT, FMT	DTA IN, OUT, FMT	RTA IN, OUT, FMT

图5-47 数值转ASCII码指令

3. 整数转 ASCII 码指令

整数转ASCII码(ITA)指令将整数输入转换为ASCII字符的数组。格式FMT指定小数点右边的转换精度，以及小数点以逗号还是以句号显示。转换结果放在以输出OUT开头的8个连续的字节中。

设置ENO=0的错误条件:0006(间接地址)。

ASCII字符的数组始终是8个字符。整数转ASCII码(ITA)指令的FMT操作数如图5-48所示。输出缓冲区的大小始终为8个字节。输出缓冲区中的小数点右面的位数由nnn域指定。nnn域的有效范围为0～5。将小数点右边的位数指定为0会导致显示的数值没有小数点。对于nnn的数值大于5，输出缓冲区用ASCII空格填充。c位指定是使用逗号(c=1)还是小数点(c=0)作为整数和小数之间的分隔符。上面4位必须为零。

在图 5-48 所示的格式化数值示例中，使用小数点(c=0)，小数点右边有 3 个数字(nnn=011)。输出缓冲区根据下列规则格式化：

(1) 正数值不带符号写入输出缓冲区；

(2) 负数值前面带负号(−)写入至输出缓冲区；

(3) 小数点左边的零忽略；

(4) 输出缓冲区中的数值右对齐。

FMT

MSB　　　　　　　LSB

7	6	5	4	3	2	1	0
0	0	0	0	c	n	n	n

o= 逗号（1）或小数点（0）
nnn= 小数点右边的位数

(a)

	OUT	OUT +1	OUT +2	OUT +3	OUT +4	OUT +5	OUT +6	OUT +7
in=12				0	.	0	1	2
in=−123			−	0		1	2	3
in=1234				1	.	2	3	4
in=−12345		−	1	2	.	3	4	5

(b)

图5-48　整数转ASCII码(ITA)指令的FMT操作数

4. 双整数转 ASCII 码指令

双整数转ASCII码(DTA)指令将输入双整数转换为ASCII字符的数组。格式操作数FMT指定小数点右边的转换精度。转换结果放在以输出OUT开头的12个连续的字节中。输出缓冲区的大小始终为12个字节。

设置ENO=0的错误条件：0006(间接地址)。

双整数转ASCII码(DTA)指令的FMT操作数如图5-49所示。输出缓冲区中的小数点右面的位数由nnn域指定。nnn域的有效范围为0～5。将小数点右边的位数指定为0会导致显示的数值没有小数点。对于nnn的数值大于5，输出缓冲区用ASCII空格填充。c位指定是使用逗号(c=1)还是小数点(c=0)作为整数和小数之间的分隔符。上面的4位必须为零。

在图5-49所示的数值转换示例中，使用小数点(c=0)，小数点右边有四个数字(nnn=100)。输出缓冲区根据下列规则格式化：

(1) 正数值不带符号写入输出缓冲区；

(2) 负数值前面带负号(−)写入输出缓冲区；

(3) 小数点左边的零忽略；

(4) 输出缓冲区中的数值右对齐。

FMT

MSB　　　　　　　LSB

7	6	5	4	3	2	1	0
0	0	0	0	c	n	n	n

o= 逗号(1)或小数点(0)
nnn=小数点右边的位数

	OUT	OUT +1	OUT +2	OUT +3	OUT +4	OUT +5	OUT +6	OUT +7	OUT +8	OUT +9	OUT +10	OUT +11
in=−12						−	0		0	0	1	2
in=1234567					1	2	3	.	4	5	6	7

图5-49　双整数转ASCII码(DTA)指令的FMT操作数

5. 实数转 ASCII 码指令

实数转ASCII码(RTA)指令将输入实数值IN转换为ASCII字符。格式FMT指定小数点右边的转换精度、小数点以逗号还是以句号显示，以及输出缓冲区大小。转换结果放在以输出OUT开头的输出缓冲区中。

设置ENO=0的错误条件：0006(间接地址)；nnn > 5；ssss < 3；ssss < OUT中的字符数。

结果ASCII字符的数目(或长度)是输出缓冲区的大小，可以指定为从3个字节到15个字节或字符的大小范围。S7-200使用的实数格式支持最大7个有效数字，若要显示大于7个有效数字会产生进位错误。

实数转ASCII码(RTA)指令的FMT操作数如图5-50所示。输出缓冲区的大小由ssss域指定。ssss域的有效范围为3～15，大小为0、1个或2个字节均无效。输出缓冲区中的小数点右面的位数由nnn域指定。nnn域的有效范围为0～5。将小数点右边的位数指定为0会导致显示的数值没有小数点。对于nnn数值大于5或当指定的输出缓冲区太小而不能存储转换的数值时，输出缓冲区用ASCII空格填充。c位指定是使用逗号(c=1)还是小数点(c=0)作为整数和小数之间的分隔符。

在图5-50表示的数值转换示例中，数值的格式使用小数点(c=0)，小数点右面的数字是1位(nnn=001)，缓冲区大小为6个字节(ssss=0110)。输出缓冲区根据下列规则格式化：

(1) 正数值不带符号写入至输出缓冲区；

(2) 负数值前面带负号(-)写入输出缓冲区；

(3) 小数点左边的零忽略；

(4) 小数点右边的数值进位，以适合小数点右边的指定的位数；

(5) 输出缓冲区的大小必须最小大于小数点右边位数3个字节；

(6) 输出缓冲区中的数值右对齐。

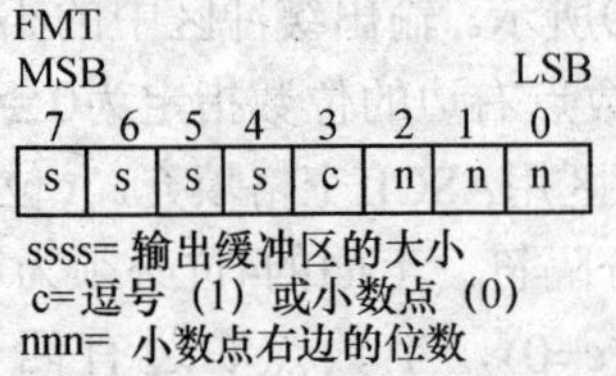
FMT
MSB
LSB
7 6 5 4 3 2 1 0
s s s s c n n n
ssss= 输出缓冲区的大小
c= 逗号 (1) 或小数点 (0)
nnn= 小数点右边的位数

	OUT	OUT +1	OUT +2	OUT +3	OUT +4	OUT +5
in=1234.5	1	2	3	4		5
in=-0.0004				0	.	0
in=-3.67526			-	3	.	7
in=1.95				2	.	0

图5-50 实数转ASCII码(RTA)指令的FMT操作数

图 5-51、图 5-52、图 5-53 分别为 ASCII 码转十六进制数指令示例、整数转 ASCII 码指令示例和实数转 ASCII 码指令示例。

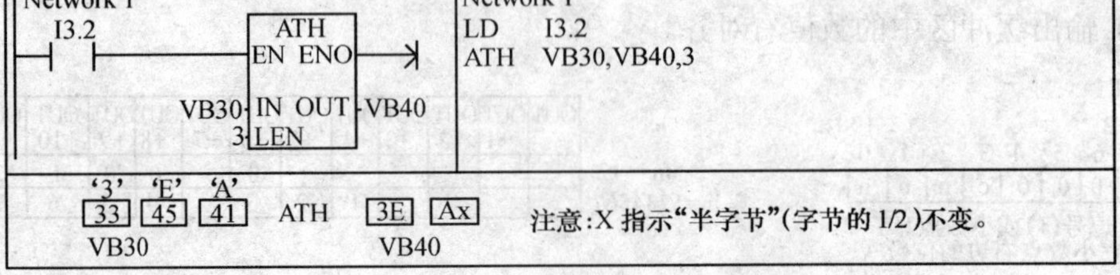
Network 1
I3.2
ATH
EN ENO
VB30 IN OUT VB40
3 LEN
Network 1
LD I3.2
ATH VB30,VB40,3
'3' 'E' 'A'
33 45 41
ATH
3E Ax
VB30
VB40
注意:X 指示"半字节"(字节的1/2)不变。

图5-51 ASCII码转十六进制数指令示例

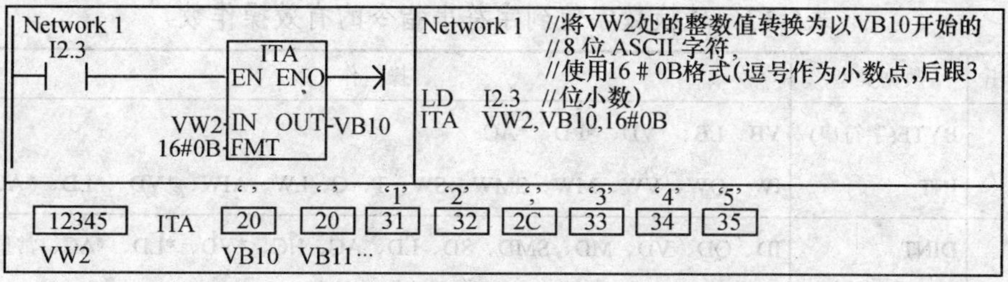
Network 1
I2.3
ITA
EN ENO
VW2-IN OUT-VB10
16#0B-FMT
Network 1 //将VW2处的整数值转换为以VB10开始的
//8 位 ASCII 字符,
//使用16＃0B格式(逗号作为小数点,后跟3
LD I2.3 //位小数)
ITA VW2,VB10,16#0B
12345 ITA 20 20 31 32 2C 33 34 35
'1' '2' ',' '3' '4' '5'
VW2 VB10 VB11…

图5-52 整数转ASCII码指令示例

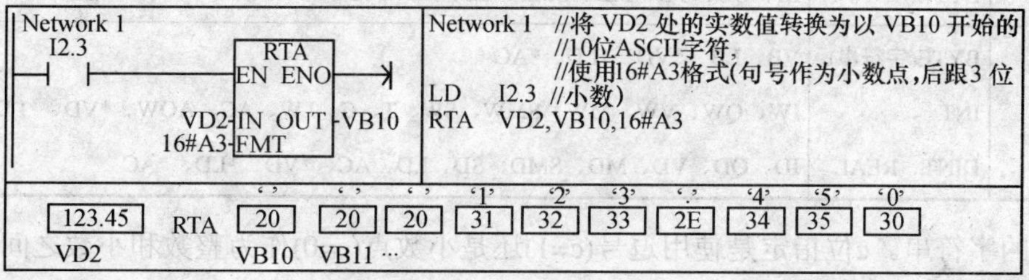
Network 1
I2.3
RTA
EN ENO
VD2-IN OUT-VB10
16#A3-FMT
Network 1 //将 VD2 处的实数值转换为以 VB10 开始的
//10位ASCII字符,
//使用16#A3格式(句号作为小数点,后跟3 位
LD I2.3 //小数)
RTA VD2,VB10,16#A3
123.45 RTA 20 20 20 31 32 33 2E 34 35 30
'1' '2' '3' '.' '4' '5' '0'
VD2 VB10 VB11…

图5-53 实数转ASCII码指令示例

5.8.6 字符串转换指令

1. 数值转字符串指令

整数转字符串(ITS)、双整数转字符串(DTS)和实数转字符串(RTS)指令将整数、双整数或实数值IN转换为ASCII字符串(OUT)。数值转字符串指令如图5-54所示。

数值转字符串指令	整数转字符串	双整数转字符串	实数转字符串
LAD (FBD)	I_S: EN ENO, IN OUT, FMT	DI_S: EN ENO, IN OUT, FMT	R_S: EN ENO, IN OUT, FMT
STL	ITS IN, OUT, FMT	DTS IN, OUT, FMT	RTS IN, OUT, FMT

图5-54 数值转字符串指令

2. 整数转字符串指令

整数转字符串(ITS)指令将整数IN转换为带有8个字符长度的ASCII字符串。格式(FMT)指定小数点右边的转换精度，以及小数点以逗号还是以句号显示。结果字符串被写入以OUT开始的9个连续的字节。转换数字值到字符串指令的有效操作数见表5-17。

设置ENO = 0的错误条件：0006(间接地址)；0091(操作数超出范围)；非法的格式(nnn > 5)。

整数转字符串指令的FMT操作数如图5-55所示。输出字符串的长度始终为8个字符。输出缓冲区中的小数点右面的位数由nnn域指定。nnn域的有效范围为0～5。将小数点右边的位数指定为0会导致显示的数值没有小数点。对于nnn>5的数值，输出是8个ASCII空

表5-17　转换数字值到字符串指令的有效操作数

输入/输出	数据类型	操　作　数
输入	BYTE(字符串)	VB、LB、*VD、*LD、*AC
	INT	IW、QW、VW、MW、SMW、SW、T、C、LW、AIW、*VD、*LD、*AC、常量
输入	DINT	ID、QD、VD、MD、SMD、SD、LD、AC、HC、*VD、*LD、*AC、常量
	REAL	ID、QD、VD、MD、SMD、SD、LD、AC、*VD、*LD、*AC、常量
FMT	BYTE	IB、QB、VB、MB、SMB、SB、LB、AC、*VD、*LD、*AC、常量
输出	BYTE(字符串)	VB、LB、*VD、*LD、*AC
	INT	IW、QW、VW、MW、SMW、SW、T、C、LW、AC、AQW、*VD、*LD、*AC
	DINT、REAL	ID、QD、VD、MD、SMD、SD、LD、AC、*VD、*LD、*AC

格字符的字符串。c位指定是使用逗号(c=1)还是小数点(c=0)作为整数和小数之间的分隔符。该格式的上面4位必须为零。

在图5-55表示的数值转换示例中，数值的格式使用小数点(c=0)，小数点右面的数字是3位(nnn=011)。位于OUT处的数值是字符串的长度。

输出字符串根据下列规则格式化：

(1) 正数值不带符号写入输出缓冲区；

(2) 负数值前面带负号(-)写入输出缓冲区；

(3) 小数点左边的零忽略；

(4) 输出字符串中的数值右对齐。

FMT

MSB　　　　　　LSB

7	6	5	4	3	2	1	0
0	0	0	0	c	n	n	n

o=逗号(1)或小数点(0)
nnn=小数点右边的位数

	OUT	OUT +1	OUT +2	OUT +3	OUT +4	Out +5	Out +6	Out +7	Out +8
in=12	8				0		0	1	2
in=-123	8				0	·	1	2	3
in=1234	8				1	·	2	3	4
in=-12345	8		-	1	2	·	3	4	5

图5-55　整数转字符串指令的FMT操作数

3. 双整数转字符串指令

双整数转字符串(DTS)指令将双整数IN转换为带有12个字符长度的ASCII字符串。格式FMT指定小数点右边的转换精度，以及小数点以逗号还是以句号显示。结果字符串被写入以OUT开始的13个连续的字节。

设置ENO = 0的错误条件：0006(间接地址)；0091(操作数超出范围)；非法的格式(nnn > 5)。

整数转字符串指令的格式操作数如图5-55所示。输出字符串的长度始终为8个字符。输出缓冲区中的小数点右面的位数由nnn域指定。nnn域的有效范围为0～5。将小数点右边的位数指定为0会导致显示的数值没有小数点。对于nnn>5的数值，输出是12个ASCII空格字符的字符串。c位指定是使用逗号(c=1)还是小数点(c=0)作为整数和小数之间的分隔符。格式的上面4位必须为零。

在图5-56表示的数值转换示例中，这些数值的格式使用小数点(c=0)，小数点右边有四个数字(nnn=100)。位于OUT处的数值是字符串的长度。输出字符串根据下列规则格式化：

(1) 正数值不带符号写入输出缓冲区；

(2) 负数值前面带负号(-)写入输出缓冲区；

(3) 小数点左边的零忽略；

(4) 输出字符串中的数值右对齐。

FMT

MSB　LSB

7	6	5	4	3	2	1	0
0	0	0	0	c	n	n	n

o＝逗号(1)或小数点(0)
nnn=小数点右边的位数

	OUT	OUT +1	OUT +2	OUT +3	OUT +4	OUT +5	OUT +6	OUT +7	OUT +8	OUT +9	OUT +10	OUT +11	OUT +12
in=12	12						–	0		0	0	1	2
in=-1234567	12					1	2	3	·	4	5	6	7

图5-56　双整数转字符串指令的FMT操作数

4. 实数转字符串指令

实数转字符串(RTS)指令将实数值IN转换为ASCII字符串。格式FMT指定小数点右边的转换精度、小数点以逗号还是以句号显示，以及输出字符串的长度。转换结果放在以OUT开头的字符串中。结果字符串的长度在格式中指定，可以是3个～15个字符。

设置ENO = 0的错误条件：0006(间接地址)；0091(操作数超出范围)；非法的格式；nnn > 5；ssss < 3；ssss < 所需字符数。

S7-200使用的实数格式支持最大7个有效数字。若要显示大于7个有效数字则会产生进位错误。

实数转字符串指令的FMT操作数如图5-57所示。输出字符串的长度由ssss域指定。大小为0个、1个或2个字节无效。输出缓冲区中的小数点右面的位数由nnn域指定。nnn域的有效范围为0～5。将小数点右边的位数指定为0会导致显示的数值没有小数点。当nnn>5或当输出字符串的指定长度太小以致不能存储转换的数值时，输出字符串用ASCII空格字符填充。c位指定是使用逗号(c=1)还是小数点(c=0)作为整数和小数之间的分隔符。

在图5-57表示的数值转换示例中，数值的格式使用小数点(c=0)，小数点右面的数字是1位(nnn=001)，输出字符串长度为6个字符(ssss = 0110)。OUT处的数值是字符串的长度。

FMT

MSB　LSB

7	6	5	4	3	2	1	0
s	s	s	s	c	n	n	n

oooo=输出字符串的长度
o=逗号(1)或小数点(0)
nnn= 小数点右边的位数

	OUT	OUT +1	OUT +2	OUT +3	OUT +4	OUT +5	OUT +6
in=1234.5	6	1	2	3	4		5
in=-0.0004	6				0	·	0
in=-3.67526	6			–	3	·	7
in=1.95	6				2	·	0

图5-57　实数转字符串指令的FMT操作数

输出字符串根据下列规则格式化：

(1) 正数值不带符号写入输出缓冲区；

(2) 负数值前面带负号(–)写入输出缓冲区；

(3) 小数点左边的零忽略；

(4) 小数点右边的数值进位，以适合小数点右边的指定的位数；

(5) 输出字符串最小必须大于小数点右边位数3个字节；

(6) 输出字符串中的数值右对齐。

5. 子字符串转数值指令

子字符串转整数(STI)、子字符串转双整数(STD)和子字符串转实数(STR)指令将以偏移量INDX开始的字符串数值IN转换为整数、双整数或实数值OUT。子字符串转数值指令如图5-58所示。

子字符串转数值指令	子字符串转整数指令	子字符串转双整数指令	子字符串转实数指令
LAD (FBD)	S_I EN ENO IN OUT INDX	S_DI EN ENO IN OUT INDX	S_R EN ENO IN OUT INDX
STL	STI IN, INDX , OUT	STD IN, INDX , OUT	STR IN, INDX , OUT

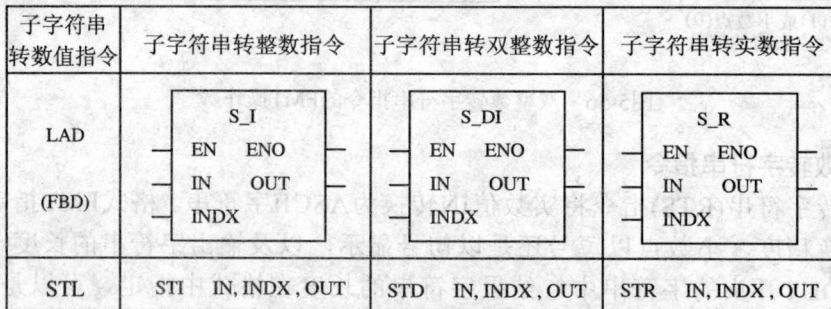

图5-58 子字符串转数值指令

设置ENO = 0的错误条件：0006(间接地址)；0091(操作数超出范围)；009B(下标= 0)；SM1.1(溢出)。

子字符串转整数和子字符串转双整数指令用下列形式转换字符串：[空格] [+或–] [数字0～9]。

子字符串转实数指令以下列形式转换字符串：[空格] [+或–] [数字0～9] [.或,] [数字0～9]。

子字符串转数值指令的有效操作数见表 5-18。

表5-18 子字符串转数值指令的有效操作数

输入/输出	数据类型	操 作 数
输入	BYTE(字符串)	IB、QB、VB、MB、SMB、SB、LB、*VD、*LD、*AC、常量
INDX	BYTE	VB、IB、QB、MB、SMB、SB、LB、AC、*VD、*LD、*AC、常量
输出	BYTE(字符串)	VB、IB、QB、MB、SMB、SB、LB、*VD、*LD、*AC、常量
	INT	VW、IW、QW、MW、SMW、SW、T、C、LW、AC、AQW、*VD、*LD、*AC
	DINT、REAL	VD、ID、QD、MD、SMD、SD、LD、AC、*VD、*LD、*AC

INDX值通常设为1，即从字符串的第一个字符开始转换。INDX数值设置为其他数值，则从字符串中指定的位置开始转换。例如，输入字符串是“Age=25”，设置INDX为数值4以跳过字符串“Age=”。子字符串转数值指令不能正确转换使用科学计数法或指数

形式表示的实数字符串，且指令不产生溢出错误(SM1.1)。例如，将字符串'3.14E3'转换为实数值3.14，且没有溢出错误显示。当转换到字符串的末尾或遇到第一个无效的字符时，转换终止。无效的字符是任何除数字0～9外的字符。只要转换产生大于输出值的整数值，就要设置溢出错误(SM1.1)。例如，如果输入字符串产生大于32767或小于-32768的数值，子字符串转整数指令设置溢出错误。如果输入字符串不包含有效的数值而不能转换，也设置溢出错误(SM1.1)。例如，如果输入字符串包含'A123'，转换指令设置SM1.1(溢出)，输出值保持不变。有效和无效输入字符串示例如图5-59所示。字符串转换示例如图5-60所示。

整数和双整数的有效输入字符串

输入字符串	输出整数
'123'	123
'-00456'	-456
'123.45'	123
'+2345'	2345
'000000123ABCD'	123

实数的有效输入字符串

输入字符串	输出实数
'123'	123.0
'-00456'	-456.0
'123.45'	123.45
'+2345'	2345.0
'00.000000123'	0.000000123

无效输入字符串

输入字符串
'A123'
''
'++123'
'+-123'
'+123'

图5-59　有效和无效输入字符串示例

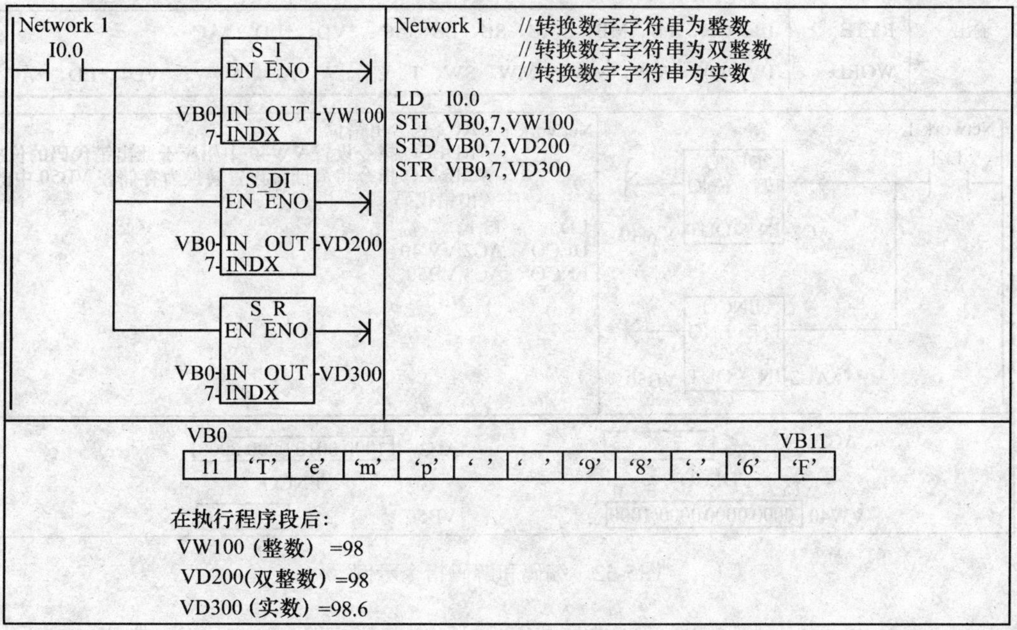
Network 1
I0.0
S_I
EN ENO
VB0 IN OUT VW100
7 INDX
S_DI
EN ENO
VB0 IN OUT VD200
7 INDX
S_R
EN ENO
VB0 IN OUT VD300
7 INDX
Network 1 //转换数字字符串为整数
//转换数字字符串为双整数
//转换数字字符串为实数
LD I0.0
STI VB0,7,VW100
STD VB0,7,VD200
STR VB0,7,VD300
VB0
VB11
11 'T' 'e' 'm' 'p' ' ' ' ' '9' '8' '.' '6' 'F'
在执行程序段后:
VW100 (整数) =98
VD200(双整数) =98
VD300 (实数) =98.6

图5-60　字符串转换示例

5.8.7　编码和解码指令

编码指令(ENCO)将输入字节IN的最低有效位(其值为1)的位数写入输出字节OUT的最低有效"半字节"(即最低4位)。解码指令(DECO)根据输入字节IN的低4位表示的位号，将输出字节OUT相应的位置1，输出字节的所有其他位置0。编码和解码指令如图5-61所示，编码和解码指令示例如图5-62所示，编码和解码指令的有效操作数见表5-19。

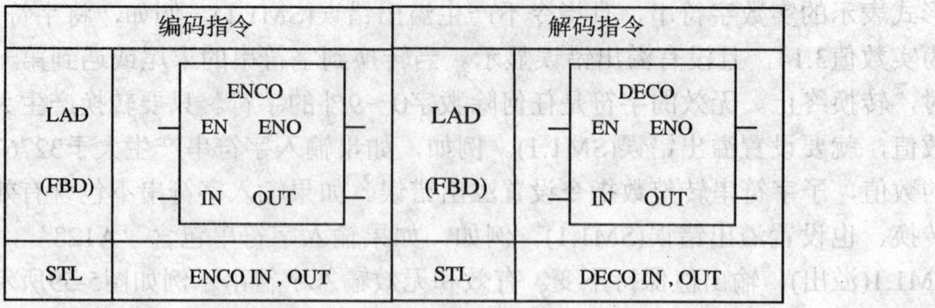
编码指令
解码指令
LAD
(FBD)
ENCO
EN ENO
IN OUT
DECO
EN ENO
IN OUT
STL
ENCO IN , OUT
DECO IN , OUT

图5-61　编码和解码指令

设置ENO=0的错误条件：0006(间接地址)。

表5-19　编码和解码指令的有效操作数

输入/输出	数据类型	操　作　数
输入	BYTE	IB、QB、VB、MB、SMB、SB、LB、AC、*VD、*LD、*AC、常量
	WORD	IW、QW、VW、MW、SMW、SW、T、C、LW、AC、AIW、*VD、*LD、*AC、常量
输出	BYTE	IB、QB、VB、MB、SMB、SB、LB、AC、*VD、*LD、*AC
	WORD	IW、QW、VW、MW、SMW、SW、T、C、LW、AC、AQW、*VD、*LD、*AC

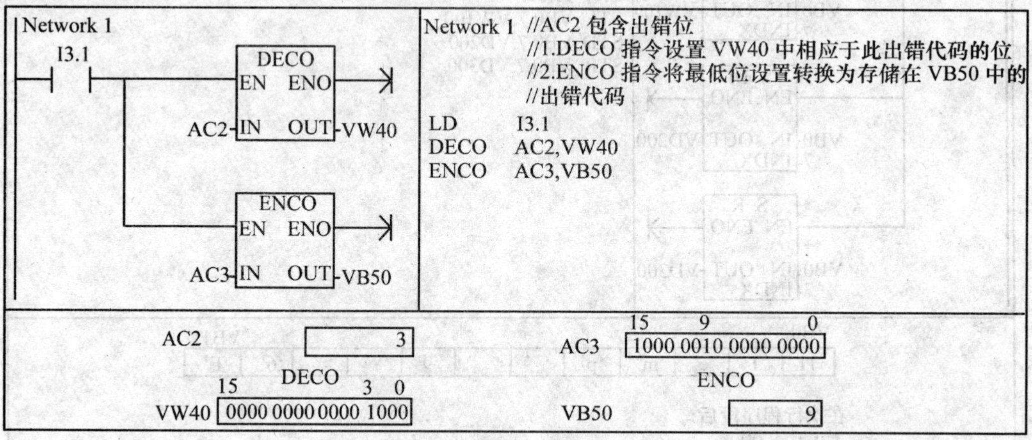
Network 1
I3.1
DECO
EN ENO
AC2 IN OUT VW40
ENCO
EN ENO
AC3 IN OUT VB50
Network 1 //AC2 包含出错位
//1.DECO 指令设置 VW40 中相应于此出错代码的位
//2.ENCO 指令将最低位设置转换为存储在 VB50 中的
//出错代码
LD I3.1
DECO AC2,VW40
ENCO AC3,VB50
AC2 3
DECO
15 3 0
VW40 0000 0000 0000 1000
15 9 0
AC3 1000 0010 0000 0000
ENCO
VB50 9

图5-62　编码和解码指令示例

5.9　高速计数器指令

5.9.1　高速计数器指令概述

PLC的普通计数器的计数过程与扫描工作方式有关，CPU通过每一扫描周期读取一次被测信号的方法来捕捉被测信号的上升沿，被测信号的频率较高时，会丢失计数脉冲，因此，普通计数器的工作频率很低，一般仅有几十赫。高速计数器可以对普通计数器无能为力的事件进行计数，CPU221和CPU222有4个高速计数器，其余型号的CPU有6个高速计数器，最高计数频率可达30kHz，可设置12种工作模式。

5.9.2 高速计数器定义指令

高速计数器定义指令(HDEF)选择指定高速计数器HSCx的操作模式。模式选择定义高速计数器的时钟、方向、开始和重设功能。可以将一个高速计数器定义指令用于每个高速计数器。高速计数器指令如图5-63所示。

设置ENO=0的错误条件：0003(输入点冲突)；0004(中断中的非法的指令)；000A(HSC重新定义)。

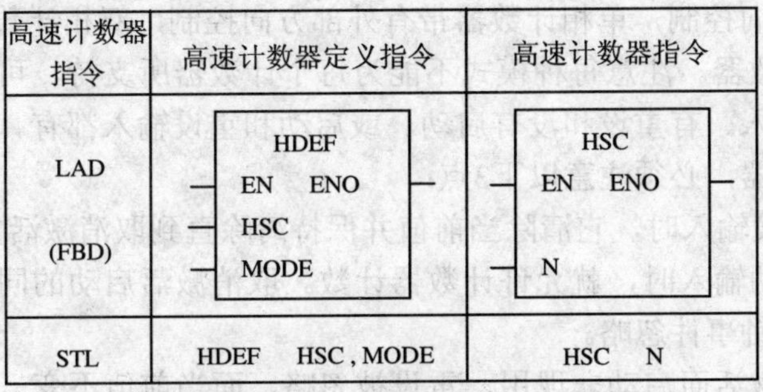

高速计数器指令
高速计数器定义指令
高速计数器指令
LAD
(FBD)
HDEF
EN ENO
HSC
MODE
HSC
EN ENO
N
STL
HDEF HSC , MODE
HSC N

图5-63 高速计数器指令

5.9.3 高速计数器指令

高速计数器(HSC)指令基于HSC特殊内存位的状态以配置和控制高速计数器。参数N指定高速计数器数目。高速计数器指令可以配置为最多12种不同的操作模式。

每个计数器有用于时钟、方向控制、重设和启动的输入。对于双相计数器，两个时钟都可以在最大计数率下运行。在倍数模式下，可以选择1倍(1×)或4倍(4×)最大计数率。所有运行在最大计数率的计数器不会互相干扰。高速计数器指令的有效操作数见表5-20。

表5-20 高速计数器指令的有效操作数

输入/输出	数据类型	操 作 数
HSC、MODE	BYTE	常量
N	WORD	常量

设置ENO = 0的错误条件：0001(HSC在HDEF前)；0005(同时HSC/PLS)。

高速计数器常作为鼓式定时器的驱动器，在定时器中，以恒定速度旋转的轴安装有递增转轴编码器。轴编码器提供每转的指定计数数字，重设脉冲在每转产生一次。时钟和来自轴编码器的重设脉冲提供到高速计数器的输入。

高速计数器用第一个几次预置载入，期望的输出在当前计数小于当前预置的时间期间激活。安装计数器以在当前计数等于预置以及重设产生时提供中断。当每个当前计数数值等于预置数值中断事件产生时，载入新的预置，设置下一个输出状态。当重设中断事件产生时，设置第一个预置和第一个输出状态，重复周期。

因为中断发生率远远低于高速计数器的计数率，所以，可以实现高速操作的精确控制，而对全部的PLC扫描循环影响相当小。连接中断的方法，允许每次载入新预置在独立的中断程序中完成以便易于状态控制。此外，所有中断事件也可以在单个中断程序中处理。

5.9.4 不同类型的高速计数器

所有计数器功能对于同样的计数器操作模式是一样的。有4种基本计数器类型：单相计数器带有内部方向控制，单相计数器带有外部方向控制，双相计数器带有两个时钟输入和A/B相正交计数器。注意每种模式不能为每个计数器所支持，可以使用每种类型：没有重设或启动输入、有重设和没有启动、或启动和重设输入都有。

对于高速计数器，必须注意以下3点：

(1) 当激活重设输入时，它清除当前值并保持清除直到取消激活重设。

(2) 当激活启动输入时，就允许计数器计数。取消激活启动的同时，计数器的当前值保持为常量，时钟事件忽略。

(3) 如果重设激活而启动非现用，重设被忽略，而当前值不变。如果启动输入成为现用，而重设输入为现用，当前值被清除。

在使用高速计数器前，须使用HDEF指令(高速计数器定义)选择计数器模式。使用第一个扫描内存位SM0.1(此位在第一次扫描时接通，然后断开)，来调用包含HDEF指令的子程序。

5.9.5 高速计数器编程

1. 高速计数器编程概述

使用高速计数器指令向导配置计数器。向导包括下列信息：计数器的类型和模式、计数器预设值、计数器当前值和初始计数方向。要启动高速计数器指令向导，选择工具(Tools)>指令向导(Instruction Wizard)菜单命令，然后从指令向导窗口选择高速计数器指令。

对高速计数器编程，进行以下设置：

(1) 定义计数器和模式；

(2) 设置控制字节；

(3) 设置当前值(起始值)；

(4) 设置预设值(目标数值)；

(5) 分配和启用中断程序；

(6) 激活高速计数器。

2. 定义计数器模式和输入

使用高速计数器定义指令来定义计数器模式和输入。

与高速计数器有关的时钟、方向控制、重设和启动功能的输入，见表5-21。同样的输入不能用于两种不同的功能，但没有被其高速计数器的显示模式使用的输入可以用于其他用途。例如，如果HSC0正被用于模式1，它使用I0.0和I0.2，I0.1可用于HSC3的边沿中断。

表5-21　高速计数器的输入

模式	描　述	输　　入			
	HSC0	I0.0	I0.1	I0.2	
	HSC1	I0.6	I0.7	I1.0	I1.1
	HSC2	I1.2	I1.3	I1.4	I1.5
	HSC3	I0.1			
	HSC4	I0.3	I0.4	I0.5	
	HSC5	I0.4			
0	具有内部方向控制的单相计数器	时钟			
1		时钟		重设	
2		时钟		重设	启动
3	具有外部方向控制的单相计数器	时钟	方向		
4		时钟	方向	重设	
5		时钟	方向	重设	启动
6	具有两个时钟输入的双相计数器	向上时钟	向下时钟		
7		向上时钟	向下时钟	重设	
8		向上时钟	向下时钟	重设	启动
9	A/B 相正交计数器	时钟 A	时钟 B		
10		时钟 A	时钟 B	重设	
11		时钟 A	时钟 B	重设	启动

3. 高速计数器模式的示例

每个计数器根据模式进行工作的时序图，如图5-64～图5-68所示。

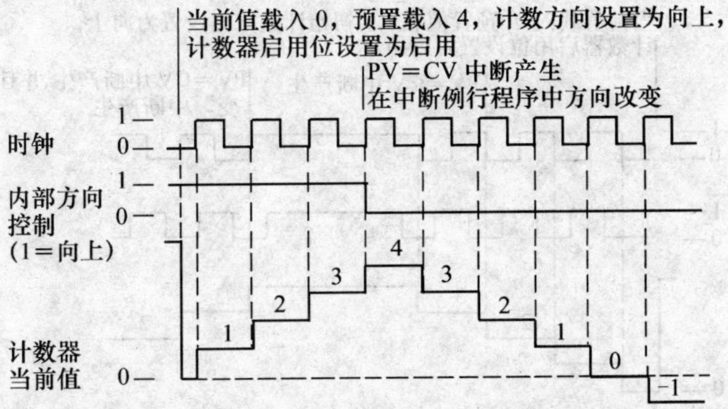

当前值载入 0，预置载入 4，计数方向设置为向上，
计数器启用位设置为启用
PV＝CV 中断产生
在中断例行程序中方向改变
时钟
1
0
内部方向
控制
(1＝向上)
1
0
计数器
当前值
0
1
2
3
4
3
2
1
0
-1

图5-64　模式0、模式1或模式2的操作示例

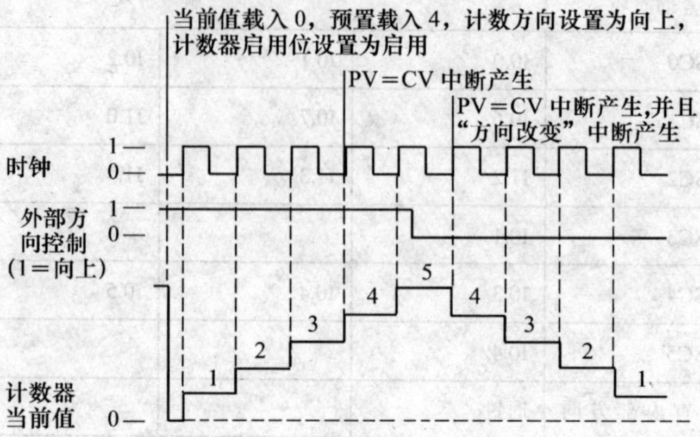
当前值载入 0，预置载入 4，计数方向设置为向上，
计数器启用位设置为启用
PV＝CV 中断产生
PV＝CV 中断产生,并且
“方向改变”中断产生
时钟
1
0
外部方
向控制
(1＝向上)
1
0
1
2
3
4
5
4
3
2
1
计数器
当前值
0

图5-65　模式3、模式4或模式5的操作示例

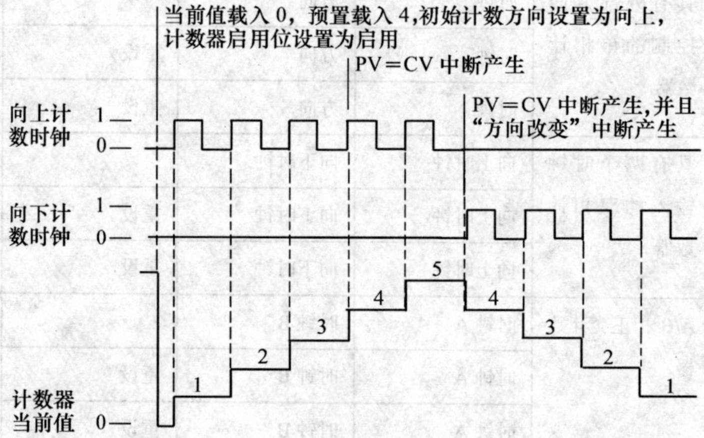
当前值载入 0，预置载入 4,初始计数方向设置为向上,
计数器启用位设置为启用
PV＝CV 中断产生
PV＝CV 中断产生,并且
“方向改变”中断产生
向上计
数时钟
1
0
向下计
数时钟
1
0
1
2
3
4
5
4
3
2
1
计数器
当前值
0

图5-66　模式6、模式7或模式8的操作示例

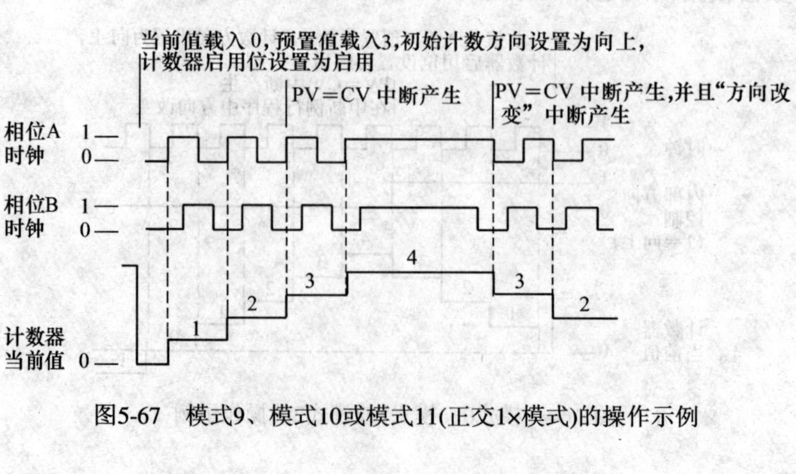
当前值载入 0,预置值载入3,初始计数方向设置为向上,
计数器启用位设置为启用
PV＝CV 中断产生
PV＝CV 中断产生,并且“方向改
变”中断产生
相位A
时钟
1
0
相位B
时钟
1
0
1
2
3
4
3
2
计数器
当前值
0

图5-67　模式9、模式10或模式11(正交1×模式)的操作示例

当使用计数模式6、模式7或模式8，并且向上时钟和向下时钟输入的上升沿都在0.3 μs 中发生，高速计数器可能会将这些事件视作同时发生。如果这样则当前值不变，指示计数方向不改变。只要向上和向下时钟输入的上升沿之间的间隔大于此时间间隔，高速计数器分别捕获每个事件。在这两种情况下，没有产生错误，计数器保持正确的计数数值。

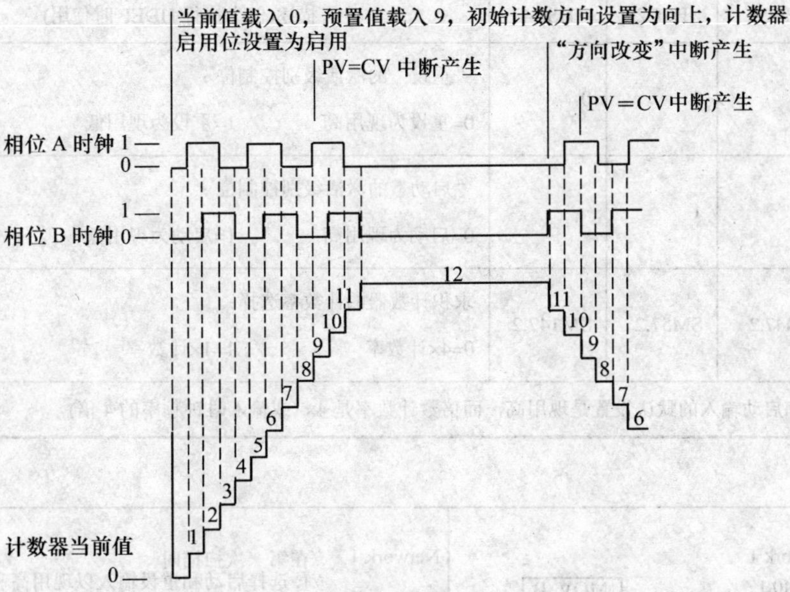

当前值载入 0，预置值载入 9，初始计数方向设置为向上，计数器启用位设置为启用
PV=CV 中断产生
"方向改变"中断产生
PV＝CV中断产生
相位 A 时钟 1
0
1
相位 B 时钟 0
12
11
10
9
8
7
6
5
4
3
2
1
计数器当前值
0

图5-68　模式9、模式10或模式11(4×倍数模式)的操作示例

4. 重设和启动操作

图5-69中显示的重设和启动输入的操作适用于所有使用重设和启动输入的模式。在重设和启动输入的图中，重设和启动都以激活状态设计成高位显示。

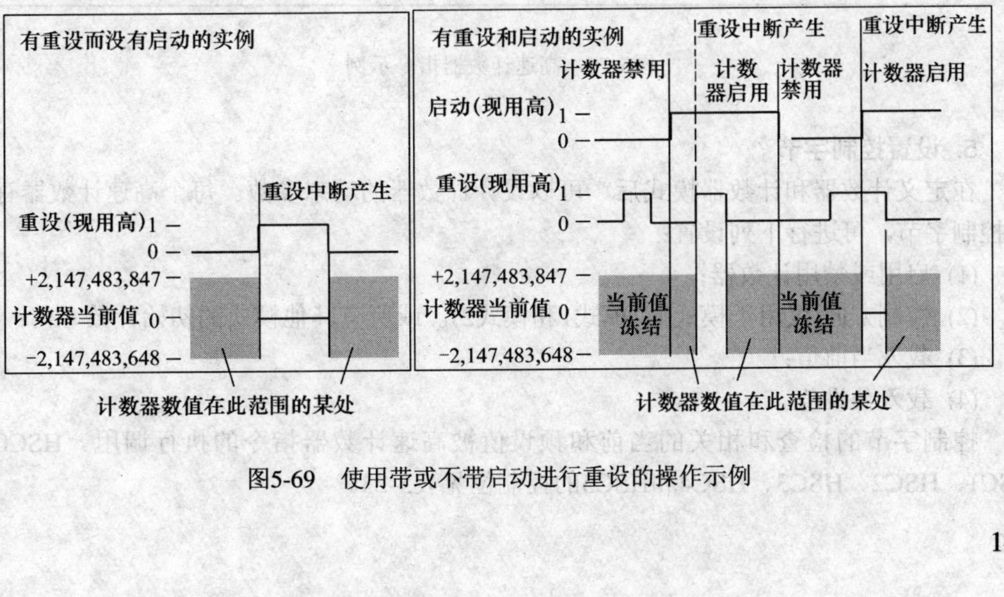

有重设而没有启动的实例
重设中断产生
重设(现用高) 1
0
+2,147,483,847
计数器当前值 0
−2,147,483,648
计数器数值在此范围的某处
有重设和启动的实例
重设中断产生
重设中断产生
计数器禁用
计数器启用
计数器禁用
计数器启用
启动(现用高) 1
0
重设(现用高) 1
0
+2,147,483,847
计数器当前值 0
−2,147,483,648
当前值冻结
当前值冻结
计数器数值在此范围的某处

图5-69　使用带或不带启动进行重设的操作示例

4 个计数器有 3 个控制位，控制位用于配置重设和启动输入的激活状态，以及用于选择 1×或 4×计数模式(仅用于倍数计数器)。这些位在各自计数器的控制位，只有当执行 HDEF 指令时才使用。重设、启动和 1×/4×控制位的激活级别见表 5-22。高速计数器指令示例如图 5-70 所示。

表5-22 重设、启动和1×/4×控制位的激活级别

HSC0	HSC1	HSC2	HSC4	描述(仅当执行 HDEF 时使用)
0	0	0	0	"重设"的激活级别控制位*： 0=重设为现用高　　1=重设为现用低
…	1	1	…	"启动"的激活级别控制位*： 0=启动为现用高　　1=启动为现用低
SM37.2	SM47.2	SM57.2	SM147.2	求积计数器的计数率选择： 0=4×计数率　　1=1×计数率
* 重设输入和启动输入的默认设置是现用高，而倍数计数率是 4× (或输入时钟频率的 4 倍)				

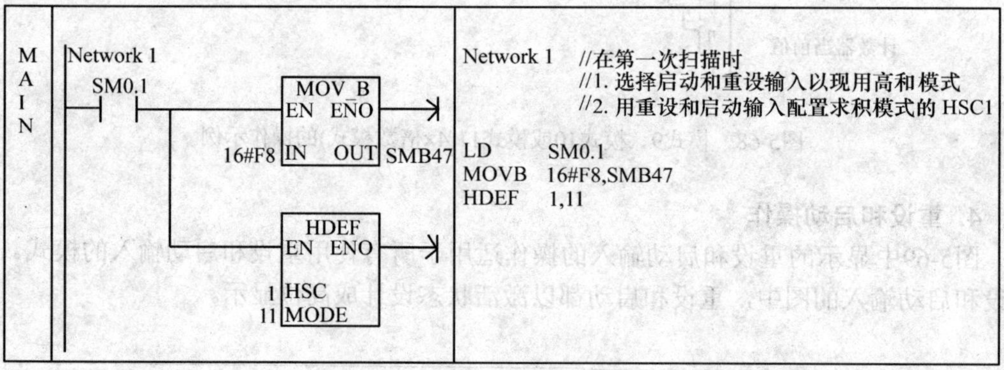

MAIN
Network 1
SM0.1
MOV_B
EN ENO
16#F8 IN OUT SMB47
HDEF
EN ENO
1 HSC
11 MODE
Network 1 //在第一次扫描时
//1. 选择启动和重设输入以现用高和模式
//2. 用重设和启动输入配置求积模式的 HSC1
LD SM0.1
MOVB 16#F8,SMB47
HDEF 1,11

图5-70 高速计数器指令示例

5. 设置控制字节

在定义计数器和计数器模式后，可以设计计数器的动态参数。每个高速计数器有一个控制字节，可进行下列设置：

(1) 启用或禁用计数器；

(2) 控制方向(仅用于模式0、模式1和模式2)，或所有其他模式的初始计数方向；

(3) 载入当前值；

(4) 载入预设值。

控制字节的检查和相关的当前和预设值被高速计数器指令的执行调用。HSC0、HSC1、HSC2、HSC3、HSC4和HSC5的控制位见表5-23。

表5-23　HSC0、HSC1、HSC2、HSC3、HSC4和HSC5的控制位

HSC0	HSC1	HSC2	HSC3	HSC4	HSC5	描　述
SM37.3	SM47.3	SM57.3	SM137.3	SM147.3	SM157.3	计数方向控制位： 0=向下计数　　1=向上计数
SM37.4	SM47.4	SM57.4	SM137.4	SM147.4	SM157.4	将计数方向写入HSC： 0=无更新　　1=更新方向
SM37.5	SM47.5	SM57.5	SM137.5	SM147.5	SM157.5	将新预设值写入HSC： 0=无更新　　1=更新预置
SM37.6	SM47.6	SM57.6	SM137.6	SM147.6	SM157.6	将新当前值写入HSC： 0=无更新　　1=更新当前值
SM37.7	SM47.7	SM57.7	SM137.7	SM147.7	SM157.7	启用HSC： 0=禁用HSC　　1=启用HSC

6. 设置当前值和预设值

每个高速计数器有一个32位当前值和一个32位预设值。当前值和预设值都是有符号整数值。要将新当前值或预设值载入高速计数器，必须设置保存当前和/或预设值的控制字节和特殊内存字节，也要执行HSC指令以使新数值传送到高速计数器。保存新当前值和新预设值的特殊内存字节见表5-24。

表5-24　HSC0、HSC1、HSC2、HSC3、HSC4和HSC5的新当前值和新预设值

要载入的数值	HSC0	HSC1	HSC2	HSC3	HSC4	HSC5
新当前值	SMD38	SMD48	SMD58	SMD138	SMD148	SMD158
新预置	SMD42	SMD52	SMD62	SMD142	SMD152	SMD162

除控制字节和新预置和当前保存字节以外，每个高速计数器的当前值只能用数据类型HC(高速计数器趋势)后跟计数器的编号(HSC0、HSC1、HSC2、HSC3、HSC4或HSC5)来读取，见表5-25。当前值对于读操作是直接可存取的，但是只能用HSC指令写。

表5-25　HSC0、HSC1、HSC2、HSC3、HSC4和HSC5的当前值

数值	HSC0	HSC1	HSC2	HSC3	HSC4	HSC5
当前	HC0	HC1	HC2	HC3	HC4	HC5

7. 对高速计数器(HC)编址

要对高速计数器存取计数值，需要使用内存型号(HC)和计数器号码(诸如HC0)指定高速计数器的地址。高速计数器的当前值是一个只读数值，仅能以双字(32位)编址，如图5-71所示。

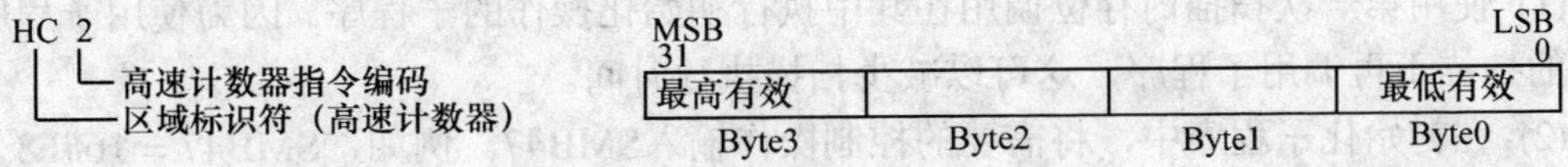
HC 2
高速计数器指令编码
区域标识符（高速计数器）
MSB
31
LSB
0
最高有效
最低有效
Byte3
Byte2
Byte1
Byte0

图5-71　存取高速计数器当前值

8. 分配中断

所有计数器模式支持当前值等于预设值时的中断。使用外部重设输入的计数器模式支持激活外部重设时的中断，所有计数器模式除了模式0、模式1和模式2都支持计数方向改变时的中断。这些中断条件的每一个都可以分别启用或禁用。

9. 状态字节

每个高速计数器的状态字节提供状态内存位，它指示当前计数方向以及当前值是否大于或等于预设值。每个高速计数器的状态位见表5-26。

表5-26 HSC0、HSC1、HSC2、HSC3、HSC4和HSC5的状态位

HSC0	HSC1	HSC2	HSC3	HSC4	HSC5	描 述
0	0	0	0	0	0	未用
1	1	1	1	1	1	未用
SM36.2	SM46.2	SM56.2	SM136.2	SM146.2	SM156.2	未用
SM36.3	SM46.3	SM56.3	SM136.3	SM146.3	SM156.3	未用
SM36.4	SM46.4	SM56.4	SM136.4	SM146.4	SM156.4	未用
SM36.5	SM46.5	SM56.5	SM136.5	SM146.5	SM156.5	当前计数方向状态位： 0=向下计数 1=向上计数
SM36.6	SM46.6	SM56.6	SM136.6	SM146.6	SM156.6	当前值等于预设值状态位： 0=不等于 1=等于
SM36.7	SM46.7	SM56.7	SM136.7	SM146.7	SM156.7	当前值大于预设值状态位： 0=小于或等于 1=大于

5.9.6 高速计数器的初始化顺序示例

在下列初始化和操作顺序中，HSC1用做模型计数器。初始化假定S7-200刚进入RUN(运行)模式，因此，第一次扫描内存位为真。否则，在进入RUN(运行)模式后，对于每个高速计数器HDEF指令只能执行一次。对高速计数器第二次执行HDEF产生运行时错误，不会以第一次执行HDEF时为此计数器设置的方式改变计数器设置。

1. 初始化模式 0、模式 1 或模式 2

为具有内部方向(模式0、模式1或模式2)的单相向上/向下计数器初始化HSC1按下列步骤进行：

(1) 使用第一次扫描内存位调用在其中执行初始化操作的子程序。因为使用子程序，随后的扫描不再调用子程序，这可以减少扫描执行时间。

(2) 在初始化子程序中，将需要的控制操作输入SMB47。例如，SMB47 = 16#F8 产生下列结果：

- 启用计数器；
- 写新当前值；
- 写新预设值；
- 方向为向上计数；
- 设置启动和重设输入到现用高速计数器。

(3) 执行HDEF指令，HSC输入设置为1，“模式”输入设置为下列之一：对于无外部重设或启动为0；对于外部重设和无启动为1；对于外部重设和启动为2。

(4) 用期望的当前值(用0载入以清除它)载入SMD48(双字大小数值)。

(5) 用期望的预设值载入SMD52(双字大小数值)。

(6) 为了捕获当前值等于预置事件，通过将CV = PV中断事件(事件13，见表5-34)连接到中断程序。

(7) 为了捕获外部重设事件，通过将外部重设中断事件(事件15，见表5-34)连接到中断程序。

(8) 执行全局中断启用指令(ENI)来启用中断。

(9) 执行HSC指令。

(10) 退出子程序。

2. 初始化模式 3、模式 4 或模式 5

为具有外部方向(模式3、模式4或模式5)的单相向上/向下计数器初始化HSC1按下列步骤进行：

(1) 使用第一次扫描内存位调用在其中执行初始化操作的子程序。因为使用子程序调用，随后的扫描不再调用子程序，这减少扫描执行时间和提供更多的结构程序。

(2) 在初始化子程序中，根据期望的控制操作载入SMB47。例如，SMB47 = 16#F8 产生下列结果：

- 启用计数器；
- 写新当前值；
- 写新预设值；
- 设置HSC的初始方向为向上计数；
- 设置开始和重设输入为现用高速计数器。

(3) 执行HDEF指令，HSC输入设置为1，“模式”输入设置为下列之一：对于无外部重设或启动为3；对于外部重设和无启动为4；对于外部重设和启动为5。

(4) 用期望的当前值(用0载入以清除它)载入SMD48(双字大小数值)。

(5) 用期望的预设值载入SMD52(双字大小数值)。

(6) 为了捕获当前值等于预置事件，通过将CV = PV中断事件(事件13，见表5-34)连接到中断程序。

(7) 为了捕获外部方向改变，通过将方向改变中断事件(事件14，见表5-34)连接到中断程序。

(8) 为了捕获外部重设事件，通过将外部重设中断事件(事件15，见表5-34)连接到中断程序。

(9) 执行全局中断启用指令(ENI)来启用中断。

(10) 执行高速计数器指令。

(11) 退出子程序。

3. 初始化模式 6、模式 7 或模式 8

为具有向上/向下时钟(模式6、模式7或模式8)的双相向上/向下计数器初始化HSC1按下列步骤进行：

(1) 使用第一次扫描内存位调用在其中执行初始化操作的子程序。因为使用子程序调用，随后的扫描不再调用子程序，这减少扫描执行时间和提供更多的结构程序。

(2) 在初始化子程序中，根据期望的控制操作载入SMB47。例如，SMB47 = 16#F8 产生下列结果：

- 启用计数器；
- 写新当前值；
- 写新预设值；
- 设置高速计数器的初始方向为向上计数；
- 设置开始和重设输入为现用高速计数器。

(3) 执行HDEF指令，高速计数器输入设置为1，“模式”设置为下列之一：对于无外部重设或启动为6；对于外部重设和无启动为7；对于外部重设和启动为8。

(4) 用期望的当前值(用0载入以清除它)载入SMD48(双字大小数值)。

(5) 用期望的预设值载入SMD52(双字大小数值)。

(6) 为了捕获当前值等于预置事件，通过将CV = PV中断事件(事件13)连接到中断程序。可参考关于中断的部分。

(7) 为了捕获外部方向改变，通过将方向改变中断事件(事件14)连接到中断程序。

(8) 为了捕获外部重设事件，通过将外部重设中断事件(事件15)连接到中断程序。

(9) 执行全局中断启用指令(ENI)来启用中断。

(10) 执行高速计数器指令。

(11) 退出子程序。

4. 初始化模式 9、模式 10 或模式 11

为A/B相正交计数器(模式9、模式10或模式11)初始化HSC1按下列步骤进行：

(1) 使用第一次扫描内存位调用在其中执行初始化操作的子程序。因为使用子程序调用，随后的扫描不再调用子程序，这减少扫描执行时间并提供更多的结构化程序。

(2) 在初始化子程序中，根据期望的控制操作载入SMB47。

示例(1x计数模式)：SMB47=16#FC产生下列结果：

- 启用计数器；
- 写新当前值；
- 写新预设值；
- 设置高速计数器的初始方向为向上计数；
- 设置开始和重设输入为现用高速计数器。

示例(4×计数模式)：SMB47=16#F8产生下列结果：

- 启用计数器；
- 写新当前值；

- 写新预设值；
- 设置高速计数器的初始方向为向上计数；
- 设置开始和重设输入为现用高速计数器。

(3) 执行HDEF指令，高速计数器输入设置为1，“模式”输入设置为下列之一：对于无外部重设或启动为9；对于外部重设和无启动为10；对于外部重设和启动为11。

(4) 用期望的当前值(用0载入以清除它)载入SMD48(双字大小数值)。

(5) 用期望的预设值载入SMD52(双字大小数值)。

(6) 为了捕获当前值等于预置事件，通过将CV=PV中断事件(事件13，见表5-34)连接到中断程序。关于中断处理的细节可参考启用中断(ENI)部分。

(7) 为了捕获方向改变，通过将方向改变中断事件(事件14，见表5-34)连接到中断程序。

(8) 为了捕获外部重设事件，通过将外部重设中断事件(事件15，见表5-34)连接到中断程序。

(9) 执行全局中断启用指令(ENI)来启用中断。

(10) 执行高速计数器指令。

(11) 退出子程序。

5. 在模式 0、模式 1 或模式 2 中改变方向

在模式0、模式1或模式2中改变方向按下列步骤进行：

(1) 载入SMB47以写期望的方向：SMB47=16#90，启用计数器,设置高速计数器的方向为向下计数。

SMB47=16#98 启用计数器，设置高速计数器的方向为向上计数。

(2) 执行高速计数器指令以引发S7-200对HSC1编程。

6. 载入新当前值(任何模式)

更换当前值强制当改变进行时计数器禁用。当计数器禁用时，它不计数或产生中断。

改变HSC1的计数器当前值(任何模式)按下列步骤进行：

(1) 载入SMB47以写期望的当前值：SMB47=16#C0，启用计数器，写新当前值。

(2) 用期望的当前值(用0载入以清除它)载入SMD48(双字大小数值)。

(3) 执行HSC指令。

7. 载入新预设值(任何模式)

改变HSC1的预设值(任何模式)按下列步骤进行：

(1) 载入SMB47以写期望的预设值：SMB47=16#A0，启用计数器，写新预设值。

(2) 用期望的预设值SMD52(双字大小数值)。

(3) 执行HSC指令。

8. 禁用高速计数器(任何模式)

禁用HSC1高速计数器(任何模式)按下列步骤进行：

(1) 将SMB47载入到禁用计数器：SMB47=16#00，禁用计数器。

(2) 执行高速计数器指令以禁用计数器。

高速计数器指令示例如图 5-72 所示。

<table>
<tr>
<td>MAIN</td>
<td>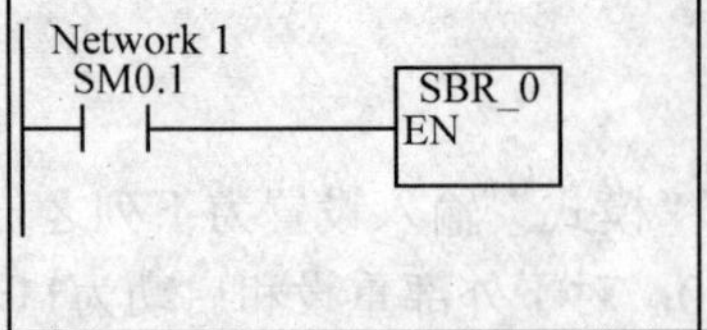
Network 1
SM0.1
SBR_0
EN</td>
<td>Network 1 //在第一次扫描时，调用 SBR_0
LD SM0.1
CALL SBR_0</td>
</tr>
<tr>
<td>SBR0</td>
<td>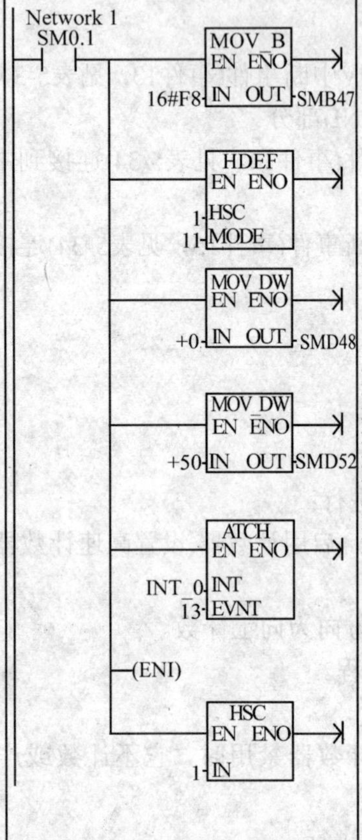
Network 1
SM0.1
MOV_B
EN ENO
16#F8 IN OUT SMB47
HDEF
EN ENO
1 HSC
11 MODE
MOV_DW
EN ENO
+0 IN OUT SMD48
MOV_DW
EN ENO
+50 IN OUT SMD52
ATCH
EN ENO
INT_0 INT
13 EVNT
(ENI)
HSC
EN ENO
1 N</td>
<td>Network 1 // 在第一次扫描时，配置 HSC1
//1. 启用计数器：
// — 写新当前值
// — 写新预设值
// — 设置初始方向为向上计数
// — 选择启动和重设输入为现用高
// — 选择 4×模式
//2. 用重设和启动输入配置求积模式的 HSC1
//3. 清除 HSC1 的当前值
//4. 将 HSC1 预设值设置为 50
//5. 当 HSC1 当前值 = 预设值,将事件 13 连接到
// 中断程序 INT_0
//6. 全局中断启用
//7. 编程 HSC1
LD SM0.1
MOVB 16#F8, SMB47
HDEF 1, 11
MOVD +0, SMD48
MOVD +50, SMD52
ATCH INT_0, 13
ENI
HSC 1</td>
</tr>
<tr>
<td>整数0</td>
<td>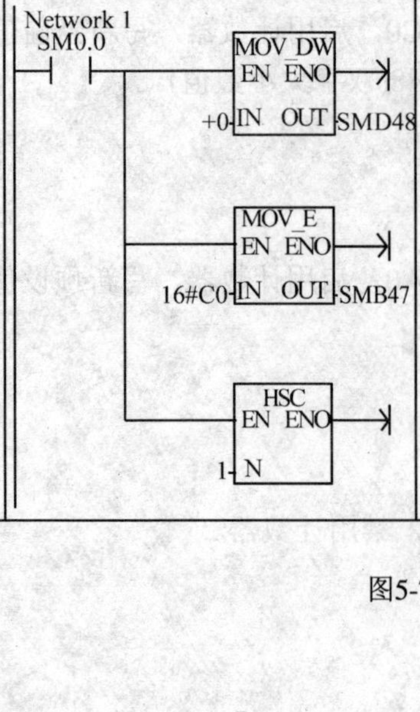
Network 1
SM0.0
MOV_DW
EN ENO
+0 IN OUT SMD48
MOV_B
EN ENO
16#C0 IN OUT SMB47
HSC
EN ENO
1 N</td>
<td>Network 1 //编程 HSC1
//1. 清除 HSC1 的当前值
//2. 选择只写新当前和让HSC1 启用
LD SM0.0
MOVD +0,SMD48
MOVB 16#C0,SMB47
HSC 1</td>
</tr>
</table>

图5-72 高速计数器指令示例

5.10 高速脉冲输出指令

5.10.1 高速脉冲输出指令概述

S7-200 CPU有两个PTO(脉冲串操作)/PWM(脉冲宽度调制)发生器，分别通过数字量输出点Q0.0或Q0.1输出高速脉冲串或脉冲宽度可调的波形。脉冲输出(PLS)指令用于检查为脉冲输出(Q0.0或Q0.1)设置的特殊存储器位(SM)，然后启动由特殊存储器位定义的脉冲操作。指令的操作数Q=0或Q=1，用于指定是Q0.0或Q0.1输出。高速脉冲输出指令如图5-73所示。

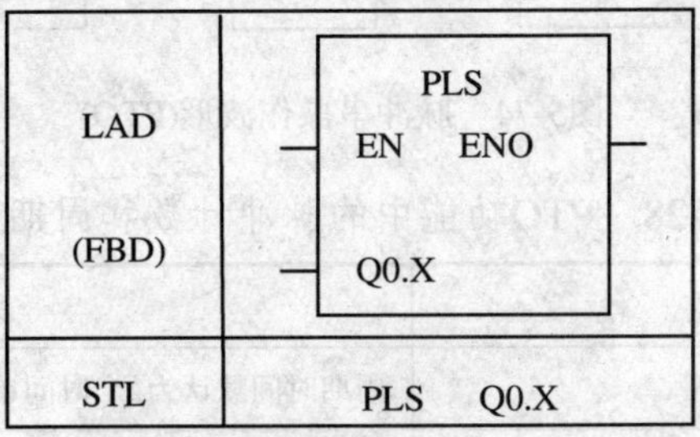
LAD
(FBD)
PLS
EN
ENO
Q0.X
STL
PLS Q0.X

图5-73 高速脉冲输出指令

PTO提供方波输出，用户可控制周期时间和脉冲的数目。PWM提供持续、可调的循环输出，用户可控制周期时间和脉冲宽度。

S7-200的PTO/PWM发生器输出高速度脉冲串或脉冲宽度调制波形。其中一个发生器分配给数字输出点Q0.0；另一个发生器分配给数字输出点Q0.1。指定特殊内存SM位置为每个发生器存储下列数据：控制字节(8位数值)，脉冲计数值(无符号32位数)以及周期时间和脉冲宽度数值(无符号16位数)。

PTO/PWM发生器和映像寄存器共享使用Q0.0和Q0.1。当Q0.0或Q0.1被设置为PTO或PWM功能时，PTO/PWM发生器控制输出，在该输出点禁止使用通常的数字输出功能。即输出波形不受映像寄存器的状态、点的强制数值或执行立即输出指令影响。不使用PTO/PWM发生器时，输出重新由映像寄存器控制。即Q0.0和Q0.1作为普通的数字输出使用。脉冲输出指令的有效操作数见表5-27。

表5-27 脉冲输出指令的有效操作数

输入/输出	数据类型	操作数
Q0.X	WORD	常量： 0(=Q0.0) 或 1(=Q0.1)

在启用PTO/PWM操作之前，通常用R指令将Q0.0和Q0.1的映像寄存器清0。所有控制位、周期时间、脉冲宽度和时钟脉冲计数的默认值是0。PTO/PWM输出至少达到额定负载的10%，以确保断开/接通信号的有效强度。

5.10.2 脉冲串操作(PTO)

对于指定数目的时钟脉冲和指定周期时间，PTO提供方波(50%占空比)，其波形如

图5-74所示。PTO可以产生单脉冲或多脉冲串。指定脉冲数和周期时间(以μs或ms为增量)：

(1) 脉冲数：1～4 294 967 295；

(2) 周期时间：50μs～65 535μs或2ms～65 535ms。

指定奇数值的微秒(μs)或毫秒(ms)作为周期时间(如75ms)，会引起工作循环失真。PTO功能中的脉冲计数和周期时间见表5-28。

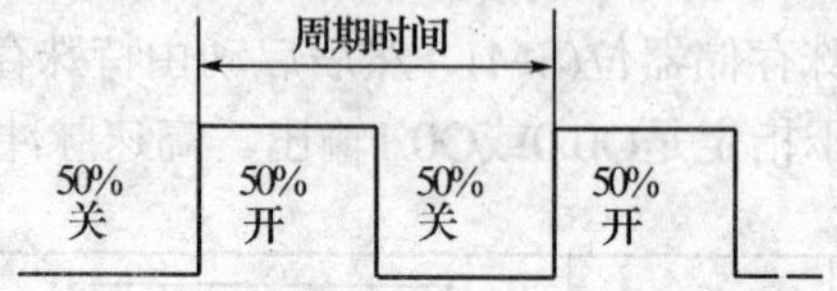

周期时间
50%
关
50%
开
50%
关
50%
开

图5-74　脉冲串操作波形(PTO)

表5-28　PTO功能中的脉冲计数和周期时间

脉冲计数/周期时间	反　应
周期时间<2个时间单元	周期时间默认为2个时间单元
脉冲计数=0	脉冲计数默认为1个脉冲

PTO功能允许脉冲串的“链接”或“流水线操作”。当工作的脉冲串完成，新脉冲串的输出立即开始，这保证了输出脉冲串之间的连续性。

1. PTO 脉冲的单段流水线操作

在单段流水线操作中，要为下一个时钟脉冲串更新SM位置。在初始PTO程序段启动后，必须按第二波形的需要立即修改SM位置，并再次执行PLS指令。第二脉冲串的属性保持在流水线中，直到第一脉冲串完成。一次只有一个条目可以存储在流水线中。当第一脉冲串完成时，第二波形的输出开始，流水线对于新脉冲串可用；然后可以重复此过程以设置下一个脉冲串的参数。

脉冲串之间是平滑过渡的，除非改变了时基或是利用PLS指令捕捉到新的脉冲串设置之前，激活脉冲串已完成。

2. PTO 脉冲的多段流水线操作

在多段流水线操作中，S7-200从位于V存储器的概要表自动读取每个脉冲串段的特征。该模式下仅使用特殊存储器区的控制字和状态字节，选择多流水线操作时，必须在SMW168或SMW178中装入概要表的V存储器的偏移地址。时基既可以是微秒也可以是毫秒，概要表中所有的周期必须使用同一时基，在概要表运行时不能改变。执行PLS指令启动多段操作。

每个段条目有8个字节长，由16位周期时间值、16位周期时间增量值和32位脉冲计数值组成。多段PTO操作概要表的格式见表5-29。可以通过为每个脉冲编程指定的数目增加或减少周期时间。在周期时间增量域中的正数值增加周期时间，在周期时间增量域中的负数值减少周期时间，0不改变周期时间。

当操作PTO概要图时，当前激活段数在SMB166或SMB176中可用。

表5-29　多段PTO操作的概要表格式

字节偏移量	分段	表格条目的描述
0		段数：1～255*
1	#1	初始周期时间(时基的2个～65 535个单元)
3		每个脉冲的周期时间delta (有符号数值)(时基的-32 768个～32 767个单元)
5		脉冲计数(1～4 294 967 295)
9	2#	初始周期时间(时基的2个～65 535个单元)
11		每个脉冲的周期时间delta(有符号数值)(时基的-32 768个～32 767个单元)
13		脉冲计数(1～4 294 967 295)
(继续)	#3	(继续)
*　为段数输入数值0产生非严重错误。没有PTO输出产生		

5.10.3　脉冲宽度调制(PWM)

PWM提供固定的周期时间输出，带有可变的工作循环，其波形如图5-75所示。可以指定周期时间和脉冲宽度以微秒或毫秒增加：

(1) 周期时间　50 μs ～65 535 μs 或2ms～65 535ms；

(2) 脉冲宽度时间　0～65 535 μs 或0～65 535ms。

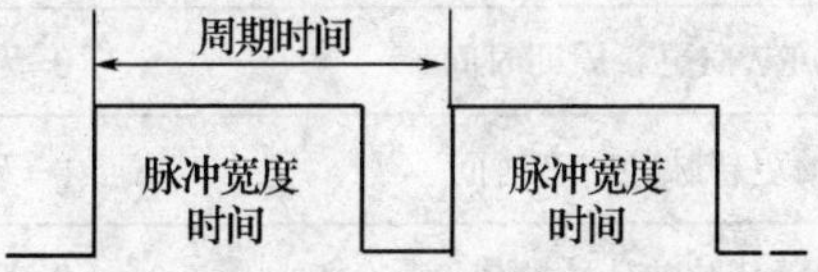
周期时间
脉冲宽度时间
脉冲宽度时间

图5-75　脉冲宽度调制波形

设置脉冲宽度等于周期时间(使工作循环为100%)将输出连续接通；设置脉冲宽度为0(使工作循环为0%)将输出断开，见表5-30。

表5-30　PWM功能中的脉冲宽度时间/周期时间和反应

脉冲宽度时间/周期时间	反　应
脉冲宽度时间>=周期时间数值	工作循环为100%：输出连续接通
脉冲宽度时间=0	工作循环为0%：输出断开
周期时间<2个时间单元	周期时间默认为2个时间单元

有两种不同的方式改变可以PWM波形的特征：

(1) 同步更新。如果不需要时基改变，可以使用同步更新。同步更新时，波形特征的改变发生在两个周期的交界处，可以实现平滑过渡。

(2) 异步更新。对于PWM操作，脉冲宽度发生变化而周期保持不变，所以，不需要改变时基。然而，如果需要PTO/PWM发生器的时基改变，则使用异步更新。异步更新瞬时关闭PTO/PWM发生器，与PWM波形异步，可能会引起控制设备的不稳定。因此，一般同步PWM更新。设定预期的周期时间数值为工作的时基。

在控制字节中的“PWM更新方法”位(SM67.4或SM77.4)指定在执行PLS指令以调用改变时使用的更新类型。如果时基改变，不论“PWM更新方法”位的状态是什么，都会产生异步更新。

5.10.4 使用 SM 位置配和控制 PTO/PWM 操作

PLS指令读存储在指定SM内存位置的数据，并相应地对PTO/PWM发生器进行编程。SMB67控制PTO 0或PWM 0，SMB77控制PTO 1或PWM 1。PTO/PWM控制寄存器的SM位置见表5-31，PTO/PWM控制字节见表5-32。

表5-31 PTO/PWM控制寄存器的SM位置

Q0.0	Q0.1	状 态 位		
SM66.4	SM76.4	PTO概要图被中止(delta计算出错)	0=没有出错	1=中止
SM66.5	SM76.5	PTO概要图由于用户命令而中止	0=没有中止	1=中止
SM66.6	SM76.6	PTO流水线溢出/下溢	0=无溢出	1=溢出/下溢
SM66.7	SM76.7	PTO闲置	0=在过程中	1=PTO闲置
Q0.0	Q0.1	控 制 位		
SM67.0	SM77.0	PTO/PWM更新周期时间	0=无更新	1=更新周期时间
SM67.1	SM77.1	PWM更新脉冲宽度时间	0=无更新	1=更新脉冲宽度
SM67.2	SM77.2	PTO更新脉冲计数数值	0=无更新	1=更新脉冲计数
SM67.3	SM77.3	PTO/PWM时基	0=1 μs /刻度	1=1ms/刻度
SM67.4	SM77.4	PWM更新方法	0=异步	1=同步
SM67.5	SM77.5	单/多段PTO操作	0=单	1=多
SM67.6	SM77.6	PTO/PWM模式选择	0=PTO	1=PWM
SM67.7	SM77.7	PTO/PWM启用	0=禁用	1=启用
Q0.0	Q0.1	其他PTO/PWM寄存器		
SMW68	SMW78	PTO/PWM周期时间数值范围：2～65 535		
SMW70	SMW80	PWM脉冲宽度数值范围：0～65 535		
SMD72	SMD82	PTO脉冲计数数值范围：1～4 294 967 295		
SMB166	SMB176	在处理中的段数　仅用于多段PTO操作		
SMW168	SMW178	概要表的起始位置　仅用于多段PTO操作 (与V0的字节偏移量)		

表5-32　PTO/PWM控制字节参考

控制寄存器(十六进制数值)	执行PLS指令的结果							
	允许	选择模式	PTO段操作	PWM更新方法	时基	脉冲计数	脉冲宽度	周期时间
16#81	是	PTO	单精度型		1 μs /周期			装载
16#84	是	PTO	单精度型		1 μs /周期	装载		
16#85	是	PTO	单精度型		1 μs /周期	装载		装载
16#89	是	PTO	单精度型		1ms/周期			装载
16#8C	是	PTO	单精度型		1ms/周期	装载		
16#8D	是	PTO	单精度型		1ms/周期	装载		装载
16#A0	是	PTO	多种		1 μs /周期			
16#A8	是	PTO	多种		1ms/周期			
16#D1	是	PWM		同步	1 μs /周期			装载
16#D2	是	PWM		同步	1 μs /周期		装载	
16#D3	是	PWM		同步	1 μs /周期		装载	装载
16#D9	是	PWM		同步	1ms/周期			装载
16#DA	是	PWM		同步	1ms/周期		装载	
16#DB	是	PWM		同步	1ms/周期		装载	装载

可以通过修改SM区域中的位置(包含控制字节)改变PTO或PWM波形的特征，然后执行PLS指令。通过将0写入控制字节(SM67.7或SM77.7)的PTO/PWM启用位，可以在任何时间禁用PTO或PWM波形的产生，然后执行PLS指令。

在状态字节(SM66.7或SM76.7)中的PTO空闲位用来指示编程脉冲串的完成。此外，可以在完成脉冲串时调用中断程序(参考中断指令和通信指令)。如果正在使用多段操作，则在完成概要表时调用中断程序。

下列条件设置SM66.4(或SM76.4)和SM66.5(或SM76.5)：

(1) 在多个脉冲后，指定导致非法周期时间的周期时间增量数将产生运算溢出条件，该条件终止PTO功能并置“增量计算错误”位(SM66.4或SM76.4)为1。输出重新由映像寄存器控制。

(2) 手动中止(禁用)处理中的PTO概要图将置“用户中止”位(SM66.5或SM76.5)为1。

(3) 当流水线满了时做载入操作，则会置PTO溢出位(SM66.6或SM76.6)为1。如果要检测随后的溢出，在溢出检测后必须手动清除此位。可以改变为RUN(运行)模式初始化此位为0。

当载入新脉冲计数(SMD72或SMD82)、脉冲宽度(SMW70或SMW80)或周期时间(SMW68或SMW78)时，在执行PLS指令前，也需要设置在控制寄存器中合适的更新位。对于多段脉冲串操作，在执行PLS指令之前，还必须载入概要表的起始偏移量(SMW168或SMW178)和概要表数值。

5.10.5 PWM 输出示例

下列PWM初始化和操作顺序使用“首次扫描”位SM0.1以初始化脉冲输出。使用“首次扫描”位调用初始化子程序减少扫描时间，因为随后的扫描不调用此子程序(“首次扫描”位只在转变为RUN(运行)模式后在首次扫描时设置)。然而，应用程序可能有其他限制需要初始化(或重新初始化)脉冲输出。在这种情况下，可以使用另一个条件调用初始化程序。

1. 初始化 PWM 输出

一般地，使用子程序为脉冲输出初始化PWM。从主程序调用初始化子程序。使用首次扫描内存位SM0.1初始化被PWM使用的输出为0，并调用子程序完成初始化操作。当使用子程序调用时，随后的扫描不调用子程序，这减少了扫描执行时间，并优化了程序的结构。

在主程序创建对初始化子程序的调用后，使用下列步骤在初始化子程序中创建对配置脉冲输出Q0.0的控制逻辑：

(1) 将16#D3(选择微秒增量)或16#DB(选择毫秒增量)载入SMB67设置控制字节。这两个数值都启用PTO/PWM功能，选择PWM操作，设置更新脉冲宽度和周期时间数值，选择不同的时基(μs 或ms)。

(2) 将数值载入SMW68，设置周期时间。

(3) 将数值载入SMW70，设置脉冲宽度。

(4) 执行PLS指令。

(5) 要为随后的脉冲宽度改变(供选用)预载新控制字节数值，则将16#D2(μs)或16#DA(ms)载入SMB67。

(6) 退出子程序。

2. 调节 PWM 输出的脉冲宽度

如果SMB67中预载了16#D2或16#DA，则可以使用改变脉冲输出Q0.0宽度的子程序。在创建此子程序后，使用下列步骤改变脉冲宽度的控制逻辑：

(1) 将新脉冲宽度数值载入SMW70；

(2) 执行PLS指令；

(3) 退出子程序。

PWM示例如图5-76所示。

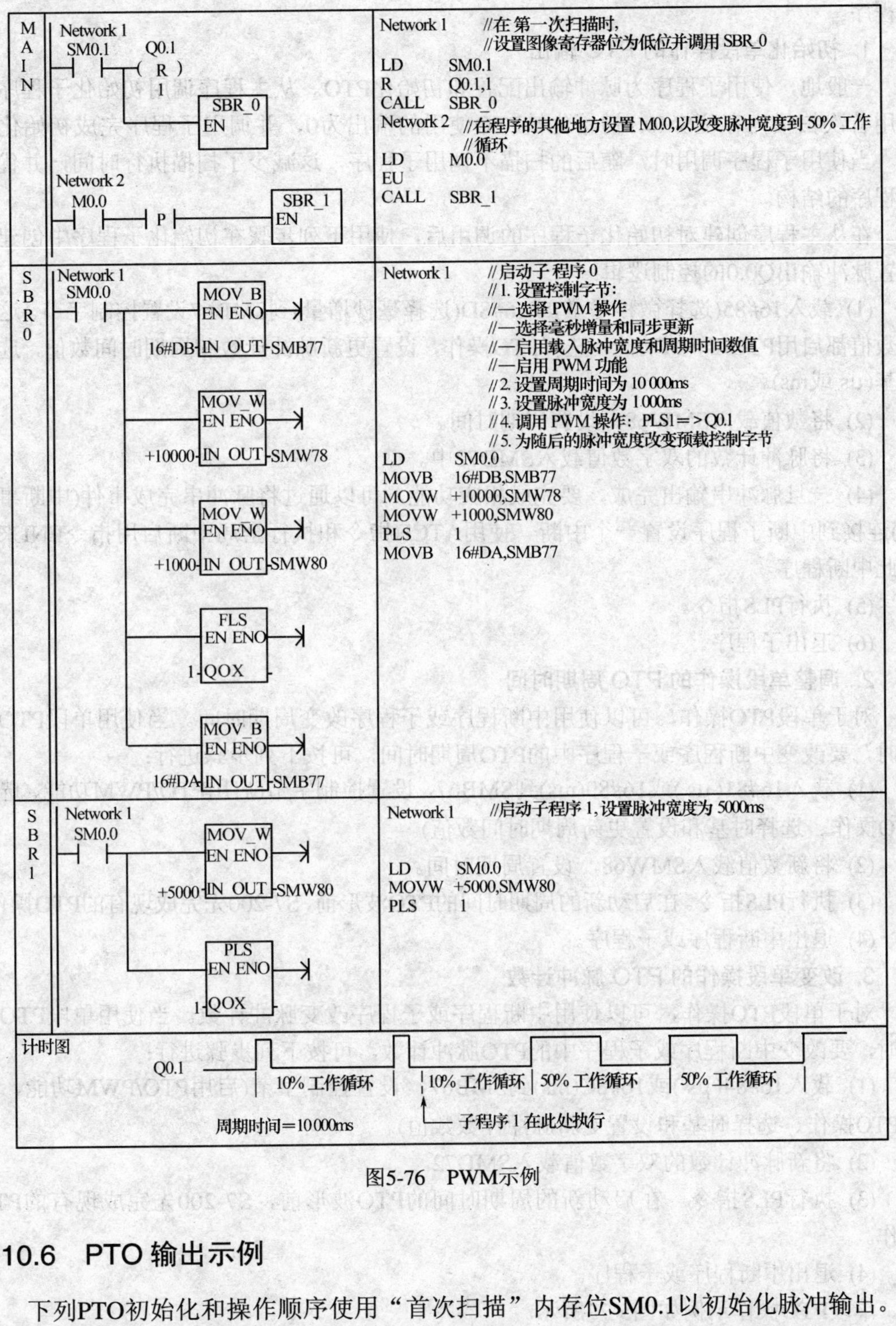
MAIN
Network 1
SM0.1
Q0.1
R
1
SBR_0
EN
Network 2
M0.0
P
SBR_1
EN
Network 1 //在第一次扫描时，
//设置图像寄存器位为低位并调用 SBR_0
LD SM0.1
R Q0.1,1
CALL SBR_0
Network 2 //在程序的其他地方设置 M0.0,以改变脉冲宽度到 50% 工作
//循环
LD M0.0
EU
CALL SBR_1
SBR0
Network 1
SM0.0
MOV_B
EN ENO
16#DB-IN OUT-SMB77
MOV_W
EN ENO
+10000-IN OUT-SMW78
MOV_W
EN ENO
+1000-IN OUT-SMW80
FLS
EN ENO
1-QOX
MOV_B
EN ENO
16#DA-IN OUT-SMB77
Network 1 //启动子程序 0
//1. 设置控制字节:
//—选择 PWM 操作
//—选择毫秒增量和同步更新
//—启用载入脉冲宽度和周期时间数值
//—启用 PWM 功能
//2. 设置周期时间为 10 000ms
//3. 设置脉冲宽度为 1 000ms
//4. 调用 PWM 操作: PLS1 = > Q0.1
//5. 为随后的脉冲宽度改变预载控制字节
LD SM0.0
MOVB 16#DB,SMB77
MOVW +10000,SMW78
MOVW +1000,SMW80
PLS 1
MOVB 16#DA,SMB77
SBR1
Network 1
SM0.0
MOV_W
EN ENO
+5000-IN OUT-SMW80
PLS
EN ENO
1-QOX
Network 1 //启动子程序 1, 设置脉冲宽度为 5000ms
LD SM0.0
MOVW +5000,SMW80
PLS 1
计时图
Q0.1
10% 工作循环
10% 工作循环
50% 工作循环
50% 工作循环
周期时间＝10 000ms
子程序 1 在此处执行

图5-76 PWM示例

5.10.6 PTO 输出示例

下列PTO初始化和操作顺序使用“首次扫描”内存位SM0.1以初始化脉冲输出。使用“首次扫描”位调用初始化子程序减少扫描时间，因为随后的扫描不调用此子程序(“首次扫描”位只在转变为RUN模式后在首次扫描时设置)。然而，在应用当中可能有其他限制需要初始化(或重新初始化)脉冲输出。在那种情况下，可以使用另一个条件调用初始

化程序。

1. 初始化单段操作的 PTO 输出

一般地，使用子程序为脉冲输出配置和初始化PTO。从主程序调用初始化子程序。使用首次扫描内存位SM0.1初始化被PTO使用的输出为0，并调用子程序完成初始化操作。当使用子程序调用时，随后的扫描不调用子程序，这减少了扫描执行时间，并优化了程序的结构。

在从主程序创建对初始化子程序的调用后，使用下列步骤在初始化子程序中创建对配置脉冲输出Q0.0的控制逻辑：

(1) 载入16#85(选择微秒增量)或16#8D(选择毫秒增量)到SMB67设置控制字节。这两个数值都启用PTO/PWM功能，选择PTO操作，设置更新脉冲计数和周期时间数值，选择时基(μs 或ms)。

(2) 将数值载入SMW68，设置周期时间。

(3) 将脉冲计数的双字数值载入SMD72中。

(4) 一旦脉冲串输出完成，要完成相应功能，可以通过将脉冲串完成事件(中断事件19)连接到中断子程序设置一个中断。使用ATCH指令和执行全局中断启用指令ENI来调用此中断程序。

(5) 执行PLS指令。

(6) 退出子程序。

2. 调整单段操作的 PTO 周期时间

对于单段PTO操作，可以使用中断程序或子程序改变周期时间。当使用单段PTO操作时，要改变中断程序或子程序中的PTO周期时间，可按下列步骤进行：

(1) 载入16#81(μs)或16#89(ms)到SMB67，设置控制字节(启用PTO/PWM功能、选择PTO操作、选择时基和设置更新周期时间数值)。

(2) 将新数值载入SMW68，设置周期时间。

(3) 执行PLS指令。在启动新的周期时间的PTO波形前，S7-200先完成现有的PTO操作。

(4) 退出中断程序或子程序。

3. 改变单段操作的 PTO 脉冲计数

对于单段PTO操作，可以使用中断程序或子程序改变脉冲计数。当使用单段PTO操作时，要改变中断程序或子程序中的PTO脉冲计数，可按下列步骤进行：

(1) 载入16#84(μs)或16#8C(ms)到SMB67，设置控制字节(启用PTO/PWM功能、选择PTO操作、选择时基和设置更新脉冲计数数值)。

(2) 将新脉冲计数的双字数值载入SMD72。

(3) 执行PLS指令。在启动新的周期时间的PTO波形前，S7-200先完成现有的PTO操作。

(4) 退出中断程序或子程序。

单段PTO操作示例如图5-77所示。

4. 改变单段操作的 PTO 周期时间和脉冲计数

对于单段PTO操作，可以使用中断程序或子程序改变周期时间和脉冲计数。当使用单段PTO操作时，要改变中断程序或子程序中的PTO周期时间和脉冲计数，可按下列步

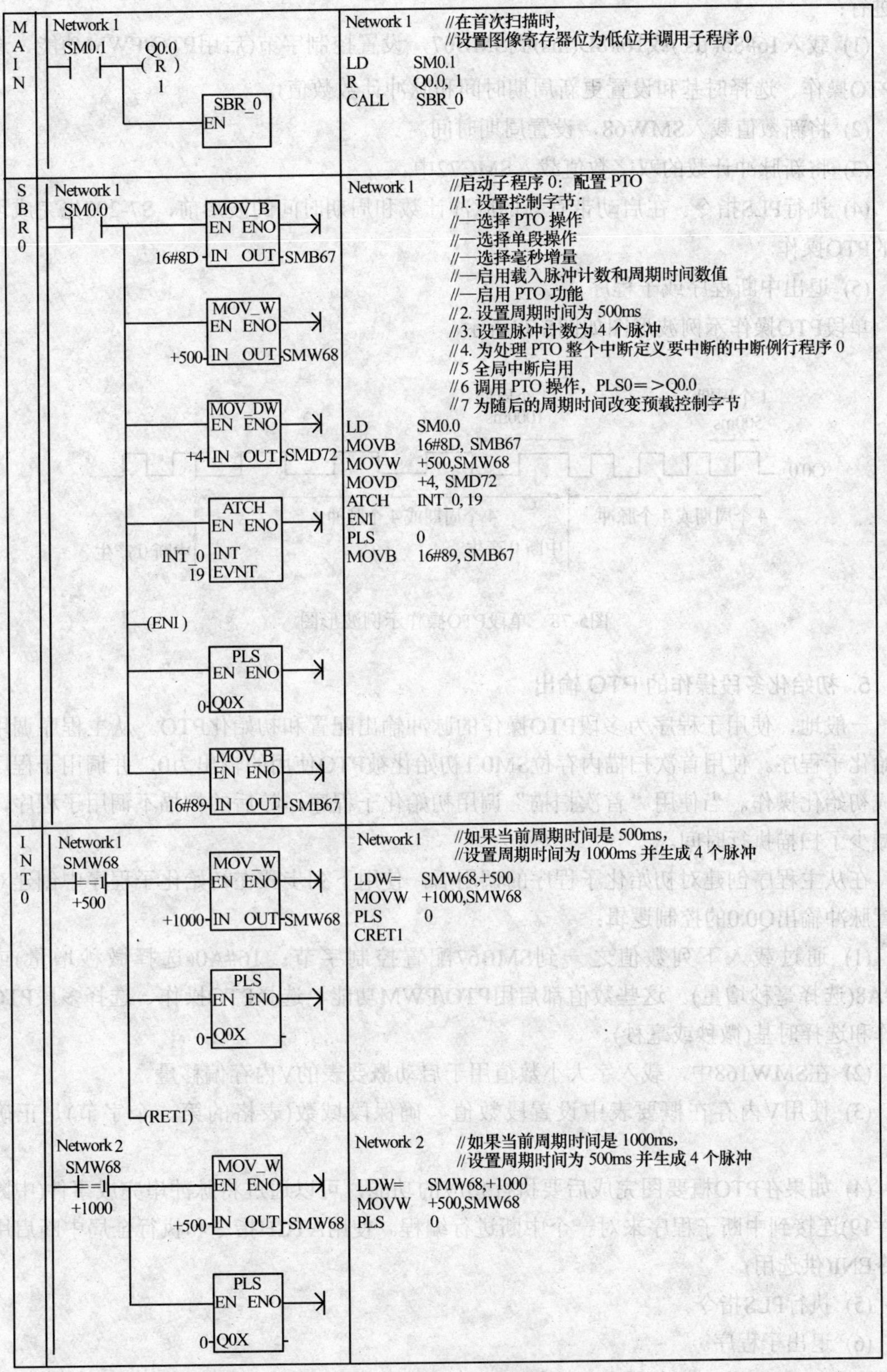
MAIN
Network 1
SM0.1
Q0.0
R
1
SBR_0
EN
Network 1 //在首次扫描时，
//设置图像寄存器位为低位并调用子程序 0
LD SM0.1
R Q0.0, 1
CALL SBR_0
SBR0
Network 1
SM0.0
MOV_B
EN ENO
16#8D IN OUT SMB67
MOV_W
EN ENO
+500 IN OUT SMW68
MOV_DW
EN ENO
+4 IN OUT SMD72
ATCH
EN ENO
INT_0 INT
19 EVNT
(ENI)
PLS
EN ENO
0 Q0X
MOV_B
EN ENO
16#89 IN OUT SMB67
Network 1 //启动子程序 0：配置 PTO
//1. 设置控制字节：
//—选择 PTO 操作
//—选择单段操作
//—选择毫秒增量
//—启用载入脉冲计数和周期时间数值
//—启用 PTO 功能
//2. 设置周期时间为 500ms
//3. 设置脉冲计数为 4 个脉冲
//4. 为处理 PTO 整个中断定义要中断的中断例行程序 0
//5 全局中断启用
//6 调用 PTO 操作，PLS0＝＞Q0.0
//7 为随后的周期时间改变预载控制字节
LD SM0.0
MOVB 16#8D, SMB67
MOVW +500,SMW68
MOVD +4, SMD72
ATCH INT_0, 19
ENI
PLS 0
MOVB 16#89, SMB67
INT0
Network1
SMW68
==I
+500
MOV_W
EN ENO
+1000 IN OUT SMW68
PLS
EN ENO
0 Q0X
(RET1)
Network1 //如果当前周期时间是 500ms，
//设置周期时间为 1000ms 并生成 4 个脉冲
LDW= SMW68,+500
MOVW +1000,SMW68
PLS 0
CRET1
Network 2
SMW68
==I
+1000
MOV_W
EN ENO
+500 IN OUT SMW68
PLS
EN ENO
0 Q0X
Network 2 //如果当前周期时间是 1000ms，
//设置周期时间为 500ms 并生成 4 个脉冲
LDW= SMW68,+1000
MOVW +500,SMW68
PLS 0

图5-77 单段PTO操作示例

骤进行：

(1) 载入16#85(μs)或16#8D(ms)到SMB67，设置控制字节(启用PTO/PWM功能、选择PTO操作、选择时基和设置更新周期时间和脉冲计数数值)。

(2) 将新数值载入SMW68，设置周期时间。

(3) 将新脉冲计数的双字数值载入SMC72中。

(4) 执行PLS指令。在启动带有新的脉冲计数和周期时间的波形前，S7-200先完成现有的PTO操作。

(5) 退出中断程序或子程序。

单段PTO操作示例波形图如图5-78所示。

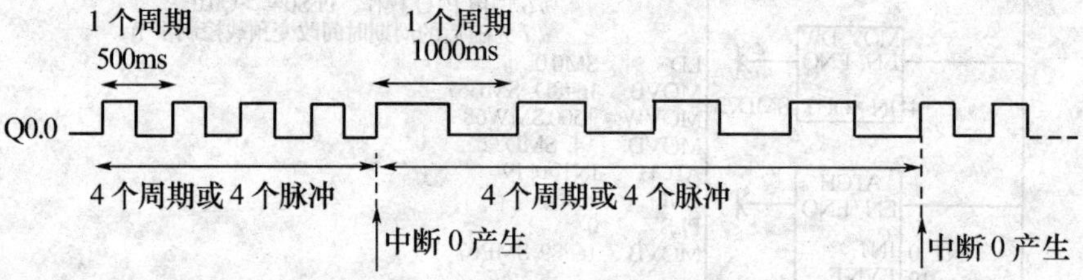

1 个周期
500ms
1 个周期
1000ms
Q0.0
4 个周期或 4 个脉冲
4 个周期或 4 个脉冲
中断 0 产生
中断 0 产生

图5-78 单段PTO操作示例波形图

5. 初始化多段操作的 PTO 输出

一般地，使用子程序为多段PTO操作的脉冲输出配置和初始化PTO。从主程序调用初始化子程序。使用首次扫描内存位SM0.1初始化被PTO使用的输出为0，并调用子程序完成初始化操作。当使用“首次扫描”调用初始化子程序，随后的扫描不调用子程序，这减少了扫描执行时间。

在从主程序创建对初始化子程序的调用后，使用下列步骤在初始化子程序中创建对配置脉冲输出Q0.0的控制逻辑：

(1) 通过载入下列数值之一到SMB67配置控制字节：16#A0(选择微秒增量)或16#A8(选择毫秒增量)。这些数值都启用PTO/PWM功能、选择PTO操作、选择多段PTO操作和选择时基(微秒或毫秒)。

(2) 在SMW168中，载入字大小数值用于启动概要表的V内存偏移量。

(3) 使用V内存在概要表中设置段数值。确保段域数(表格的第一个字节)是正确的。

(4) 如果在PTO概要图完成后要执行相应的功能，可以通过将脉冲串完成事件(中断事件19)连接到中断子程序来对一个中断进行编程。使用ATCH指令和执行全局中断启用指令ENI(供选用)。

(5) 执行PLS指令。

(6) 退出子程序。

多段 PTO 操作示例如图 5-79 所示。

MAIN

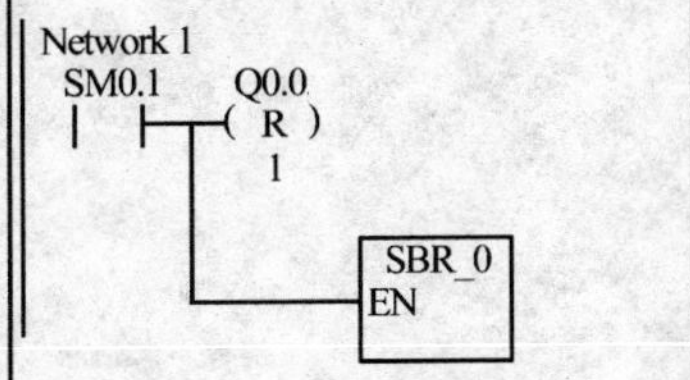

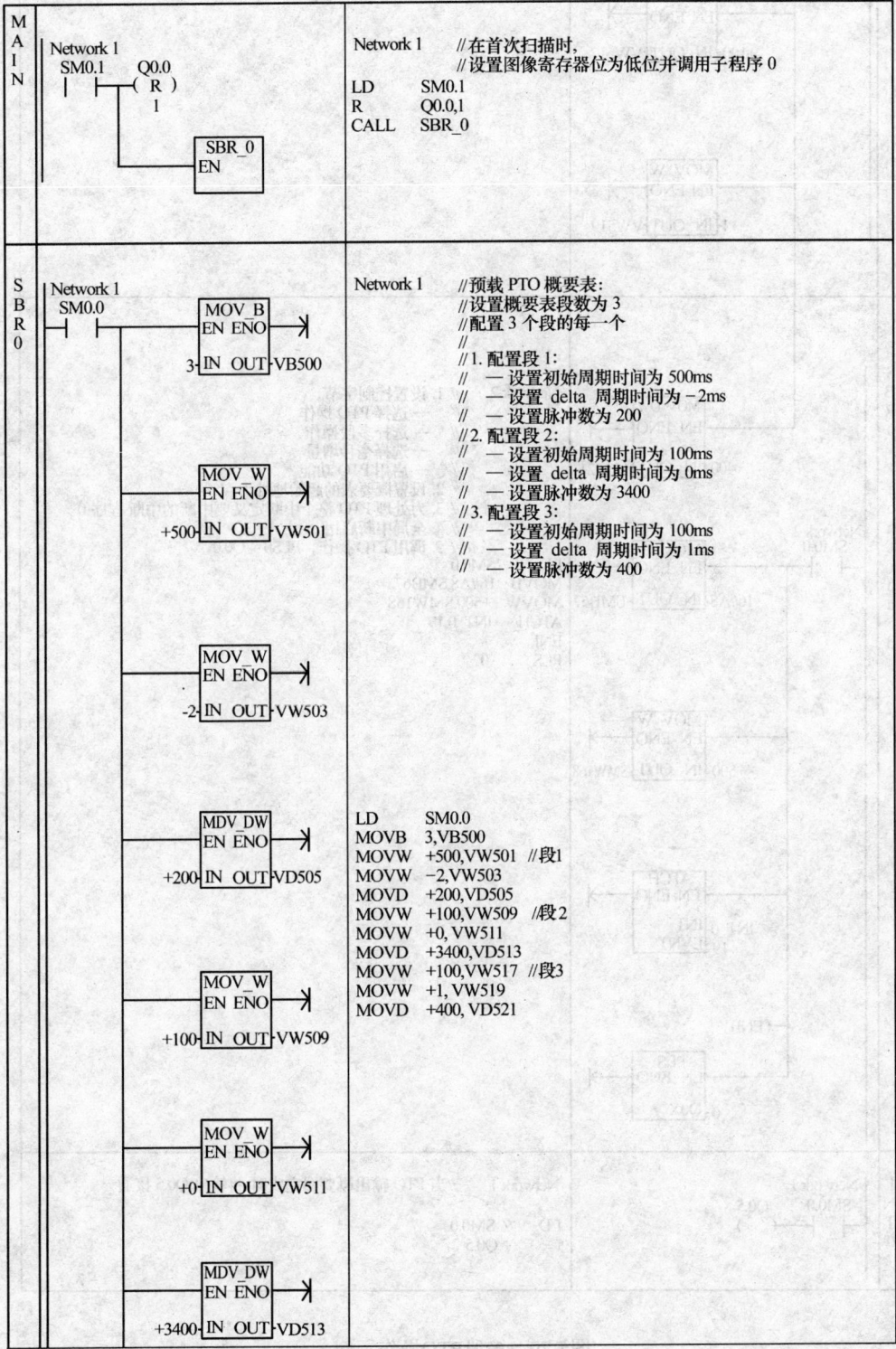

Network 1
SM0.1
Q0.0
R
1
SBR_0
EN

Network 1　　//在首次扫描时,
//设置图像寄存器位为低位并调用子程序 0

```
LD      SM0.1
R       Q0.0,1
CALL    SBR_0
```

SBR0

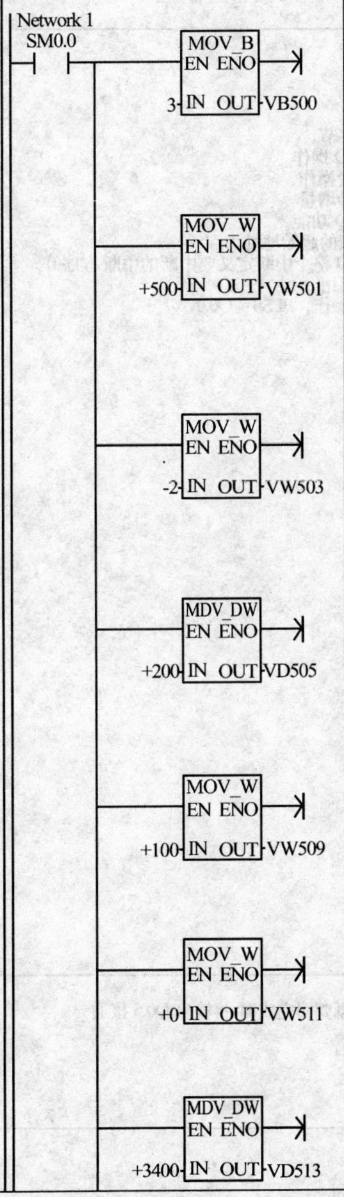

Network 1
SM0.0
MOV_B
EN ENO
3 IN OUT VB500
MOV_W
EN ENO
+500 IN OUT VW501
MOV_W
EN ENO
-2 IN OUT VW503
MDV_DW
EN ENO
+200 IN OUT VD505
MOV_W
EN ENO
+100 IN OUT VW509
MOV_W
EN ENO
+0 IN OUT VW511
MDV_DW
EN ENO
+3400 IN OUT VD513

Network 1　　//预载 PTO 概要表:
//设置概要表段数为 3
//配置 3 个段的每一个
//
//1. 配置段 1:
//　— 设置初始周期时间为 500ms
//　— 设置 delta 周期时间为 −2ms
//　— 设置脉冲数为 200
//2. 配置段 2:
//　— 设置初始周期时间为 100ms
//　— 设置 delta 周期时间为 0ms
//　— 设置脉冲数为 3400
//3. 配置段 3:
//　— 设置初始周期时间为 100ms
//　— 设置 delta 周期时间为 1ms
//　— 设置脉冲数为 400

```
LD      SM0.0
MOVB    3,VB500
MOVW    +500,VW501   //段1
MOVW    −2,VW503
MOVD    +200,VD505
MOVW    +100,VW509   //段2
MOVW    +0, VW511
MOVD    +3400,VD513
MOVW    +100,VW517   //段3
MOVW    +1, VW519
MOVD    +400, VD521
```

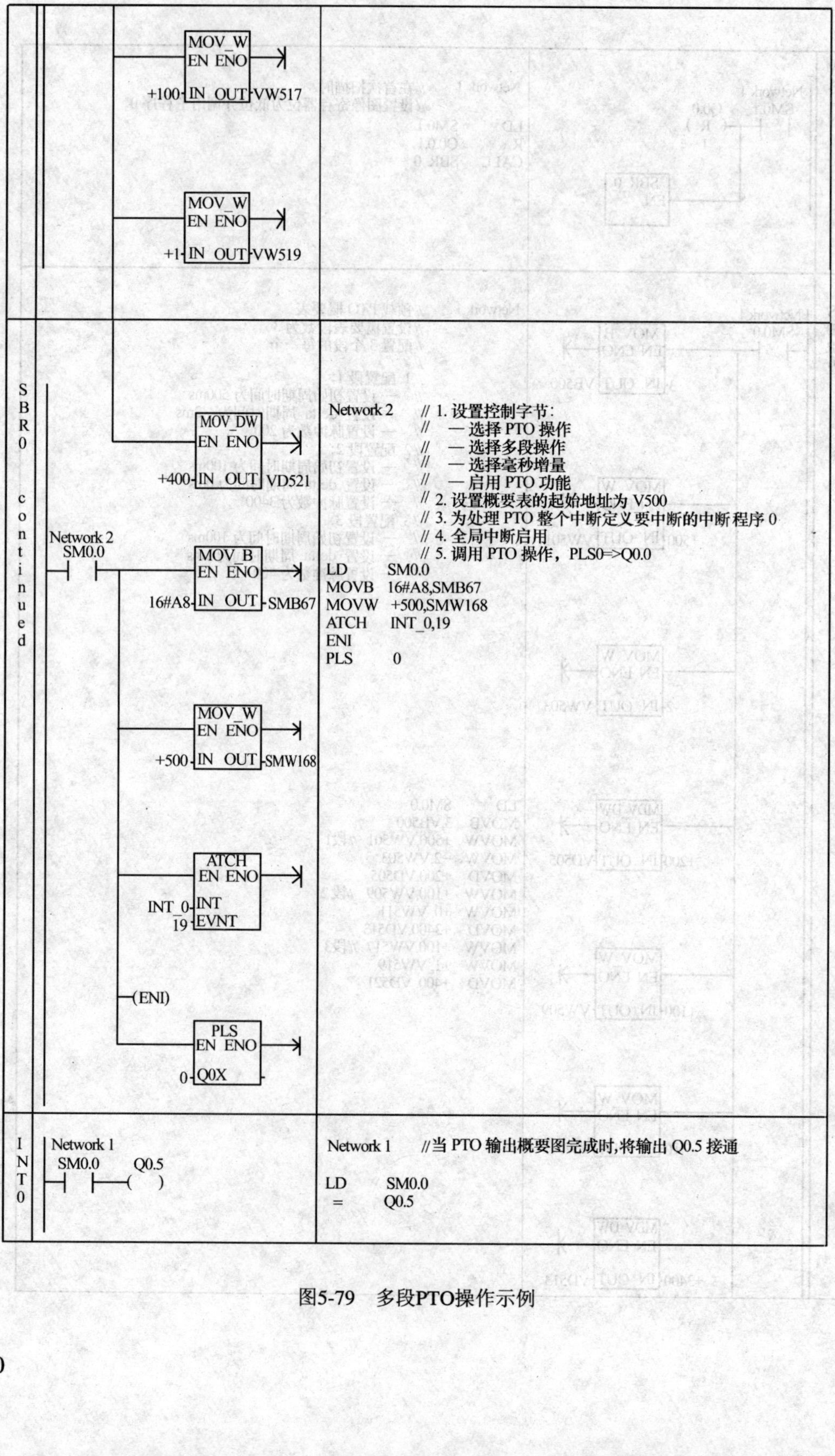
MOV_W
EN ENO
+100 IN OUT VW517
MOV_W
EN ENO
+1 IN OUT VW519
SBR0 continued
MOV_DW
EN ENO
+400 IN OUT VD521
Network 2
SM0.0
MOV_B
EN ENO
16#A8 IN OUT SMB67
MOV_W
EN ENO
+500 IN OUT SMW168
ATCH
EN ENO
INT_0 INT
19 EVNT
(ENI)
PLS
EN ENO
0 Q0X
Network 2
// 1. 设置控制字节:
// 一选择 PTO 操作
// 一选择多段操作
// 一选择毫秒增量
// 一启用 PTO 功能
// 2. 设置概要表的起始地址为 V500
// 3. 为处理 PTO 整个中断定义要中断的中断程序 0
// 4. 全局中断启用
// 5. 调用 PTO 操作，PLS0=>Q0.0
LD SM0.0
MOVB 16#A8,SMB67
MOVW +500,SMW168
ATCH INT_0,19
ENI
PLS 0
INT0
Network 1
SM0.0
Q0.5
Network 1 //当 PTO 输出概要图完成时,将输出 Q0.5 接通
LD SM0.0
= Q0.5

图5-79　多段PTO操作示例

5.11 中 断 指 令

5.11.1 中断指令概述

中断是计算机运行的重要方式之一，它在一定程度上模拟了人类的行为。中断程序不是由程序调用，而是在中断时间发生时由操作系统调用。当系统对实时性和响应速度要求较高时，采用中断是最好的手段。S7-200系列CPU提供了对中断现场的保护功能，能支持几十个中断，可在中断程序和主程序之间传递共享数据，并允许中断程序调用子程序，而中断程序与被调用的子程序共享累加器和逻辑堆栈。不同类型的中断有不同的优先级。

5.11.2 启用中断和禁用中断

启用中断(ENI)指令全局启用所有连接中断事件的处理。禁用中断(DISI)指令全局禁用所有中断事件的处理。

当PLC进入RUN模式时，中断开始禁用。在RUN模式，可以通过执行启用中断指令启用中断进程。执行禁用中断指令禁止处理所有中断事件，但允许中断事件继续排队，直到启用中断指令全局启用所有连接中断事件的处理。中断指令如图5-80所示。

中断指令	启用中断指令	禁用中断指令	中断条件返回指令
LAD	ENI	DISI	RETI
FBD	ENI	DISI	RETI
STL	ENI	DISI	CRETI

图5-80 中断指令

设置ENO=0的错误条件：0004(在中断程序中执行ENI、DISI或HDEF指令)。

5.11.3 中断条件返回指令

中断条件返回(CRETI)指令在控制它的逻辑条件满足时从中断程序返回，编程软件会自动地为各中断程序添加该返回指令。

5.11.4 建立中断

建立中断(ATCH)指令将中断事件EVNT与中断程序INT建立联系，并启用中断事件。建立中断指令如图5-81所示。

设置ENO = 0的错误条件：0002。

5.11.5 取消中断

取消中断(DTCH)指令取消中断事件EVNT和所有中断程序INT的联系，并禁用中断事件。取消中断指令如图5-82所示。建立中断和取消中断指令的有效操作数见表5-33。

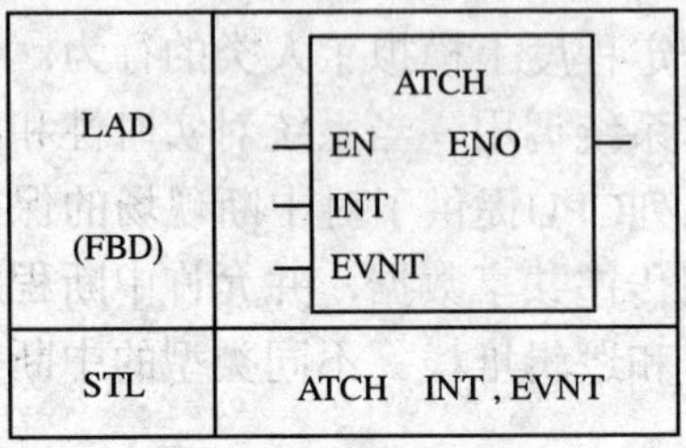
LAD
(FBD)
ATCH
EN
ENO
INT
EVNT
STL
ATCH INT , EVNT

图5-81 建立中断指令

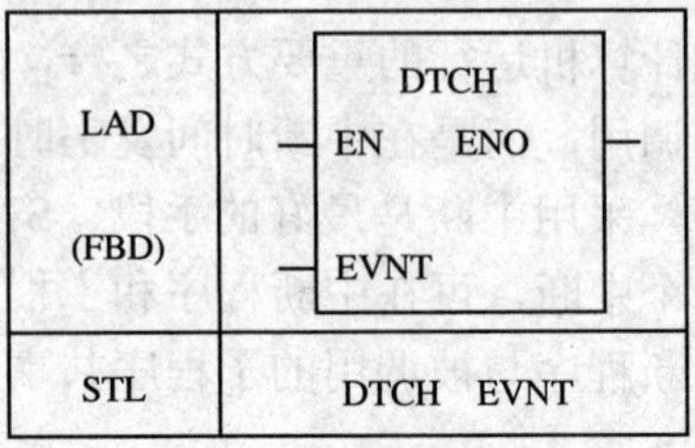
LAD
(FBD)
DTCH
EN
ENO
EVNT
STL
DTCH EVNT

图5-82 取消中断指令

表5-33 建立中断和取消中断指令的有效操作数

输入/输出	数据类型	操 作 数
输入	BYTE	常量(0～127)
EVNT	BYTE	常量 CPU 221，CPU 222 0～12，19～23，27～33 CPU 224 0～23，27～33 CPU 226，CPU 226XM 0～33

在启动中断程序之前，应在中断事件和该事件发生时希望执行的中断程序之间，用ATCH指令建立联系。执行ATCH指令后，该中断程序在事件发生时会被自动调用。可以将多个中断事件连接到一个中断程序，但是一个中断事件不能调用多个中断程序。

当中断事件发生时，该事件连接的中断程序自动启用。如果使用全局禁用中断指令禁用所有中断，则每个已发生的中断事件排队，直到使用全局启用中断指令使中断被重新启用，或者中断队列溢出。

使用取消中断指令断开中断事件和中断程序之间的联系，可以禁用单个中断事件。不同类型的中断事件见表5-34。表中“Y”表示该CPU支持此中断事件。

表5-34 中断事件

事件	描 述		CPU 221 CPU 222	CPU 224	CPU 226 CPU 226XM
0	I0.0	上升边缘	Y	Y	Y
1	I0.0	下降边缘	Y	Y	Y
2	I0.1	上升边缘	Y	Y	Y
3	I0.1	下降边缘	Y	Y	Y
4	I0.2	上升边缘	Y	Y	Y

（续）

事件	描　述		CPU 221 CPU 222	CPU 224	CPU 226 CPU 226XM
5	I0.2	下降边缘	Y	Y	Y
6	I0.3	上升边缘	Y	Y	Y
7	I0.3	下降边缘	Y	Y	Y
8	端口 0	接收字符	Y	Y	Y
9	端口 0	传输完成	Y	Y	Y
10	定时中断 0	SMB34	Y	Y	Y
11	定时中断 1	SMB35	Y	Y	Y
12	HSC0	CV=PV(当前值=预设值)	Y	Y	Y
13	HSC1	CV=PV(当前值=预设值)		Y	Y
14	HSC1	方向改变		Y	Y
15	HSC1	外部重设		Y	Y
16	HSC2	CV=PV(当前值=预设值)		Y	Y
17	HSC2	方向改变		Y	Y
18	HSC2	外部重设		Y	Y
19	PLS0	PTO 脉冲计数完成中断	Y	Y	Y
20	PLS1	PTO 脉冲计数完成中断	Y	Y	Y
21	计时器 T32	CT=PT 中断	Y	Y	Y
22	计时器 T96	CT=PT 中断	Y	Y	Y
23	端口 0	接收信息完成	Y	Y	Y
24	端口 1	接收信息完成			Y
25	端口 1	接收字符			Y
26	端口 1	传输完成			Y
27	HSC0	方向改变	Y	Y	Y
28	HSC0	外部重设	Y	Y	Y
29	HSC4	CV=PV(当前值=预设值)	Y	Y	Y
30	HSC4	方向改变	Y	Y	Y
31	HSC4	外部重设	Y	Y	Y
32	HSC3	CV=PV(当前值=预设值)	Y	Y	Y
33	HSC5	CV=PV(当前值=预设值)	Y	Y	Y

5.11.6 S7-200 对中断的处理

中断程序响应相关的内部或外部事件而执行。一旦中断程序的最后一个指令已执行，控制返回到主程序。可以通过执行中断有条件返回(CRETI)指令退出中断程序。

1. 系统对中断的支持

因为接点、线圈和累加器逻辑可能受中断影响，系统保存和重新装载逻辑堆栈、累加器寄存器和指示累加器和指令操作状态的特殊内存位SM。这避免由于跳转到和来自中断程序引起的对主用户程序的破坏。

2. 在主程序和中断程序之间共享数据

可以在主程序和一个或更多的中断程序之间共享数据。因为不可能预知S7-200何时会产生中断，所以，对中断程序和程序中的其他部分都要用到的变量的数目加以限制是有必要的。由于中断程序的操作，当执行主程序中的指令被中断事件中断时，可能引起共享数据的一致性问题。使用中断程序的局部变量表来确保中断程序只使用临时内存和不重写在程序的其他地方使用的数据。

使用一些编程技巧，可确保数据在主程序和中断程序之间正确共享。常见的手段是限制存取共享内存位置，或者防止使用共享的内存位置中断指令序列。

3. 从中断程序调用子程序

可以在中断程序中调用子程序，累加器和逻辑堆栈可以在中断程序和调用的子程序之间共享。

5.11.7 S7-200 支持的中断类型

S7-200支持下列中断程序类型：

(1) 通信端口中断　S7-200生成允许用户程序控制通信端口的事件。

(2) I/O中断　S7-200生成各种I/O状态不同改变的事件。这些事件允许用户程序响应高速计数器、脉冲输出或响应输入的上升或下降状态。

(3) 时基中断　S7-200生成允许程序反应指定间隔的事件。

1. 通信端口中断

S7-200串行通信口可以由程序控制，这种操作通信端口的模式称为“自由端口”模式。在“自由端口”模式中，用户程序定义波特率、每个字符的位数、奇偶校验和协议。“接收”和“传输”中断可用于促进程序控制的通信。关于更多的信息参考“传输和接收”指令。

2. I/O 中断

I/O中断包含上升/下降边缘中断、高速计数器中断和脉冲串输出中断。S7-200可以在输入的上升和/或下降边缘生成中断(I0.0、I0.1、I0.2或者I0.3)。上升边缘和下降边缘事件可以为这些输入点的每个捕获，这些上升/下降边缘事件可以用来表示当事件发生时必须接收立即注意的条件。

高速计数器中断允许响应诸如达到预设值的当前值、符合轴旋转方向反转的计数方向改变或计数器外部重设的条件。这些高速计数器事件的每个允许实时进行操作，以响应无法以可编程逻辑控制器扫描速度控制的高速事件。

脉冲串输出中断提供完成输出规定数目的时钟脉冲的立即通知，脉冲串输出的典型使用是步进电动机控制，可以通过将中断程序连接到相应I/O事件启用以上每一个中断。

3. 时基中断

时基中断包含定时中断和定时器T32/T96中断，可以使用定时中断指定以周期为基础进行的操作。周期时间以1ms递增为1ms～255ms。必须为定时中断0在SMB34中写周期时间，为定时中断1在SMB35中写周期时间。

定时中断事件每次定时器到期时传送控制到合适的中断程序。一般地，使用定时中断控制模拟输入的采样或以定期间隔执行PID循环。

定时中断启用，当将中断程序连接到定时中断事件时定时开始。在连接期间，系统捕获周期时间数值，所以，随后对SMB34和SMB35的改变不影响周期时间。要改变周期时间，必须修改周期时间数值，然后再将中断程序重新连接到定时中断事件。当再连接产生时，定时中断功能从以前的连接清除所有积累的时间。

在被启用后，定时中断连续运行，在每个指定时间间隔到期时执行连接中断程序。如果退出RUN(运行)模式或分离定时中断，定时中断禁用。如果全局禁用中断指令执行，定时中断继续产生。每次定时中断的发生排队(直到中断启用或队列满)。

定时器T32/T96中断允许及时地响应一个给定的时间间隔。这些中断只支持1ms分辨率的接通延迟(TON)和断开延迟(TOF)定时器(T32/T96)，通过将中断程序连接到T32/T96中断事件启用这些中断。一旦中断启用，当定时器的当前值等于设定值时，在CPU的1ms定时刷新中，执行被连接的中断程序。

5.11.8 中断优先级和排队

S7-200的中断按各自的优先级别以先来先服务原则进行。在任何一个时间点，只有一个用户中断程序被执行。一旦某个中断程序开始执行，则该中断程序一直执行到完成为止，它不会被任何其他中断程序中断(即使是具有更高优先级的中断程序)。当某个中断正在处理时，发生的其他中断被排队等待处理。3个中断队列和它们可以存储的最大中断数见表5-35。

表5-36显示中断队列溢出位。只能在中断程序中使用这些位，因为当队列清空时它们重设，控制返回到主程序。

表5-35 每个中断队列的最大数目

队列	CPU 221、CPU 222、CPU 224	CPU 226 和 CPU 226XM
通信队列	4	8
I/O 中断队列	16	16
定时中断队列	8	8

表5-36 中断队列溢出位

说明(0=没有溢出，1=溢出)	SM位
通信队列	SM4.0
I/O中断队列	SM4.1
定时中断队列	SM4.2

表5-37显示所有中断事件，以及它们的优先级和分配的事件号。

表5-37 中断事件的优先级顺序

事件	描述		优先级组	组中的优先级
8	端口0	接收字符	通信的最高优先级	0
9	端口0	传输完成		0
23	端口0	接收信息完成		0
24	端口1	接收信息完成		1
25	端口1	接收字符		1
26	端口1	传输完成		1
19	PLS0	PTO脉冲计数完成中断	离散的中优先级	0
20	PLS1	PTO脉冲计数完成中断		1
0	I0.0	上升边缘		2
2	I0.1	上升边缘		3
4	I0.2	上升边缘		4
6	I0.3	上升边缘		5
1	I0.0	下降边缘		6
3	I0.1	下降边缘		7
5	I0.2	下降边缘		8
7	I0.3	下降边缘		9
12	HSC0	CV=PV(当前值=预设值)		10
27	HSC0	方向改变		11
28	HSC0	外部重设		12
13	HSC1	CV=PV(当前值=预设值)		13
14	HSC1	方向改变		14
15	HSC1	外部重设		15
16	HSC2	CV=PV(当前值=预设值)		16

（续）

事件	描　　述		优先级组	组中的优先级
17	HSC2	方向改变		17
18	HSC2	外部重设		18
32	HSC3	CV=PV(当前值=预设值)		19
29	HSC4	CV=PV(当前值=预设值)		20
30	HSC4	方向改变		21
31	HSC4	外部重设		22
33	HSC5	CV=PV(当前值=预设值)		23
10	定时中断0	SMB34	定时的最低优先级	0
11	定时中断1	SMB35		1
21	计时器T32	CT=PT中断		2
22	计时器T96	CT=PT中断		3

中断指令示例如图5-83所示；读模拟输入数值的定时中断示例如图5-84所示。

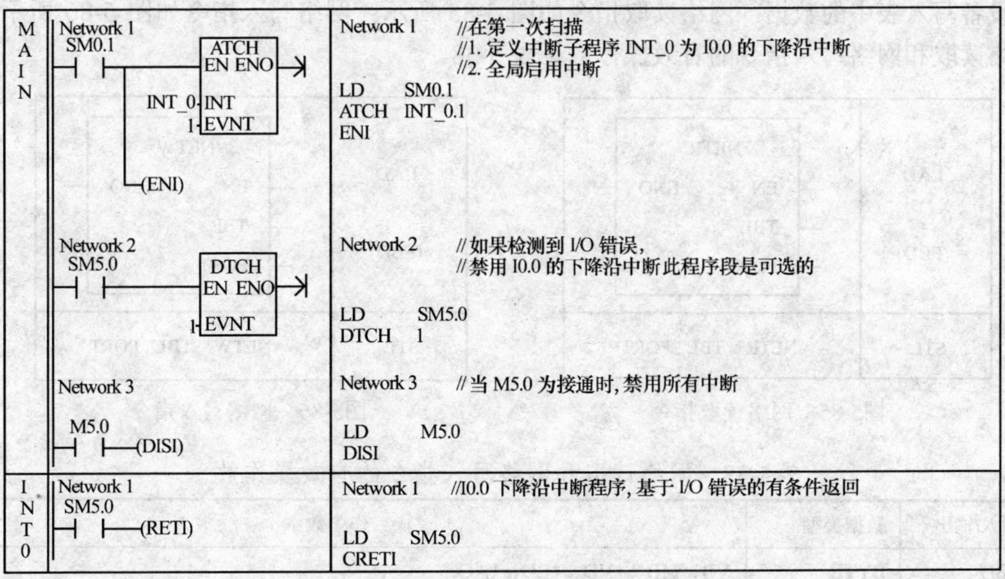
MAIN
Network 1
SM0.1
ATCH
EN ENO
INT_0 INT
1 EVNT
(ENI)
Network 1 //在第一次扫描
//1. 定义中断子程序 INT_0 为 I0.0 的下降沿中断
//2. 全局启用中断
LD SM0.1
ATCH INT_0.1
ENI
Network 2
SM5.0
DTCH
EN ENO
1 EVNT
Network 2 //如果检测到 I/O 错误,
//禁用 I0.0 的下降沿中断此程序段是可选的
LD SM5.0
DTCH 1
Network 3
M5.0
(DISI)
Network 3 //当 M5.0 为接通时, 禁用所有中断
LD M5.0
DISI
INT 0
Network 1
SM5.0
(RETI)
Network 1 //I0.0 下降沿中断程序, 基于 I/O 错误的有条件返回
LD SM5.0
CRETI

图5-83　中断指令示例

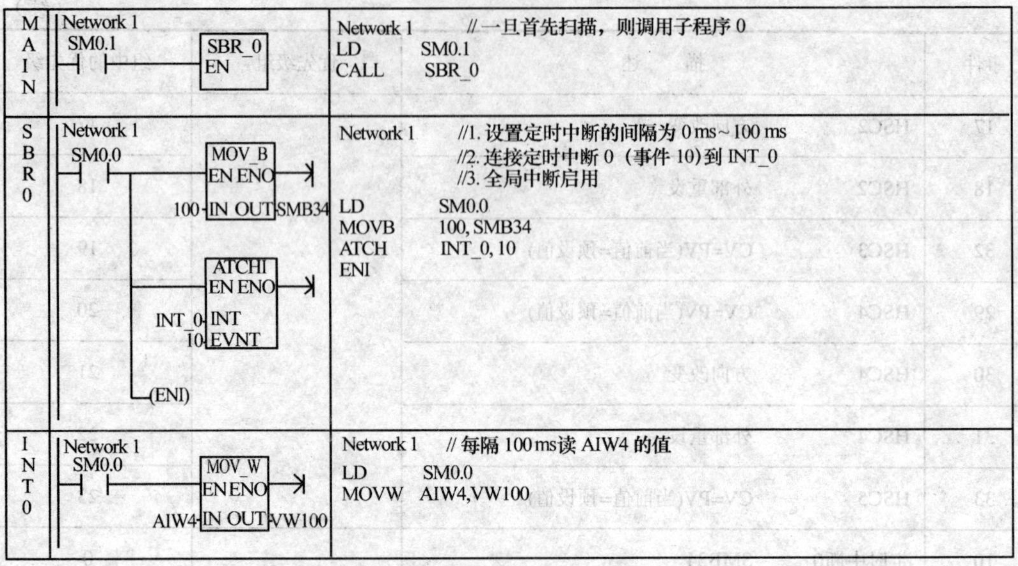
MAIN
Network 1
SM0.1
SBR_0
EN
Network 1 //一旦首先扫描，则调用子程序 0
LD SM0.1
CALL SBR_0
SBR0
Network 1
SM0.0
MOV_B
EN ENO
100 IN OUT SMB34
ATCHI
EN ENO
INT_0 INT
10 EVNT
(ENI)
Network 1 //1. 设置定时中断的间隔为 0 ms~100 ms
//2. 连接定时中断 0（事件 10）到 INT_0
//3. 全局中断启用
LD SM0.0
MOVB 100, SMB34
ATCH INT_0, 10
ENI
INT0
Network 1
SM0.0
MOV_W
EN ENO
AIW4 IN OUT VW100
Network 1 // 每隔 100 ms读 AIW4 的值
LD SM0.0
MOVW AIW4,VW100

图5-84 读模拟输入数值的定时中断示例

5.12 通 信 指 令

5.12.1 网络读取和网络写入指令

网络读取(NETR)指令启动通信操作，通过指定的通信端口(PORT)接收远程设备的数据并保存在表(TBL)中。网络写入(NETW)指令启动通信操作，通过指定的通信端口向远程设备写入表中的数据。网络读取指令如图 5-85 所示；网络写入指令如图 5-86 所示；网络读取和网络写入指令的有效操作数见表 5-38。

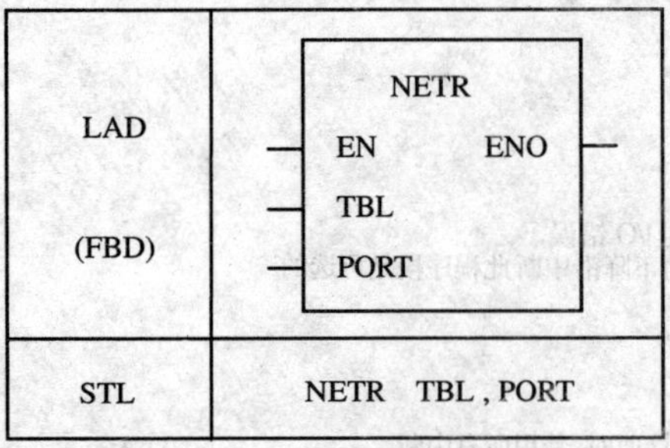
LAD
(FBD)
NETR
EN
ENO
TBL
PORT
STL
NETR TBL , PORT

图5-85 网络读取指令

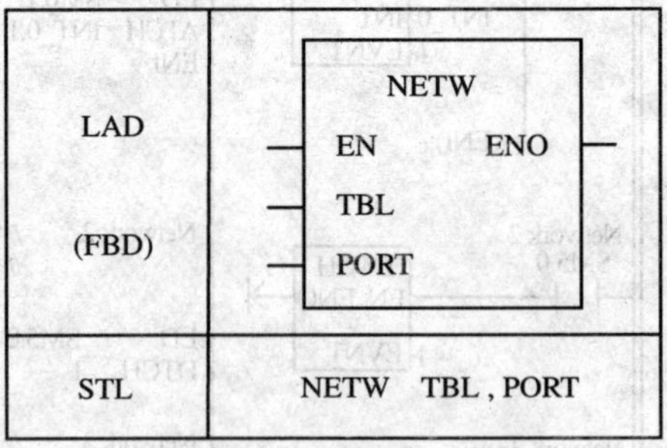
LAD
(FBD)
NETW
EN
ENO
TBL
PORT
STL
NETW TBL , PORT

图5-86 网络写入指令

表5-38 网络读取和网络写入指令的有效操作数

输入/输出	数据类型	操 作 数
TBL	BYTE	VB、MB、*VD、*LD、*AC
PORT	BYTE	常量 对于 CPU 221、CPU 222、CPU 224: 0 对于 CPU 226 和 CPU 226XM: 0 或 1

设置ENO=0的错误条件：0006(间接地址)，如果函数返回错误，则设置表格状态字节的E位。

网络读取指令可以从远程站读取最多16个字节的信息，而网络写入指令可以向远程站写最多16个字节的信息。

在程序中可以有任意数量的网络读取和网络写入指令，但在同一时间只有最多8个网络读取和网络写入指令有效。例如，在S7-200中同时可以有4个网络读取和4个网络写入指令，或两个网络读取和6个网络写入指令有效。

可以使用网络读取和网络写入指令向导配置计数器。要启动网络读取和网络写入指令向导，选择工具(Tools)> 指令向导(Instruction Wizard)菜单命令，然后从指令向导窗口选择网络读取/网络写入。

网络读取和网络写入指令的TBL参数如图5-87所示。TBL参数的出错代码见表5-39。

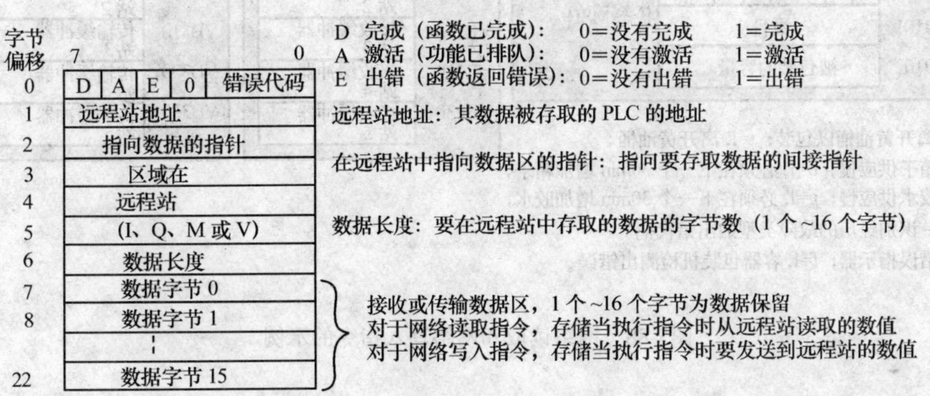
字节
偏移
7
0
D A E 0 错误代码
远程站地址
指向数据的指针
区域在
远程站
(I、Q、M 或 V)
数据长度
数据字节 0
数据字节 1
数据字节 15
0
1
2
3
4
5
6
7
8
22
D 完成（函数已完成）： 0＝没有完成 1＝完成
A 激活（功能已排队）： 0＝没有激活 1＝激活
E 出错（函数返回错误）：0＝没有出错 1＝出错
远程站地址：其数据被存取的 PLC 的地址
在远程站中指向数据区的指针：指向要存取数据的间接指针
数据长度：要在远程站中存取的数据的字节数（1 个 ~16 个字节）
接收或传输数据区，1 个 ~16 个字节为数据保留
对于网络读取指令，存储当执行指令时从远程站读取的数值
对于网络写入指令，存储当执行指令时要发送到远程站的数值

图5-87 网络读取和网络写入指令的TBL参数

表5-39 TBL参数的出错代码

代码	定　义
0	无错
1	超时出错：远程站没有反应
2	接收出错：在响应中奇偶校验、帧或检验和出错
3	脱机出错：复制站地址或故障硬件引起的冲突
4	队列溢出出错：多于 8 个网络读取或网络写入指令激活
5	违反协议：尝试执行网络读取或网络写入指令而没有在 SMB30 或 SMB130 中启用 PPI 主设备模式
6	非法参数：TBL 参数包含非法的或无效的数值
7	没有资源：远程站占线(上载或下载序列在处理中)
8	第 7 层出错：违反应用程序协议
9	讯息出错：错误数据地址或错误数据长度
A～F	未用(保留)

网络读取和网络写入指令的示例如图5-88所示。此示例为填充桶装黄油并送到四个装箱机(容器包装机)之一的生产线。容器包装机把8桶黄油装入单个纸板箱。分流机械设备控制黄油桶流向每个容器包装机。四个S7-200控制容器包装机，一个带TD200操作员界面的S7-200控制分流机。

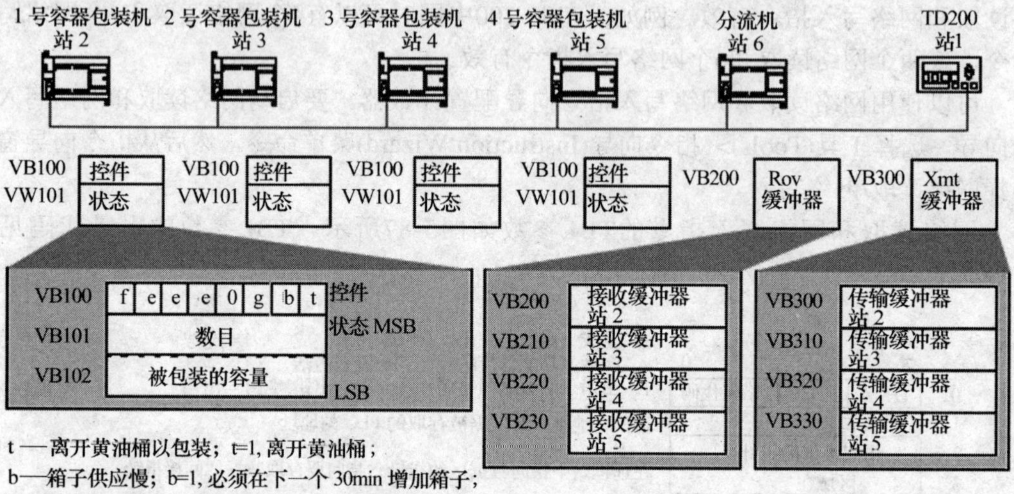

1 号容器包装机 站 2
2 号容器包装机 站 3
3 号容器包装机 站 4
4 号容器包装机 站 5
分流机 站 6
TD200 站1
VB100 控件
VW101 状态
VB200 Rov 缓冲器
VB300 Xmt 缓冲器
VB100 f e e e 0 g b t 控件
VB101 数目 状态 MSB
VB102 被包装的容量 LSB
VB200 接收缓冲器 站 2
VB210 接收缓冲器 站 3
VB220 接收缓冲器 站 4
VB230 接收缓冲器 站 5
VB300 传输缓冲器 站 2
VB310 传输缓冲器 站3
VB320 传输缓冲器 站 4
VB330 传输缓冲器 站5

t — 离开黄油桶以包装；t=1, 离开黄油桶；
b—箱子供应慢；b=1, 必须在下一个 30min 增加箱子；
g—胶水供应慢；g=1, 必须在下一个 30min 增加胶水；
eee— 识别经历的故障类型的出错代码；
f—错误指示器；f=1, 容器包装机检测出错误。

图5-88　网络读取和网络写入指令的示例

在站 2 中存取数据的接收缓冲器 VB200 与传输缓冲器如图 5-89 所示。S7-200 使用网络读取指令从每个容器包装机连续读取控制和状态信息。容器包装机每次包装 100 个容器，分流机记录下来，并使用网络写入指令发送信息清除状态字。网络读取和网络写入指令示例如图 5-90 所示。

用于从1号容器包装机读取的接收缓冲器

	7				0
VB200	D	A	E	0	错误代码
VB201	远程站地址=2				
VB202	指针指向				
VB203	数据区				
VB204	在				
VB205	远程站＝（&VB100）				
VB206	数据长度=3 个字节				
VB207	控件				
VB208	状态（MSB）				
VB209	状态（LSB）				

用于清除1号容器包装机计数的传输缓冲器

	7				0
VB300	D	A	E	0	错误代码
VB301	远程站地址=2				
VB302	指针指向				
VB303	数据区				
VB304	在				
VB305	远程站＝（&VB101）				
VB306	数据长度＝2个字节				
VB307	0				
VB308	0				

图5-89　接收缓冲器与传输缓冲器

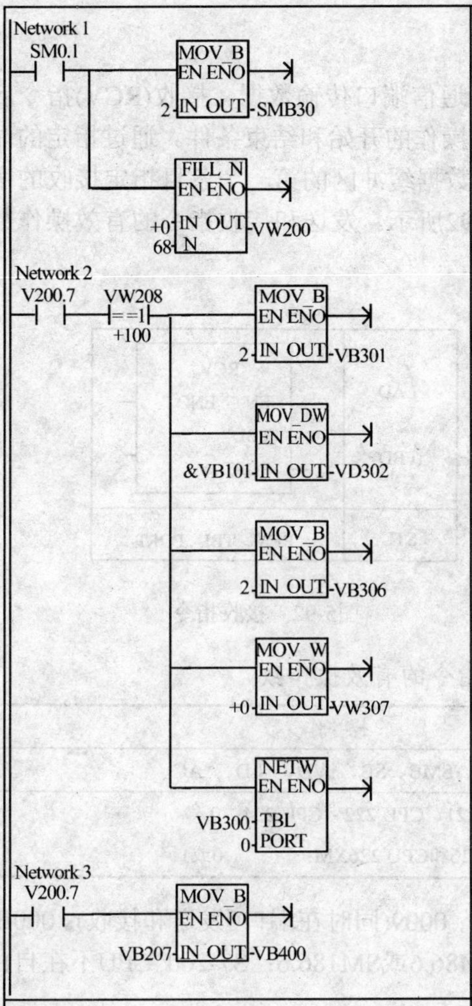
Network 1
SM0.1
MOV_B
EN ENO
2 IN OUT SMB30
FILL_N
EN ENO
+0 IN OUT VW200
68 N
Network 2
V200.7
VW208
==I
+100
MOV_B
EN ENO
2 IN OUT VB301
MOV_DW
EN ENO
&VB101 IN OUT VD302
MOV_B
EN ENO
2 IN OUT VB306
MOV_W
EN ENO
+0 IN OUT VW307
NETW
EN ENO
VB300 TBL
0 PORT
Network 3
V200.7
MOV_B
EN ENO
VB207 IN OUT VB400

Network 1　//在第一次扫描，启用 PPI 主设备模式并清除所有
//接收和传输缓冲区

```
LD      SM0.1
MOVB    2, SMB30
FILL    +0, VW200,68
```

Network 2　//当 NETR Done bit（完成位）（V200.7）被设置，
//并且已包装 100 个容器
//1. 载入1 号容器包装机的站地址
//2. 载入在远程站中指向数据的指针
//3. 载入要发送的数据长度
//4. 载入要发送的数据
//5. 重设由 1号容器包装机包装的容器数字

```
LD      V200.7
AW=     VW208,+100
MOVB    2, VB301
MOVD    &VB101,VD302
MOVB    2, VB306
MOVW    +0, VW307
NETW    VB300,0
```

Network 3　//当设置 NETR完成位时，保存来自1号容器包装机的
//控制数据

```
LD      V200.7
MOVB    VB207,VB400
```

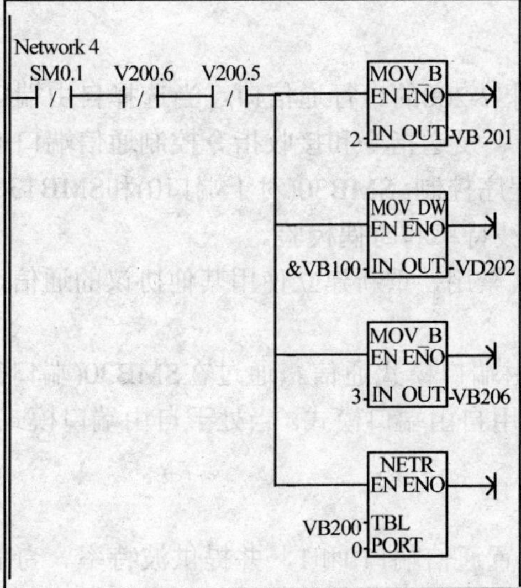
Network 4
SM0.1
V200.6
V200.5
MOV_B
EN ENO
2 IN OUT VB 201
MOV_DW
EN ENO
&VB100 IN OUT VD202
MOV_B
EN ENO
3 IN OUT VB206
NETR
EN ENO
VB200 TBL
0 PORT

Network 4　//如果不是第一次扫描，并且无错
//1. 载入1号容器包装机的站地址
//2. 载入在远程站中指向数据的指针
//3. 载入要接收的数据长度
//4. 读1号容器包装机中的控制和状态数据

```
LDN     SM0.1
AN      V200.6
AN      V200.5
MOVB    2, VB 201
MOVD    &VB100,VD202
MOVB    3, VB206
NETR    VB200, 0
```

图5-90　网络读取和网络写入指令示例

5.12.2 发送和接收指令

发送(XMT)指令用于自由端口模式以通过通信端口传输数据。接收(RCV)指令启动或终止接收信息功能。必须指定一个接收方框操作的开始和结束条件。通过指定的端口(PORT)接收的信息存储在数据缓冲区(TBL)。数据缓冲区的第一个条目指定接收的字节数。发送指令如图5-91所示，接收指令如图5-92所示。发送和接收指令的有效操作数见表5-40。

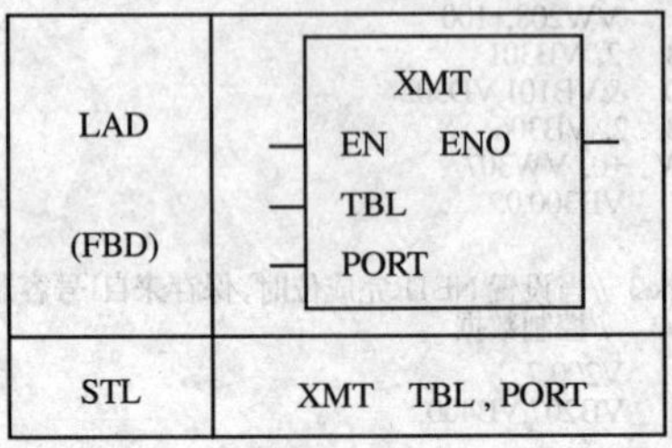
LAD
(FBD)
XMT
EN
ENO
TBL
PORT
STL
XMT TBL，PORT

图5-91 发送指令

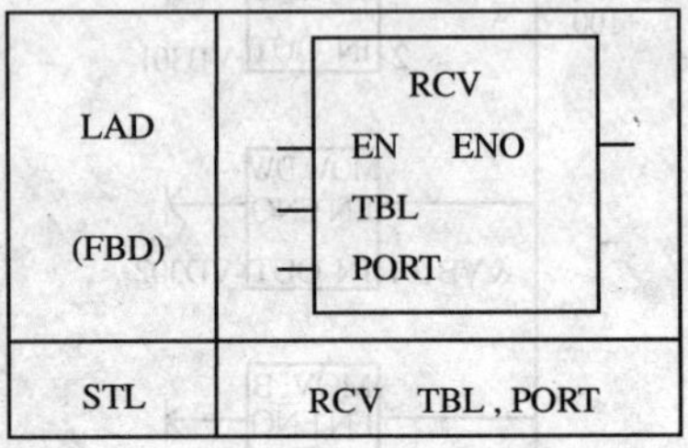
LAD
(FBD)
RCV
EN
ENO
TBL
PORT
STL
RCV TBL，PORT

图5-92 接收指令

表5-40 发送和接收指令的有效操作数

输入/输出	数据类型	操 作 数
TBL	BYTE	IB、QB、VB、MB、SMB、SB、*VD、*LD、*AC
PORT	BYTE	常量 对于CPU 221、CPU 222、CPU 224：0 对于CPU226和CPU 226XM： 0或1

设置ENO = 0的错误条件：0006(间接地址)；0009(同时在端口0发送和接收)；000B(同时在端口1发送和接收)；接收参数错误设置SM86.6或SM186.6；S7-200 CPU不在自由端口模式。

1. 使用自由端口模式控制串行通信口

可以通过用户程序选择自由端口模式控制S7-200的串行通信口。当选择自由端口模式时，用户程序通过使用接收中断、传输中断、发送指令和接收指令控制通信端口的操作。在自由端口模式下，通信协议完全由梯形程序控制。SMB30(对于端口0)和SMB130(对于端口1如果用户S7-200有两个端口)用于选择波特率和奇偶校验。

当S7-200处于STOP模式下，自由端口模式禁用，重新建立使用其他协议的通信，如与编程设备的通信。

只有当S7-200在RUN模式下才能使用自由端口模式通信。通过在SMB30(端口0)或SMB130(端口1)的协议选择域设置01的数值启用自由端口模式。当处于自由端口模式时，不能与编程设备进行通信。

2. 改变 PPI 通信到自由端口模式

SMB30和SMB130为自由端口操作分别配置通信端口0和1，并提供波特率、奇偶校验和数据位数目的选择。自由端口模式控制字节如图5-93所示。为所有配置产生一个停止位。

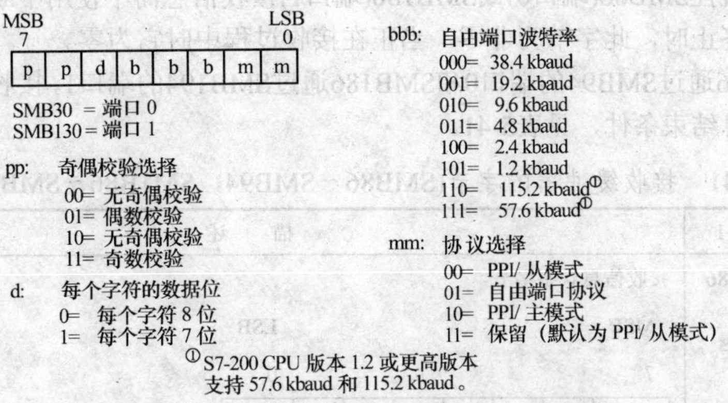
MSB
7
LSB
0
p p d b b b m m
SMB30 = 端口 0
SMB130 = 端口 1
pp: 奇偶校验选择
00= 无奇偶校验
01= 偶数校验
10= 无奇偶校验
11= 奇数校验
d: 每个字符的数据位
0= 每个字符 8 位
1= 每个字符 7 位
bbb: 自由端口波特率
000= 38.4 kbaud
001= 19.2 kbaud
010= 9.6 kbaud
011= 4.8 kbaud
100= 2.4 kbaud
101= 1.2 kbaud
110= 115.2 kbaud①
111= 57.6 kbaud①
mm: 协议选择
00= PPI/ 从模式
01= 自由端口协议
10= PPI/ 主模式
11= 保留（默认为 PPI/ 从模式）
① S7-200 CPU 版本 1.2 或更高版本
支持 57.6 kbaud 和 115.2 kbaud。

图5-93　自由端口模式控制字节(SMB30或SMB130)

3. 传输数据

发送指令让用户发送一个或更多字符的缓冲区，最多为255个字符。发送缓冲区的格式如图5-94所示。

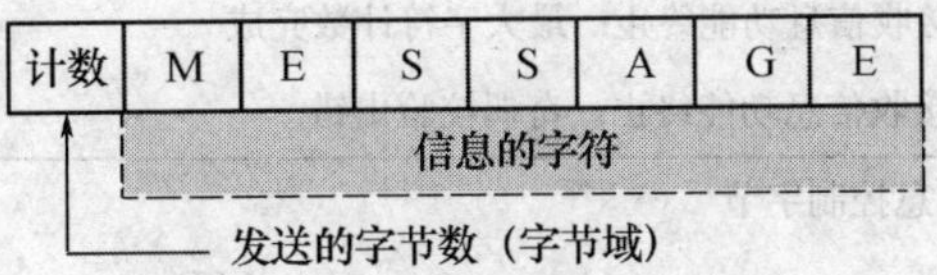
计数
M
E
S
S
A
G
E
信息的字符
发送的字节数（字节域）

图5-94　发送缓冲区的格式

如果使用中断进行传输，则传输完成后调用中断程序。在最后一个缓冲区的字符发送后，S7-200产生中断(对于端口0为中断事件9，而对于端口1为中断事件26)。

可以通过监控SM4.5或SM4.6进行传输而不需使用中断(如发送信息到打印机)以用信号表示传输何时完成。

可以使用发送指令通过设置字符数为0产生“断开”条件，然后执行发送指令。所以，当前的波特率对于16位次在线产生“断开”条件。传输“断开”与传输任何其他信息一样处理，当“断开”完成时产生传输中断，SM4.5或SM4.6以信号表示传输操作的当前状态。

4. 接收数据

接收指令让用户接收一个或更多字符至缓冲区，至多为255个字符。接收缓冲器的格式如图5-95所示。

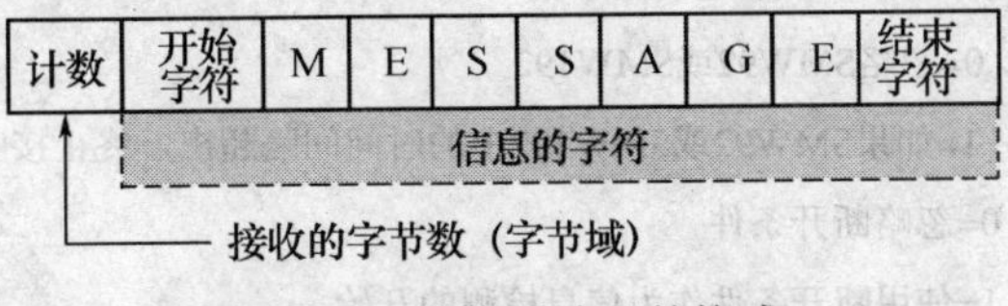
计数
开始字符
M
E
S
S
A
G
E
结束字符
信息的字符
接收的字节数（字节域）

图5-95　接收缓冲器的格式

如果使用中断进行接收，则接收完成后调用中断程序。在最后一个缓冲区的字符接收后，S7-200产生中断(对于端口0为中断事件23，而对于端口1为中断事件24)。

可以通过监控SMB86(端口0)或SMB186(端口1)接收信息而不使用中断。当接收指令为非现用或已终止时，此字节为非零。当正在接收过程中时它为零。

使用SMB86通过SMB94的端口0和SMB186通过SMB194的端口1，接收指令允许选择信息开始和信息结束条件，见表5-41。

表5-41　接收缓冲器的字节(SMB86 ~ SMB94，SM1B86 ~ SMB194)

<table>
<tr><th>端口0</th><th>端口1</th><th>描　述</th></tr>
<tr><td>SMB86</td><td>SMB186</td><td>接收信息状态字节
MSB　　　　LSB
7　　　　　0
<table><tr><td>n</td><td>1</td><td>e</td><td>0</td><td>0</td><td>t</td><td>c</td><td>p</td></tr></table>n：1=接收信息功能终止：用户发出的禁用命令
t：1=接收信息功能终止：输入参数中的错误或丢失开始或结束条件
e：1=结束字符接收
t：1=接收信息功能终止：计时器时间到
c：1=接收信息功能终止：最大字符计数完成
p：1=接收信息功能终止：奇偶校验出错</td></tr>
<tr><td>SMB87</td><td>SMB187</td><td>接收信息控制字节
MSB　　　　LSB
7　　　　　0
<table><tr><td>en</td><td>sc</td><td>ec</td><td>il</td><td>c/m</td><td>tmr</td><td>bk</td><td>0</td></tr></table>en：0=接收信息功能禁用
1=接收信息功能启用
启用/禁用接收信息位在每次执行RCV指令时检查
sc：0=忽略SMB88或SMB188
1=使用SMB88或SMB188的数值检测信息的开始
ec：0=忽略SMB89或SMB189
1=使用SMB89或SMB189的数值检测信息的结束
il：0=忽略SMW90或SMW190
1=使用SMW90或SMW190的数值检测空闲行条件
c/m：0=计时器是字符间的计时器
1=计时器是信息计时器
tmr：0=忽略SMW92或SMW192
1=如果SMW92或SMW192中的时间间隔超出，终止接收
bk：0=忽略断开条件
1=使用断开条件作为信息检测的开始</td></tr>
<tr><td>SMB88</td><td>SMB188</td><td>信息字符的开始</td></tr>
<tr><td>SMB89</td><td>SMB189</td><td>信息字符的结束</td></tr>
</table>

(续)

端口0	端口1	描　述
SMW90	SMW190	以ms为单位的空闲行时间周期，在空闲行时间到期后接收的第一个字符是新信息的开始
SMW92	SMW192	以ms为单位的字符间/信息计时器超时数值，如果时间周期超出，接收信息功能终止
SMB94	SMB194	接收的最大字符数(1个～255个字节)，此范围必须设置到期望的最大缓冲区大小，即使不使用字符计数信息终端

接收指令使用接收信息控制字节的位(SMB87或SMB187)来定义信息开始和结束条件。

1) 接收指令支持多个开始条件

(1) 空闲行检测　空闲行条件被定义为传输行上的静态或空闲时间。当通信行静止或空闲在SMW90或SMW190中指定的毫秒数后，接收开始。当执行程序中的接收指令时，接收信息功能开始搜索空闲行条件。如果在空闲行时间结束前收到任何字符，接收信息功能忽略那些字符，并且以来自SMW90或SMW190的时间重启动空闲行计时器，如图5-96所示。在空闲行时间结束前，接收信息功能存储所有随后在信息缓冲区接收的字符。

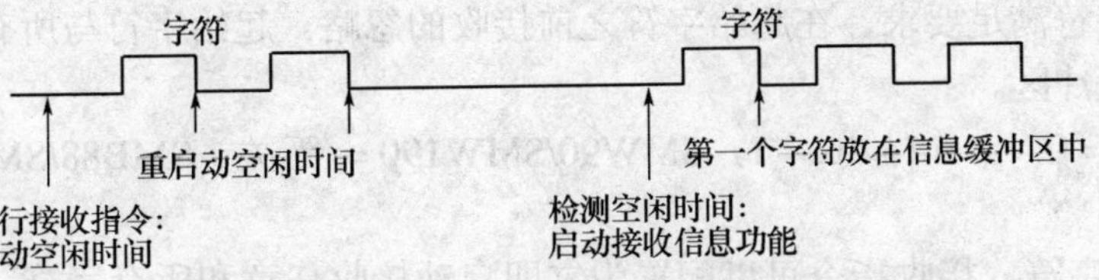
字符
字符
重启动空闲时间
第一个字符放在信息缓冲区中
执行接收指令:
启动空闲时间
检测空闲时间:
启动接收信息功能

图5-96　使用空闲时间检测来启动接收指令

空闲行时间应始终大于在指定的波特率下传送一个字符(起始位、数据位、奇偶校验和停止位)的时间，空闲行时间的典型数值是在指定的波特率下传送3个字符的时间。

使用空闲行检测作为二进制协议的开始条件，前提是协议中没有特别的起始字符，或是协议指定了信息之间的最小时间。

设置：il = 1，sc = 0，bk = 0，SMW90/SMW190 = 空闲行超时(ms)

(2) 起始字符检测　起始字符是用作信息的第一个字符的任意字符。当接收到在SMB88或SMB188中指定的起始字符时，信息功能启动。接收信息功能将起始字符存储在接收缓冲器并作为信息的第一个字符；接收信息功能忽略任何在起始字符之前接收到的字符。起始字符和所有在起始字符后接收的字符都存储在信息缓冲区。

通常将起始字符检测用于ASCII协议，在该协议中所有信息以相同的字符开始。

设置：il = 0，sc = 1，bk = 0，SMW90/SMW190 = 无关，SMB88/SMB188 = 起始字符

(3) 空闲行和起始字符　接收指令可以以空闲行和起始字符的组合启动信息。当执行接收指令时，接收信息功能搜索空闲行条件。在找到空闲行条件后，接收信息功能查找指定的起始字符。如果接收到除起始字符之外的任何字符，接收信息功能重启动搜索空闲行条件。在空闲行条件前接收到的所有字符满足要求，在起始字符之前接收的被忽

略。起始字符与所有随后的字符一起放在信息缓冲区中。

空闲行时间应始终大于在指定的波特率下传输一个字符(起始位、数据位、奇偶校验和停止位)的时间。空闲行时间的典型数值是在指定的波特率下传送3个字符的时间。

一般地，当有协议指定信息间的最小时间，并且信息的第一个字符是地址或指定特殊设备的东西时，使用这种类型的启动条件。当在通信链上有多种设备时，这对于实现协议是很有用的。在这种情况下，接收指令只在为指定地址或由起始字符指定的设备接收信息时触发中断。

设置：il = 1，sc = 1，bk = 0，SMW90/SMW190 > 0，SMB88/SMB188 = 起始字符

(4) 断开检测　当接收到的数据保持为0值的时间大于完整的字符传输时间时，指示断开。完整的字符传输时间定义为传送启动、数据、奇偶校验和停止位的总时间。如果接收指令配置为一旦接收到断开条件就启动信息，在断开条件后接收的任何字符被放入信息缓冲区。在断开条件前接收的任何字符被忽略。

一般地，只有当协议需要它时才能使用断开检测作为启动条件。

设置：il = 0，sc = 0，bk = 1，SMW90/SMW190 = 无关，SMB88/SMB188 = 无关

(5) 断开和起始字符　接收指令可以在接收断开条件后配置来启动接收字符，然后以此顺序启动指定起始字符。在断开条件后，接收信息功能查找指定的起始字符。如果接收到除起始字符之外的任何字符，接收信息功能重启动搜索断开条件。在断开条件前接收的所有字符满足要求，在起始字符之前接收的忽略。起始字符与所有随后的字符一起放在信息缓冲区。

设置：il = 0，sc = 1，bk = 1，SMW90/SMW190 = 无关，SMB88/SMB188= 起始字符

(6) 任何字符　接收指令可以配置为立即启动接收任意和所有字符，并将它们放入信息缓冲区。这是空闲行检测的特殊情况。在这种情况下，空闲行时间(SMW90或SMW190)设置为0。这强制接收指令在执行时立即开始接收字符。

设置：il = 1，sc = 0，bk = 0，SMW90/SMW190 = 0，SMB88/SMB188 = 无关

启动任何字符的信息允许信息计时器用于暂停接收信息。该功能用于在自由端口用于实现协议的主设备或主机部分，并且如果在指定的时间内没有接受到来自从属装置的响应而需要暂停的情况。因为空闲行时间设置为零，当接收指令执行时信息计时器启动。如果没有其他结束条件满足要求，信息计时器暂停，并终止接收信息功能。

设置：il = 1，sc = 0，bk = 0，SMW90/SMW190 = 0，SMB88/SMB188 = 无关
　　　c/m = 1，tmr = 1，SMW92 = 信息超时(ms)

2) 接收指令支持多种方式终止信息

信息可以因为下列一个或多个条件终止：

(1) 结束字符检测　结束字符是用做指定信息结束的任何字符。在查找到启动条件后，接收指令检查每个接收的字符是否匹配结束字符。当接收到结束字符时，就放进信息缓冲区，然后终止接收。

一般地，使用带有ASCII协议的结束字符检测，在该协议中每个信息以指定字符结束。可以使用结束字符检测，以及字符间计时器、信息计时器或最大字符计数以终止信息。

设置：ec = 1，SMB89/SMB189 = 结束字符

(2) 字符间计时器　字符间时间是从一个字符的结束(停止位)到下一个字符的结束(停止位)的时间。如果字符之间的时间(包含第二个字符)超出在SMW92或SMW192中指定的毫秒数，接收信息功能终止。字符间计时器在接收到每个字符时重启动。使用字符间计时器以终止接收指令如图5-97所示。

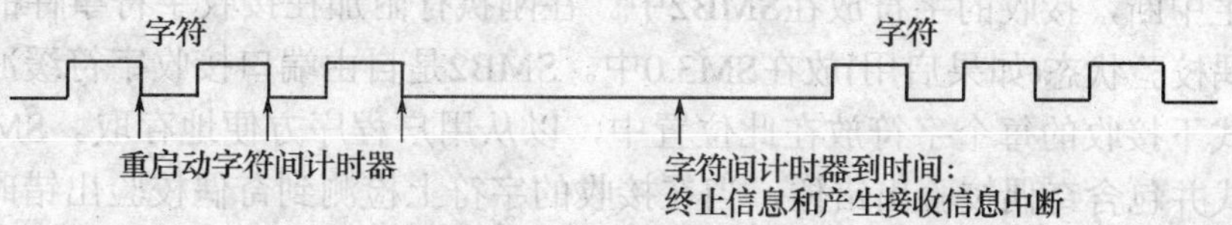
字符
字符
重启动字符间计时器
字符间计时器到时间:
终止信息和产生接收信息中断

图5-97　使用字符间计时器以终止接收指令

可以使用字符间计时器来终止协议的信息，协议没有指定的信息结束字符。该计时器必须设置数值为大于所选波特率传送一个字符的时间，因为此计时器始终包含接收一个完整的字符(起始位、数据位、奇偶校验和停止位)的时间。

可以使用字符间计时器，以及结束字符检测和最大字符计数以终止信息。

设置：c/m = 0，tmr = 1，SMW92/SMW192 = 超时(ms)

(3) 信息计时器　信息计时器在启动信息后指定的时间终止信息。一旦满足接收信息功能的启动条件，信息计时器就启动。当在SMW92或SMW192中指定的毫秒数过去之后，信息计时器到时间。使用信息计时器以终止接收指令如图5-98所示。

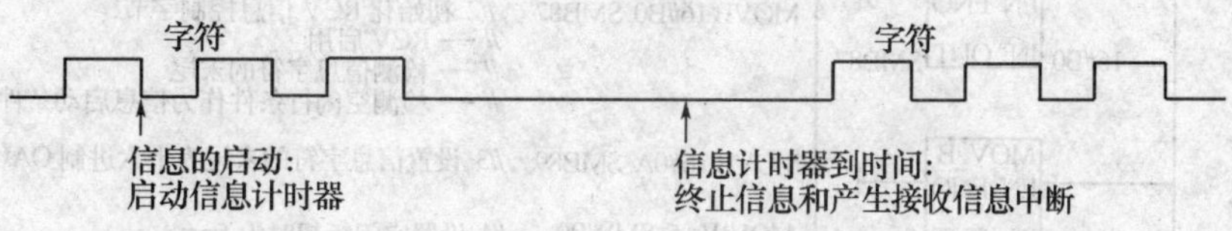
字符
字符
信息的启动:
启动信息计时器
信息计时器到时间:
终止信息和产生接收信息中断

图5-98　使用信息计时器以终止接收指令

一般来说，当通信设备不能保证字符之间有时间间隙，或当使用调制解调器操作时，就使用信息计时器。对于调制解调器，可以使用信息计时器来指定允许在信息启动后接收信息的最大时间。信息计时器所需的典型数值约为在选择的波特率下接收最长可能信息所需时间的1.5倍。

可以使用信息计时器，以及结束字符检测和最大字符计数以终止信息。

设置：c/m = 1，tmr = 1，SMW92/SMW192 = 超时(ms)

(4) 最大字符计数　接收指令必须被告之接收的最大字符数SMB94或SMB194。当达到或超过此数值，接收信息功能终止。接收指令需要用户指定最大字符计数，即使这不是特别用作终止条件。这是因为接收指令需要知道接收信息的最大尺寸，以便放在信息缓冲区后的用户数据不被覆盖。

最大字符计数可以用于终止协议的信息，在该协议中知道信息长度并且始终相同。最大字符计数始终与结束字符检测、字符间计时器或信息计时器结合在一起使用。

(5) 奇偶校验出错　当硬件发出信号在接收的字符上有奇偶校验出错时，接收指令自动终止。仅当奇偶校验在SMB30或SMB130中启用时，奇偶校验出错才可能，无法禁用此功能。

(6) 用户终端　用户程序可以通过执行另一个在SMB87或SMB187中的启用位EN设置为零的接收指令来终止接收信息功能，这将立即终止接收信息功能。

3) 使用字符中断控制来接收数据

要允许在协议支持中的完全灵活性，也可以使用字符中断控制接收数据。每个接收的字符产生中断，接收的字符放在SMB2中。在刚执行附加在接收字符事件的中断程序之前，奇偶校验状态(如果启用)放在SM3.0中。SMB2是自由端口接收字符缓冲区，在自由端口模式下接收的每个字符放在此位置中，以从用户程序方便地存取。SMB3用于自由端口模式并包含奇偶校验出错位，当在接收的字符上检测到奇偶校验出错时该位变就被置位。该字节所有其他位保留，使用奇偶校验位以放弃该信息或产生对该信息的否认。

当字符中断用于高波特率时(38.4kbaud～115.2kbaud)，中断之间的时间非常短。例如，38.4kbaud的字符中断是260 μs，57.6kbaud为173 μs，对于115.2kbaud则为86 μs。确保保持中断程序非常短以避免丢失字符，否则使用接收指令。

传输和接收指令示例如图5-99所示。

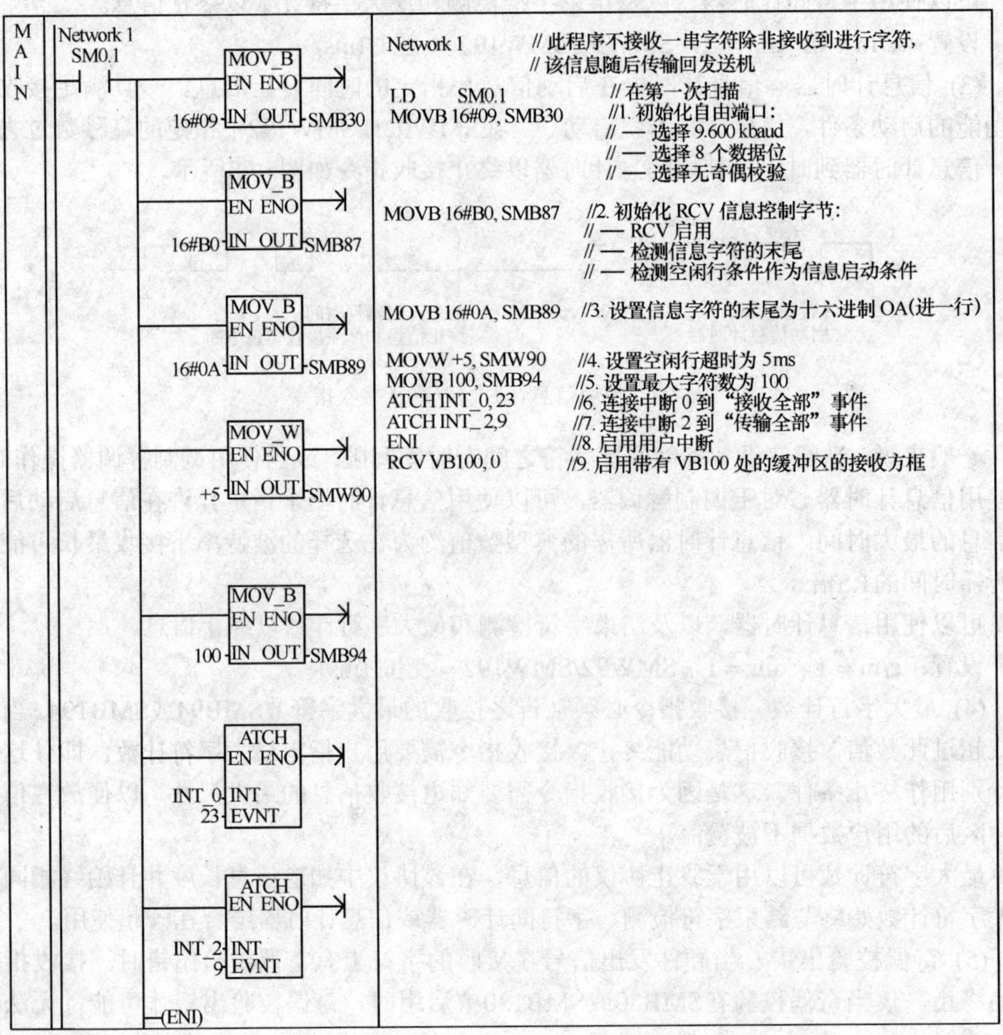
MAIN
Network 1
SM0.1
MOV_B
EN ENO
16#09 IN OUT SMB30
MOV_B
EN ENO
16#B0 IN OUT SMB87
MOV_B
EN ENO
16#0A IN OUT SMB89
MOV_W
EN ENO
+5 IN OUT SMW90
MOV_B
EN ENO
100 IN OUT SMB94
ATCH
EN ENO
INT_0 INT
23 EVNT
ATCH
EN ENO
INT_2 INT
9 EVNT
(ENI)
Network 1　// 此程序不接收一串字符除非接收到进行字符，
// 该信息随后传输回发送机
LD　SM0.1　// 在第一次扫描
MOVB 16#09, SMB30　//1. 初始化自由端口：
// — 选择 9.600 kbaud
// — 选择 8 个数据位
// — 选择无奇偶校验
MOVB 16#B0, SMB87　//2. 初始化 RCV 信息控制字节：
// — RCV 启用
// — 检测信息字符的末尾
// — 检测空闲行条件作为信息启动条件
MOVB 16#0A, SMB89　//3. 设置信息字符的末尾为十六进制 OA(进一行)
MOVW +5, SMW90　//4. 设置空闲行超时为 5ms
MOVB 100, SMB94　//5. 设置最大字符数为 100
ATCH INT_0, 23　//6. 连接中断 0 到“接收全部”事件
ATCH INT_2, 9　//7. 连接中断 2 到“传输全部”事件
ENI　//8. 启用用户中断
RCV VB100, 0　//9. 启用带有 VB100 处的缓冲区的接收方框

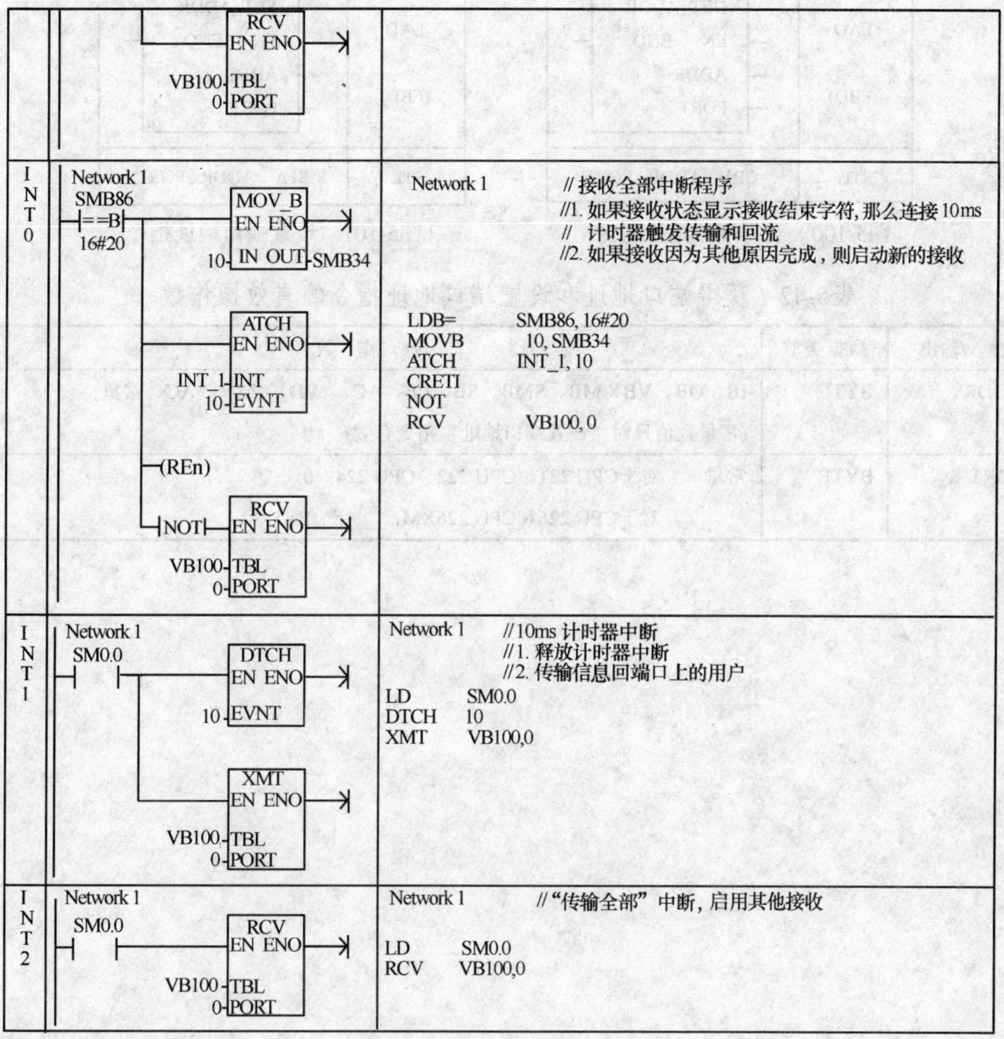
RCV
EN ENO
VB100 TBL
0 PORT
INT0
Network 1
SMB86
==B
16#20
MOV_B
EN ENO
10 IN OUT SMB34
ATCH
EN ENO
INT_1 INT
10 EVNT
(REn)
NOT
RCV
EN ENO
VB100 TBL
0 PORT
Network 1
// 接收全部中断程序
//1. 如果接收状态显示接收结束字符，那么连接 10ms
// 计时器触发传输和回流
//2. 如果接收因为其他原因完成，则启动新的接收
LDB= SMB86, 16#20
MOVB 10, SMB34
ATCH INT_1, 10
CRETI
NOT
RCV VB100, 0
INT1
Network 1
SM0.0
DTCH
EN ENO
10 EVNT
XMT
EN ENO
VB100 TBL
0 PORT
Network 1
//10ms 计时器中断
//1. 释放计时器中断
//2. 传输信息回端口上的用户
LD SM0.0
DTCH 10
XMT VB100,0
INT2
Network 1
SM0.0
RCV
EN ENO
VB100 TBL
0 PORT
Network 1
//“传输全部”中断，启用其他接收
LD SM0.0
RCV VB100,0

图5-99　传输和接收指令示例

5.12.3　获得端口地址和设置端口地址指令

获得端口地址(GPA)指令读取在端口中指定的S7-200CPU端口的站地址，并将此数值放在ADDR中指定的地址。

设置端口地址(SPA)指令设置端口站地址(端口)为在 ADDR 中指定的数值。新地址不是永久保存。在电源循环后，受影响的端口返回最后一个地址(用系统块下载的那个地址)。获得端口地址指令如图 5-100 所示；设置端口地址指令如图 5-101 所示。

获得端口地址和设置端口地址指令的有效操作数见表5-42。

设置ENO ＝ 0的错误条件：0006(间接地址)；0004(在中断程序中执行设置端口地址指令)

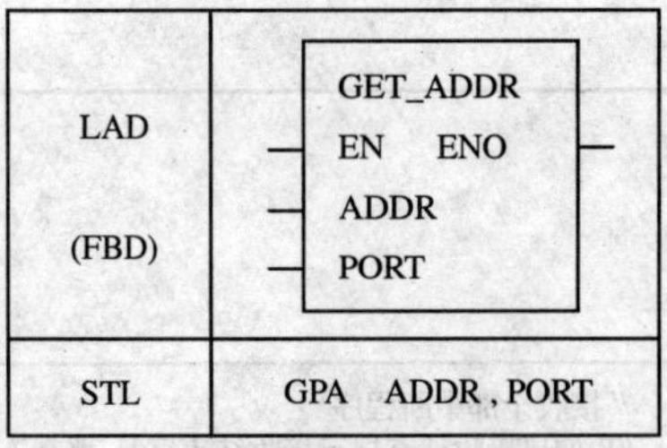
LAD
(FBD)
GET_ADDR
EN ENO
ADDR
PORT
STL
GPA ADDR , PORT

图5-100 获得端口地址指令

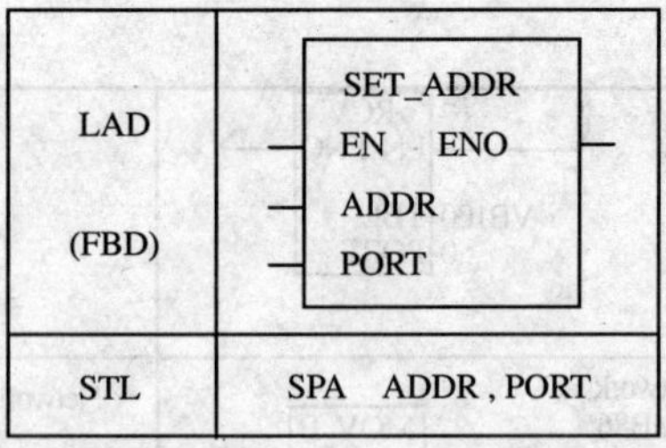
LAD
(FBD)
SET_ADDR
EN ENO
ADDR
PORT
STL
SPA ADDR , PORT

图5-101 设置端口地址指令

表5-42 获得端口地址和设置端口地址指令的有效操作数

输入/输出	数据类型	操 作 数
ADDR	BYTE	IB、QB、VB、MB、SMB、SB、LB、AC、*VD、*LD、*AC、常量 (常量数值只对“设置端口地址”指令有效)
PORT	BYTE	常量 对于CPU 221、CPU 222、CPU 224：0 对于CPU 226和CPU 226XM： 0或1

第 6 章　PLC 通信与网络

6.1　PLC 网络概述

随着全球经济的发展，制造业领域大规模集约化生产的趋势对生产自动化程度的要求越来越高。自动控制系统也从传统的集中式控制向分布式网络化控制发展。这就要求构成控制系统的 PLC 必须有通信及网络控制功能，能够互相连接，远程通信，从而构成网络。这些市场的需求促使各 PLC 的生产厂商纷纷给自己的产品增加通信及联网的功能，研制开发自己的 PLC 网络产品。如西门子公司的 SINEC H3 网，OMRON 公司的 SYSMAC 网，三菱公司的 MELSEC NET 网等。目前，市场上的 PLC 产品，即使是微型和小型的 PLC 也都具有网络通信的接口。今后的 PLC 网络的总体发展趋势是向高速、多层次、大信息吞吐量、高可靠性和开放式发展。

本章将先介绍数据通信及网络基础，循序渐进地介绍 S7-200 系列 PLC 的通信与网络，最后介绍 S7-200 系列 PLC 的网络高级应用。

6.2　数据通信及网络基础

6.2.1　模拟信号与数字信号

在数字通信中，信号是数据在传输过程中的电信号的表示形式。电话线上传送的按照声音的强弱幅度连续变化的电信号称为模拟信号（Analog signal）。模拟信号的信号电平是连续变化的，其波形如图 6-1（a）所示。计算机所产生的电信号是用两种不同的电平来表示 0bit、1bit 序列的电压脉冲信号，这种电信号称为数字信号（Digital signal）。数字信号的波形如图 6-1（b）所示。按照在传输介质上传输的信号类型，可以相应地将通信系统分为模拟通信系统与数字通信系统两种。

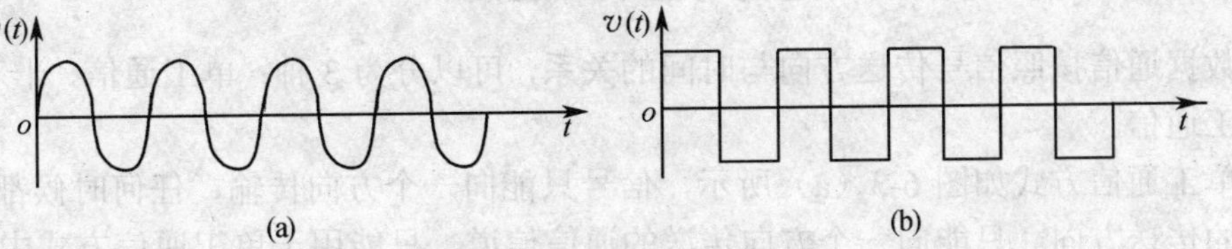

v(t)
o
t
(a)
v(t)
o
t
(b)

图 6-1　模拟信号与数字信号波形

(a) 模拟信号；(b) 数字信号。

6.2.2　串行通信与并行通信

数据通信按照字节使用的信道数，可以分为两种：串行通信和并行通信。在计算机中，通常是用 8 位的二进制代码来表示一个字符。在数据通信中，按图 6-2（a）所示的方式，将待传送的每个字符的二进制代码按由低位到高位的顺序，依次发送。这种方式称为串行通信。

在数据通信中，如果按图 6-2（b）所示的方式，将表示一个字符的 8 位二进制代码同时通过 8 条并行的通信信道发送出去，每次发送一个字符代码，这种工作方式称为并行通信。

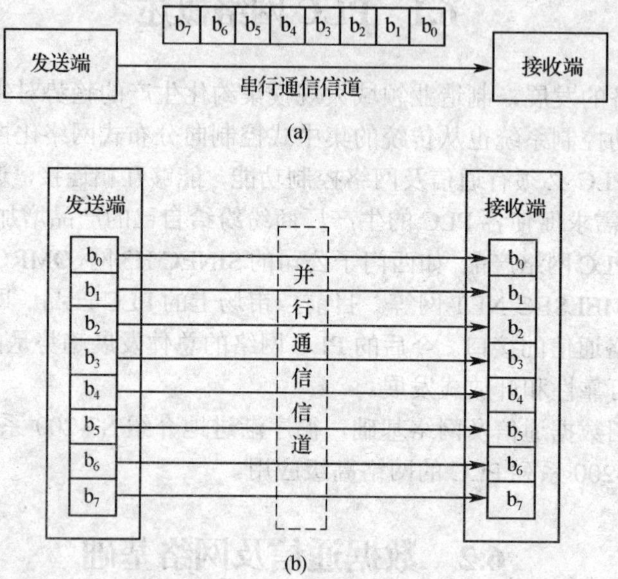

b_7 b_6 b_5 b_4 b_3 b_2 b_1 b_0
发送端
接收端
串行通信信道
(a)
发送端
b_0 b_1 b_2 b_3 b_4 b_5 b_6 b_7
并行通信信道
接收端
b_0 b_1 b_2 b_3 b_4 b_5 b_6 b_7
(b)

图 6-2 串行通信与并行通信

(a) 串行通信；(b) 并行通信。

显然，采用串行通信方式只需要在收发双方之间建立一条通信信道；采用并行通信方式，收发双方之间必须建立并行的多条通信信道。对于远程通信来说，在同样传输速率的情况下，并行通信在单位时间内所传送的码元数是串行通信的 n 倍（此例中 n=8）。由于需要建立多个通信信道，并行通信方式的造价较高；因此在远程通信中，人们一般采用串行通信方式。

6.2.3 单工通信、半双工通信与全双工通信

数据通信按照信号传送方向与时间的关系，可以分为 3 种：单工通信、半双工通信、全双工通信。

单工通信方式如图 6-3（a）所示，信号只能向一个方向传输，任何时候都不能改变信号的传送方向。只能向一个方向传送的通信信道，只能用于单工通信方式中。

半双工通信方式如图 6-3（b）所示，信号可以双向传送，但必须是交替进行，一个时间只能向一个方向传送。可以双向传送信号，但必须交替进行的通信信道，只能用于半双工通信方式中。

全双工通信方式如图 6-3（c）所示，信号可以同时双向传送。只有可以双向同时传送信号的通信信道，才能实现全双工通信，自然也就可以用于单工或半双工通信。

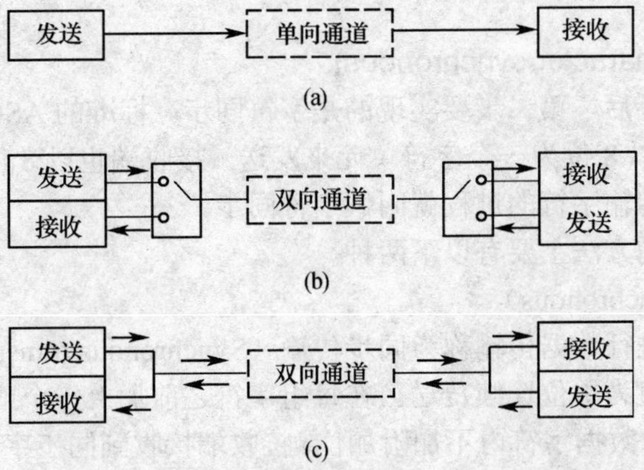

发送
单向通道
接收
(a)
发送
接收
双向通道
接收
发送
(b)
发送
接收
双向通道
接收
发送
(c)

图 6-3　单工通信、半双工通信与全双工通信

(a) 单工通信；(b) 半双工通信；(c) 全双工通信。

6.2.4　同步技术

同步是数字通信中必须解决的一个重要问题。所谓同步，就是要求通信的收发双方在时间基准上保持一致。

计算机的通信过程与人们使用电话进行通话的过程有很多相似之处。在正常的通话过程中，人们在拨通电话，并确定对方就是他要找的人时，双方就可以进入通话状态。在通话过程中，说话的人要讲清楚每个字，并在每讲完一句话时需要停顿一下。听话的人也要适应讲话人的说话速度，听清楚对方讲的每一个字；同时要根据讲话人的语气和停顿来判断一句话的开始与结束，这样才可能听懂对方所说的每句话。这就是人们在电话通信过程中需要解决的“同步”问题。如果在数据通信中收发双方同步不良，轻者会造成通信质量下降，严重时甚至会造成系统完全不能工作。

与人们通过电话进行通信的过程相似，在数据通信过程中，收发双方同样也要解决同步问题，只是问题更复杂一些。数据通信的同步包括以下两种。

1. 位同步(Bit synchronous)

数据通信的双方如果是两台计算机的话，那么两台计算机的时钟频率即使标称值都是相同的（都是 166MHz），也一定存在着频率误差。因此，不同计算机的时钟频率肯定存在着差异。这种时钟频率的差异，将导致不同计算机的时钟周期的微小误差。

尽管这种差异是微小的，但是在大量的数据的传输过程中，其积累误差也足以造成传输错误。因此，在数据通信过程中，首先要解决收发双方的时钟频率的一致性问题。解决的基本方法：要求接收端根据发送端发送数据的起止时间和时钟频率，来校正自己的时间基准与时钟频率。这个过程就叫做位同步。

实现位同步的方法主要有以下两种：

(1) 外同步法　外同步法是在发送端发送一路数据信号的同时，另外发送一路同步时钟信号。接收端根据接收到的同步时钟信号来校正时间基准与时钟频率，实现收发双方的位同步。

(2) 内同步法　内同步法是从自含时钟编码的发送数据中提取同步时钟的方法，曼彻斯特编码与差分曼彻斯特编码都是自含时钟编码方法。这个问题将会在数据编码一节中进行介绍。

2. 字符同步(Character synchronous)

在实现了位同步后，第二步要实现的是字符同步。标准的 ASCII 字符由 8 位二进制 0、1 组成。发送端以 8 位为一个字符单元来发送，接收端也以 8 位为字符单元来接收。保证收发双方正确传输字符的过程就叫做字符同步。

实现字符同步的方法主要有以下两种。

1) 同步式（Synchronous）

采用同步方式进行数据传输称为同步传输（Synchronous transmission）。同步传输将字符组织成组，以组为单位连续传送。在每组字符之前加上一个或多个用于同步控制的同步字符 SYN，每个数据字符内不加附加位。接收端接收到同步字符 SYN 后，根据 SYN 来确定数据字符的起始与终止，以实现同步传输的功能。同步传输的工作原理如图 6-4 所示。

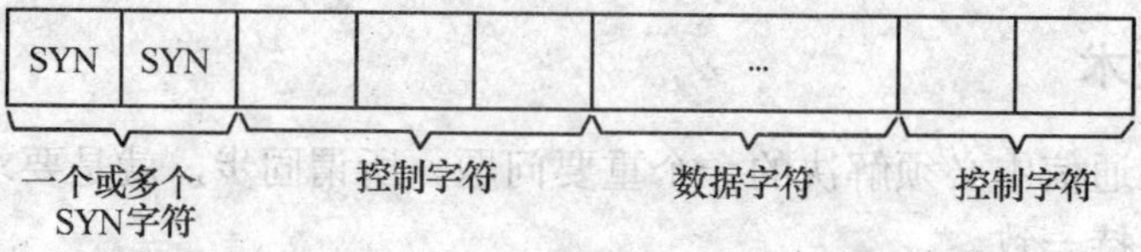
SYN
SYN
...
一个或多个
SYN字符
控制字符
数据字符
控制字符

图 6-4　同步传输的工作原理

2) 异步式（Asynchronous）

采用异步方式进行数据传输称为异步传输（Asynchronous transmission）。异步传输的特点：每个字符作为一个独立的整体进行发送，字符之间的时间间隔可以是任意的。

为了实现字符同步，每个字符的第一位前加 1 位起始位（逻辑“1”），字符的最后一位后加 1 位、1.5 位或 2 位终止位（逻辑“0”）。异步传输的比特流结构如图 6-5 所示。

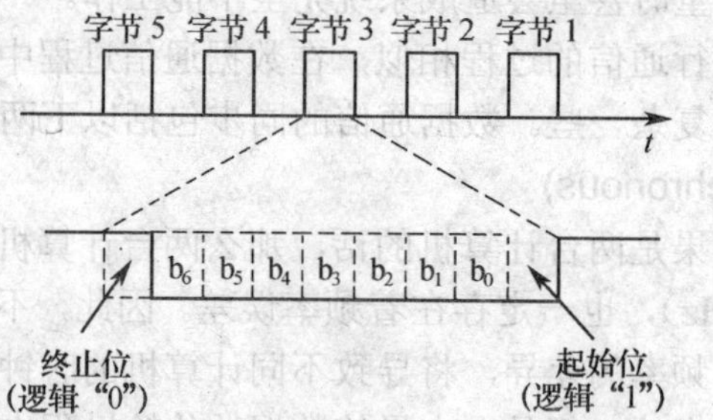
字节 5
字节 4
字节 3
字节 2
字节 1
t
b6
b5
b4
b3
b2
b1
b0
终止位
(逻辑“0”)
起始位
(逻辑“1”)

图 6-5　异步传输的比特流结构

在实际问题中，人们也将同步传输叫做同步通信，将异步传输叫做异步通信。同步通信的传输效率要比异步通信的传输效率高，因此，同步通信方式更适用于高速数据传输。

6.2.5　数据编码技术

1. 数据编码类型

在计算机中数据是以离散的二进制 0bit、1bit 序列方式表示的。计算机数据在传输过程中的数据编码类型，主要取决于它采用的通信信道所支持的数据通信类型。

根据数据通信类型，网络中常用的通信信道分为两类：模拟通信信道与数字通信信道。相应的用于数据通信的数据编码方式也分为两类：模拟数据编码与数字数据编码。

2. 模拟数据编码方法

电话通信信道是典型的模拟通信信道，它是目前世界上覆盖面最广、应用最普遍的一类通信信道。无论网络与通信技术如何发展，电话仍然是一种基本的通信手段。传统的电话通信信道是为传输话音信号设计的，只适用于传输音频范围为 300Hz～3400Hz 的模拟信号，无法直接传输计算机的数字信号。为了利用模拟话音通信的电话交换网实现计算机的数字数据信号的传输，必须首先将数字信号转换成模拟信号。

发送端数字数据信号变换成模拟数据信号的过程称为调制（Modulation），调制设备称为调制器（Modulator）；接收端把模拟数据信号还原成数字数据信号的过程称为解调（Demodulation），解调设备称为解调器（Demodulator）。因此，同时具备调制与解调功能的设备，称为调制解调器（Modem）。

在调制过程中，首先要选择音频范围内的某一角频率 ω 的正（余）弦信号作为载波，该正（余）弦信号可以写为

$$u(t)=U_m\sin(\omega_t+\phi_0) \tag{6-1}$$

在载波 $u(t)$ 中，有 3 个可以改变的电参量：振幅 U_m、角频率 ω 与相位 ϕ。可以通过改变这 3 个参数，来实现模拟数据信号的编码。

1) 振幅键控(Amplitude Shift Keying，ASK)

振幅键控方法是通过改变载波信号振幅来表示数字信号 1、0。例如，用载波幅度为 U_m 表示数字 1，用载波幅度为 0 表示数字 0。振幅键控信号波形如图 6-6（a）所示，其数学表达式为

$$u(t)=\begin{cases}U_m\sin(\omega_{1t}+\phi_0), & \text{数字1} \quad (6\text{-}2)\\ 0, & \text{数字0} \quad (6\text{-}3)\end{cases}$$

振幅键控信号实现容易，技术简单，但抗干扰能力较差。

2) 移频键控(Frequency Shift Keying，FSK)

移频键控方法是通过改变载波信号角频率来表示数字信号 1、0。例如，用角频率 ω_1 表示数字 1，用角频率 ω_2 表示数字 0。移频键控信号波形如图 6-6（b）所示，其数学表达式为

$$u(t)=\begin{cases}U_m\cdot\sin(\omega_{1t}+\phi_0), & \text{数字 1} \quad (6\text{-}4)\\ U_m\cdot\sin(\omega_{2t}+\phi_0), & \text{数字 0} \quad (6\text{-}5)\end{cases}$$

移频键控信号实现容易，技术相对简单，抗干扰能力较强，是目前最常用的调制方法之一。

3) 移相键控(Phase Shift Keying，PSK)

移相键控方法是通过改变载波信号的相位值来表示数字信号 1、0。如果用相位的绝对值表示数字信号 1、0，则称为绝对调相。如果用相位的相对偏移值表示数字信号 1、0，则称为相对调相。

(1) 绝对调相　在载波信号 $u(t)$ 中，θ 为载波信号的相位。最简单的情况是：用相位的绝对值来表示它所对应的数字信号。当表示数字 1 时，取 $\theta=0$；当表示数字 0 时，

取 $\theta=\pi$。那么，这种最简单的绝对调相方法可以用下式表示：

$$E(t)=\begin{cases} U_m\sin(\omega_t+0), & 数字 1 \quad (6\text{-}6) \\ U_m\sin(\omega_t+\pi), & 数字 0 \quad (6\text{-}7) \end{cases}$$

接收端可以通过检测载波相位的方法来确定它所表示的数字信号值。绝对调相波形如图 6-6（c）所示。

(2) 相对调相　相对调相用载波在两位数字信号的交接处产生的相位偏移来表示载波所表示的数字信号。最简单的相对调相方法：2bit 信号交接处遇 0，载波信号相位不变；2bit 信号交接处遇 1，载波信号相位偏移 π。相对调相波形如图 6-6（d）所示。

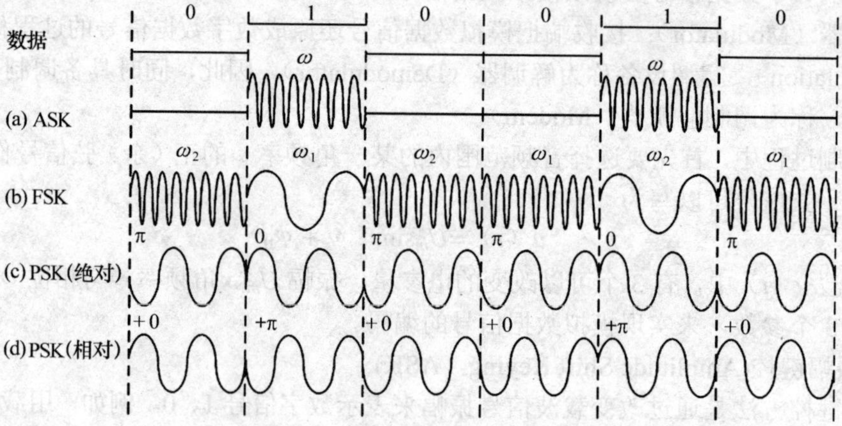
0
1
0
0
1
0
数据
ω
ω
(a) ASK
ω2
ω1
ω2
ω1
ω2
ω1
(b) FSK
π
0
π
π
0
π
(c) PSK(绝对)
+0
+π
+0
+0
+π
+0
(d) PSK(相对)

图 6-6　模拟数据信号的编码方法

在实际使用中，移相键控方法可以方便地采用多相调制方法，以达到高速传输的目的。移相键控方法的抗干扰能力强，但实现技术较复杂。

(3) 多相调制　以上讨论的是二相调制的方法，即用两个相位值分别表示二进制数 0、1。在模拟数据通信中，为了提高数据传输速率，人们常采用多相调制的方法。例如，可以将待发送的数字信号按 2bit 一组的方式组织，两个二进制比特可以有四种组合，即 00、01、10、11。每组是一个 2bit 码元，可以用四个不同的相位值去表示这四组 2bit 码元。那么，在调相信号传输过程中，相位每改变一次，传送两个二进制比特。我们把这种调相方法称为四相调制。同理，如果将发送的数据每 3bit 组成一个 3bit 码元组，3 位二进制数共有 8 种组合，那么对应可以用 8 种不同的相位值去表示。我们把这种调相方法称为八相调制。

3. 数字数据编码方法

在数据通信技术中，将利用模拟通信信道通过调制解调器传输模拟数据信号的方法称为频带传输，将利用数字通信信道直接传输数字数据信号的方法称为基带传输。

频带传输的优点是可以利用目前覆盖面最广、普遍应用的模拟话音通信信道。用于话音通信的电话交换网技术成熟并且造价较低，但其缺点是数据传输速率与系统效率较低。基带传输在基本不改变数字数据信号频带（即波形）的情况下直接传输数字信号，可以达到很高的数据传输速率和系统效率。因此，基带传输是目前迅速发展与广泛应用的数据通信方式。

在基带传输中，数字数据信号的编码方式主要有以下几种。

1) 非归零码

非归零码 (Non Return to Zero，NRZ)的波形如图 6-7（a）所示。NRZ 码可以规定用负电平表示逻辑“0”，用正电平表示逻辑“1”；也可以有其他表示方法。

NRZ 码的缺点是无法判断一位的开始与结束，收发双方不能保持同步。为保证收发双方的同步，必须在发送 NRZ 码的同时，用另一个信道同时传送同步信号，如图 6-7(b)所示。另外，当信号中“1”与“0”的个数不相等时，将存在直流分量，这是在数据传输中不希望出现的。

2) 曼彻斯特（Manchester）编码

曼彻斯特编码是目前应用最广泛的编码方法之一。典型的曼彻斯特编码波形如图 6-7（c）所示。曼彻斯特编码的规则是：每比特的周期 T 分为前 $T/2$ 与后 $T/2$ 两部分；通过前 $T/2$ 传送该比特的反码，通过后 $T/2$ 传送该比特的原码。

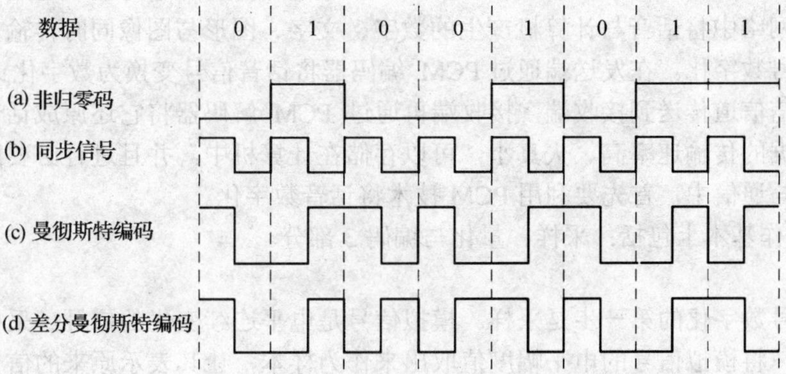

数据
0
1
0
0
1
0
1
1
(a) 非归零码
(b) 同步信号
(c) 曼彻斯特编码
(d) 差分曼彻斯特编码

图 6-7　数字数据信号的波形

曼彻斯特编码的优点：每个比特的中间有一次电平跳变，两次电平跳变的时间间隔可以是 $T/2$ 或 T，利用电平跳变可以产生收发双方的同步信号。因此，曼彻斯特编码信号又称为“自含钟编码”信号，发送曼彻斯特编码信号时无需另发同步信号。

曼彻斯特编码信号不含直流分量。

曼彻斯特编码的缺点是效率较低，如果信号传输速率是 10Mb/s，那么发送时钟信号频率应为 20MHz。

3) 差分曼彻斯特（Difference Manchester）编码

差分曼彻斯特编码是对曼彻斯特编码的改进。典型差分曼彻斯特编码波形如图 6-7（d）所示。差分曼彻斯特编码与曼彻斯特编码不同点：每比特的中间跳变仅作为同步之用，每比特的值根据其开始边界是否发生跳变来决定。

我们可以比较曼彻斯特编码与差分曼彻斯特编码的区别。图 6-7 中被编码的数据 b_0=0，根据曼彻斯特编码规则，前 $T/2$ 取 0 的反码。按照本书的规定，0 用低电平表示，那么其反码（高电平）；后 $T/2$ 取 0 的原码（低电平）。b_0=1，根据曼彻斯特编码规则，前 $T/2$ 取 1 的反码（低电平）；后 $T/2$ 取 1 的原码（高电平）。对于差分曼彻斯特编码规则，b_0 之后的 b_1=1，在两个比特交接处不发生电平跳变，那么 b_0 的后 $T/2$ 是低电平，b_1

的前 $T/2$ 仍为低电平，后 $T/2$ 则取高电平。b_3=0，根据曼彻斯特编码，b_3 的前 $T/2$ 为高电平，后 $T/2$ 为低电平。而根据差分曼彻斯特编码，b_3=0，在 b_2 与 b_3 交接处要发生电平跳变，那么 b_2 的后 $T/2$ 为高电平，b_3 的前 $T/2$ 一定是低电平，后 $T/2$ 是高电平。依照这个规律，就可以画出曼彻斯特编码与差分曼彻斯特编码的波形。

曼彻斯特编码与差分曼彻斯特编码是数据通信中最常用的数字数据信号编码方式，它们的优点是明显的，但也有明显的缺点，那就是它需要的编码的时钟信号频率是发送信号频率的 2 倍。例如，如果发送速率为 10Mb/s，那么发送时钟为 20MHz；如果发送速率为 100Mb/s，那么发送时钟就要求达到 200MHz。

4. 脉冲编码调制方法

由于数字信号传输失真小、误码率低、数据传输速率高，因此在网络中除计算机直接产生的数字外，话音、图像信息的数字化已成为发展的必然趋势。脉冲编码调制(Pulse Code Modulation，PCM)是模拟数据数字化的主要方法。

PCM 技术的典型应用是话音数字化。话音可以用模拟信号的形式通过电话线路传输，但是在网络中将话音与计算机产生的数字、文字、图形与图像同时传输，就必须首先将话音信号数字化。在发送端通过 PCM 编码器将话音信号变换为数字化话音数据。

通过通信信道传送到接收端，接收端再通过 PCM 解码器将它还原成话音信号。数字化话音数据的传输速率高、失真小，可以存储在计算机中，并且进行必要的处理。因此，在网络与通信中，首先要利用 PCM 技术将话音数字化。

PCM 操作基本上包括：采样、量化与编码 3 部分。

1) 采样

模拟信号数字化的第一步是采样。模拟信号是电平连续变化的信号。采样是隔一定的时间间隔，将模拟信号的电平幅度值取出来作为样本，让其表示原来的信号。采样频率为

$$f \geqslant 2B \text{ 或 } f=1/T \geqslant 2f_{\max} \tag{6-8}$$

式中 B——通信信道带宽；

T——采样周期；

$f_{\max}$——信道允许通过的信号最高频率。

采样的工作原理如图 6-8（a）所示。研究结果表明，如果以大于或等于通信信道带宽 2 倍的速率定时对信号进行采样，其样本可以包含足以还原原模拟信号的所有信息。

2) 量化

量化是将取样样本幅度按量化级决定取值的过程。经过量化后的样本幅度为离散的量级值，已不是连续值。

量化之前要规定将信号分为若干量化级，例如可以分为 8 级或 16 级，以及更多的量化级，这要根据精度要求决定。同时，要规定好每一级对应的幅度范围，然后将采样所得样本幅值与上述量化级幅值比较。例如，1.28 取值为 1.3，1.52 取值为 1.5；通过取整来定级。

3) 编码

编码是用相应位数的二进制代码表示量化后的采样样本的量级。如果有 k 个量化级，则二进制的位数为 $\log 2k$。例如，如果量化级有 16 个，就需要 4 位编码。在目前常用的

话音数字化系统中，多采用 128 个量级，需要 7 位编码。经过编码后，每个样本都要用相应的编码脉冲表示。如图 6-8（b）所示，D5 取样幅度为 1.52，取整后为 1.5，量化级为 15，样本编码为 1111。将二进制编码 1111 发送到接收端，接收端可以将它还原成量化级 15，对应的电平幅度为 1.5。

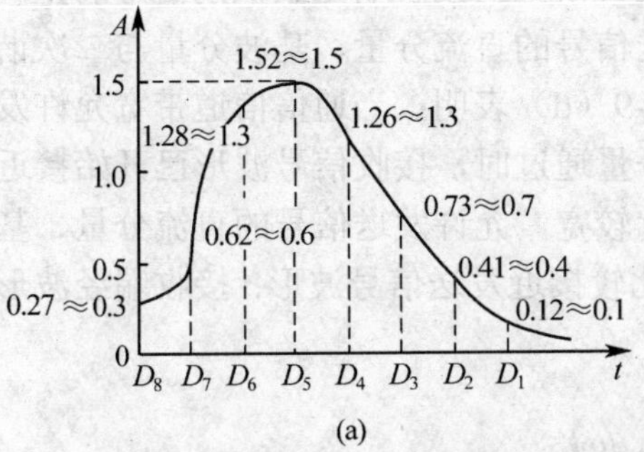
A
1.5
1.0
0.5
0
1.52≈1.5
1.28≈1.3
1.26≈1.3
0.73≈0.7
0.62≈0.6
0.41≈0.4
0.27≈0.3
0.12≈0.1
D8 D7 D6 D5 D4 D3 D2 D1 t
(a)

样本	量化级	二进制编码	编码信号
D_1	1	0001	
D_2	4	0100	
D_3	7	0111	
D_4	13	1101	
D_5	15	1111	
D_6	13	1101	
D_7	6	0110	
D_8	3	0011	

(b)

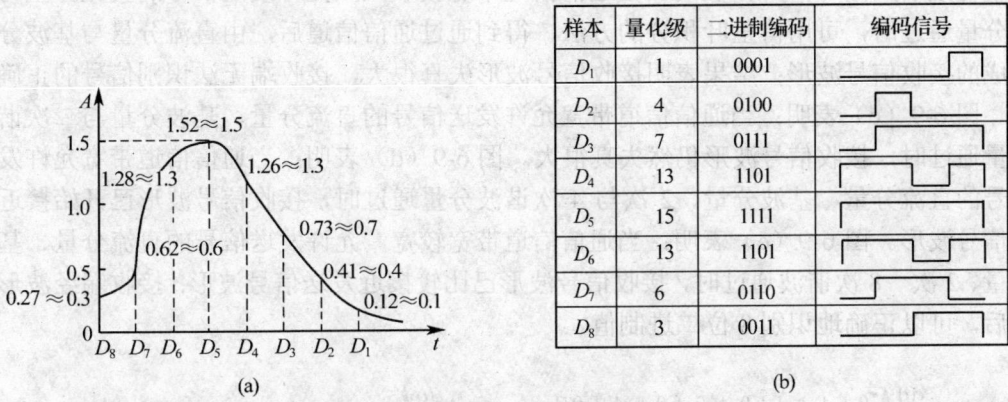

图 6-8　PCM 工作原理示意图

(a) 工作原理；(b) 编码脉冲。

当 PCM 用于数字化语音系统时，它将声音分为 128 个量化级，每个量化级采用 7 位二进制编码表示。由于采样速率为 8000 样本每秒，因此，数据传输速率应该达到 7×8000b/s=56kb/s。此外，PCM 可以用于计算机中的图形、图像数字化与传输处理。PCM 采用二进制编码的缺点：使用的二进制位数较多，编码的效率比较低。

6.2.6　基带传输的基本概念

在数据通信中，表示计算机二进制的比特序列的数字数据信号是典型的矩形脉冲信号。人们把矩形脉冲信号的固有频带称为基本频带（简称基带）。这种矩形脉冲信号就叫做基带信号。在数字通信信道上直接传送基带信号的方法称为基带传输。基带传输是一种最基本的数据传输方式。

1. 通信信道带宽对传输的影响

计算机中的数据是用离散的二进制数 0、1 表示的。在计算机通信过程中，传输的数据流是随机的二进制比特序列。设计适用于计算机通信的数据通信系统，首先要讨论计算机数据的特征及对系统的要求，使用的分析工具是傅里叶级数。

在通信技术中，观察与分析电信号的基本方法有两种：时域方法与频域方法。时域方法是以时间 t 为自变量，观察电信号（电压或电流）随时间变化的情况。频域方法通过傅里叶分析，以频率 f（或角频率 ω）为自变量，观察电信号的频谱组成、振幅与相位，分析电信号通过某一通信信道后频谱分量的变化，最终给出电信号波形的变化及引起传输失真的情况。从试验技术的角度看，时域方法是用示波器去观察信号的波形，频域方法则是用频谱仪去观察信号的频谱。

在现代网络技术中，常常使用带宽（Broad）这个术语。为了理解带宽对网络与通信的重要性，需要先了解通信信道的频率特性、带宽及通信信道带宽对基带传输的影响等问题。

为研究通信信道带宽对数据信号传输的影响，下面以连续发送一个 8bit 组成的字符 B 为例说明，字符 B 的二进制 ASCII 码为 01100010（含校验位）。如果重复发送该字符，就可以将该数据信号视为一个周期函数。图 6-9（a）给出了作为发送数据 B 的脉冲信号波形与频谱。图 6-9（b）表明：当通信信道带宽较窄，只允许发送信号的直流分量与基波分量通过时，可用傅里叶积分的方法，得到通过通信信道后，由直流分量与基波分量合成的接收信号波形；结果表明接收信号波形失真很大，接收端无法识别信号的正确编码。图 6-9（c）表明：当通信信道带宽允许发送信号的直流分量、基波分量与二次谐波分量通过时，接收信号波形仍然失真很大。图 6-9（d）表明：当通信信道带宽允许发送信号的直流分量、基波分量、2 次与 4 次谐波分量通过时，接收信号波形已开始接近发送信号波形。图 6-9（e）表明：当通信信道带宽较宽，允许发送信号的直流分量、基波分量、2 次～8 次谐波通过时，接收信号波形已比较接近发送信号波形；接收端经波形整形后，可以正确地识别 8 位二进制值。

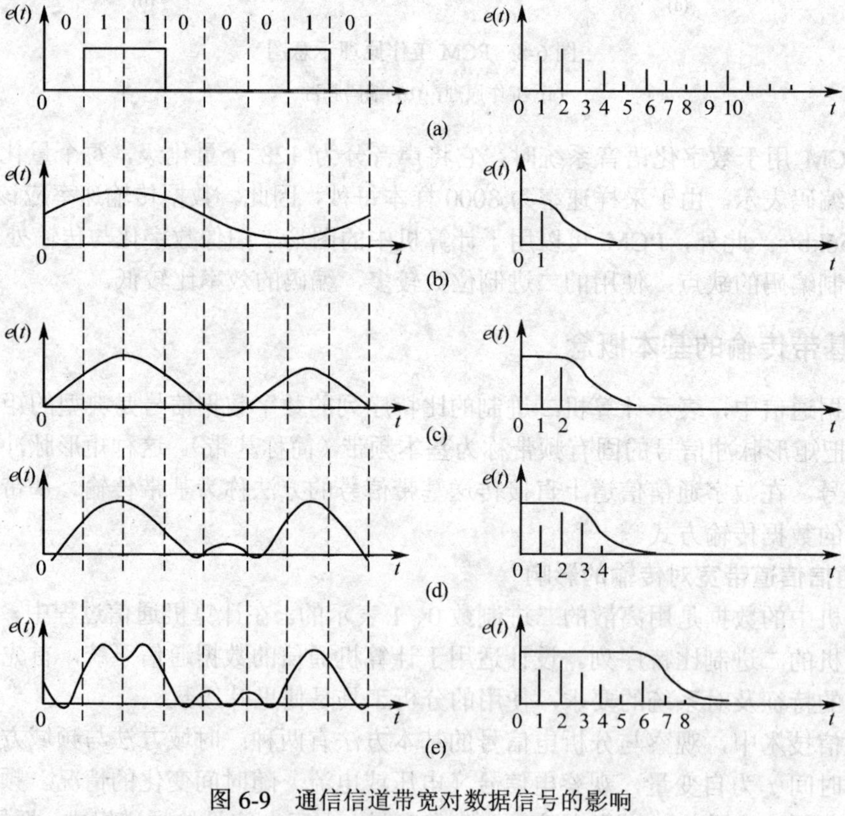

e(t)
0 1 1 0 0 0 1 0
0
t
e(t)
0 1 2 3 4 5 6 7 8 9 10
t
(a)
(b)
(c)
(d)
(e)
0 1 2
0 1 2 3 4
0 1 2 3 4 5 6 7 8

图 6-9　通信信道带宽对数据信号的影响

从以上分析中可以看出：通信信道带宽对数据信号传输中失真的影响很大。信道带宽越宽，信号传输的失真就越小。

2. 数据传输速率的定义

数据传输速率是描述数据传输系统的重要技术指标之一。数据传输速率在数值上等于每秒钟传输构成数据代码的二进制比特数，单位为 b/s。对于二进制数据，数据传输速

率为

$$S=1/t \tag{6-9}$$

式中，t 为发送每 1bit 所需要的时间。

例如，如果在通信信道上发送一比特 0、1 信号所需要的时间是 0.104ms，那么信道的数据传输速率为 9600b/s。在实际应用中，1kb/s=103b/s，1Mb/s=106b/s，1Gb/s=109b/s。

通过以上内容，可以看出信道带宽对基带信号传输的影响。在现代网络技术中，常以带宽表示通信信道的数据传输速率，带宽与速率几乎成了同义词。

6.2.7 频带传输的基本概念

基带传输是数据通信中一种重要的形式。由于电话交换网是用于传输话音信号的模拟通信信道，它是目前覆盖面最广的一种通信方式，因此，利用模拟通信信道进行数据通信是最普遍使用的通信方式之一。我们将利用模拟通信信道传输数据信号的方法称为频带传输。

在频带传输系统中，计算机通过调制解调器与电话线路连接。在发送端，调制解调器将计算机产生的数字信号转换成电话交换网可以传送的模拟数据信号；在接收端，调制解调器将接收到的模拟数据信号还原成数字信号传送给计算机。在全双工通信方式中，调制解调器应具有同时发送与接收模拟数据信号的能力。计算机通过调制解调器与电话交换网实现远程通信的结构如图 6-10 所示。

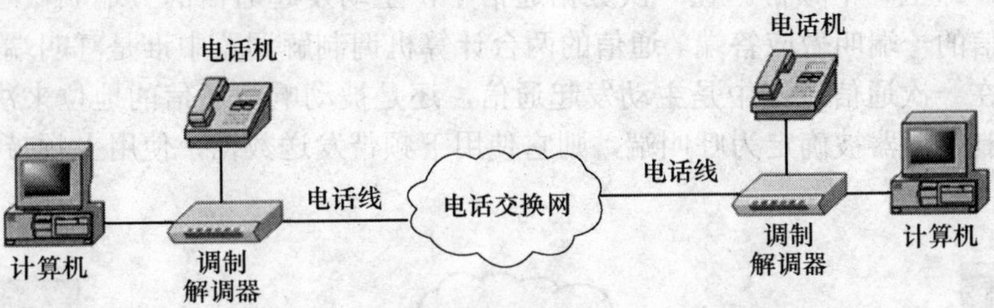
电话机
电话机
电话线
电话交换网
电话线
计算机
调制
解调器
调制
解调器
计算机

图 6-10　计算机通过调制解调器实现远程通信

根据模拟数据编码类型的不同，可以将调制解调器分成多种类型。图 6-11 给出了 FSK 方式的调制解调器工作原理示意图。发送端调制器是用输入的数字脉冲信号控制两个不同频率振荡器信号的输出来实现 D/A 转换。当输入的数字脉冲信号为高电平（对应于逻辑 1）时，频率 f_1=1270Hz 的振荡器有信号输出，当输入的数字脉冲信号为低电平（对应于逻辑 0）时，频率 f_2=1070Hz 的振荡器有信号输出。在调制器的输出端，通过组合器将根据输入的数字脉冲信号 1、0 序列排列顺序控制的两种频率的正（余）弦信号组合起来，就构成了 FSK 信号。由于对应 1、0 的两种不同频率的正（余）弦信号是处于电话交换网的通频带内，因此，模拟数据信号 FSK 可以顺利地通过模拟电话交换网到达接收端。在接收端通过设置对应 f_1、f_2 两种频率的带通滤波器，将两种不同频率的正（余）弦信号分开，使频率为 f_1 和 f_2 的正（余）弦信号分别通过两个检波器，再将检波器输出信号送给组合器叠加。组合器输出的解调信号对应的数字脉冲信号的高、低电平（即逻辑 1 与 0）的变化规律与调制器输入的数字数据信号的高、低电平变化规律相同。

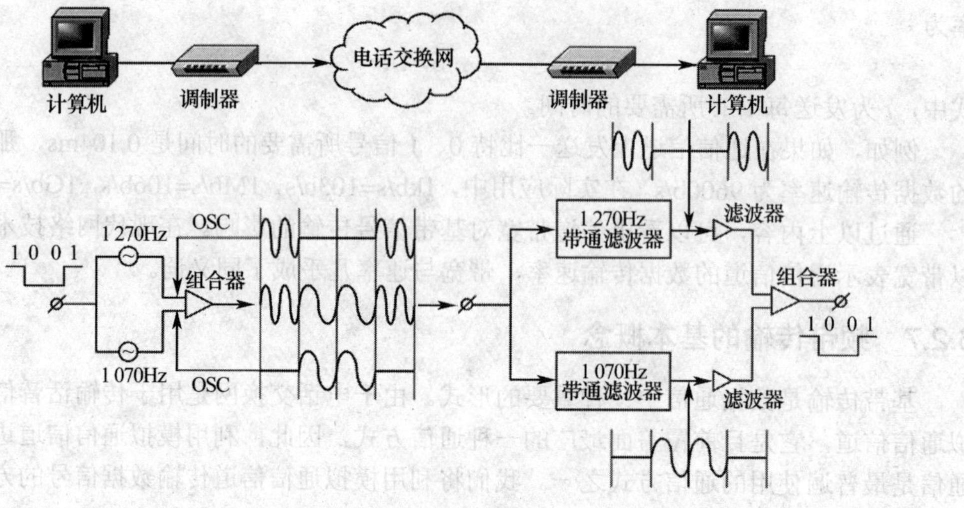
计算机
调制器
电话交换网
调制器
计算机
1 0 0 1
1 270Hz
OSC
组合器
1 070Hz
OSC
1 270Hz
带通滤波器
滤波器
组合器
1 0 0 1
1 070Hz
带通滤波器
滤波器

图 6-11 FSK 方式的调制解调器工作原理

在完成调制解调工作原理的初步讨论后，进而要讨论调制解调器如何实现在一对电话线上完成全双工通信的工作原理。调制解调器实现全双工通信的工作原理如图 6-12 所示。在实际计算机通信中，任何一台计算机都需要同时具备发送和接收数据的能力。为了实现在一对电话线上实现全双工通信，标准的 FSK 调制解调器都规定了两个频率组，即上、下频带。在一次数据通信中，主动发起通信的一端叫做呼叫端，被动参加通信的一端叫做应答端。通信的两台计算机调制解调器中谁是呼叫端与应答端，完全根据在一次通信过程中是主动发起通信，还是被动响应通信的地位来决定的。如果一个调制解调器被确定为呼叫端，则它使用下频带发送数据，使用上频带接收数据；反之亦然。

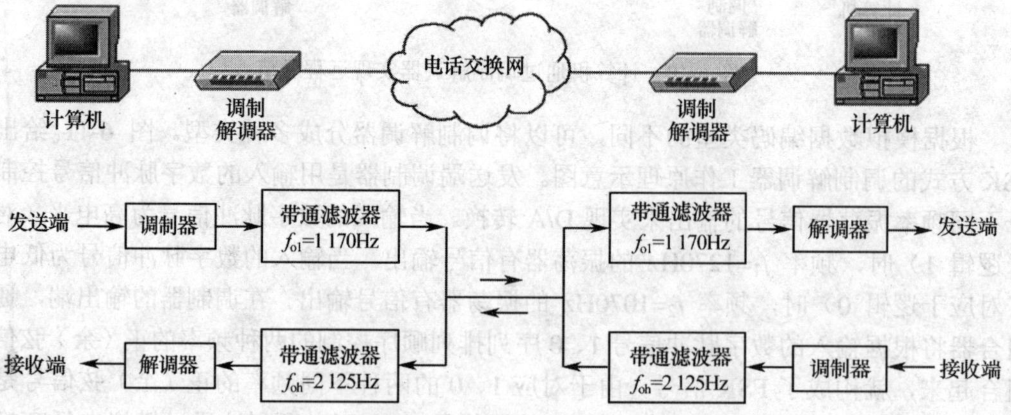
计算机
调制解调器
电话交换网
调制解调器
计算机
发送端
调制器
带通滤波器
f_{o1}=1 170Hz
带通滤波器
f_{o1}=1 170Hz
解调器
发送端
接收端
解调器
带通滤波器
f_{oh}=2 125Hz
带通滤波器
f_{oh}=2 125Hz
调制器
接收端

图 6-12 调制解调器实现全双工通信的工作原理

6.2.8 差错控制方法

1. 差错产生的原因与差错类型

我们把通过通信信道后接收的数据与发送数据不一致的现象称为传输差错，通常简称为差错。差错的产生是不可避免的，我们的任务是分析差错产生的原因，研究有效的差错控制方法。

1) 差错产生的原因

差错产生的过程示意图如图 6-13 所示。其中，图 6-13（a）是数据通过通信信道的过程，图 6-13（b）是数据传输过程中噪声的影响。

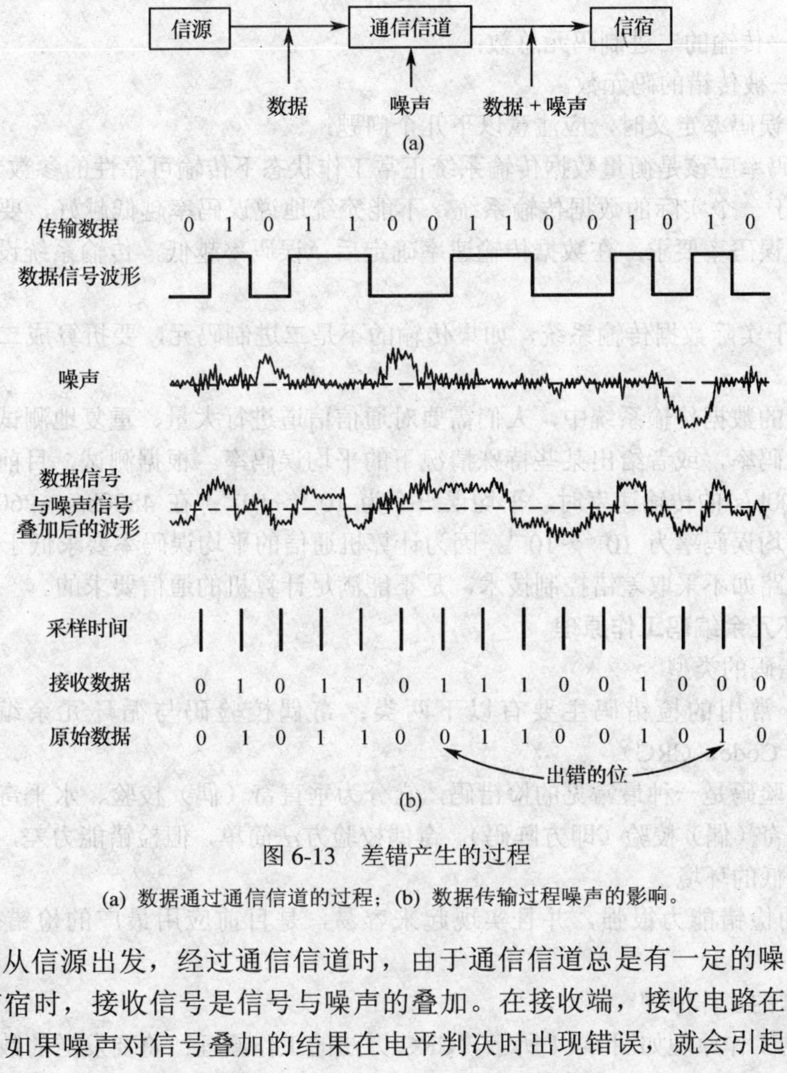
信源
通信信道
信宿
数据
噪声
数据 + 噪声
(a)
传输数据 0 1 0 1 1 0 0 1 1 0 0 1 0 1 0
数据信号波形
噪声
数据信号
与噪声信号
叠加后的波形
采样时间
接收数据 0 1 0 1 1 0 1 1 1 0 0 1 0 0 0
原始数据 0 1 0 1 1 0 0 1 1 0 0 1 0 1 0
出错的位
(b)

图 6-13　差错产生的过程

(a) 数据通过通信信道的过程；(b) 数据传输过程噪声的影响。

当数据从信源出发，经过通信信道时，由于通信信道总是有一定的噪声存在，因此在到达信宿时，接收信号是信号与噪声的叠加。在接收端，接收电路在取样时判断信号电平。如果噪声对信号叠加的结果在电平判决时出现错误，就会引起传输数据的错误。

2) 差错的类型

通信信道的噪声分为两类：热噪声与冲击噪声。

(1) 热噪声　热噪声是由传输介质导体的电子热运动产生的。热噪声的特点：时刻存在，幅度较小，强度与频率无关；但频谱很宽，是一类随机的噪声。由热噪声引起的差错是一类随机差错。

(2) 冲击噪声　冲击噪声是由外界电磁干扰引起的。与热噪声相比，冲击噪声幅度较大，是引起传输差错的主要原因。冲击噪声持续时间与每比特数据的发送时间相比可能较长，因而冲击噪声引起的相邻多个数据位出错呈突发性。冲击噪声引起的传输差错为突发差错。

在通信过程中产生的传输差错，是由随机差错与突发差错共同构成的。

2. 误码率的定义

误码率是指二进制码元在数据传输系统中被传错的概率，它在数值上近似表示为

$$P_e = N_e / N \tag{6-10}$$

式中 N——传输的二进制码元总数；

N_e——被传错的码元数。

在理解误码率定义时，应注意以下几个问题：

(1) 误码率应该是衡量数据传输系统正常工作状态下传输可靠性的参数。

(2) 对于一个实际的数据传输系统，不能笼统地说误码率越低越好，要根据实际传输要求提出误码率要求；在数据传输速率确定后，误码率越低，传输系统设备越复杂，造价越高。

(3) 对于实际数据传输系统，如果传输的不是二进制码元，要折算成二进制码元来计算。

在实际的数据传输系统中，人们需要对通信信道进行大量、重复地测试，求出该信道的平均误码率，或者给出某些特殊情况下的平均误码率。根据测试，目前电话线路在300b/s～2400b/s 的传输速率时，平均误码率为 10^{-4}～10^{-6}；在 4800b/s～9600b/s 的传输速率时，平均误码率为 10^{-2}～10^{-4}。因为计算机通信的平均误码率要求低于 10^{-9}，所以普通电话线路如不采取差错控制技术，是不能满足计算机的通信要求的。

3. 循环冗余编码工作原理

1) 检错码的类型

目前，常用的检错码主要有以下两类：奇偶校验码与循环冗余编码（Cyclic Redundancy Code，CRC）。

奇偶校验码是一种最常见的检错码，它分为垂直奇（偶）校验、水平奇（偶）校验与水平垂直奇（偶）校验（即方阵码）。奇偶校验方法简单，但检错能力差，一般只用于通信要求较低的环境。

CRC 的检错能力很强，并且实现起来容易，是目前应用最广的检错码编码方法之一。

2) CRC 的工作原理

CRC 的工作原理如图 6-14 所示。CRC 方法的工作原理：将要发送的数据比特序列当作一个多项式 $f(x)$ 的系数，在发送端用收发双方预先约定的生成多项式 $G(x)$ 去除，求得一个余数多项式，将余数多项式加到数据多项式之后发送到接收端。在接收端用同样的生成多项式 $G(x)$ 去除接收数据多项式 $f(x)$，得到计算余数多项式。如果计算余数多项式与接收余数多项式相同，则表示传输无差错；如果计算余数多项式与接收余数多项式不相同，则表示传输有差错；由发送方来重发数据，直至正确为止。

在实际网络应用中，CRC 的生成与校验过程可以用软件或硬件方法实现。目前，很多通信超大规模集成电路芯片的内部硬件，就可以非常方便、快速地实现标准 CRC 的生成与校验功能。

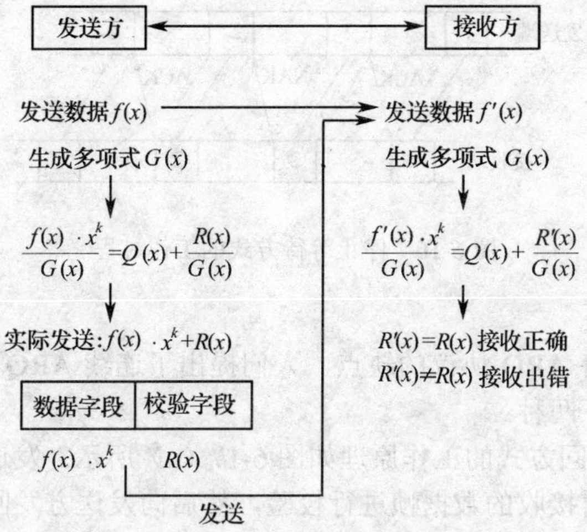
发送方
接收方
发送数据 $f(x)$
发送数据 $f'(x)$
生成多项式 $G(x)$
生成多项式 $G(x)$
$\frac{f(x)\cdot x^k}{G(x)}=Q(x)+\frac{R(x)}{G(x)}$
$\frac{f'(x)\cdot x^k}{G(x)}=Q(x)+\frac{R'(x)}{G(x)}$
实际发送: $f(x)\cdot x^k+R(x)$
$R'(x)=R(x)$ 接收正确
$R'(x)\neq R(x)$ 接收出错
数据字段
校验字段
$f(x)\cdot x^k$
$R(x)$
发送

图 6-14　CRC 的工作原理

CRC 校验码的检错能力很强，除了能检查出离散错外，还能检查出突发错。它具有以下检错能力：

(1) CRC 校验码能检查出全部单个错；

(2) CRC 校验码能检查出全部离散的 2 位错；

(3) CRC 校验码能检查出全部奇数个错；

(4) CRC 校验码能检查出全部长度小于或等于 k 位的突发错；

(5) CRC 校验码能以 $[1-(1/2)k^{-1}]$ 的概率检查出长度为 $(k+1)$ 位的突发错。

4. 差错控制机制

接收端可以通过检错码检查传送一帧数据是否出错，一旦发现传输错误，则通常采用反馈重发（Automatic Request for Repeat，ARQ）方法来纠正。数据通信系统中的 ARQ 机制如图 6-15 所示。ARQ 纠错实现方法有两种：停止等待方式与连续工作方式。

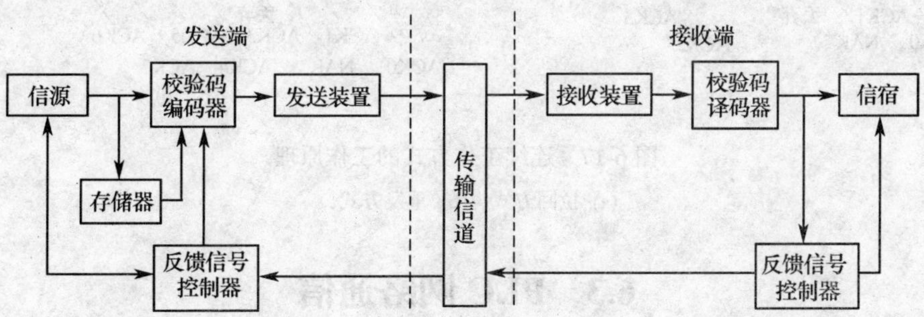
发送端
接收端
信源
校验码编码器
发送装置
传输信道
接收装置
校验码译码器
信宿
存储器
反馈信号控制器
反馈信号控制器

图 6-15　ARQ 纠错的实现机制

1) 停止等待方式

停止等待方式中数据帧与应答帧的发送时间关系如图 6-16 所示。在停止等待方式中，发送方在发送完一数据帧后，要等待接收方的应答帧的到来。应答帧表示上一帧已正确接收，发送方就可以发送下一数据帧，否则将重发出错数据帧。停止等待 ARQ 协议比较简单，但系统通信效率较低。

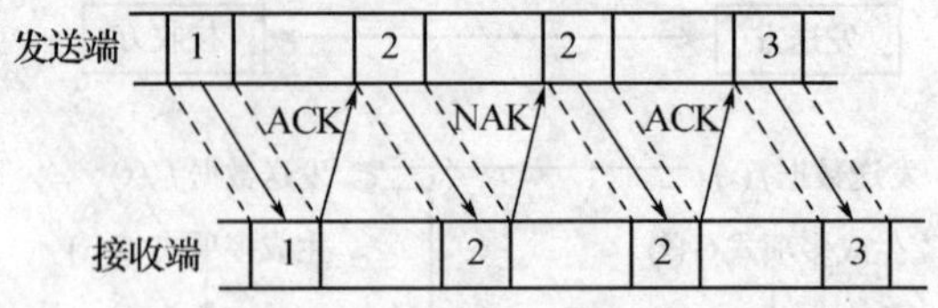
发送端
1
2
2
3
ACK
NAK
ACK
接收端
1
2
2
3

图 6-16　停止等待方式的工作过程

2) 连续工作方式

为了克服停止等待 ARQ 协议的缺点，人们提出了连续 ARQ 协议。实现连续 ARQ 协议的方法主要有以下两种：

(1) 拉回方式　拉回方式的工作原理如图 6-17（a）所示。发送方可以连续向接收方发送数据帧，接收方对接收的数据帧进行校验，然后向发送方发回应答帧。如果发送方在连续发送了编号为 0～5 的数据帧后，从应答帧得知 2 号数据帧传输错误，那么发送方将停止当前数据帧的发送，重发 2、3、4、5 号数据帧。拉回状态结束后，再接着发送 6 号数据帧。

(2) 选择重发方式　选择重发方式的工作原理如图 6-17（b）所示。选择重发方式与拉回方式的区别：如果在发送完编号为 5 的数据帧时，接收到编号为 2 的数据帧传输出错的应答帧，那么发送方在发送完编号为 5 的数据帧后，只重发出错的 2 号数据帧。选择重发完后，接着发送编号为 6 的数据帧。显然，选择重发方式的效率将高于拉回方式。

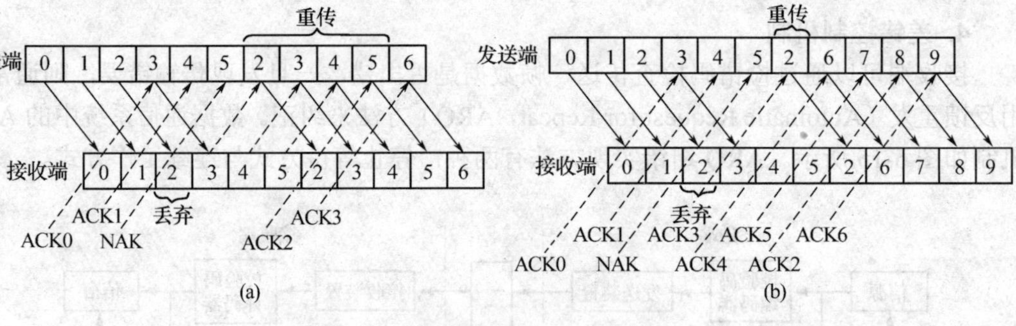
重传
发送端
0 1 2 3 4 5 2 3 4 5 6
接收端
0 1 2 3 4 5 2 3 4 5 6
ACK1
丢弃
ACK3
ACK0
NAK
ACK2
(a)
重传
发送端
0 1 2 3 4 5 2 6 7 8 9
接收端
0 1 2 3 4 5 2 6 7 8 9
丢弃
ACK1
ACK3
ACK5
ACK6
ACK0
NAK
ACK4
ACK2
(b)

图 6-17　连续工作方式的工作原理

(a) 拉回方式；(b) 重发方式。

6.3　PLC 网络通信

6.3.1　S7-200 网络通信基础

无论计算机还是 PLC，它们都是数字化设备，它们之间交换的信息是由 0 和 1 表示的数字信号。通常把具有一定编码、格式和位长的数字信号称为数字信息。

数字通信就是将数字信息通过适当的传输线路，从一台机器传输到另一台机器。这里的机器可以是计算机、PLC 或是有数字通信功能的其他数字设备。

数字通信系统的任务是把地理位置不同的计算机和 PLC 及其他数字设备连接起来，高效率的完成数据的传输、信息交换和通信处理 3 项任务。

数字通信系统一般由传输设备、传输控制设备和传输协议通信软件等组成。

1. 网络通信接口的选择

S7-200支持许多不同类型的通信网络。网络选择可在“设置PG/PC接口属性”对话框中完成。不同类型的通信网络有不同类型的接口，常见的有以下几种类型的网络接口：

(1) PPI多台主设备电缆；

(2) CP通信卡；

(3) 以太网通信卡。

为STEP 7-Micro/WIN选择通信接口的步骤，如图6-18所示。

(1) 双击通信设置窗口中的图标；

(2) 选择STEP 7-Micro/WIN的接口参数。

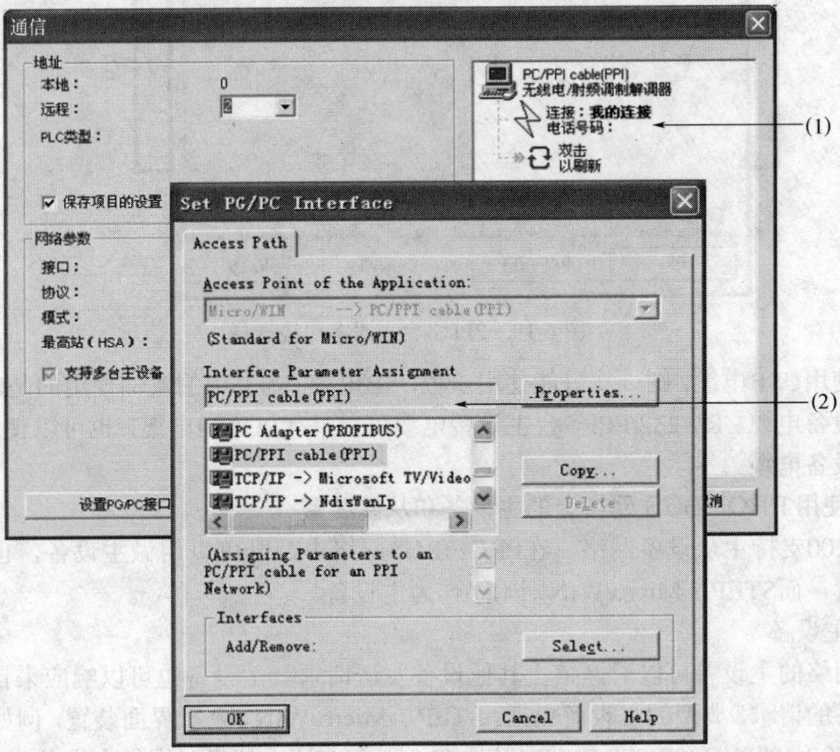

通信
地址
本地：
0
远程：
PLC类型：
保存项目的设置
网络参数
接口：
协议：
模式：
最高站（HSA）：
支持多台主设备
设置PG/PC接口
PC/PPI cable(PPI)
无线电/射频调制解调器
连接：我的连接
电话号码：
双击
以刷新
(1)
Set PG/PC Interface
Access Path
Access Point of the Application:
Micro/WIN --> PC/PPI cable(PPI)
(Standard for Micro/WIN)
Interface Parameter Assignment
PC/PPI cable(PPI)
Properties...
(2)
PC Adapter(PROFIBUS)
PC/PPI cable(PPI)
TCP/IP -> Microsoft TV/Video
TCP/IP -> NdisWanIp
Copy...
Delete
(Assigning Parameters to an PC/PPI cable for an PPI Network)
Interfaces
Add/Remove:
Select...
OK
Cancel
Help

图 6-18　STEP 7-Micro/WIN 通信接口

2. PPI 多台主设备电缆

S7-200支持通过两种不同类型的PPI多台主设备电缆进行通信，这些电缆类型支持通过RS-232或USB接口进行通信。

选择PPI多台主设备电缆类型的步骤，如图6-19所示。

(1) 单击“设置PG/PC接口属性”对话框上的“属性”按钮；

(2) 单击“属性”界面上的“本地连接”标签；

(3) 选择USB或所需要的COM端口。

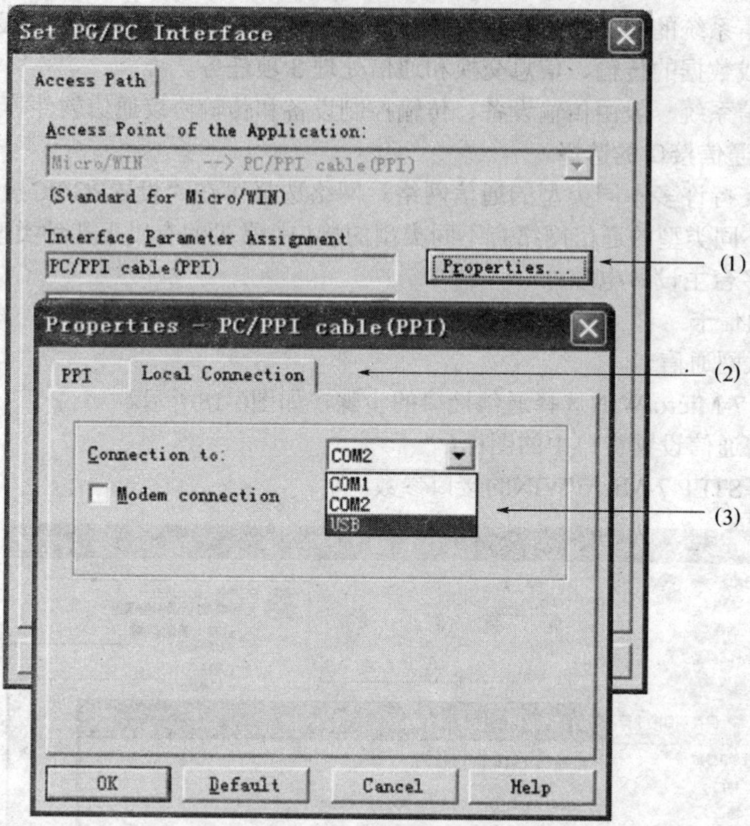
Set PG/PC Interface
Access Path
Access Point of the Application:
Micro/WIN --> PC/PPI cable(PPI)
(Standard for Micro/WIN)
Interface Parameter Assignment
PC/PPI cable(PPI)
Properties...
(1)
Properties - PC/PPI cable(PPI)
PPI
Local Connection
(2)
Connection to:
COM2
Modem connection
COM1
COM2
USB
(3)
OK
Default
Cancel
Help

图 6-19　PPI 多台主设备电缆选择

若使用USB电缆，则一次只能使用一根USB电缆。本书中的实例使用的是RS-232/PPI多台主设备电缆。RS-232/PPI多台主设备电缆可以替代PC/PPI电缆，也可以使用USB/PPI多台主设备电缆。

3. 使用 PROFIBUS 网络上的主设备和从属装置

S7-200支持主从设备网络，在PROFIBUS网络中，既可以用做主设备，也可以用做从属装置，而STEP 7-Micro/WIN则始终作为主设备。

1) 主设备

在网络的主设备可以对网络上其他设备发送请求。主设备也可以响应来自网络上其他主设备的请求。典型的主设备包括：STEP 7-Micro/WIN、人机界面装置，例如，TD200、S7-300或S7-400PLC。S7-200 CPU向其他S7-200 CPU请求信息时用做主设备（对等通信）。

2) 从属装置

作为从属装置只能响应来自主设备的请求而不能发出请求。对于大多数网络，S7-200都作为从属装置。作为从属装置，S7-200将响应来自网络主设备的请求，例如，操作面板的信号或STEP7-Micro/WIN的请求。

3) 设置波特率和网络地址

波特率是指网络的数据传输速率，一般用千波特（kbaud）或兆波特（Mbaud）作为数据传输的单位。波特率体现了单位时间内传输的数据量。例如，波特率为19.2kbaud表示数据传输速率为19.2kb/s。在同一网络进行通信的设备都必须以相同的波特率传输数据。因此，一个网络的最大波特率受限于网络中数据传输最慢设备。S7-200所支持的各种波特率见表6-1。

网络地址是分配给网络上每个设备的唯一编号；唯一的网络地址可确保数据传送到正确的设备或从正确的设备中返回。S7-200支持0～126的网络地址。对于具有两个端口的S7-200，每个端口都有一个网络地址。S7-200设备的默认地址见表6-2。

表6-1　S7-200所支持的波特率

网　络	波特率/kbaud
标准网络	9.6～187.5
使用EM277	9.6～12
自由端口模式	1.2～115.2

表6-2　S7-200设备的默认地址

S7-200设备	默认地址
STEP 7-Micro/WIN	0
HMI(TD 200、TP或OP)	1
S7-200 CPU	2

4. 设置 STEP 7-Micro/WIN 的波特率和网络地址

要使网络正常通信，必须正确设置STEP 7-Micro/WIN的波特率和网络地址。波特率必须与网络其他设备的波特率相同，且网络地址必须唯一。一般来说，无需修改STEP 7-Micro/WIN的网络地址。如果网络包括其他程序软件，则有可能需要修改STEP 7-Micro/WIN的网络地址。

配置STEP 7-Micro/WIN的波特率和网络地址如图6-20所示。单击浏览条上的通信图标，按下列步骤执行：

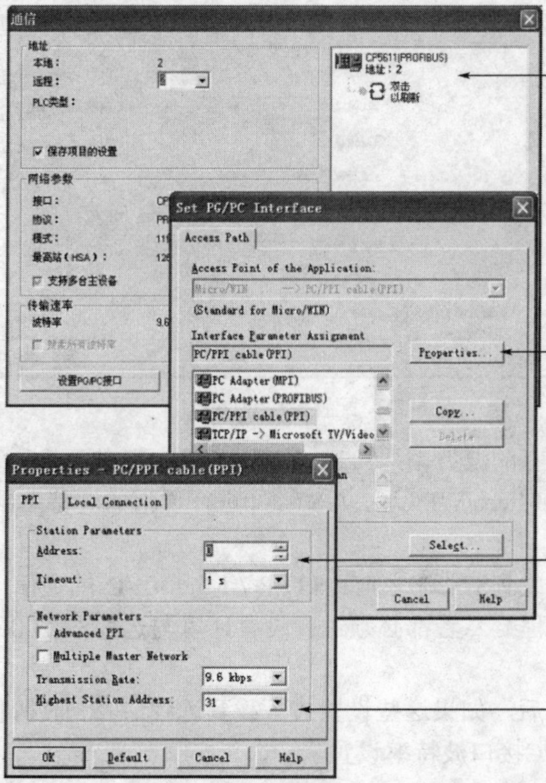

通信
地址
本地：
2
远程：
PLC类型：
保存项目的设置
网络参数
接口：
协议：
模式：
最高站(HSA)：
支持多台主设备
传输速率
波特率
设置PG/PC接口
CP5611(PROFIBUS)
地址：2
双击以刷新
(1)
Set PG/PC Interface
Access Path
Access Point of the Application:
(Standard for Micro/WIN)
Interface Parameter Assignment
PC/PPI cable(PPI)
Properties...
(2)
PC Adapter(MPI)
PC Adapter(PROFIBUS)
PC/PPI cable(PPI)
TCP/IP -> Microsoft TV/Video
Copy...
Delete
Select...
Cancel
Help
Properties - PC/PPI cable(PPI)
PPI
Local Connection
Station Parameters
Address:
Timeout:
1 s
(3)
Network Parameters
Advanced PPI
Multiple Master Network
Transmission Rate:
9.6 kbps
Highest Station Address:
31
(4)
OK
Default
Cancel
Help

图 6-20　配置 STEP 7-Micro/WIN 的波特率和网络地址

(1) 双击通信设置窗口中的图标；

(2) 单击“设置PG/PC接口”对话框上的“属性”按钮；

(3) 选择STEP 7-Micro/WIN的网络地址；

(4) 选择STEP 7-Micro/WIN的波特率。

5. 设置 S7-200 的波特率和网络地址

设置好STEP 7-Micro/WIN的波特率和网络地址后，还必须设置S7-200的波特率和网络地址。波特率和网络地址保存在S7-200的系统块。设置好了S7-200的参数之后，必须将系统块下载到S7-200。

每个S7-200端口的默认波特率为9.6 kbaud，默认网络地址为2。

使用STEP 7-Micro/WIN来设置S7-200 CPU的波特率和网络地址如图6-21所示。选择浏览条上的系统块图标或选择视图（View）>组件（Component）>系统块（SystemBlock）菜单命令之后，按下列步骤执行：

(1) 选择S7-200的网络地址；

(2) 选择S7-200的波特率；

(3) 将系统块下载到S7-200。

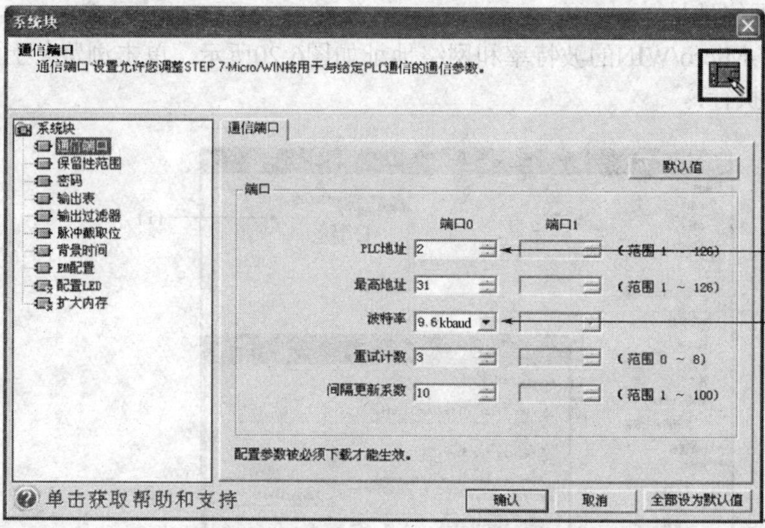

系统块
通信端口
通信端口设置允许您调整STEP 7-Micro/WIN将用于与给定PLC通信的通信参数。
系统块
通信端口
保留性范围
密码
输出表
输出过滤器
脉冲截取位
背景时间
EM配置
配置LED
扩大内存
通信端口
默认值
端口
端口0
端口1
PLC地址
2
(范围 1 ~ 126)
最高地址
31
(范围 1 ~ 126)
波特率
9.6 kbaud
重试计数
3
(范围 0 ~ 8)
间隔更新系数
10
(范围 1 ~ 100)
配置参数被必须下载才能生效。
单击获取帮助和支持
确认
取消
全部设为默认值
(1)
(2)

图 6-21　配置 S7-200 CPU

在选项中允许选择所有的波特率，STEP 7-Micro/WIN将在下载系统块期间对这些选择进行验证。对于STEP7-Micro/WIN无法与S7-200进行通信的波特率则不会被下载。

6. 设置远程地址

在将已更新的设置下载到S7-200之前，STEP 7-Micro/WIN的通信（COM）端口（本地）和S7-200的地址（远程）二者都必须进行设置，以与远程S7-200的设置相匹配。如图6-22所示。

下载已更新的设置之后，如果这些设置与下载到远程S7-200时所使用的设置不同，则可能需要重新配置PG/PC接口波特率设置。

7. 搜索网络中的 S7-200 CPU

可对连接到网络的S7-200 CPU进行搜索和标识。搜索S7-200 CPU时，也可按特定的

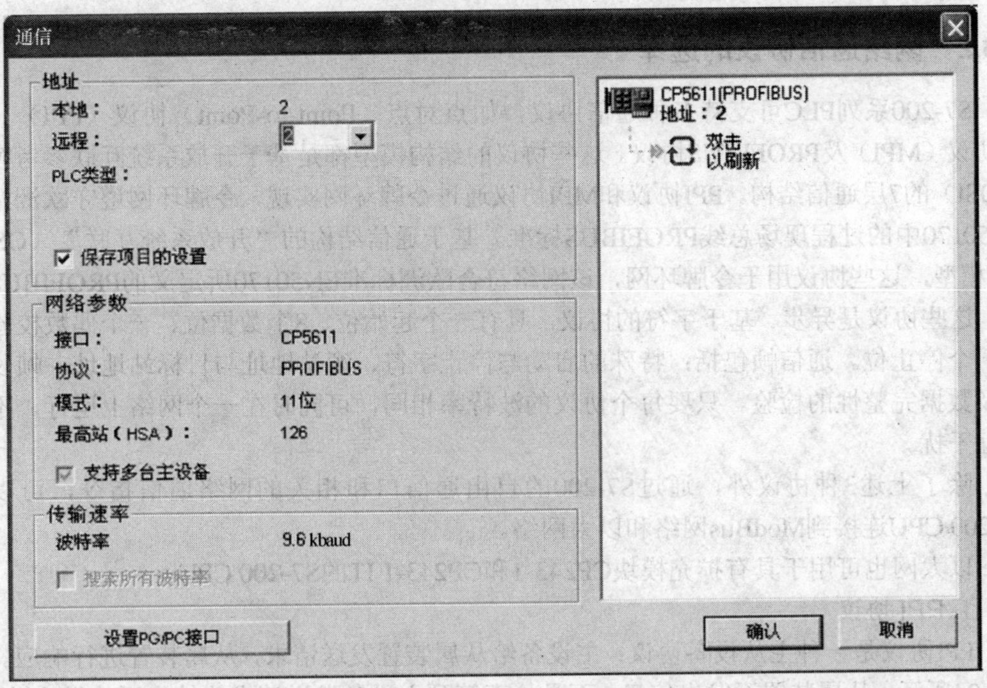
通信
地址
本地：
2
远程：
2
PLC类型：
保存项目的设置
网络参数
接口：
CP5611
协议：
PROFIBUS
模式：
11位
最高站（HSA）：
126
支持多台主设备
传输速率
波特率
9.6 kbaud
搜索所有波特率
CP5611(PROFIBUS)
地址：2
双击
以刷新
设置PG/PC接口
确认
取消

图 6-22　配置 STEP 7-Micro/WIN

波特率或所有波特率对网络进行搜索。

仅PPI多台主设备电缆允许搜索所有波特率，但在通过CP卡进行通信时不适用，只能以特定的波特率启动搜索。如图6-23所示。

(1) 打开“通信”对话框，双击“刷新”图标启动搜索；

(2) 若需要搜索所有的波特率，可选择“搜索所有波特率”复选框。

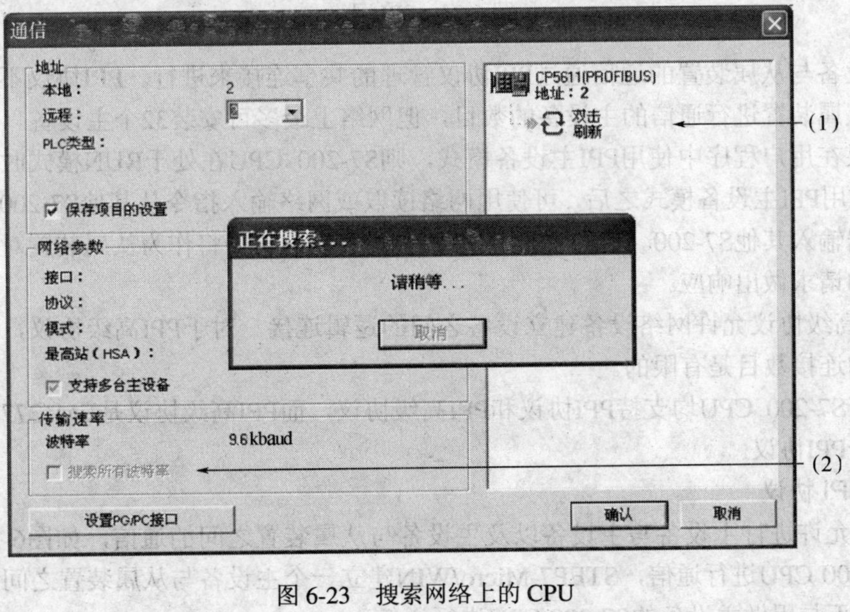
通信
地址
本地：
2
远程：
PLC类型：
保存项目的设置
网络参数
接口：
协议：
模式：
最高站（HSA）：
支持多台主设备
传输速率
波特率
9.6 kbaud
搜索所有波特率
CP5611(PROFIBUS)
地址：2
双击
刷新
正在搜索...
请稍等...
取消
(1)
(2)
设置PG/PC接口
确认
取消

图 6-23　搜索网络上的 CPU

6.3.2 网络通信协议的选择

S7-200系列PLC可支持多种通信协议，如点对点（Point-to-Point）协议（PPI）、多点协议（MPI）及PROFIBUS协议。这些协议的结构模型都是基于开放系统互联参考模型（OSI）的7层通信结构。PPI协议和MPI协议通过令牌环网实现，令牌环网遵守欧洲标准EN50170中的过程现场总线PROFIBUS标准。基于通信结构的“开放系统互联”（OSI）7层模型，这些协议用于令牌环网，该网络符合欧洲标准EN50170所定义的PROFIBUS标准。这些协议是异步、基于字符的协议，具有一个起始位、8个数据位、一个偶数校验位和一个停止位。通信帧包括：特殊的启动与停止字符、源站地址与目标站地址、帧长度以及数据完整性的检验。只要每个协议的波特率相同，可同时在一个网络上运行，不会相互干扰。

除了上述3种协议外，通过S7-200的自由通信口和相关的网络通信指令，可以将S7-200 CPU连接到ModBus网络和以太网络。

以太网也可用于具有扩充模块CP243-1和CP243-1 IT的S7-200 CPU。

1. PPI 协议

PPI协议是一种主从设备协议：主设备给从属装置发送请求，从属装置进行响应。如图6-24所示。从属装置不发出信息，而是一直等到主设备发送请求或轮询时才做出响应。

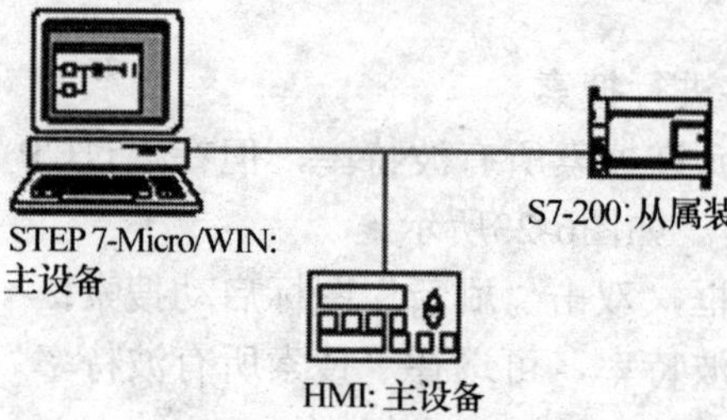
STEP 7-Micro/WIN:
主设备
S7-200: 从属装置
HMI: 主设备

图 6-24 PPI 网络

主设备与从属装置的通信通过PPI协议管理的共享连接来进行。PPI协议不限制与任何一个从属装置进行通信的主设备的数目，但网络上最多可安装32个主设备。

如果在用户程序中使用PPI主设备模式，则S7-200 CPU在处于RUN模式时可用作主设备。使用PPI主设备模式之后，可使用网络读取或网络输入指令从其他S7-200读取数据或将数据输入其他S7-200。当S7-200用作PPI主设备时，它仍将作为从属装置对来自其他主设备的请求做出响应。

PPI高级协议允许网络设备建立设备之间的逻辑连接。对于PPI高级协议，每台设备可提供的连接数目是有限的。

所有S7-200 CPU均支持PPI协议和PPI高级协议，而PPI高级协议是EM 277模块所支持的唯一PPI协议。

2. MPI 协议

MPI允许进行主设备与主设备以及主设备与从属装置之间的通信，如图6-25所示。为与S7-200 CPU进行通信，STEP7-Micro/WIN建立一个主设备与从属装置之间的连接。MPI协议不与用做主设备的S7-200 CPU进行通信。

网络设备通过任意两台设备之间的独立连接（由MPI协议进行管理）进行通信，设备之间的通信受限于S7-200CPU或EM 277模块所支持的连接数目。S7-200 CPU和EM 277模块的连接数目见表6-3。

表6-3　S7-200 CPU和EM 277模块的连接数目

模　块	波 特 率 / kbaud	连　接
S7-200 CPU端口0	9.6、19.2或187.5	4
S7-200 CPU端口1	9.6、19.2或187.5	4
EM 277模块	9.6～12000	每个模块6个

3. PROFIBUS 协议

PROFIBUS协议针对用于具有分布式I/O设备（远程I/O）的高速通信，来自不同厂家的设备只要支持PROFIBUS均可使用。这些设备包括I/O模块、电动机控制器、PLC等。

PROFIBUS网络的典型特点就是具有一个主设备和多个I/O从属装置，如图6-26所示，为主设备设置所连接的I/O从属装置的型号及地址。主设备将初始化网络，并验证网络上的从属装置是否与配置相符。主设备可将输出数据连续地写入从属装置，也可从中读出输入数据。

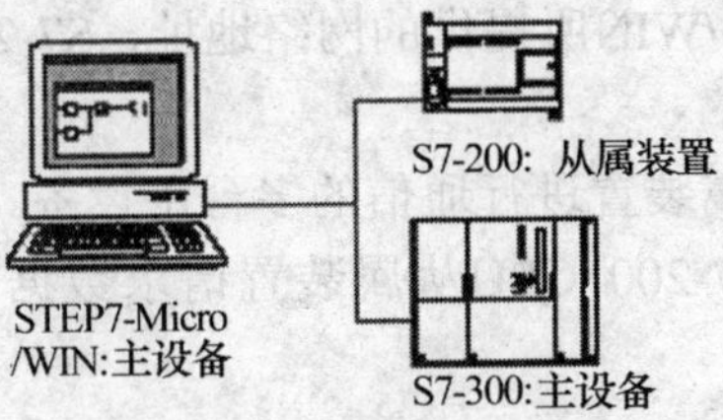
S7-200: 从属装置
S7-300:主设备
STEP7-Micro
/WIN:主设备

图 6-25　MPI 网络

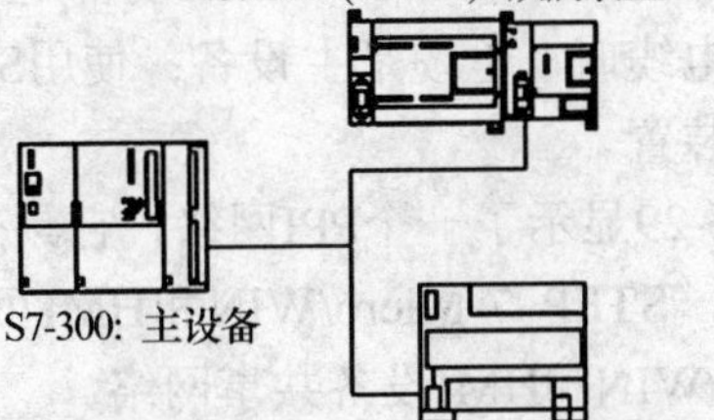
S7-200: (EM277): 从属装置
S7-300: 主设备
ET 200: 从属装置

图 6-26　PROFIBUS 网络

当DP主设备成功地配置从属装置时，它就拥有了该从属装置。如果网络上存在第二个主设备，则它对属于第一个主设备的从属装置进行访问将受到一定的限制。

4. TCP/IP 协议

S7-200通过使用以太网（CP243-1）或互联网（CP243-1 IT）扩充模块可支持TCP/IP以太网通信。以太网（CP243-1）和互联网（CP243-1 IT）模块的连接数目见表6-4。

表6-4　以太网（CP243-1）和互联网（CP243-1 IT）模块的连接数目

模　块	波　特　率/ Mbaud	连　接
以太网（CP 243-1）模块 互联网（CP 243-1 IT）模块	10～100	8个常规目的的连接 1个STEP 7-Micro/WIN连接

5. 仅使用 S7-200 设备的网络配置

1) 单台主设备PPI网络

在对于简单的单台主设备网络，编程站和S7-200 CPU既可以通过PPI多台主设备电缆连接，也可以通过安装在编程站中的通信处理器（CP）卡连接。

在如图6-27（a）所示的网络中，编程站（STEP 7-Micro/WIN）是网络主设备。在图6-27(b) 所示的网络中，人机界面设备（HMI）（如TD 200、TP或OP）是网络主设备。

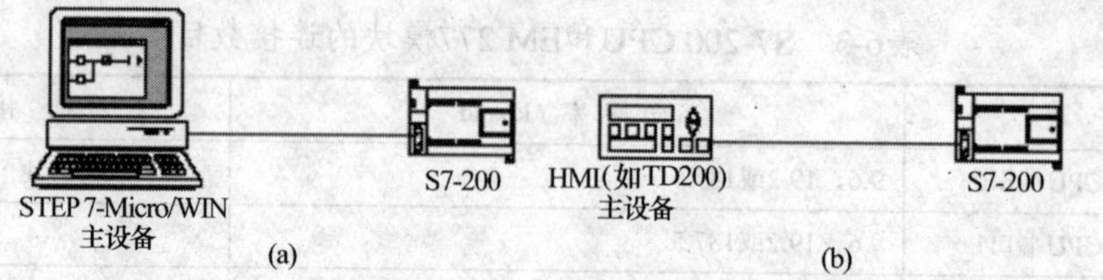
S7-200
HMI(如TD200)
主设备
S7-200
STEP 7-Micro/WIN
主设备
(a)
(b)

图 6-27　单台主设备 PPI 网络

(a) 编程站为主设备；(b) 人机界面设备为主设备。

在上述两个网络例子中，S7-200 CPU是对主设备的请求进行响应的从属装置。对于单台主设备PPI网络，需要设置STEP 7-Micro/WIN以使用PPI协议。

2) 多台主设备PPI网络

具有一个从属装置的多台主设备网络如图6-28所示。编程站（STEP 7-Micro/WIN）既可以使用CP卡，也可以使用PPI多台主设备电缆。STEP 7-Micro/WIN和HMI设备共享网络。

STEP 7-Micro/WIN和HMI设备是主设备，必须具有独立的网络地址。在使用PPI多台主设备电缆时，电缆是主设备；使用STEP 7-Micro/WIN所提供的网络地址，S7-200 CPU是从属装置。

图6-29显示了一个PPI网络，它具有与多台从属装置进行通信的多台主设备。在这个网络中，STEP 7-Micro/WIN和HMI可以对所有S7-200 CPU从属装置请求数据。STEP 7-Micro/WIN和HMI设备共享网络。

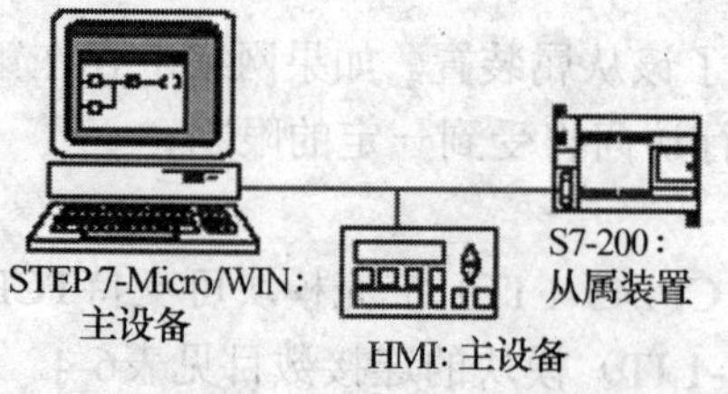
S7-200：
从属装置
STEP 7-Micro/WIN：
主设备
HMI: 主设备

图 6-28　具有一个从属装置的多台主设备网络

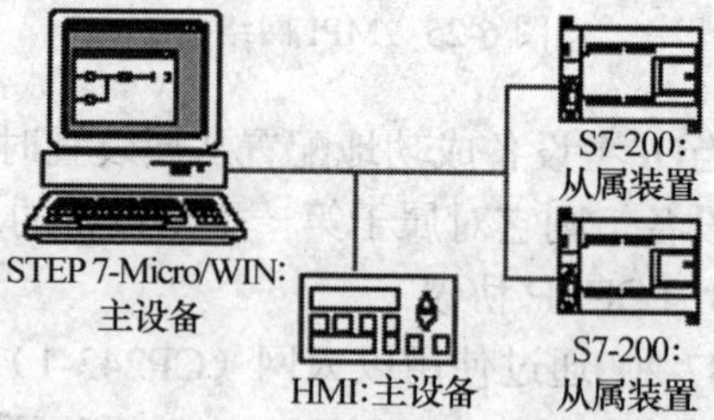
S7-200:
从属装置
STEP 7-Micro/WIN:
主设备
S7-200:
从属装置
HMI: 主设备

图 6-29　多台主设备和多台从属装置网络

所有设备（主设备和从属装置）均具有不同的网络地址。在使用PPI多台主设备电缆时，电缆是主设备，并使用STEP7-Micro/WIN所提供的网络地址，S7-200 CPU为从属装置。对于具有多台主设备和一台或多台从属装置的网络，设置STEP 7-Micro/WIN以使用PPI协议，如果可用，勾选“多台主设备网络”和“PPI高级协议”复选框。如果正在使用PPI多台主设备电缆，则“多台主设备网络”和“PPI高级协议”复选框均将忽略。

3) 复杂PPI网络图

对等通信网络如图6-30所示，该网络使用了具有对等通信的多台主设备。STEP

7-Micro/WIN和HMI设备通过网络对S7-200 CPU进行读写，S7-200 CPU使用网络读取和网络写入指令互相读写，即进行对等通信。

一个复杂PPI网络的示例HMI设备与对等通信如图6-31所示。该网络使用了具有对等通信的多台主设备。在这个网络中，每个HMI监控一个S7-200 CPU。S7-200 CPU使用NETR和NETW指令互相读写（对等通信）。

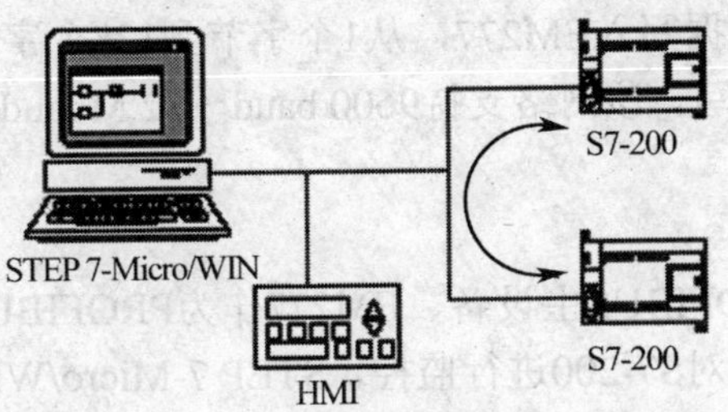
S7-200
S7-200
STEP 7-Micro/WIN
HMI

图 6-30 对等通信网络

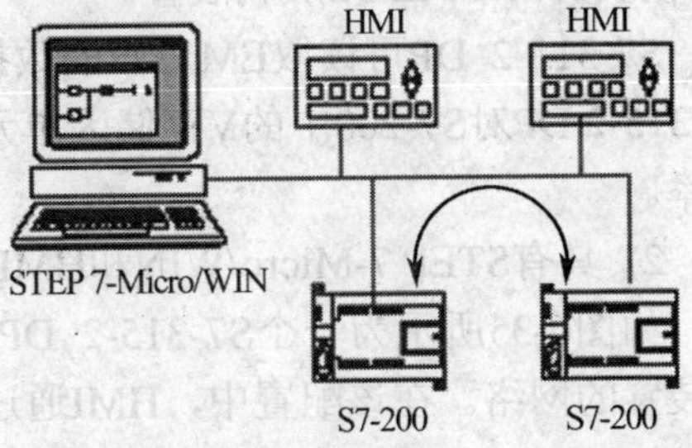
HMI
HMI
STEP 7-Micro/WIN
S7-200
S7-200

图 6-31 HMI 设备与对等通信网络

对于复杂PPI网络，设置STEP 7-Micro/WIN以使用PPI协议，如果可用，勾选“多台主设备网络”和“PPI高级协议”复选框。如果正在使用PPI多台主设备电缆，则“多台主设备网络”和“PPI高级协议”复选框均将忽略。

6. 使用 S7-200、S7-300 和 S7-400 设备的网络配置

1) 波特率最高为187.5kbaud的网络

波特率最高为187.5kbaud的网络，如图6-32所示。S7-300使用XPUT和XGET指令与S7-200 CPU进行通信。在主设备模式中，S7-300不能与S7-200 CPU进行通信。

为了与S7-200 CPU进行通信，设置STEP 7-Micro/WIN以使用PPI协议，如果可用，勾选“多台主设备网络”和“PPI高级协议”复选框。如果正在使用PPI多台主设备电缆，则“多台主设备网络”和“PPI高级协议”复选框均将忽略。

2) 波特率为187.5 kbaud以上的网络

对于波特率为187.5 kbaud以上的网络，S7-200 CPU必须使用EM 277模块，以连接到网络，如图6-33所示。STEP 7-Micro/WIN必须通过CP卡进行连接。

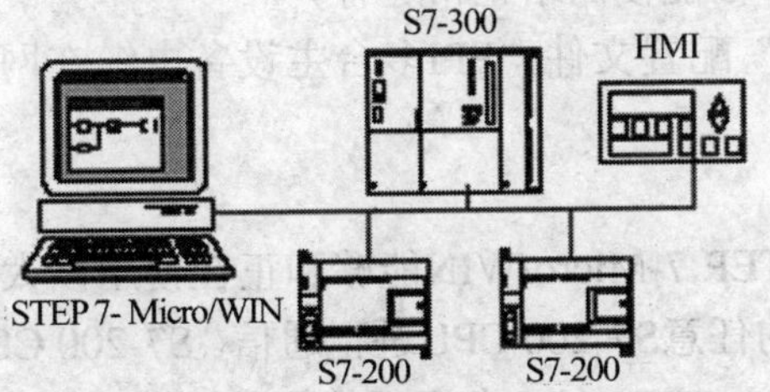
S7-300
HMI
STEP 7- Micro/WIN
S7-200
S7-200

图 6-32 波特率最高为 187.5 kbaud 的网络

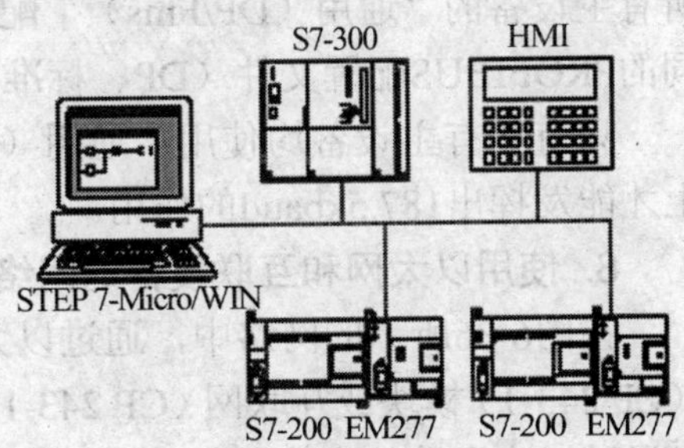
S7-300
HMI
STEP 7-Micro/WIN
S7-200 EM277
S7-200 EM277

图 6-33 波特率为 187.5kbaud 以上的网络

在该配置中，使用XPUT和XGET指令，S7-300可与S7-200进行通信，而HMI既可以监控S7-200，也可以监控S7-300。EM277始终是从属装置。

STEP 7-Micro/WIN可通过EM277模块对S7-200 CPU进行编程或监控。为了与187.5

kbaud以上的EM 277进行通信，设置STEP 7-Micro/WIN，以使用具有CP卡的MPI协议。PPI多台主设备电缆的最大波特率为187.5 kbaud。

7. PROFIBUSP 网络配置

1) 以S7-315-2 DP作为PROFIBUS主设备、EM 277作为PROFIBUS从属装置的网络

如图6-34所示为一个使用S7-315-2 DP作为PROFIBUS主设备的PROFIBUS网络，EM 277模块为PROFIBUS从属装置。

S7-315-2 DP可读取EM 277的数据或将数据写入EM277，从1个字节到128个字节。S7-315-2 DP对S7-200中的V存储区单元进行读写。该网络支持9600 baud～12 Mbaud的波特率。

2) 具有STEP 7-Micro/WIN和HMI的网络

如图6-35所示为一个S7-315-2 DP作为PROFIBUS主设备、EM277作为PROFIBUS从属装置的网络。在该配置中，HMI通过EM 277对S7-200进行监控，STEP 7-Micro/WIN通过EM 277对S7-200进行编程。

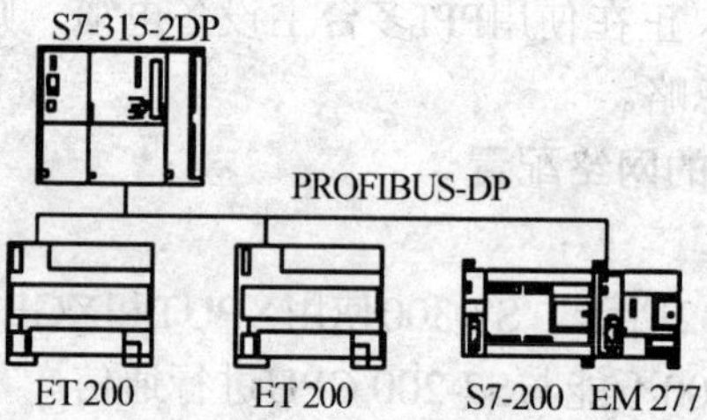
S7-315-2DP
PROFIBUS-DP
ET 200
ET 200
S7-200
EM 277
图 6-34 具有 S7-315-2 DP 的网络

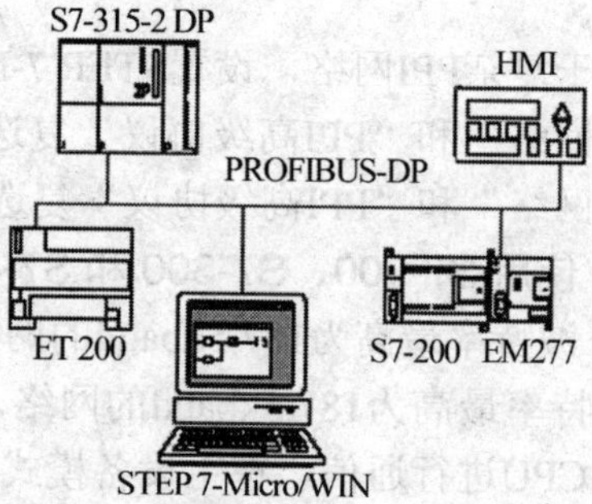
S7-315-2 DP
HMI
PROFIBUS-DP
ET 200
S7-200
EM277
STEP 7-Micro/WIN
图 6-35 PROFIBUS 网络

该网络支持9600 baud～12 Mbaud的波特率。STEP 7-Micro/WIN通过支持187.5 kbaud以上波特率的CP卡进行通信。

设置STEP 7-Micro/WIN，以使用CP卡的PROFIBUS协议。如果网络上只有DP设备，则选择DP或标准配置文件。如果网络上存在任意的非DP设备，如TD200，则选择适用于所有主设备的“通用（DP/Fms）”配置文件。网络上的所有主设备都必须设置为使用相同的PROFIBUS配置文件（DP、标准或通用），才能使网络正常运行。

只有所有主设备均使用“通用（DP/Fms）”配置文件，PPI多台主设备电缆在网络上才能发挥出187.5kbaud的作用。

8. 使用以太网和互联设备的网络配置

在图6-36所示的网络中，通过以太网，使STEP 7-Micro/WIN能够和正在使用以太网（CP 243-1）模块或互联网（CP 243-1 IT）模块的任意S7-200 CPU进行通信。S7-200 CPU可通过以太网连接交换数据。在具有STEP 7-Micro/WIN的PC上运行的标准浏览器程序，可以访问互联网（CP 243-1 IT）模块的主页。

对于以太网网络，设置STEP 7-Micro/WIN，以使用TCP/IP协议。

在“设置PG/PC接口”对话框中，可能存在两种以上TCP/IP协议选择。S7-200不支持选择“TCP/IP -> NdisWanlp”。

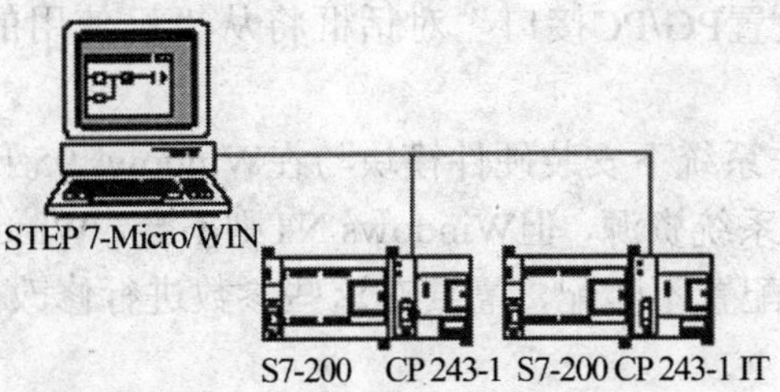
STEP 7-Micro/WIN
S7-200
CP 243-1
S7-200
CP 243-1 IT

图 6-36　10Mbaud～100 Mbaud 以太网网络

(1) 在“设置PG/PC接口”对话框中，选项将取决于PC所提供的以太网接口的类型。可选择一种类型将计算机连接到使用了CP 243-1或CP 243-1 IT模块的以太网网络。

(2) 在“通信”对话框中，必须输入需要与其进行通信的每个以太网/互联网模块的远程IP地址。

6.3.3　安装和删除通信接口

在“设置PG/PC接口”对话框中，使用“安装/卸载接口”对话框来安装或删除计算机的通信接口。“设置PG/PC接口”和“安装／取消安装接口”对话框如图6-37所示。步骤如下：

(1) 在“设置PG/PC接口”对话框中，单击“选择”按钮，打开“安装/卸载接口”对话框。“选择”对话框列出了可供使用的接口，“安装”对话框显示计算机上已安装的接口。

(2) 添加通信接口　选择计算机上已安装的通信硬件，并单击“安装”按钮。关闭“安装/卸载接口”对话框时，“设置PG/PC接口”对话框将显示“已使用的接口参数分配”对话框中的接口。

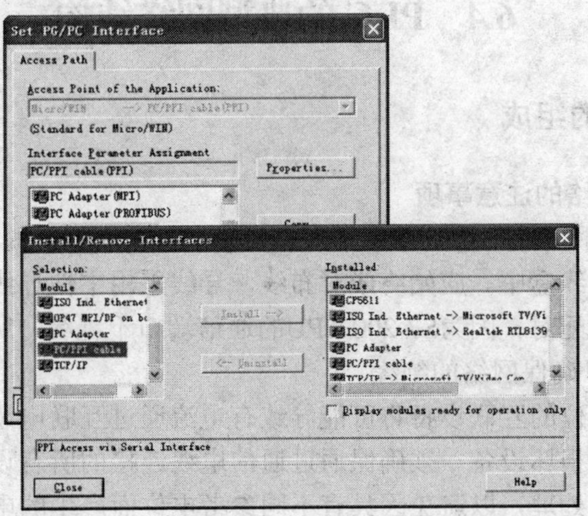
Set PG/PC Interface
Access Path
Access Point of the Application:
Micro/WIN --> PC/PPI cable(PPI)
(Standard for Micro/WIN)
Interface Parameter Assignment
PC/PPI cable(PPI)
Properties...
PC Adapter (MPI)
PC Adapter (PROFIBUS)
Install/Remove Interfaces
Selection:
Module
ISO Ind. Ethernet
CP5611
ISO Ind. Ethernet -> Microsoft TV/Vi
ISO Ind. Ethernet -> Realtek RTL8139
PC Adapter
PC/PPI cable
TCP/IP
Installed:
Install -->
<-- Uninstall
Display modules ready for operation only
PPI Access via Serial Interface
Close
Help

图 6-37　“设置 PG/PC 接口”和“安装／取消安装接口”对话框

(3) 删除通信接口　选择要删除的接口，并单击“卸载”按钮。关闭“安装/卸载接口”对话框时，“设置PG/PC接口”对话框将从“已使用的接口参数分配”对话框中删除接口。

在Windows NT操作系统下安装硬件模块与在Windows 95下安装硬件模块有所不同，Windows 95会自动安装系统资源，但Windows NT则不会，Windows NT将只提供默认值。这些数值有可能与硬件配置不匹配，需要对这些参数进行修改，以便与所需要的系统设置相匹配。

安装完硬件后，从“已安装”列表框中选择硬件并单击“资源”按钮。显示“资源”对话框。“资源”对话框允许修改实际安装的硬件的系统设置。如果该按钮不能使用（即按钮显示为灰色），则不需要再进行任何操作。

如果使用的是PPI模式下的USB/PPI多台主设备电缆或RS-232/PPI多台主设备电缆，则不需要调整计算机的端口设置，可以使用Windows NT操作系统进行多台主设备网络中的操作。

如果使用的是PPI/自由端口模式下的RS-232/PPI多台主设备电缆，用于S7-200 CPU与支持PPI多台主设备配置的操作系统（Windows NT不支持PPI多台主设备）上的STEP 7-Micro/WIN之间进行通信，则需要按以下步骤调整计算机的端口设置：

(1) 右击桌面上的“我的计算机”图标，选择“属性”菜单命令；

(2) 选择“设备管理器”标签。对于Windows 2000，首先选择“硬件”标签，然后选择“设备管理器”按钮；

(3) 双击“端口”按钮（COM和LPT）；

(4) 选择当前正在使用的通信端口（如COM1）；

(5) 在“端口设置”标签上，单击“高级”按钮；

(6) 将“接收缓冲区”和“传输缓冲区”控件设置为最低值；

(7) 单击“确定”按钮，关闭所有窗口，然后重新启动计算机，使新的设置生效。

6.4　PLC的典型网络结构

6.4.1　PLC 网络的组成

1. 组建 PLC 网络的注意事项

在构建一个PLC网络时，应注意避免将低压信号线、通信电缆、AC导线和大电流DC导线放置在同一个接线盒中。应始终成对布线，导线采用中性导线或通用导线，并用热电阻线或信号线进行配对。因为S7-200 CPU的通信端口不绝缘，所以，应使用RS-485中继器或EM 277模块以确保网络的绝缘。

具有不同参考电位的互联设备将可能导致有电流通过互联电缆。这种电流可能导致通信出错，甚至可能损坏设备。须确保通过通信电缆连接的所有设备均具有公共参考电势，或对其进行绝缘处理，以避免因具有不同参考电位而产生的电流。

2. 设置网络的距离、传输率和电缆

网络段的最大长度取决于两个因素：绝缘和波特率(见表6-5)。

表6-5　网络电缆的最大长度

波特率	不绝缘的CPU端口*	具有中继器或EM277的CPU端口
9.6kbaud～187.5 kbaud	50m	1 000m
500 kbaud	不支持	400m
1Mbaud～1.5Mbaud	不支持	200m
3Mbaud～12Mbaud	不支持	100m
* 不使用绝缘体或中继器时所允许的最大距离为50m。测量网络段中的第一个节点到最后一个节点之间的距离		

当连接不同接地电位的设备时，需要进行绝缘处理。如果接地点在物理上相隔较远的距离，就可能存在不同的接地电位。甚至在较短的距离内，大型设备的负荷电流也可能引起接地电位的差异。

1) 在网络上使用中继器

RS-485中继器提供了用于网络段的偏差和终端。使用中继器的作用如下：

(1) 为增加网络的长度　使用一个中继器，能够将网络长度扩展50m。如果连接了相互之间没有任何其他节点的两个中继器，如图6-38所示，则可将网络扩展到波特率所允许的最大电缆长度。在一个网络中，最多可串联使用9个中继器，但网络的总长度不能超过9600m。

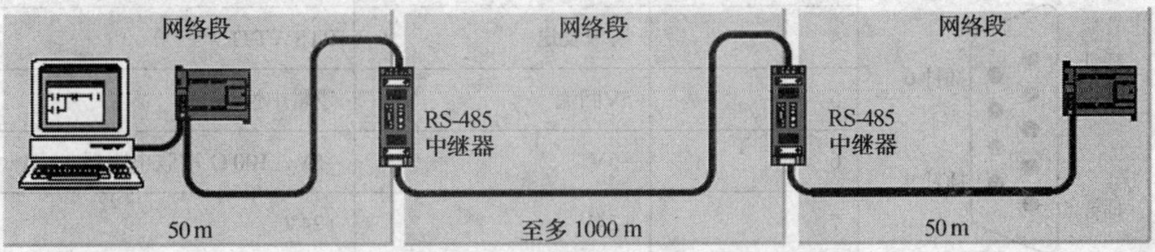

网络段
网络段
网络段
RS-485
中继器
RS-485
中继器
50 m
至多 1000 m
50 m

图6-38　具有中继器的范例网络

(2) 为在网络中添加设备　每段网络最多可有传输率9.6kbaud、最大连接长度50m的32个设备。使用中继器可以给网络添加另一个网络段（32个设备）。

(3) 为使不同的网络段之间电气绝缘，使用中继器可以把具有不同接地电位的网络段隔开。网络绝缘性能的提高可以提高传输的质量。

即使没有为其分配网络地址，网络上的中继器仍默认为网络段上的节点之一。

2) 网络电缆的选择

S7-200网络使用符合RS-485标准的双绞线电缆，网络电缆的一般规格见表6-6。使用网络电缆，在一个网络段上最多可连接32个设备。

表6-6　网络电缆的一般规格

规　格	描　述
电缆型号	屏蔽、双绞线
环路电阻	≤115 Ω/km
有效电容	30pF/m

（续）

规　格	描　　述
额定阻抗	≈135 Ω ～160 Ω （频率=3MHz～20MHz）
衰减	0.9dB/100m（频率=200kHz）
横断面核心区域	$0.3mm^2$～$0.5mm^2$
电缆直径	8mm±0.5mm

3. 接头插针分配

S7-200 CPU 上的通信端口为与 RS-485 兼容的 9 针微型 D 形连接器，它符合在欧洲标准 EN 50170 中所定义的 PROFIBUS 标准。S7-200 通信端口的插针分配见表 6-7。

表6-7　S7-200通信端口的插针分配

连 接 器	插针号	PROFIBUS信号	端口0/端口1
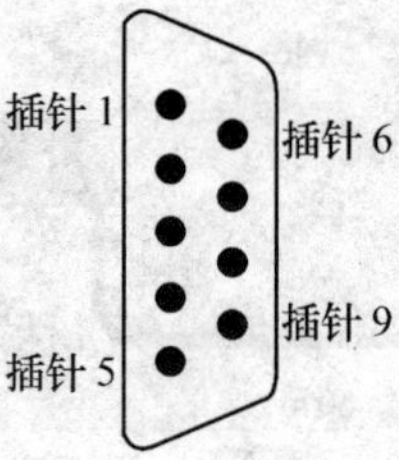 插针 1 插针 6 插针 9 插针 5	1	屏蔽	机壳接地
	2	24V回流	逻辑中性线
	3	RS-485信号B	RS-485信号B
	4	请求发送	RTS（TTL）
	5	5V回流	逻辑中性线
	6	+5V	+5V、100 Ω 串联电阻器
	7	+24V	+24V
	8	RS-485信号A	RS-485信号A
	9	不适用	10位协议选择（输入）
	连接器外壳	屏蔽	机壳接地

4. 偏置并端接网络电缆

西门子公司提供了两种类型的网络连接器，可用来方便地将多个设备连接到网络：标准网络连接器和包含有编程端口的连接器，该连接器允许将编程站或HMI设备连接到网络，且对现有网络连接没有任何干扰。编程端口连接器将把所有信号（包括电源插针）从S7-200完全传递到编程端口，它特别适用于连接由S7-200供电的设备，如TD 200人机界面设备。

两种连接器都有两套终端螺丝，分别用来连接出/入的网络电缆。两种连接器还具有转换开关，以便有选择地偏置和端接网络。网络电缆的偏置和端接如图6-39所示。

5. 选择用于网络的 PPI 多台主设备电缆或 CP 卡

STEP 7-Micro/WIN支持RS-232/PPI多台主设备电缆和USB/PPI多台主设备电缆以及允许编程站（计算机或SIMATIC编程设备）作为网络主设备的多个CP卡，见表6-8。

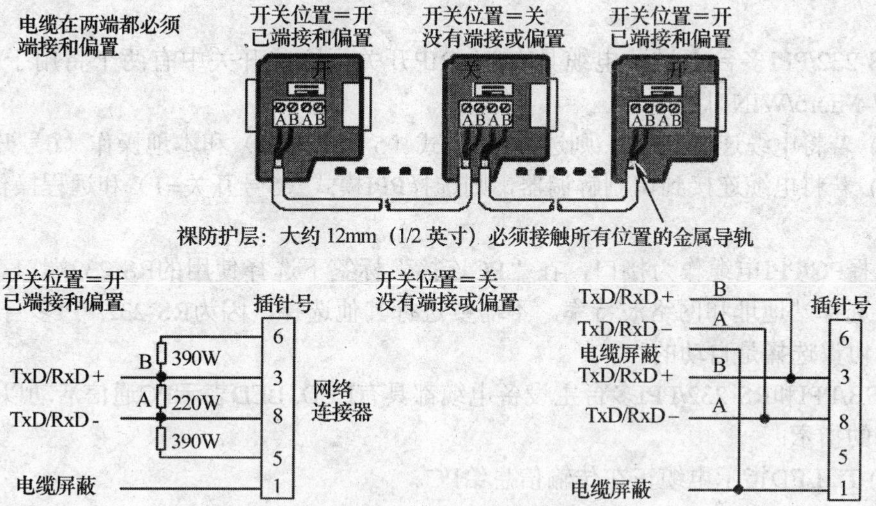

电缆在两端都必须端接和偏置
开关位置＝开
已端接和偏置
开关位置＝关
没有端接或偏置
开关位置＝开
已端接和偏置
开
关
开
ABAB
裸防护层：大约12mm（1/2英寸）必须接触所有位置的金属导轨
开关位置＝开
已端接和偏置
插针号
开关位置＝关
没有端接或偏置
TxD/RxD＋
TxD/RxD－
电缆屏蔽
B
A
390W
220W
390W
6
3
8
5
1
网络
连接器
插针号
电缆屏蔽

图 6-39　网络电缆的偏置和端接

表6-8　STEP 7-Micro/WIN所支持的CP卡和协议

配　置	波特率	协　议
RS-232/PPI多台主设备或USB/PPI多台主设备电缆* 连接到编程站的端口	9.6kbaud～187.5 kbaud	PPI
CP 5511 型号II、PCMCIA卡（用于便携式计算机）	9.6 kbaud～12Mbaud	PPI、MPI和PROFIBUS
CP 5512 型号II、PCMCIA卡（用于便携式计算机）	9.6 kbaud～12Mbaud	PPI、MPI和PROFIBUS
CP 5611（版本3或更新的版本） PCI卡	9.6 kbaud～12Mbaud	PPI、MPI和PROFIBUS
CP 1613、S7613 PCI卡	10 Mbaud或100Mbaud	TCP/IP
CP1612、SoftNet7 PCI卡	10 Mbaud或100Mbaud	TCP/IP
CP1512、SoftNet7 PCMCIA卡（用于便携式计算机）	10 Mbaud或100Mbaud	TCP/IP

* 多台主设备电缆提供了RS-485端口（S7-200 CPU上）和连接到计算机的端口之间的电气绝缘。使用非绝缘的RS-485/RS-232转换器有可能损坏计算机的RS-232端口

对于最高187.5 kbaud的波特率，PPI多台主设备电缆提供STEP 7-Micro/WIN与S7-200 CPU或S7-200网络之间最简单、最经济的连接。这两个型号的PPI多台主设备电缆均可使用，并都可用于STEP7-Micro/WIN与S7-200网络之间的本地连接。

USB/PPI多台主设备电缆是一种即插即用设备，可用于支持USB V1.1端口的PC。在支持最高以187.5 kbaud波特率进行通信时，它将提供PC和S7-200网络之间的绝缘。连接好电缆，选择PC/PPI电缆作为接口、选择PPI协议，并在“PC连接”标签中将端口设置为USB即可。在使用STEP 7-Micro/WIN时，每次只能有一个USB/PPI多台主设备电缆连接到PC。

RS-232/PPI多台主设备电缆具有8个DIP开关，这些开关中有两个将用于配置运行STEP 7-Micro/WIN时的电缆：

(1) 若将电缆连接到PC，则选择PPI模式（5号开关=1）和本地操作（6号开关=0）。

(2) 若将电缆连接到调制解调器，则选择PPI模式（5号开关=1）和远程操作（6号开关=1）。

选择PC/PPI电缆作为接口，在“PC连接”标签下选择使用的RS-232端口。在PPI标签下，选择站地址和网络波特率。不需要进行其他选择，因为RS-232/PPI多台主设备电缆下的协议选择是自动的。

USB/PPI和RS-232/PPI多台主设备电缆都具有LED，LED表示PC通信活动以及网络通信活动的指示：

(1) Tx LED指示电缆正在传输信息给PC。

(2) Rx LED指示电缆正在接收来自PC的信息。

(3) PPI LED指示电缆正在传输网络上的数据。因为多台主设备电缆是令牌的持有者，因此，一旦STEP7-Micro/WIN启动通信，PPI LED就将连续地闪烁。断开与STEP 7-Micro/WIN的连接时，PPI LED也将关闭。在等待加入网络时，PPI LED将以1Hz的频率闪烁。

CP卡包含有帮助编程站管理多台主设备网络的专用硬件，并可支持多个波特率下的不同协议。每个CP卡都提供有一个单独的RS-485端口，用于与网络的连接。CP 5511 PCMCIA卡具有一个适配器，可提供9插针D型端口。电缆的一端连接到CP卡的RS-485端口，电缆的另一端连接到网络上的编程端口连接线。

如果使用的是具有PPI通信功能的CP卡，则STEP 7-Micro/WIN将不支持在同一CP卡上同时运行的两个不同的应用程序。在通过CP卡将STEP 7-Micro/WIN连接到网络之前，必须关闭其他应用程序。如果使用MPI或PROFIBUS通信，则允许多个STEP 7-Micro/WIN应用程序通过网络同时进行通信。

6. 在网络上使用 HMI 设备

S7-200 CPU支持西门子公司以及其他厂商的各种型号的HMI设备。当这些HMI设备中的某些设备（如TD 200或TP 070）不允许选择设备所使用的通信协议时，其他设备（例如OP7和TP170）将允许选择该设备的通信协议。

如果HMI设备允许选择通信协议，需要注意以下几点：

(1) 对于与S7-200 CPU通信端口相连接的HMI设备，当网络上没有任何其他设备时，可以为HMI设备选择PPI协议或MPI协议。

(2) 对于与EM 277 PROFIBUS模块相连接的HMI设备，即可选择MPI协议，也可选择PROFIBUS协议。

如果具有HMI设备的网络包含有S7-300或S7-400 PLC，则为HMI设备选择MPI协议。如果具有HMI设备的网络是一个PROFIBUS网络，则为HMI设备选择PROFIBUS协议，并选择与PROFIBUS网络上其他主设备兼容的配置文件。

(3) 对于与已经配置为主设备的S7-200 CPU通信端口相连接的HMI设备，则为HMI设备选择PPI协议。PPI高级协议是最佳选择，因为MPI和PROFIBUS协议不支持S7-200

CPU作为主设备。

6.4.2 创建具有自由端口模式的自定义协议

1. 自由端口模式

程序通过自由端口模式可以控制S7-200 CPU的通信端口。可使用自由端口模式来实现自定义通信协议，以与多种类型的智能设备进行通信。自由端口模式支持ASCII协议和二进制协议。

为启用自由端口模式，可使用特殊内存字节SMB30（适用于端口0）和SMB130（适用于端口1）。程序将使用下列方法来控制通信端口的操作：

(1) 传输指令（XMT）和传输中断　传输指令允许S7-200从COM端口传输最多255个字符。传输完成后，传输中断将通知S7-200中的程序。

(2) 接收字符中断　接收字符中断将通知用户程序，COM端口上的字符已经接收完毕。程序按照使用的协议，对该字符做出响应。

(3) 接收指令（RCV）　接收指令接收COM端口的整条信息，在完全接收到信息后，产生程序中断。可使用S7-200的SM存储器来配置接收指令，用于在已定义的环境下，启动和停止信息的接收。接收指令将使程序能够启动或停止基于特定字符或时间周期的信息。大多数协议均可通过接收指令来完成。

只有在S7-200处于RUN（运行）模式时，才能激活自由端口模式。将S7-200设置为STOP（停止）模式将暂停所有的自由端口通信，通信端口也随之回到S7-200系统块所设置的协议。使用自由端口模式见表6-9。

表6-9　使用自由端口模式

网络配置		描　述
使用通过RS-232连接的自由端口	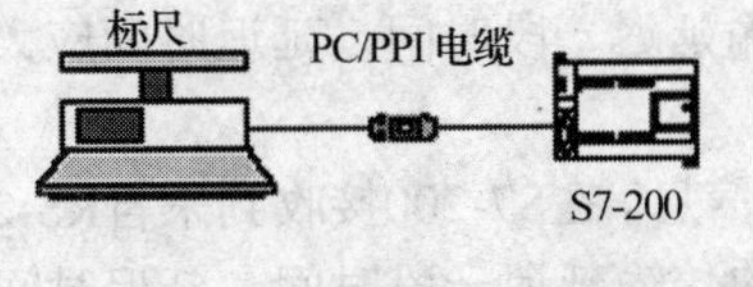标尺 PC/PPI 电缆 S7-200	实例：使用电子标尺带RS-232端口的S7-200 • RS-232/PPI多台主设备电缆将标尺上的RS-232端口连接到S7-200CPU上的RS-485端口（将电缆设置为PPI/自由端口模式，5号开关=0） • S7-200CPU使用自由端口与天平进行通信 • 波特率为1200baud～115.2kbaud • 用户程序将对协议进行定义
使用USS协议	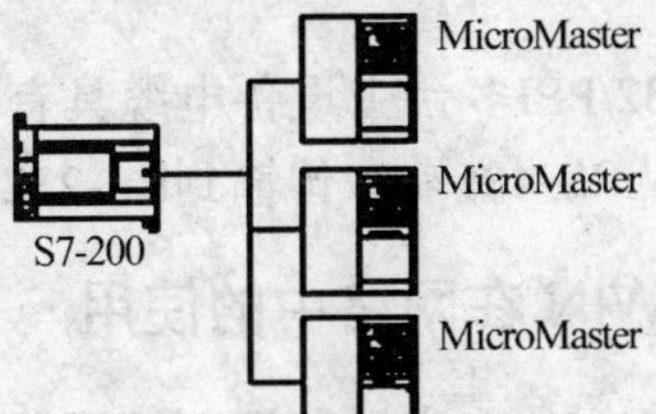MicroMaster MicroMaster MicroMaster S7-200	实例：使用带有SIMODRIVE MicroMaster驱动器的S7-200： • STEP 7-Micro/WIN提供了一个USS库 • S7-200 CPU是主设备，而驱动器是从属装置
创建模拟另一网络上从属装置的用户程序	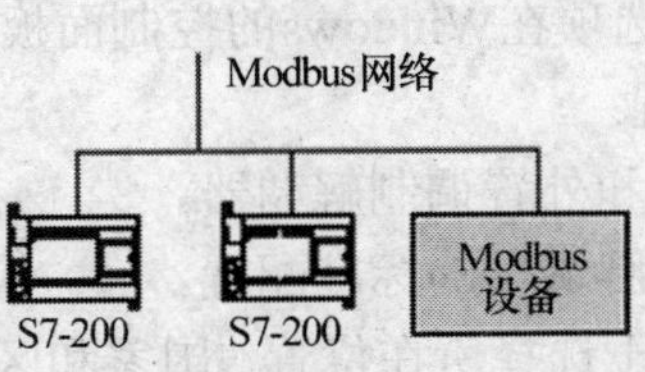Modbus网络 S7-200 S7-200 Modbus设备	实例：将S7-200 CPU连接到Modbus网络 • S7-200中的用户程序模拟Modbus从属装置 • STEP 7-Micro/WIN提供Modbus库

2. 使用RS-232/PPI多台主设备电缆和具有RS-232设备的自由端口模式

可使用RS-232/PPI多台主设备电缆和自由端口通信功能，将S7-200 CPU连接到与RS-232标准兼容的各种设备，必须将电缆设置为用于自由端口操作的PPI/自由端口模式(5号开关=0)。6号开关既可选择为本地模式(DCE)(6号开关=0)，也可选择为远程模式(DTE)(6号开关=1)。

数据从RS-232端口传输到RS-485端口时，RS-232/PPI多台主设备电缆处于“传输”模式；电缆在闲置或将数据从RS-485端口传输到RS-232端口时，处于“接收”模式。电缆检测到RS-232传输行上有字符时，立即从“接收”模式切换到“传输”模式。

RS-232/PPI多台主设备电缆支持1200 baud～115.2 kbaud的波特率。使用RS-232/PPI多台主设备电缆外壳上的DIP开关，可设置合适的电缆波特率。表6-10显示了波特率和开关位置。

当RS-232传输线处于闲置状态的时间超过周转时间之后，电缆将重新切换到“接收”模式。电缆的周转时间由选择的波特率确定，见表6-10。

表6-10　周转时间和设置

波特率/baud	周转时间/ms	设置（1=向上）	波特率/baud	周转时间/ms	设置（1=向上）
115200	0.15	110	9600	2.0	010
57600	0.3	111	4800	4.0	011
38400	0.5	000	2400	7.0	100
19200	1.0	001	1200	14.0	101

如果在使用了自由端口通信的系统中，正在使用RS-232/PPI多台主设备电缆，则S7-200中的程序必须包含下列情形下的周转时间：

(1) S7-200响应由RS-232设备所传输的信息。在S7-200接收到来自RS-232设备的请求信息之后，S7-200必须将响应信息的传输延迟一段时间，延迟时间应大于或等于电缆的周转时间。

(2) RS-232设备响应从S7-200传输的信息。在S7-200接收到来自RS-232设备的请求信息之后，S7-200必须将下一个请求信息的传输延迟一段时间，延迟时间应大于或等于电缆的周转时间。

在上面两种情况中，通过延迟使RS-232/PPI多台主设备电缆具有充足的时间从“传输”模式切换到“接收”模式，以将数据从RS-485端口传输到RS-232端口。

6.4.3　调制解调器和STEP 7-Micro/WIN在网络中的使用

STEP 7-Micro/WIN V.2将使用标准的Windows电话和调制解调器选项，用于选择和配置电话调制解调器。电话和调制解调器选项在Windows的控制面板中。使用调制解调器的Windows安装选项，可以使用如下设置：

(1) 使用Windows所支持的大多数内置和外置调制解调器。

(2) 使用Windows所支持的大多数调制解调器的标准配置。

(3) 使用标准的Windows拨号规则，用于选择所在位置、国家和区域代码支持、脉冲或音频拨号以及呼叫卡支持。

(4) 在与EM 241调制解调器模块进行通信时使用更高的波特率。

在Windows控制面板中打开“Windows调制解调器属性”对话框。该对话框将允许对本地调制解调器进行配置。可从Windows所支持的调制解调器列表中选择合适的调制解调器。如果在“Windows调制解调器属性”对话框中没有相匹配的型号，则可选择最相近的型号。配置本地调制解调器如图6-40所示。

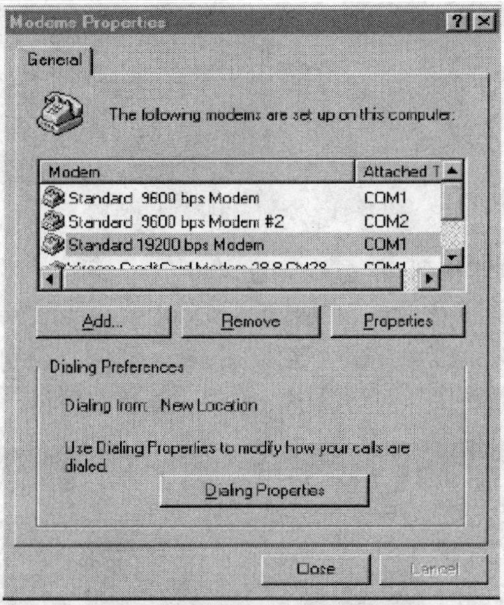

Modems Properties
General
The following modems are set up on this computer:
Modem
Attached T
Standard 9600 bps Modem
COM1
Standard 9600 bps Modem #2
COM2
Standard 19200 bps Modem
COM1
Add...
Remove
Properties
Dialing Preferences
Dialing from: New Location
Use Dialing Properties to modify how your calls are dialed.
Dialing Properties
Close
Cancel

图 6-40 配置本地调制解调器

STEP 7-Micro/WIN还支持使用无线和手机调制解调器。这些类型的调制解调器将不显示在“Windows调制解调器属性”对话框中，但在配置STEP 7-Micro/WIN连接时可用。

1. 配置调制解调器的连接

连接将识别名称与连接的物理属性相关联。对于电话调制解调器，这些属性包括调制解调器型号、10位或11位的协议选择以及超时。对于手机调制解调器，连接将允许对PIN和其他参数进行设置。无线调制解调器属性包括波特率的选择、奇偶校验、流量控制和其他参数。

1) 添加连接

使用连接向导可添加新连接、删除连接或编辑连接，如图6-41所示。

(1) 双击“调制解调器连接”窗口中的“设置”按钮。

(2) 双击PC/PPI电缆以打开PG/PC接口。选择PPI电缆并单击“属性”按钮。在“本地连接”标签上，勾选“调制解调器连接”对话框。

(3) 双击“通信”对话框中的“调制解调器连接”图标。

(4) 单击“设置”按钮，以显示“调制解调器连接设置”对话框。

(5) 单击“添加”按钮，启动“添加调制解调器连接向导”。

(6) 按照“添加调制解调器连接向导”的提示“配置”连接。

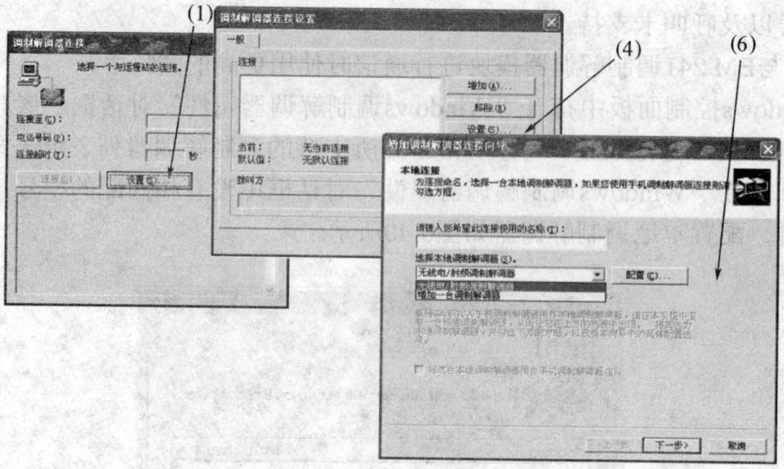
(1)
(4)
(6)
调制解调器连接
选择一个与远程站的连接。
连接至(C)：
电话号码(P)：
连接超时(T)：
秒
设置(S)...
调制解调器连接设置
一般
连接
增加(A)...
移除(R)
设置(S)...
当前：
无当前连接
默认值：
无默认连接
拨叫方
增加调制解调器连接向导
本地连接
请键入您希望此连接使用的名称(N)：
选择本地调制解调器(S)。
无线电/射频调制解调器
配置(C)...
增加一台调制解调器
下一步>
取消

图 6-41 添加调制解调器连接

2. 通过调制解调器连接到 S7-200CPU

在添加调制解调器连接之后，可连接到S7-200CPU。如图6-42所示。

(1) 打开“通信”对话框，双击“连接”按钮，显示“调制解调器连接”对话框。

(2) 在“调制解调器连接”对话框中，单击“连接”按钮，调制解调器开始拨号。

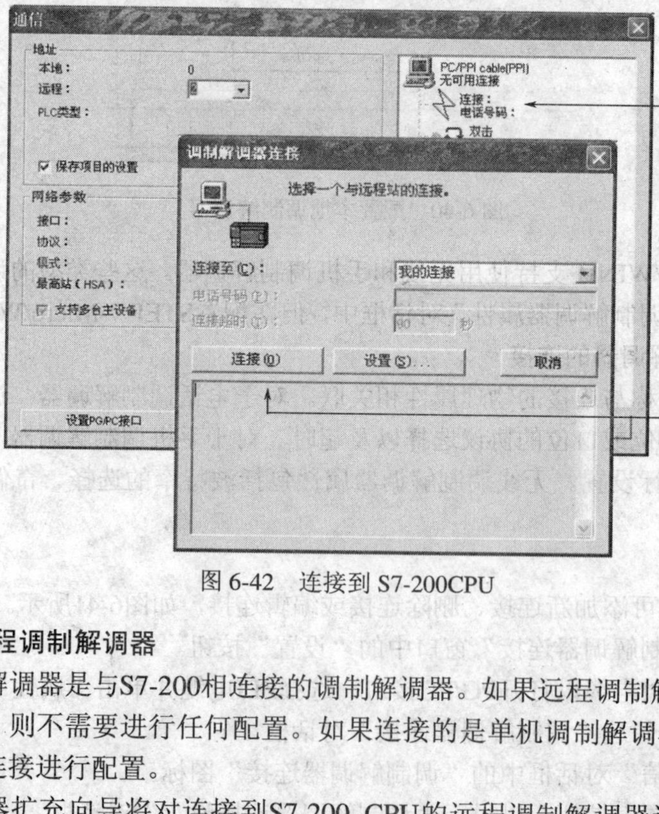
通信
地址
本地：
0
远程：
PLC类型：
保存项目的设置
网络参数
接口：
协议：
模式：
最高站（HSA）：
支持多台主设备
设置PG/PC接口
PC/PPI cable(PPI)
无可用连接
连接：
电话号码：
双击
(1)
调制解调器连接
选择一个与远程站的连接。
连接至(C)：
我的连接
电话号码(P)：
连接超时(I)：
秒
连接(O)
设置(S)...
取消
(2)

图 6-42 连接到 S7-200CPU

3. 配置远程调制解调器

远程调制解调器是与S7-200相连接的调制解调器。如果远程调制解调器为EM 241调制解调器模块，则不需要进行任何配置。如果连接的是单机调制解调器或手机调制解调器，则必须对连接进行配置。

调制解调器扩充向导将对连接到S7-200 CPU的远程调制解调器进行配置。为了与S7-200 CPU的RS-485半双工端口进行正确通信，需要特殊的调制解调器配置。这只需要选择调制解调器的型号，并按照向导的提示输入信息。如图6-43所示。

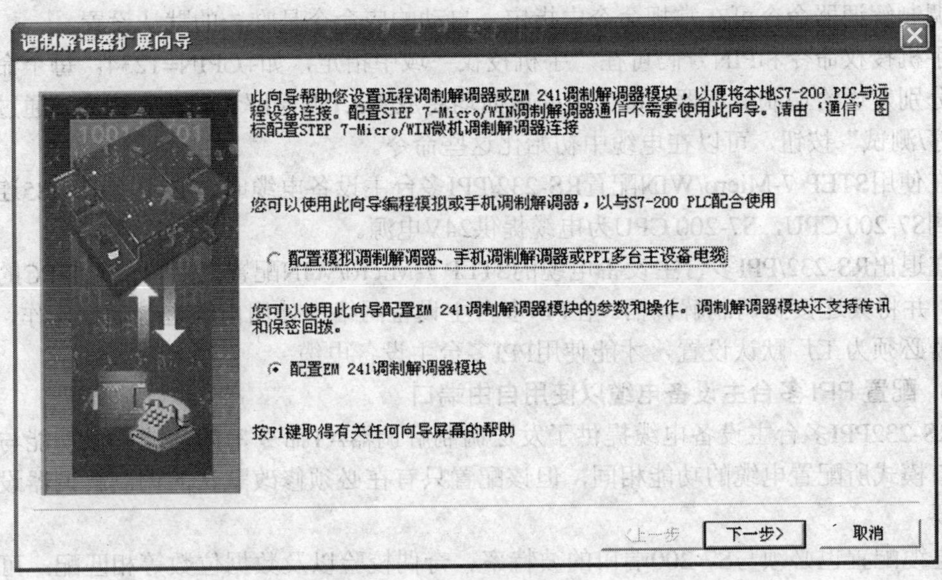
调制解调器扩展向导
此向导帮助您设置远程调制解调器或EM 241调制解调器模块，以便将本地S7-200 PLC与远程设备连接。配置STEP 7-Micro/WIN调制解调器通信不需要使用此向导。请由‘通信’图标配置STEP 7-Micro/WIN微机调制解调器连接
您可以使用此向导编程模拟或手机调制解调器，以与S7-200 PLC配合使用
配置模拟调制解调器、手机调制解调器或PPI多台主设备电缆
您可以使用此向导配置EM 241调制解调器模块的参数和操作。调制解调器模块还支持传讯和保密回拨。
配置EM 241调制解调器模块
按F1键取得有关任何向导屏幕的帮助
<上一步
下一步>
取消

图 6-43　调制解调器扩充向导

4. 配置PPI多台主设备电缆以使用远程调制解调器

RS-232 PPI多台主设备电缆具有在电缆通电时发送调制解调器AT命令字符串的能力，该配置只有在必须修改默认的调制解调器设置时才需要，如图6-44所示。

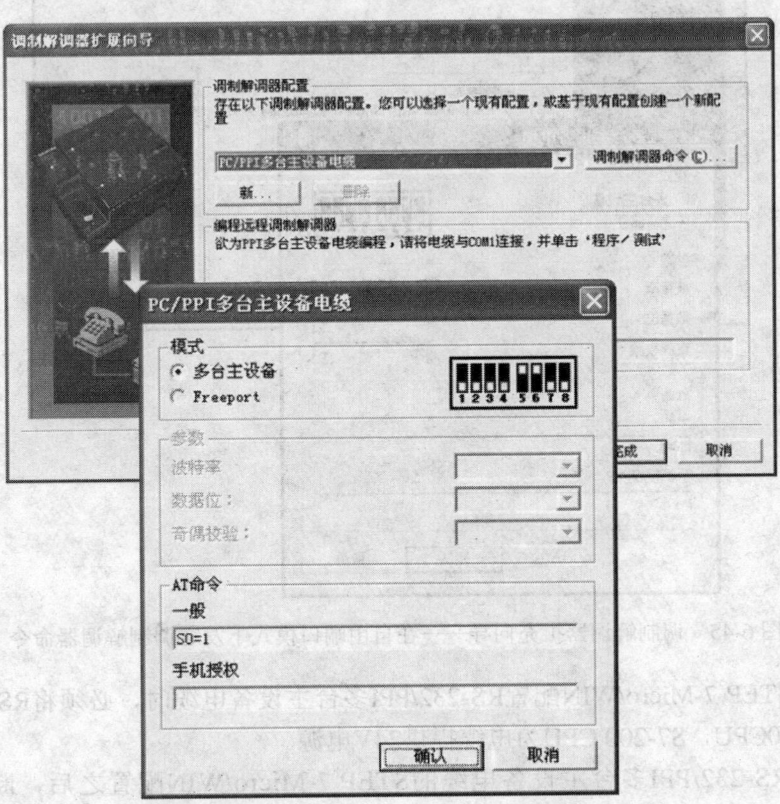
调制解调器扩展向导
调制解调器配置
存在以下调制解调器配置。您可以选择一个现有配置，或基于现有配置创建一个新配置
PC/PPI多台主设备电缆
调制解调器命令(C)...
新...
删除
编程远程调制解调器
欲为PPI多台主设备电缆编程，请将电缆与COM1连接，并单击‘程序／测试’
取消
PC/PPI多台主设备电缆
模式
多台主设备
Freeport
1 2 3 4 5 6 7 8
参数
波特率
数据位：
奇偶校验：
AT命令
一般
S0=1
手机授权
确认
取消

图 6-44　调制解调器扩充向导——发送调制解调器命令

调制解调器命令可在常规命令中指定。自动响应命令是唯一的默认设置。

手机授权命令和PIN号码可在“手机授权”域中指定，如+CPIN=1234。每个命令串都将分别发送给调制解调器，每个串的前面均将放置AT调制解调器注意命令。通过选择“程序/测试”按钮，可以在电缆中初始化这些命令。

在使用STEP 7-Micro/WIN配置RS-232/PPI多台主设备电缆时，必须将RS-485连接器连接到S7-200 CPU，S7-200 CPU为电缆提供24V电源。

在退出RS-232/PPI多台主设备电缆的STEP 7-Micro/WIN配置之后，断开与PC的电缆连接，并将其连接到调制解调器。在PPI多台主设备网络中使用电缆进行远程操作，调制解调器必须为工厂默认设置，才能使用PPI多台主设备电缆。

5. 配置 PPI 多台主设备电缆以使用自由端口

RS-232PPI多台主设备电缆提供了发送调制解调器AT命令串的功能，该功能与为自由端口模式所配置电缆的功能相同，但该配置只有在必须修改默认的调制解调器设置时才需要。

电缆配置也必须与S7-200端口的波特率、奇偶校验以及数据位数等相匹配：可选择1.2kbaud～115.2kbaud的波特率；可选择7个或8个数据位；可选择偶校验、奇校验或无奇偶校验，如图6-45所示。

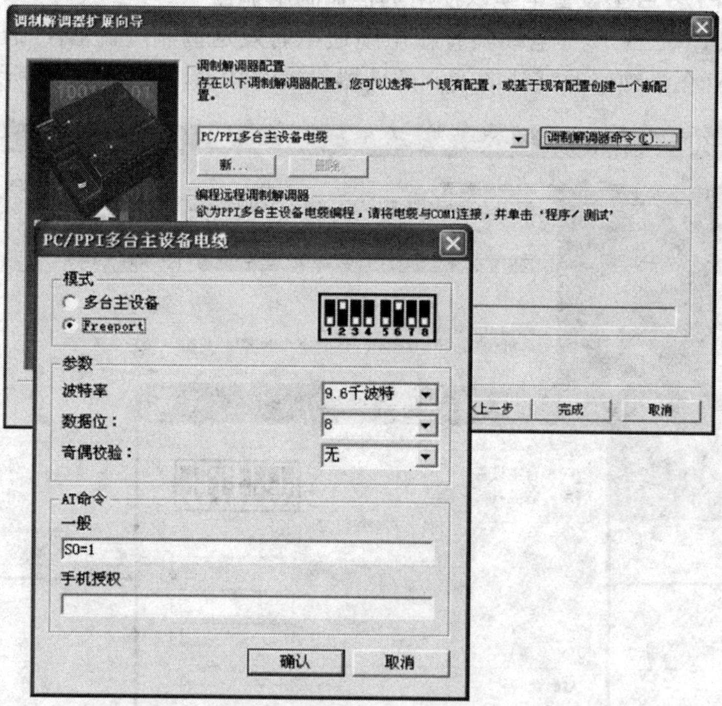
调制解调器扩展向导
调制解调器配置
存在以下调制解调器配置。您可以选择一个现有配置，或基于现有配置创建一个新配置。
PC/PPI多台主设备电缆
调制解调器命令(C)...
新...
删除
编程远程调制解调器
欲为PPI多台主设备电缆编程，请将电缆与COM1连接，并单击‘程序/测试’
PC/PPI多台主设备电缆
模式
多台主设备
Freeport
1 2 3 4 5 6 7 8
参数
波特率
9.6千波特
数据位：
8
奇偶校验：
无
AT命令
一般
S0=1
手机授权
确认
取消
上一步
完成
取消

图 6-45　调制解调器扩充向导——在自由端口模式下发送调制解调器命令

在使用STEP 7-Micro/WIN配置RS-232/PPI多台主设备电缆时，必须将RS-485连接器连接到S7-200CPU，S7-200 CPU为电缆提供24V电源。

在退出RS-232/PPI多台主设备电缆的STEP 7-Micro/WIN配置之后，断开与PC的电缆连接，并将其连接到调制解调器。此时可使用PPI多台主设备网络中的远程操作电缆。

6. 使用具有 RS-232/PPI 多台主设备电缆的调制解调器

使用RS-232/PPI多台主设备电缆将调制解调器的RS-232通信端口连接到S7-200 CPU。如图6-46所示。

(1) 1号开关、2号开关和3号开关用于设置波特率。

(2) 5号开关用于选择PPI或PPI/自由端口模式。

(3) 6号开关用于选择本地（等同于数据通信设备-DCE）或远程（等同于数据终端装置-DTE）模式。

(4) 7号开关用于选择10位或11位PPI协议。

5号开关用于选择运行于PPI模式，或是运行于PPI/自由端口模式。如果使用STEP 7-Micro/WIN通过调制解调器与S7-200进行通信，则选择PPI模式（5号开关=1）。否则，选择PPI/自由端口模式（5号开关=0）。

RS-232/PPI多台主设备电缆的7号开关将为PPI/自由端口模式选择10位或11位模式。只有在通过处于PPI/自由端口模式的调制解调器将S7-200连接到STEP 7-Micro/WIN时，才使用7号开关。否则，将7号开关设置为11位模式，以确保其他设备的正确操作。

RS-232/PPI多台主设备电缆的6号开关，将允许把电缆的RS-232端口设置为本地（DCE）模式或远程（DTE）模式。

(1) 如果使用的是具有STEP 7-Micro/WIN的RS-232/PPI多台主设备电缆，或RS-232/PPI多台主设备电缆已连接到计算机，则将RS-232/PPI多台主设备电缆设置为局部（DCE）模式。

(2) 如果使用的是具有调制解调器（它属于DCE设备）的RS-232/PPI多台主设备电缆，则将RS-232/PPI多台主设备电缆设置为远程（DTE）模式。

图6-47所示为通用调制解调器适配器的插针分配。

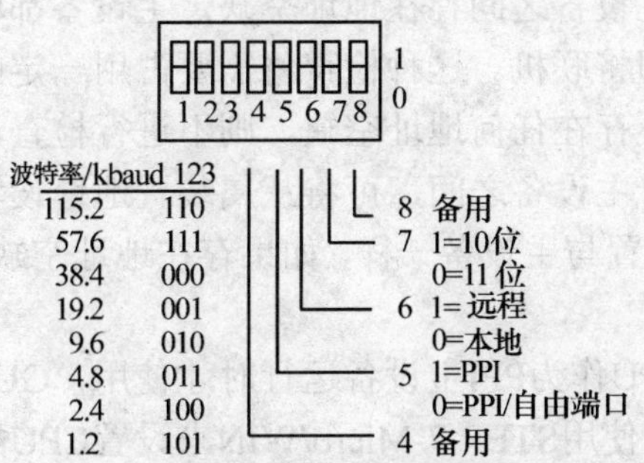

1
0
1 2 3 4 5 6 7 8
波特率/kbaud 123
115.2 110
57.6 111
38.4 000
19.2 001
9.6 010
4.8 011
2.4 100
1.2 101
8 备用
7 1=10位
0=11 位
6 1=远程
0=本地
5 1=PPI
0=PPI/自由端口
4 备用

图 6-46 用于 RS-232/PPI 多台主设备电缆的设置

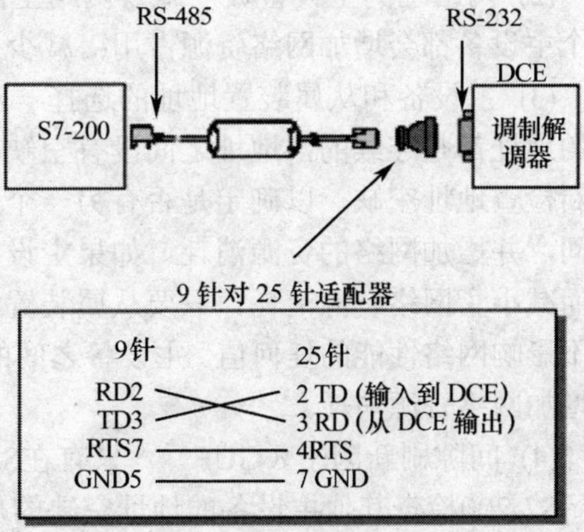

RS-485
RS-232
DCE
S7-200
调制解调器
9 针对 25 针适配器
9针
25针
RD2
TD3
RTS7
GND5
2 TD (输入到 DCE)
3 RD (从 DCE 输出)
4RTS
7 GND

图 6-47 适配器的插针分配

7. 使用具有 RS-232/PPI 多台主设备电缆的无线调制解调器

使用RS-232/PPI多台主设备电缆，将无线调制解调器的RS-232通信端口连接到S7-200 CPU，但无线调制解调器的操作不同于电话调制解调器。

1) PPI模式

使用为PPI模式（5号开关=1）所设置的RS-232/PPI多台主设备电缆，一般选择远程模式（6号开关=1）用于调制解调器的操作。然而，选择远程模式将导致电缆发送字符串"AT"，并在每次加电时等待调制解调器响应。当电话调制解调器按照该顺序确定波特率时，无线调制解调器通常不接受AT命令。

因此，为了正确使用无线调制解调器，必须选择本地模式（6号开关=0），并在电缆的RS-232连接器与无线调制解调器的RS-232端口之间使用一个空转的调制解调器适配器。空转调制解调器适配器在9针对9针或9针对25针配置下均可使用。

无线调制解调器可以分别在9.6 kbaud、19.2 kbaud、38.4 kbaud、57.6 kbaud或115.2 kbaud波特率下运行。RS-232/PPI多台主设备电缆在无线调制解调器传输第一个字符时，将自动调整到的这些波特率中的任一个。

2) PPI/自由端口模式

使用为PPI/自由端口模式（5号开关=0）所设置的RS-232/PPI多台主设备电缆，可选择用于无线调制解调器操作的远程模式（6号开关=1）。对电缆进行配置，以便其不发送任何AT命令来设置调制解调器。

RS-232/PPI多台主设备电缆上的开关1、2、3将对波特率进行设置，如图6-46所示。选择与PLC和无线调制解调器波特率相对应的波特率设置。

6.4.4 高级网络应用

1. 优化网络性能

调整下列设置可优化网络性能：

(1) 波特率　调整网络的波特率，以所有设备都支持的最高波特率来设置网络，使网络具有最高数据传输率。

(2) 网络上的主设备数　减少网络上的主设备数目也可改善网络的性能。网络上的每个主设备都会增加网络资源占用；减少主设备可减少网络资源占用。

(3) 主设备和从属装置地址的选择　对主设备的地址进行正确地设置，使所有主设备的地址都是连续的，地址之间没有空缺。如果主设备之间存在地址空缺，主设备都将不断检查地址空缺，以确定是否有另一个主设备即将联机。这种检查将需要占用一定的时间，并增加网络的资源消耗。如果主设备之间不存在任何地址空缺，则不进行检查，从而减小了网络资源消耗。只要从属装置没有位于主设备之间，可将从属装置地址设置为不影响网络性能的任何值。主设备之间的从属装置与主设备一样，如果存在地址空缺，将增加网络资源消耗。

(4) 间隙刷新因子（GUF）　只有在S7-200 CPU作为PPI主设备运行时才使用，GUF表示S7-200检查其他主设备的地址空缺的周期。可使用STEP 7-Micro/WIN来设置CPU配置中用于CPU端口的GUF，把S7-200配置为只定时检查地址空缺。对于GUF=1，S7-200将在每一次持有令牌时检查地址空缺；对于GUF=2，S7-200将在每两次持有令牌时检查地址空缺。如果主设备之间存在地址空缺，则设置更高的GUF将可减小网络资源消耗。如果主设备之间不存在任何地址空缺，则GUF对性能将不产生任何影响。设置过高的GUF数值将导致主设备联机成功的时间产生较大的延迟，因为并不经常对地址进行检查。通常默认的GUF设置为10。

(5) 另一个主设备时的最高地址　可使用STEP 7-Micro/WIN来设置CPU配置中用于CPU端口的HSA。设置HSA将限制网络中最后一个主设备（具有最高地址）所必须检查的地址空缺，限制地址空缺的大小将减少对另一个主设备进行查找和联机时所需要的时间。最高站址对从属装置地址没有任何影响，主设备可仍然与地址大于HSA的从属装置进行通信。通常，将所有主设备上的最高站址都设置为同一个数值，该地址应大于或等于最高主设备地址。通常HSA的默认值为31。

2. 计算网络的令牌循环时间

在令牌传递网络中，只有得到令牌的站才有进行通信的权力。令牌循环时间（令牌循环到逻辑环中的每个主设备所需要的时间）是衡量网络性能的一个参数。

计算多台主设备网络的令牌循环时间的示例，如图6-48所示。在该示例中，TD 200（站3）与CPU 222（站2）进行通信，TD 200（站5）与CPU 222（站4）进行通信，依此类推。两个CPU 224模块都使用网络读取和网络写入指令来收集来自其他S7-200的数据。CPU 224（站6）发送信息给站2、站4和站8，CPU 224（站8）发送信息给站2、站4和站6。在该网络中，存在有6个主设备站（4个TD 200单元和两个CPU 224模块）和两个从属装置站（两个CPU 222模块）。

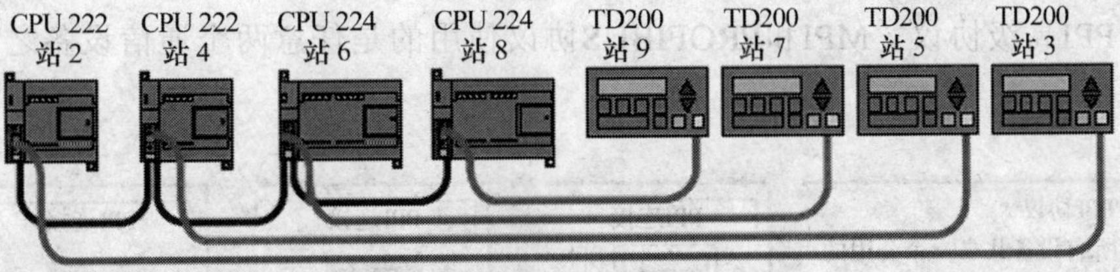
CPU 222
站 2
CPU 222
站 4
CPU 224
站 6
CPU 224
站 8
TD200
站 9
TD200
站 7
TD200
站 5
TD200
站 3

图 6-48　令牌传递网络的示例

主设备必须持有令牌，才能发送信息。例如，当站3具有令牌时，它将启动对站2的请求信息，然后将令牌传递给站5。站5随后启动对站4的请求信息，然后将令牌传递给站6。站6随后启动给站2、站4或站8的信息，并将令牌传递给站7。启动信息和传递令牌的这些过程将继续沿着逻辑环从属装置3到站5、站6、站7、站8、站9，最后回到站3。令牌必须完全沿着逻辑环进行循环，以便主设备能够发送对信息的请求。对于具有6个站的逻辑环，如果每一持有的令牌发送一条请求信息，以读或写一个双字数值(4个字节的数据)，则令牌循环时间在9.6kbaud下大约为900ms。增加每一信息所访问的数据字节数或增加站数都将延长令牌循环时间。

令牌循环时间取决于各个站持有令牌的时间。将各个站持有令牌的时间相加，即可确定多台主设备网络的令牌循环时间。如果PPI主设备模式已经启用(在网络上的PPI协议下)，则通过使用S7-200的网络读取和网络写入指令，将信息发送给其他S7-200。

令牌循环时间与主设备数、数据量以及波特率之间的对比关系见表6-11。当在S7-200 CPU或其他主设备下使用网络读取和网络写入指令时，可参考表6-11计算时间。

表6-11　令牌循环时间　(单位：s)

波特率/kbaud	所传送的字节数	主设备数								
		2	3	4	5	6	7	8	9	10
9.6	1	0.30	0.44	0.59	0.74	0.89	1.03	1.18	1.33	1.48
	16	0.33	0.50	0.66	0.83	0.99	1.16	1.32	1.49	1.65
19.2	1	0.15	0.22	0.30	0.37	0.44	0.52	0.59	0.67	0.74
	16	0.17	0.25	0.33	0.41	0.50	0.58	0.66	0.74	0.83
187.5	1	0.009	0.013	0.017	0.022	0.026	0.030	0.035	0.039	0.043
	16	0.011	0.016	0.021	0.026	0.031	0.037	0.042	0.047	0.052

3. 网络设备的连接

网络设备通过相互的连接进行通信，这些连接均是主设备和从属装置之间的专用连接。如图6-49所示，不同的通信协议在连接的处理方式上有所不同：

(1) PPI协议使用的是所有网络设备的共享连接。

(2) PPI高级协议、MPI和PROFIBUS协议使用的是任意两个通信设备之间的单独连接。

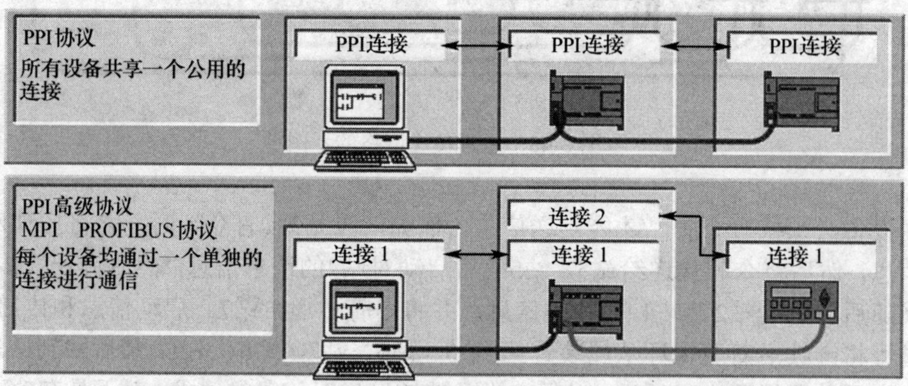
PPI协议
所有设备共享一个公用的连接
PPI连接
PPI连接
PPI连接
PPI高级协议
MPI　PROFIBUS协议
每个设备均通过一个单独的连接进行通信
连接 1
连接 2
连接 1
连接 1

图 6-49　管理通信连接

当使用PPI高级协议、MPI或PROFIBUS协议时，第二个主设备将不会干扰主设备与从属装置之间已经建立的连接。S7-200 CPU和EM 277始终保留一个用于STEP 7-Micro/WIN的连接和一个用于HMI设备的连接，其他主设备不能使用这些保留的连接。这样可以确保在主设备使用连接协议（如PPI高级协议）时，始终可以将至少一个编程站和至少一个HMI设备连接到S7-200 CPU或EM 277。

S7-200 CPU和EM 277模块的容量见表6-12。S7-200的每个端口（端口0和端口1）最多可支持4个单独的连接。所以，不包含共享的PPI连接，S7-200 CPU最多具有8个连接。EM 277支持最多6个连接。

表6-12 S7-200 CPU和EM 277模块的容量

连 接 点		波特率/ kbaud	连接	STEP 7-Micro/WIN协议配置文件选择
S7-200CPU	端口0	9.6、19.2或187.5	4	PPI、PPI高级协议、MPI和PROFIBUS*
	端口1	9.6、19.2或187.5	4	PPI、PPI高级协议、MPI和PROFIBUS*
EM 277模块		9.6～12	每个模块6个	PPI高级协议、MPI和PROFIBUS

*如果使用CP卡将STEP 7-Micro/WIN通过端口0或端口1连接到S7-200 CPU，则只有在S7-200配置为从属装置时，才可选择MPI或PROFIBUS配置文件

4. 复杂网络的使用

对于S7-200，复杂网络的一个典型特点就是具有多个S7-200主设备，这些主设备使用网络读取（NETR）和网络写入（NETW）指令与PPI网络中的其他设备进行通信。复杂网络还可能存在一些特殊问题，可能使主设备中断与从属装置的通信。

如果网络以较低的波特率运行（如9.6 kbaud或19.2 kbaud），则在传递令牌之前，每个主设备将完成事务处理（读或写）。然而，如果波特率为187.5 kbaud，则主设备将对从属装置发出请求，然后传递令牌，它将使未完成的请求留在从属装置上。

一个具有潜在通信冲突的网络如图6-50所示。在该网络中，站1、站2和站3均是主设备，它们将使用网络读取或网络写入指令与站4进行通信。网络读取和网络写入指令使用PPI协议，这样，所有S7-200均将共享站4中的单个PPI连接。

在此示例中，站1发出对站4的请求。对于19.2kbaud以上的波特率，站1将令牌传递给站2。如果站2试图发出对站4的请求，则站2的请求将被拒绝，因为站1的请求仍然存在。对站4的所有请求都将被拒绝，直到站4完成对站1的响应。只有在响应已经完成之后，另一个主设备才能发出对站4的请求。

为避免站4通信端口的冲突，应设置站4成为网络上的唯一主设备。站4随后即可发出对其他S7-200的读/写请求，如图6-51所示。

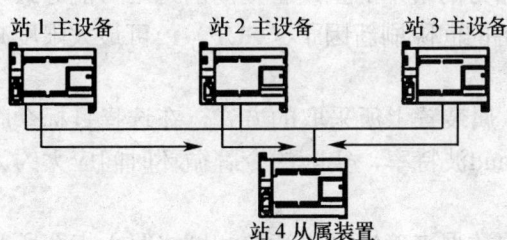

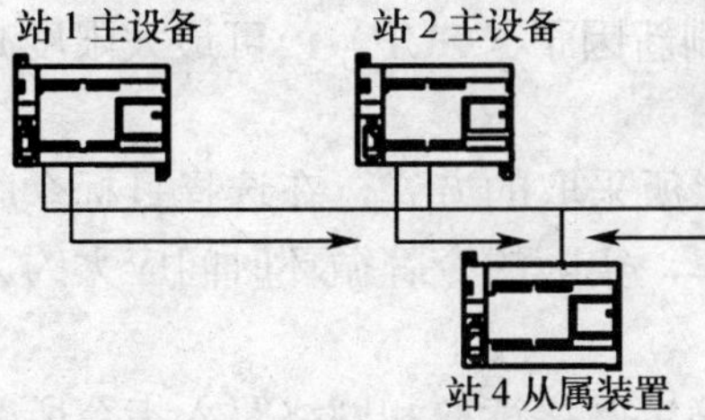
站 1 主设备
站 2 主设备
站 3 主设备
站 4 从属装置

图 6-50 通信冲突

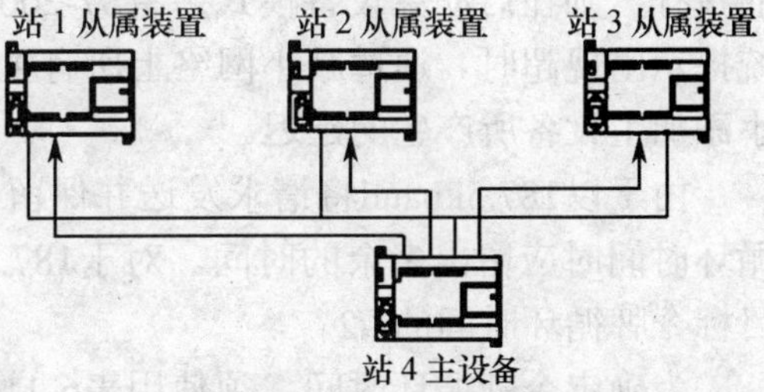
站 1 从属装置
站 2 从属装置
站 3 从属装置
站 4 主设备

图 6-51 避免冲突

这种设置不但可避免通信中产生冲突，而且也可减少由于具有多台主设备而导致的额外网络资源占用，使网络运行更为高效。

然而，对于某些应用场合，不能随意选择减少网络中的主设备数量。当存在多个主设备时，必须对令牌循环时间进行管理，确保网络不超出目标令牌循环时间。令牌循环时间指的是从主设备传递令牌开始到主设备又重新收到令牌为止所花费的总时间。

如果令牌返回到主设备所需要的时间大于目标令牌循环时间，则不允许主设备发出

请求。只有在实际令牌循环时间低于目标令牌循环时间时，主设备才可发出请求。

S7-200的最高站址（HSA）和波特率设置决定了目标令牌循环时间。HSA和目标令牌循环时间见表6-13。

表6-13 HSA和目标令牌循环时间

HSA	9.6kbaud	19.2kbaud	187.5kbaud	HSA	9.6kbaud	19.2kbaud	187.5kbaud
HSA=15	0.613s	0.307s	31ms	HSA=63	1.890s	0.950s	97ms
HSA=31	1.040s	0.520s	53ms	HSA=126	3.570s	1.790s	183ms

对于较低的波特率，例如，9.6kbaud和19.2kbaud，主设备在传递令牌之前，将等待对其请求的响应。因为按照扫描时间，处理请求/响应循环将要花费相对较长的时间，所以，当网络上的某主设备得到令牌时，它们具有准备就绪的传送请求。这样，实际的令牌循环时间将增加，且某些主设备将有可能不能处理任何请求。在某些情况下，有可能完全不允许主设备对请求进行处理。

例如，一个具有10个主设备的网络，该网络以9.6 kbaud的波特率传输一个HSA配置为15字节，在此例中每个主设备始终具有准备发送的信息。由表6-13可知，该网络的目标循环时间为0.613s。然而，由表6-11可知，该网络所需要的实际令牌循环时间将为1.48s。因为实际的令牌循环时间大于目标令牌循环时间，所以，在后面的令牌循环之前将不允许某些主设备传输信息。

调整实际令牌循环时间大于目标令牌循环时间这种状况，有两种基本的方法：

(1) 通过减少网络上的主设备数目，可以缩短实际令牌循环时间。但随着应用场合变化，有可能不能解决问题。

(2) 通过增加网络上的所有主设备的HSA，可以增加目标令牌循环时间。

增加HSA可能引起网络的其他问题，因为这影响S7-200切换到主设备模式并进入网络所占用的总时间。如果使用计时器来确保在指定时间内完成网络读取或网络写入指令的执行，则在启动主设备模式并将S7-200添加为网络中的主设备期间的延迟可能导致系统提示出现超时。通过减小网络上所有主设备的间隙刷新因子（GUF），可最大限度减小添加主设备所产生的延迟。

由于以187.5kbaud将请求发送并保留在从属装置上所采取的方式，在选择目标令牌循环时间时应留出多余的时间。对于187.5kbaud波特率，实际的令牌循环时间应大约为目标令牌循环时间的1/2。

为确定令牌循环时间，须使用表6-11中的数据来确定网络读取和网络写入指令所需要的时间。HMI设备（如TD 200）所需要的时间，按传送16字节的时间查表。通过将网络上所有设备的时间相加来计算令牌循环时间，所需时间最长的情况是所有设备在同一令牌循环期间都希望处理一个请求，这即是网络所需最大令牌循环时间的定义。

例如，假设具有4个TD 200和4个S7-200的网络以9.6kbaud波特率运行，每个S7-200每秒将10个字节的数据写入另一个S7-200。根据表6-11来计算网络的特定传送时间：

- 4个TD 200设备传送16字节的数据= 0.66 s；
- 4个S7-200传送10字节的数据= 0.63 s；

- 总的令牌循环时间= 1.29 s。

为使该网络有足够的时间来处理一个令牌循环期间的所有请求，可将HSA设置为63(见表6-13)。选择目标令牌循环(1.89 s)大于最大令牌循环时间(1.29 s)，确保每个设备在令牌的每个循环中都可传送数据。

为提高多台主设备网络的可靠性，还可进行下列设置：

(1) 改变HMI设备的刷新速率，使得两次刷新之间有更长的间隔。例如，将TD 200的刷新速率从“尽可能快”改变为“每秒一次”。

(2) 对网络读取操作或网络写入操作进行组合，减少请求数量，以减少处理请求时的网络资源占用。例如，不使用各自读取4字节的两个网络读取操作，而使用一个读取8字节的网络读取操作。因为处理一个8字节的请求所需要的时间远少于处理两个4字节的请求所需要的时间。

(3) 调整S7-200主设备的刷新速率，以使其刷新速率低于令牌循环时间。

第 7 章 PLC 在机电系统中的应用

7.1 PLC 的系统设计

7.1.1 PLC 控制系统设计的基本原则

由于 PLC 的结构和工作方式与通用微型计算机不完全一样，因此，在设计 PLC 自动控制系统时，需要根据 PLC 的特点来进行系统设计。PLC 控制系统与传统的继电器控制系统也有本质区别，硬件和软件可独立进行设计是 PLC 系统设计时的一大特点。

设计任何一种 PLC 控制系统其目的都是为了通过控制被控对象（生产设备或生产过程）来实现工艺要求，以提高生产效率和产品质量。在进行 PLC 控制系统设计时，应遵循以下几个基本原则：

(1) PLC 控制系统的被控对象应最大限度地满足工艺要求　系统设计前，应深入现场进行调查研究、搜集资料，并与机械部分设计人员和实际操作人员密切配合，共同拟定电气控制方案，商讨实际运行中可能出现的各种问题，并尽可能在设计阶段解决这些问题。

(2) 系统结构力求简单　在满足控制要求的前提下，力求使 PLC 控制系统结构简单、经济实用、使用及维修方便。

(3) 保证控制系统安全性和可靠性　控制系统的稳定、可靠是提高生产效率和产品质量的必要保证，也是衡量控制系统好坏的主要因素之一。

(4) 控制系统能够方便地进行功能扩展、升级　系统设计时应考虑到生产的发展和工艺的改进，选择 PLC 硬件设备时需留有一定的裕量。

(5) 人机界面友好　对于包含人机界面的 PLC 系统，人机界面的设计应使用户方便、容易操作和使用 PLC 系统。

7.1.2 PLC 系统设计的一般步骤

PLC 系统设计的一般步骤如图 7-1 所示。

(1) 根据生产的工艺过程分析控制要求，例如，需要完成的动作（动作顺序、动作条件、保护和连锁等）和操作方式（手动、自动、连续、单周期、单步等）。

(2) 根据控制要求确定所需要的 I/O 设备，确定 PLC 的 I/O 点数。

(3) 根据 I/O 点数、控制要求及其他外围设备的情况选择 PLC 及相应模块。

(4) 定义 I/O 点的名称，分配 PLC 的 I/O 点，设计 I/O 连接图。

(5) 根据 PLC 所要完成的任务及应具备的功能，进行 PLC 程序设计，同时可进行控制台（柜）的设计和现场施工。

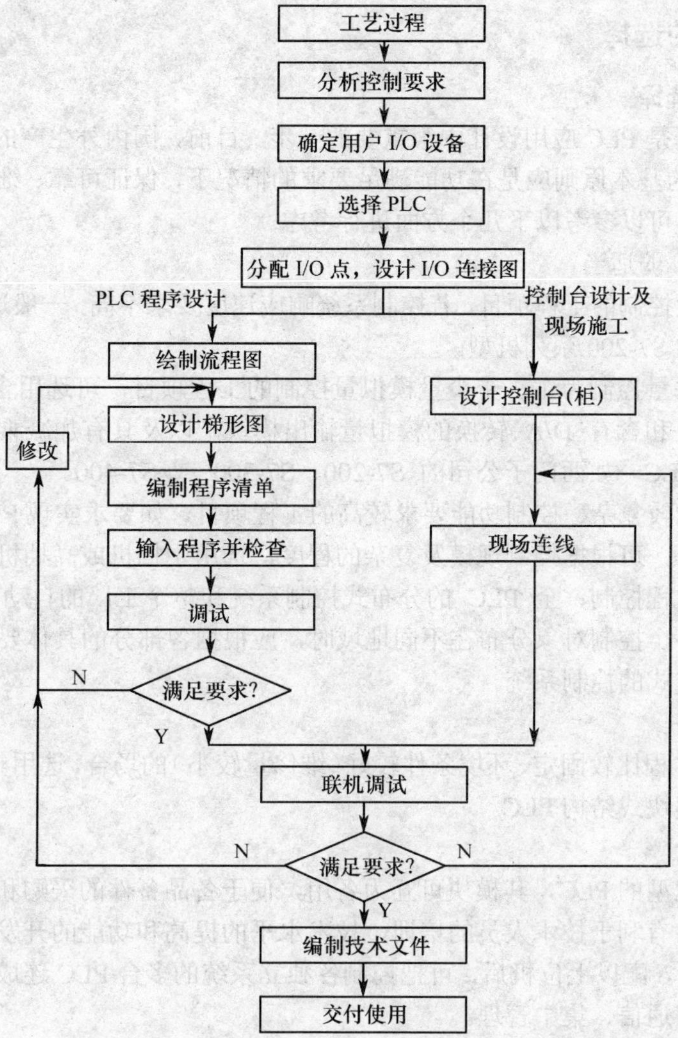
工艺过程
分析控制要求
确定用户 I/O 设备
选择 PLC
分配 I/O 点，设计 I/O 连接图
PLC 程序设计
控制台设计及
现场施工
绘制流程图
设计梯形图
修改
编制程序清单
输入程序并检查
调试
N
满足要求?
Y
设计控制台(柜)
现场连线
联机调试
N
满足要求?
N
Y
编制技术文件
交付使用

图 7-1　PLC 系统设计一般步骤

PLC 程序设计的步骤：

(1) 对于较复杂的控制系统，应先绘制系统控制流程图，这样可以清楚的表明动作的顺序和条件。对于简单的控制系统，可以省去这一步。

(2) 设计梯形图是程序设计的关键一步，也是比较困难的一步。要设计好梯形图，首先需要十分熟悉控制要求，同时还要有一定的电气设计的实践经验。

(3) 用 PLC 程序设计开发环境或者编程器将程序输入到 PLC，并检查输入的程序是否正确。

(4) 对程序进行调试和修改，直到满足要求。

(5) 待控制台（柜）及现场施工完成后，就可以进行联机调试。如不满足要求，再修改程序或检查接线，直到满足要求。

(6) 编制技术文件。

(7) 交付使用。

7.1.3 PLC 的选择

1. 机型的选择

PLC 的选择是 PLC 应用设计中很重要的一步。目前，国内外生产的 PLC 种类繁多，选择 PLC 机型的基本原则应是在功能满足要求的情况下，保证可靠、维护使用以及最佳的性能价格比。可以参考以下几个方面进行考虑。

1) 功能强、弱适当

对于开关量控制的工程项目，若控制系统响应速度要求不高，一般选用低档的 PLC。如西门子公司的 S7-200 系列机型。

对于以开关量控制为主、带少量模拟量控制的工程项目，可选用含有 A/D 转换的模拟量输入模块和含有 D/A 转换的模拟量输出模块，以及具有加减乘除运算和数据传输功能的低档 PLC。如西门子公司的 S7-200、S7-300 或 S7-400。

对于控制比较复杂、控制功能要求较高的工程项目，如要求实现 PID 运算、闭环控制、通信联网等，可根据控制规模及复杂的程度，选用中档机或高档机。其中高档机主要用于大规模过程控制、全 PLC 的分布式控制系统和整个工厂的自动化等。

当系统的各个控制对象分布在不同地域时，应根据各部分的具体要求来选择 PLC，以组成一个分布式的控制系统。

2) 结构合理

对于工艺过程比较固定、环境条件较好（维修量较小）的场合，选用整体式结构 PLC；其他情况选用模块式结构 PLC。

3) 机型统一

因为同一机型的 PLC，其模块可互为备用，便于备品备件的采购和管理；其功能及编程方法统一，有利于技术人员的培训、技术水平的提高和功能的开发；其外部设备通用，资源可共享，配以上位机后，可把控制各独立系统的多台 PLC 连成一个多级分布式控制系统，相互通信、集中管理。

4) 是否在线编程

PLC 的特点之一是使用灵活。当被控设备的工艺过程改变时，只需用编程器重新修改程序，就能满足新的控制要求，给生产带来很大方便。PLC 的编程分为离线编程和在线编程两种。离线编程的 PLC，其主机和编程器共用一个 CPU，在编程器上有一个“编程 / 运行”选择开关或按键。当需要编程或修改程序时，将开关选择“编程”位置，PLC 的 CPU 将不再执行用户程序，失去对现场的控制，而只为编程器服务，这就是“离线”编程。当程序编好后，再把选择开关切换到“运行”位置，CPU 则执行用户程序，对系统实施控制。由于编程器和主机共用一个 CPU，因此，节省了大量的硬件和软件，编程器的价格也比较便宜。中、小型 PLC 多数采用离线编程方式。

在线编程的 PLC，例如，美国 GOULD 公司生产的 M84 型号的 PLC 等，其特点是主机和编程器各有一个 CPU，编程器的 CPU 可随时处理由键盘输入的各种编程指令。主机的 CPU 主要完成对现场的控制，并在一个扫描周期的末尾和编程器通信，编程器把编好或修改好的程序发给 PLC，在下一个扫描周期，PLC 将按照新送入的程序控制现场，这就是在线编程。这类 PLC 由于增加了硬件和软件，所以价格较贵，但应用领域较广。

大型 PLC 多采用在线编程。

采取哪一种编程方式，应根据被控设备工艺要求的不同来选择。对于产品定型的设备和工艺不常变动的设备，往往选用离线编程的 PLC；反之，考虑选用在线编程的 PLC。

5) PLC 的环境适应性

由于 PLC 是直接用于工业控制的工业控制器，生产厂家都把它设计成能在恶劣的环境条件下可靠地工作。尽管如此，每种 PLC 都有自己的环境技术条件，用户在选用时，特别是在设计控制系统时，对环境条件要进行充分的考虑。一般 PLC 及其外部电路（I/O 模块、辅助电源等）都能在下列环境条件下可靠工作：

温度	工作温度 0℃～55℃，最高为 60℃；
储存温度	－40℃～＋85℃；
相对湿度	5%～95%(无凝结霜)；
振动和冲击	满足国际电工委员会标准；
电源	交流 200V，允许变化范围为－15%～＋15%，频率为 47Hz～53Hz，瞬间停电保持 10ms；
环境	周围空气不能混有可燃性、爆炸性和腐蚀性气体。

对于需要应用在特殊环境下的 PLC，要根据具体的情况进行合理的选择。

2. I/O 的选择

1) 可编程控制器系统 I/O 点数估算

(1) 控制电磁阀等所需的 I/O 点数　由电磁阀的动作原理可知，一个单线圈电磁阀用可编程控制器时需 2 个输入及 1 个输出；一个双线圈电磁阀需 3 个输入及 2 个输出；一个按钮需一个输入；一个光电开关需 1 个或 2 个输入；一个信号灯需要 1 个输出；波段开关，有几个波段就需几个输入；一般情况，各种位置开关都需占用 2 个输入点。

(2) 控制交流电动机所需的 I/O 点数　可编程控制器控制交流电动机时，是以主令信号和反馈信号作为可编程控制器的输入信号；以可编程控制器作为主控器，用它的输出信号驱动执行元件来完成对交流电动机的控制。例如，用可编程控制器控制一台 Y-△启动的交流电动机，一般需占用可编程控制器的 4 个输入点及 3 个输出点。用可编程控制器控制一台单向运行的鼠笼式电动机，需占用 4 个输入点及 1 个输出点。控制一台可逆运行的鼠笼式电动机，需 5 个输入点及 2 个输出点。控制一台单向运行的变极调速电动机，需 5 个输入点及 2 个输出点。控制一台单向运行的绕线转子交流电动机，需 3 个输入点及 4 个输出点。控制一台可逆运行的绕线转子交流电动机，需 4 个输入点及 5 个输出点。

(3) 控制直流电动机所需的 I/O 点数　晶闸管直流电动机调速系统是直流调速的主要形式，它采用晶闸管整流装置对直流电动机供电。用可编程控制器的直流传动系统中，可编程控制器的输入除考虑主令信号外，还需要考虑速度指令信号正向 1 级～3 级、反向 1 级～3 级、允许合闸信号、抱闸打开信号等。一般地，一个可编程控制器的可逆直流传动系统大约需 12 个输入点和 8 个输出点。一个不可逆的直流传动系统需 9 个输入点和 6 个输出点。典型传动设备及电气元件所需可编程控制器 I/O 点数见表 7-1。此表在实际确定控制对象的 I/O 点数时有一定参考价值。

表7-1　典型传动设备及电气元件所需可编程控制器I/O点数

电气设备、元件	输入点数	输出点数	I/O点总数	电气设备、元件	输入点数	输出点数	I/O点总数
Y-△启动的鼠笼式电动机	4	3	7	按钮开关	1		1
单向运行的鼠笼式电动机	4	1	5	光电开关	2		2
可逆运行的鼠笼式电动机	5	2	7	信号灯		1	1
单向变极电动机	5	3	8	拨码开关	4		4
可逆变极电动机	6	4	10	三档波段开关	3		3
单向运行的直流电动机	9	6	15	行程开关	1		1
可逆运行的直流电动机	12	8	20	接近开关	1		1
单线圈电磁阀	2	1	3	抱闸		1	1
双线圈电磁阀	3	2	5	风机		1	1
比例阀	3	5	8	位置开关	2		2

确定 I/O 点数一般是必须说明的首要问题。估算被控对象的 I/O 点数后，就可选择与点数相当的 PLC。I/O 点数是衡量 PLC 规模大小的重要指标。选择相应规模的 PLC 并留有 10%～15%的 I/O 裕量。

2) I/O 模块的选择

PLC 输入模块的任务是检测并转换来自现场设备（按钮、限位开关、接近开关等）的高电平信号为机器内部电平信号，输入模块的类型分为：DC5V、DC12V、DC24V、DC68V、DC60V 几种，AC115V 和 AC220V 等。由现场设备与模块之间的远近程度选择电压的大小。一般 5V、12V、24V 属低电平，传输距离不宜太远，例如，DC5V 的输入模块最远不能超过 10m，也就是说，距离较远的设备选用较高电压的模块比较可靠。另外，高密度的输入模块如 32 点、64 点，同时接通点数取决于输入电压和环境温度。一般而言，同时接通点数不得超过 60%。为了提高系统的稳定性，必须考虑门槛（接通电平与关断电平之差）电平的大小。门槛电平值越大，抗干扰能力越强，传输距离也就越远。

输出模块的任务是将机器内部信号电平转换为外部过程的控制信号。对于开关频率高、电感性、低功率因数的负载，推荐使用晶闸管输出模块；其缺点是模块价格稍高，过载能力稍差。继电器输出模块的优点是适用电压范围宽，导通压降损失小，价格低；其缺点是寿命较短，响应速度较慢。输出模块同时接通点数的电流累计值必须小于公共端所允许通过的电流值。输出模块的电流值必须大于负载电流的额定值。

3. 内存估计

用户程序所需内存又到下面几个因素的影响：内存利用率；开关量 I/O 点数；模拟量 I/O 点数；程序编写质量。

1) 内存利用率

用户程序通过编程器输入主机内，最后是以机器语言的形式放在内存中。同样的程序，不同厂家的产品，在把用户程序变成机器语言存放时所需的内存数是不同的。我们把一个程序段中的接点数与存放该程序段所代表的机器语言所需的内存字数的比值称为内存利用率，高的内存利用率给用户带来好处。同样的程序可以减少内存量，从而降低内存投资。另外，同样的程序可缩短扫描周期时间，从而提高系统的响应。

2) 开关量 I/O 总点数

可编程控制器开关量 I/O 总点数是计算所需内存容量的重要根据。一般系统中，开关量输入和开关量输出之比为 6∶4。这方面的经验公式是根据开关量输入、开关量输出的总点数给出的，即

$$\text{所需内存字数}=\text{开关量（输入＋输出）总点数}\times 10 \tag{7-1}$$

3) 模拟量 I/O 总点数

具有模拟量控制的系统就要用到数字传送和运算的功能指令，这些功能指令的内存利用率较低，因此，所占的内存数较多。

在只有模拟量输入的系统中，一般要对模拟量进行读入、数字滤波、传送和比较运算。在模拟量输入输出同时存在的情况下，就要进行较复杂的运算，一般是闭环控制，内存要比只有模拟量输入的情况需要量大。在模拟量处理中，常常把模拟量读入、滤波及模拟量输出编成子程序使用，这样会使所占内存大大减少，特别是在模拟量路数比较多时，每一路模拟量所需的内存数会明显减少。下面是一般情况下的经验公式：

$$\text{只有模拟量输入时：所需内存字数}=\text{模拟量点数}\times 100 \tag{7-2}$$

$$\text{模拟量输入输出同时存在：所需内存字数}=\text{模拟量点数}\times 200 \tag{7-3}$$

这些经验公式的算法是在 10 点模拟量左右，当点数小于 10 时，内存字数要适当加大，点数多时，可适当减少。

4）程序编写质量

用户程序优劣对程序长短和运行时间都有较大影响。对于同样的系统，不同用户编写的程序可能会使程序长短和执行时间差距很大。一般来说，对初学者应为内存多留一些余量，而对有经验的编程者可少留一些余量。

综上所述，推荐下面的经验计算公式：

$$\text{总存储器字数}=\text{（开关量输入点数＋开关量输出点数）}\times 10+\text{模拟量点数}\times 150 \tag{7-4}$$

然后按计算存储器字数的 25％考虑余量。

4. 响应时间

对过程控制，扫描周期和响应时间必须认真考虑。可编程控制器顺序扫描的工作方式使它不能可靠地接收持续时间小于扫描周期的输入信号。例如，某产品有效检测宽度为 3cm，产品传送速度为 30m/min，为了确保不会漏检经过的产品，要求可编程控制器扫描周期不能大于产品通过检测点的时间间隔 60ms [T=3 cm / (30 m/min)]。

系统响应时间是指输入信号产生时刻与由此使输出信号状态发生变化时刻的时间间隔，即

$$\text{系统响应时间}=\text{输入滤波时间}+\text{输出滤波时间}+\text{扫描时间} \tag{7-5}$$

7.1.4 硬件与程序设计

在确定控制对象的控制要求和选择好可编程控制器的机型后，就可进行控制系统流程设计，画出流程图，进一步说明各信息流之间的关系，然后具体安排 I/O 的配置，并对 I/O 进行地址分配。配置与地址分配这两部分工作安排得合理，会给硬件设计、程序编写和系统调试带来很多方便。对指定输入点进行地址分配时应注意：把所有的按钮、限位开关分成几种配置，同类型的输入点可分在同一组内；按照每一种类型的设备号，按顺序定义输入点地址号；如果输入点有多余，可将每一个输入模块的输入点都分配给一台设备或机器；尽可能将有高噪声的输入信号的模块插在远离 CPU 模块的插槽内，因此，这类输入点的地址号较大。

输出配置和地址分配也应注意一下几点：同类型设备占用的输出点地址应集中在一起；按照不同类型的设备顺序地指定输出点地址；如果输出点有多余，可将每一个输出模块的输出点分配给一台设备或机器；对彼此有关的输出器件，例如，电动机正转、反转，电磁阀的开户与关闭等，其输出地址号应连写。I/O 地址分配确定后，再画出 PLC 端子和现场信号联络图标，这样进行系统设计时可将硬件设计、程序编写两项工作平行进行。

用户编写程序的过程就是软件设计过程。在系统的实现过程中，用户常面临 PLC 的编程问题，用户应当对所选择的产品的软件功能有所了解。一般地，一个系统的软件总是用于处理控制器具备的控制硬件功能的。但是，也有应用系统需要控制硬件部件以外的软件功能的。

PLC 的控制功能都是以程序的形式来体现，程序设计通常采用逻辑设计法，它是以布尔代数为理论基础，根据生产过程各工步之间各检测元件状态的不同组合和变化，确定所需的中间环节（如中间继电器）。再按各执行元件所应满足的动作节拍表，分别列写出各自用相应的检测元件及中间环节状态逻辑值表示的布尔表达式，最后用触点的串并联组合在电路上进行逻辑表达式的物理实现。PLC 的辅助继电器、定时器、计数器、状态器数量相当大，且这些元件的触点为无限多个，给程序设计带来很大方便，只要程序容量和扫描时间允许，程序的复杂程度并不影响程序的可靠性。与继电器控制系统使用的路基设计法（最简单的线路是最可靠的）相比，PLC 软件设计就不用考虑触点的数量。

7.1.5 总装统调

总装统调是 PLC 构成控制系统的最后一个设计步骤。用户程序在总装统调前需进行模拟调试。用装在 PLC 上的模拟开关模拟输入信号的状态，用输出点的指示灯模拟被控对象，检查程序无误后便可将 PLC 接入系统中，进行总装调试。

首先，对 PLC 外部接线作仔细检查，外部接线一定要准确、无误。如果用户程序还没有下装到机器中，可自行编写测试程序，对外部接线作扫描通电检查，查找接线故障。为了安全可靠起见，常常将主电路断开进行调试，当确认接线无误再接主电路，将模拟调试好的程序下装到 PLC 进行调试，直到各部分的功能都正常，并能协调一致成为一个完整的整体控制为止。由此可见，在进行完总体设计以及具体的硬件系统设计和软件系统设计后，除要分别对硬件系统和软件系统进行调试外，还必须对硬件系统和软件系统进行联合调试和试运行，反复进行硬件系统和软件系统的修改调整，直到整个控制系统全部投入正常工作为止，才算最终完成系统设计。

必须特别指出，在确定控制方式之后和进行 I/O 地址分配之前，必须进行外围电路的设计；在确定存储器容量之后和选择 I/O 模块之前必须进行选择外部设备的工作；在选择 I/O 模块之后和进行控制回路设计之前，必须进行控制盘/柜的设计。这些工作可在上述较适当的时候穿插进行，但在整个设计过程中，这是必不可少的工作。

7.2 PLC 系统设计的应用示例

7.2.1 PLC 在剪板机控制系统中的应用

剪板机作为机械设备在加工工业中应用比较广泛，以往采用继电器一接触器控制的剪板机，由于控制系统需要大量的硬件接线，使得整个系统比较复杂，设备可靠性降低，间接地降低了设备的工作效率。在采用 PLC 控制后，使得整个系统的接线明显减少，亦由于 PLC 本身的高可靠性也使得整个系统的可靠性得到很大提升。

1. 简介及电气控制要求

剪板机主要由送料、定位压紧、剪切、自动传送机构等组成。4 台电动机分别拖动送料机构、压板、剪切刀和送料小车。它的工作过程是：小车在接料口位置空载或剪好板料数未达到设定数量，启动送料机构带动料板向右移动，当板料碰到限位开关时送料停止。同时启动压板电动机，当压板到位板料被压紧，剪切电动机启动，控制剪刀下落。光电开关检测落入小车的剪好板料，当达到设定数量时，启动小车控制电动机，带动小车右行直至包装线。卸料后，再启动小车左行返回接料口，开始下一车的工作循环。

整个电气系统负责控制送料电动机、压块电动机、剪切电动机、小车电动机的运转，具体要求如下：

(1) 4 台电动机均用 380V 供电的三相鼠笼式异步电动机，直接启动。

(2) 4 台电动机的起动顺序为：送料电动机→压块电动机→剪切电动机→小车电动机。

(3) 每台电动机都必须设有短路和过载保护装置。

(4) 送料、剪切电动机具有过载警示功能，当电动机温度达到上限温度的 95%时，进行声光报警；当超过上限温度时，停止运行。

(5) 设有紧急停止按钮及工作状态的相应指示灯，防止启动和运行时发生意外。

2. 主电路

电气主回路如图 7-2 所示。控制对象为 4 台电动机和一个蜂鸣器。KM1~KM7 为接触器，其中：FU1～FU4 为熔断器；KM1 为紧急停止接触器；KM2 为控制蜂鸣器；KM3~KM7 分别控制送料、压块、剪切和小车电动机；FR1～FR5 为热继电器，FR1～FR3 的设定值取送料和剪切电动机上限温度的 95%，当到达此温度时进行声光报警。

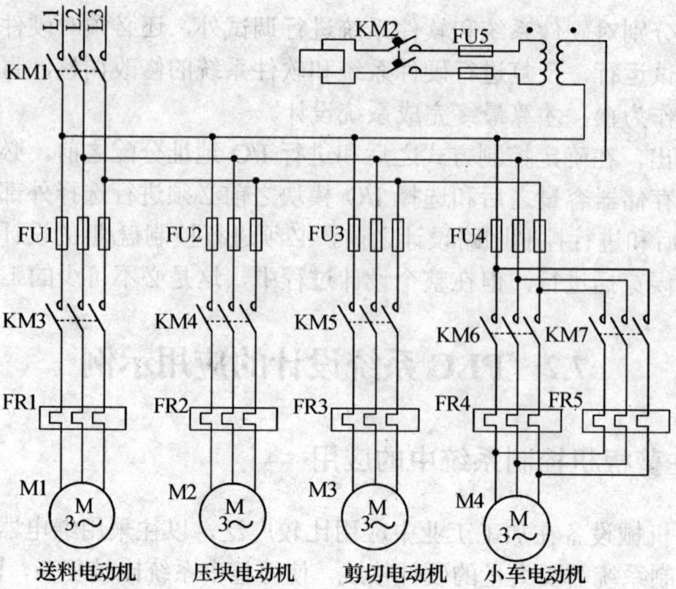
L1
L2
L3
KM1
KM2
FU5
FU1
FU2
FU3
FU4
KM3
KM4
KM5
KM6
KM7
FR1
FR2
FR3
FR4
FR5
M1
M2
M3
M4
送料电动机
压块电动机
剪切电动机
小车电动机

图 7-2 控制系统主电路图

3. 硬件设计

分析其控制功能和主电路后，其控制系统有 24 个输入点和 11 个输出点，I/O 接线如图 7-3 所示。22 个输入点中，限位、检测开关占 8 个，选择开关、按钮占 11 个。在输入点上使用一个 EM221 输入点扩充模块来满足输入点数。11 个输出点中，接触器占 7 个，指示灯占 4 个。

在图 7-3 中 SA1 为系统工作方式选择开关，SB1~SB5 为点动按钮，SB6、SB7 分别为系统启动/停止按钮，SB8 为系统复位按钮。接触器 KM3、KM4、KM5 分别控制送料、压块和剪切电动机；接触器 KM6 和 KM7 控制小车电动机的正反转。HL1～HL4 为相关指示灯。

4. 软件设计

在编制 PLC 程序时采用模块化程序结构，系统设置"连续"、"单周期"、"点动" 3 种工作方式的控制，以满足自动及手动运行的控制要求。系统主程序梯形图如图 7-4 所示，手动操作程序梯形图如图 7-5 所示。

该系统是一个 4 工步的顺序控制，手动、自动程序分别编成独立的子程序模块，实现步进顺序控制，使每一工步严格按顺序动作。按照加工工艺要求，系统自动操作程序为/连续 0 和/单周 0 共用计数器 C48 对小车板料进行记数，其值由用户根据需要设定。

7.2.2 PLC 在 T68 卧式镗床控制中的应用

1. T68 卧式镗床工作特点及电气控制要求

1) 镗床的工作特点

镗床主要用于钻孔、镗孔、铰孔及加工端面等。镗床在加工时，工件固定在工作台上，由镗杆或花盘上的固定刀具进行加工。主运动为镗杆或花盘的旋转运动，进给运动为工作台的前、后、左、右及主轴箱的上、下和镗杆的进、出运动。8 个方向的进给运动除可以自动进给外，还可以进行手动进给和快速移动。

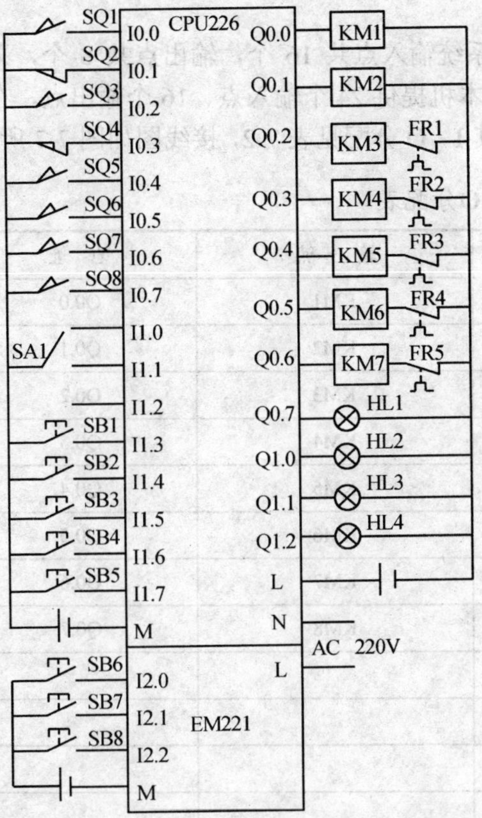
CPU226
SQ1
SQ2
SQ3
SQ4
SQ5
SQ6
SQ7
SQ8
SA1
SB1
SB2
SB3
SB4
SB5
SB6
SB7
SB8
I0.0
I0.1
I0.2
I0.3
I0.4
I0.5
I0.6
I0.7
I1.0
I1.1
I1.2
I1.3
I1.4
I1.5
I1.6
I1.7
M
I2.0
I2.1
I2.2
M
EM221
Q0.0
Q0.1
Q0.2
Q0.3
Q0.4
Q0.5
Q0.6
Q0.7
Q1.0
Q1.1
Q1.2
L
N
L
AC 220V
KM1
KM2
KM3
KM4
KM5
KM6
KM7
FR1
FR2
FR3
FR4
FR5
HL1
HL2
HL3
HL4

图 7-3　I/O 接线图

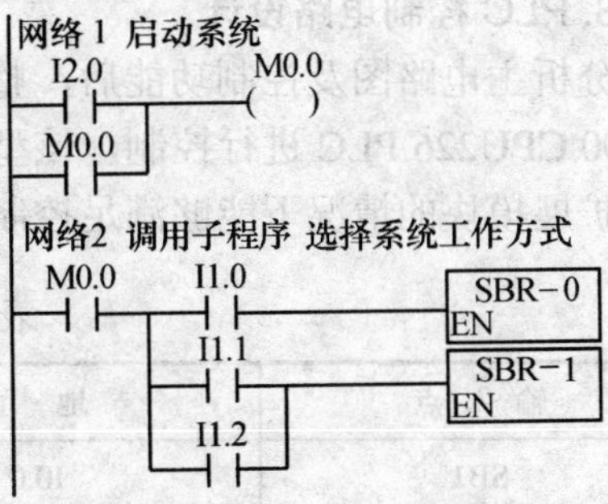
网络 1 启动系统
I2.0
M0.0
M0.0
网络2 调用子程序 选择系统工作方式
M0.0
I1.0
SBR−0
EN
I1.1
SBR−1
EN
I1.2

图 7-4　系统主程序梯形图

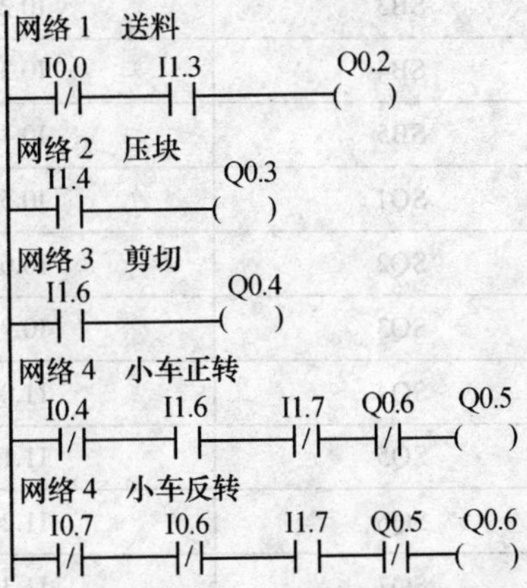
网络 1 送料
I0.0
I1.3
Q0.2
网络 2 压块
I1.4
Q0.3
网络 3 剪切
I1.6
Q0.4
网络 4 小车正转
I0.4
I1.6
I1.7
Q0.6
Q0.5
网络 4 小车反转
I0.7
I0.6
I1.7
Q0.5
Q0.6

图 7-5　手动程序梯形图

2) 电气控制要求

根据 T68 镗床加工原理，对其电气控制要求如下：

(1) 主电动机为双速电动机，机床的主运动和进给运动共用这台电动机来拖动。低速时将定子绕组接成三角形，高速时将定子绕组接成双星形。高、低速的转换由主轴孔盘变速机构内的行程开关 SQ 控制。SQ 常态时接通低速，被压下时接通高速。

(2) 主电动机可实现正、反转、及正、反转时的点动控制，为限制电动机的启动和制动电流，在点动或制动时，定子绕组串入限流电阻。

(3) 主电动机在低速时可以直接启动，在高速时控制系统要保证先接通低速经延时再接通高速，以减小启动电流。

(4) 在主轴变速和进给变速时，主电动机要缓慢的转动。

2. T68 镗床控制系统中的主电路设计

T68 镗床主电路如图 7-6 所示。有两台电动机，主电动机 M1 和快速移动电动机 M2。接触器 KM1 和 KM2 控制主电动机的正、反转、KM3 控制限流电阻 R 是否串入主电动机电路，接触器 KM4 和 KM5 控制主电动机实现 Y-△启动。接触器 KM6 和 KM7 控制快速移动电动机拖动工作台快速移动。热继电器 FR 对主电动机进行过载保护，速度继电器 KS 实现主电动机的反接制动，熔断器 FU 对 M1 和 M2 电动机主电路进行短路保护，QS 为电路隔离开关。

3. PLC 控制电路设计

分析主电路图及控制功能后，整个控制系统输入点共 16 个，输出点共 8 个，采用 S7-200 CPU226 PLC 进行控制，该型号 PLC 本机提供 24 个输入点、16 个输出点，在不添加扩展模块的情况下能够满足控制要求，其 I／O 分配见表 7-2，接线图如图 7-7 所示。

表7-2　I／O分配表

输入点	地址	输出点	地址
SB1	I0.0	KM1	Q0.0
SB2	I0.1	KM2	Q0.1
SB3	I0.2	KM3	Q0.2
SB4	I0.3	KM4	Q0.3
SB5	I0.4	KM5	Q0.4
SQ1	I0.5	KM6	Q0.5
SQ2	I0.6	KM7	Q0.6
SQ3	I0.7	KM8	Q0.7
SQ4	I1.0		
SQ5	I1.1		
SQ6	I1.2		
SQ7	I1.3		
SQ8	I1.4		
SQ9	I1.5		
KS1	I1.6		
KS2	I1.7		

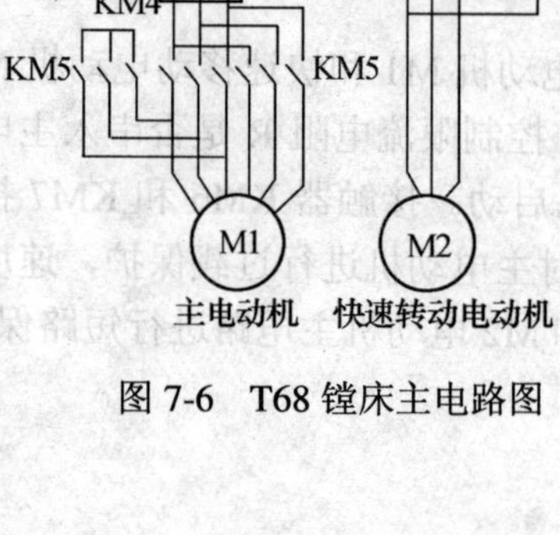

U V W
QS
FU
KM1
KM2
KM3
KM6
KM7
FR
KM4
KM5
KM5
M1
M2
主电动机
快速转动电动机

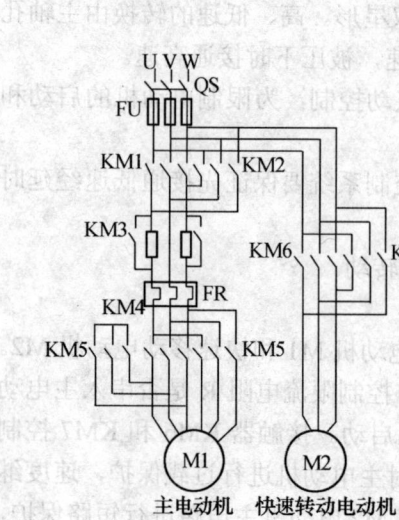

图 7-6　T68 镗床主电路图

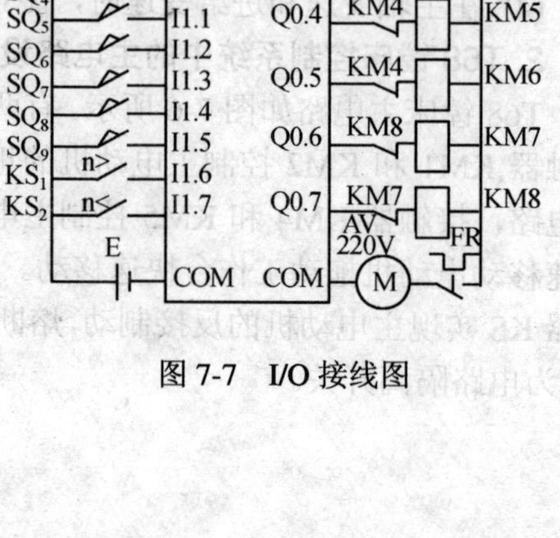

SB1
SB2
SB3
SB4
SB5
SQ1
SQ2
SQ3
SQ4
SQ5
SQ6
SQ7
SQ8
SQ9
KS1
KS2
I0.0
I0.1
I0.2
I0.3
I0.4
I0.5
I0.6
I0.7
I1.0
I1.1
I1.2
I1.3
I1.4
I1.5
I1.6
I1.7
S7-200
CPU
226
Q0.0
Q0.1
Q0.2
Q0.3
Q0.4
Q0.5
Q0.6
Q0.7
KM2
KM1
KM1
KM2
KM3
KM5
KM4
KM4
KM5
KM4
KM6
KM8
KM7
KM7
KM8
AV
220V
FR
M
E
COM
COM

图 7-7　I/O 接线图

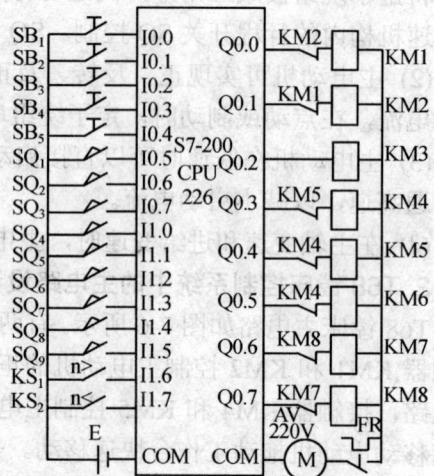

在图 7-10 中，SB1 是控制系统停止按钮，SB2 和 SB3 分别是主电动机正、反转按钮，SB4 和 SB5 分别是主电动机正转和反转点动按钮；SQ1 和 SQ2 是主轴变速行程开关，SQ3 和 SQ4 是进给变速行程开关，SQ5 和 SQ6 是主轴箱和工作台与主轴进给互锁用行程开关，SQ7 和 SQ8 是快速电动机正、反转用行程开关；KS 是主电动机正转和反转检测用速度继电器。

PLC 控制的梯形图及指令表如图 7-8 所示。

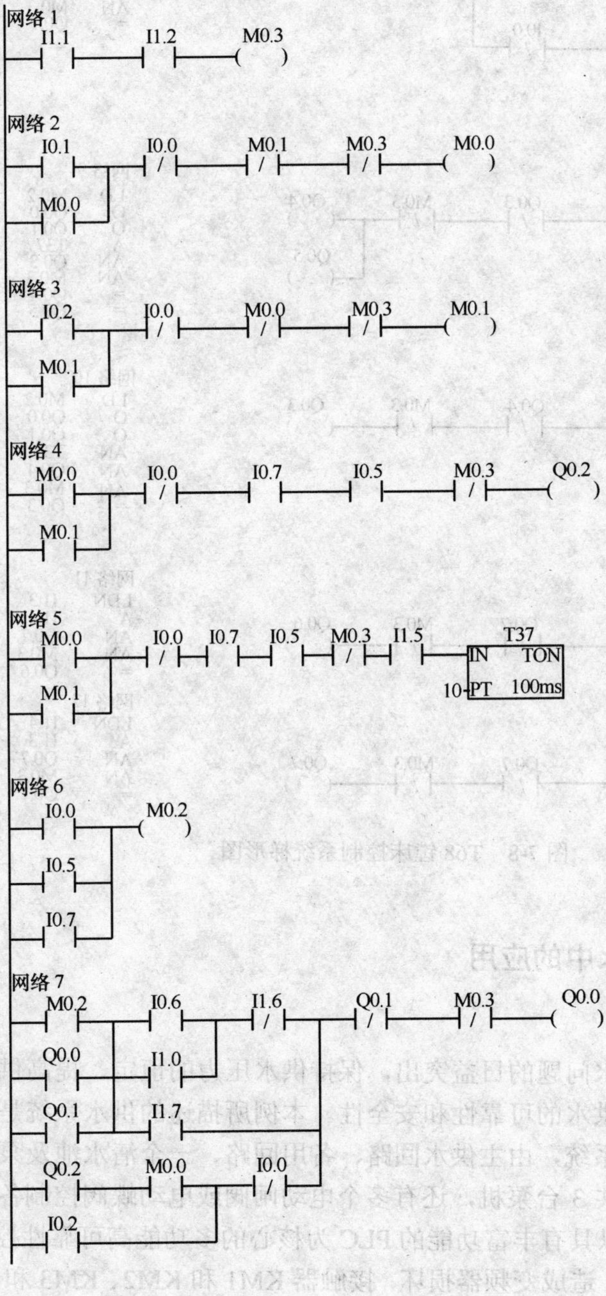

网络 1
I1.1 I1.2 M0.3
网络 2
I0.1 I0.0 M0.1 M0.3 M0.0
M0.0
网络 3
I0.2 I0.0 M0.0 M0.3 M0.1
M0.1
网络 4
M0.0 I0.0 I0.7 I0.5 M0.3 Q0.2
M0.1
网络 5
M0.0 I0.0 I0.7 I0.5 M0.3 I1.5 T37
IN TON
10-PT 100ms
M0.1
网络 6
I0.0 M0.2
I0.5
I0.7
网络 7
M0.2 I0.6 I1.6 Q0.1 M0.3 Q0.0
Q0.0 I1.0
Q0.1 I1.7
Q0.2 M0.0 I0.0
I0.2

网络 1
```
LD   I1.1
A    I1.2
=    M0.3
```

网络 2
```
LD   I0.1
O    M0.0
AN   I0.0
AN   M0.1
AN   M0.3
=    M0.0
```

网络 3
```
LD   I0.2
O    M0.1
AN   I0.0
AN   M0.0
AN   M0.3
=    M0.1
```

网络 4
```
LD   M0.0
O    M0.1
AN   I0.0
A    I0.7
A    I0.5
AN   M0.3
=    Q0.2
```

网络 5
```
LD   M0.0
O    M0.1
AN   I0.0
A    I0.7
A    I0.5
AN   M0.3
A    I1.5
TON  T37, 10
```

网络 6
```
LD   I0.0
O    I0.5
O    I0.7
=    M0.2
```

网络 7
```
LD   M0.2
O    Q0.0
O    Q0.1
LD   I0.6
O    I1.0
AN   I1.6
O    I1.7
ALD  Q0.2
A    M0.0
O    I0.2
AN   I0.0
OLD  Q0.1
AN   M0.3
=    Q0.0
```

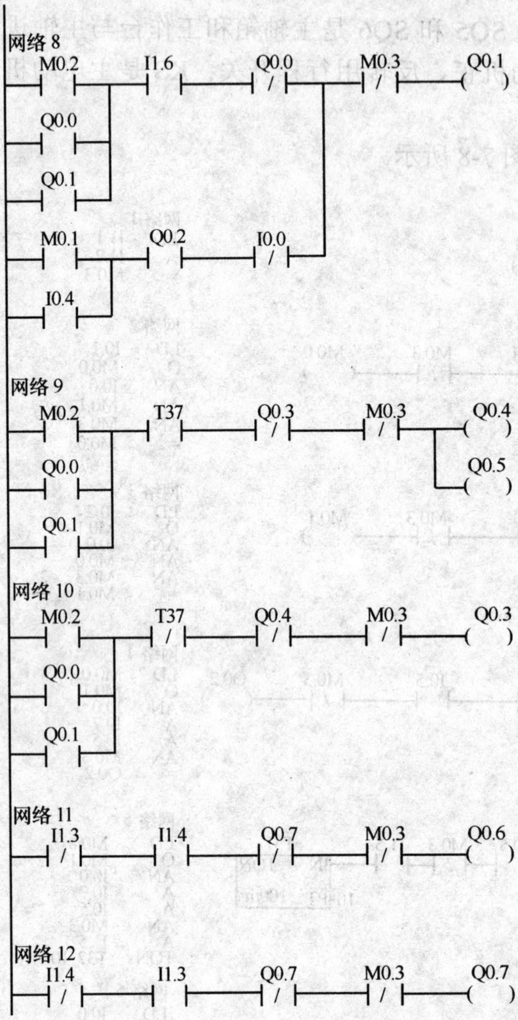
网络 8
M0.2
I1.6
Q0.0
M0.3
Q0.1
Q0.0
Q0.1
M0.1
Q0.2
I0.0
I0.4
网络 9
M0.2
T37
Q0.3
M0.3
Q0.4
Q0.0
Q0.5
Q0.1
网络 10
M0.2
T37
Q0.4
M0.3
Q0.3
Q0.0
Q0.1
网络 11
I1.3
I1.4
Q0.7
M0.3
Q0.6
网络 12
I1.4
I1.3
Q0.7
M0.3
Q0.7

网络 8
```
LD   M0.2
O    Q0.0
O    Q0.1
A    I1.6
AN   Q0.0
LD   M0.1
O    I0.4
A    Q0.2
AN   I0.0
OLD
AN   M0.3
=    Q0.1
```

网络 9
```
LD   M0.2
O    Q0.0
O    Q0.1
A    T37
AN   Q0.3
AN   M0.3
=    Q0.4
=    Q0.5
```

网络 10
```
LD   M0.2
O    Q0.0
O    Q0.1
AN   T37
AN   Q0.4
AN   M0.3
=    Q0.3
```

网络 11
```
LDN  I1.3
A    I1.4
AN   Q0.7
AN   M0.3
=    Q0.6
```

网络 12
```
LDN  I1.4
A    I1.3
AN   Q0.7
AN   M0.3
=    O0.7
```

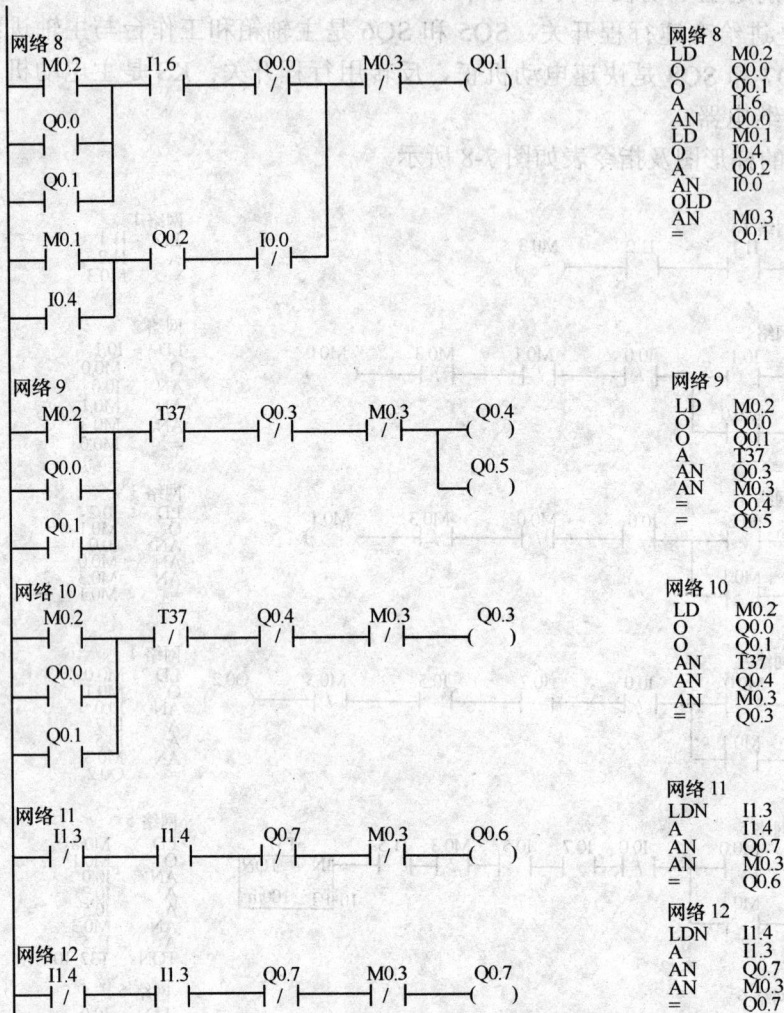

图 7-8 T68 镗床控制系统梯形图

7.2.3 PLC 在恒压供水中的应用

1. 系统简介

随着城市高层建筑供水问题的日益突出，保持供水压力的恒定、提高供水质量是相当重要的；同时要求保证供水的可靠性和安全性。本例所描述的供水系统是针对上述问题设计的供水方式和控制系统，由主供水回路、备用回路、一个清水池及泵房组成。其中，泵房装有 1 号～3 号共 3 台泵机，还有多个电动闸阀或电动蝶阀控制各供水回路和水流量。控制系统采用了以具有丰富功能的 PLC 为核心的多功能高可靠性控制系统。为防止系统给变频器反送电，造成变频器损坏，接触器 KM1 和 KM2、KM3 和 KM4、KM5 和 KM6 必须进行机械互锁，本系统的泵机部分原理如图 7-9 所示。

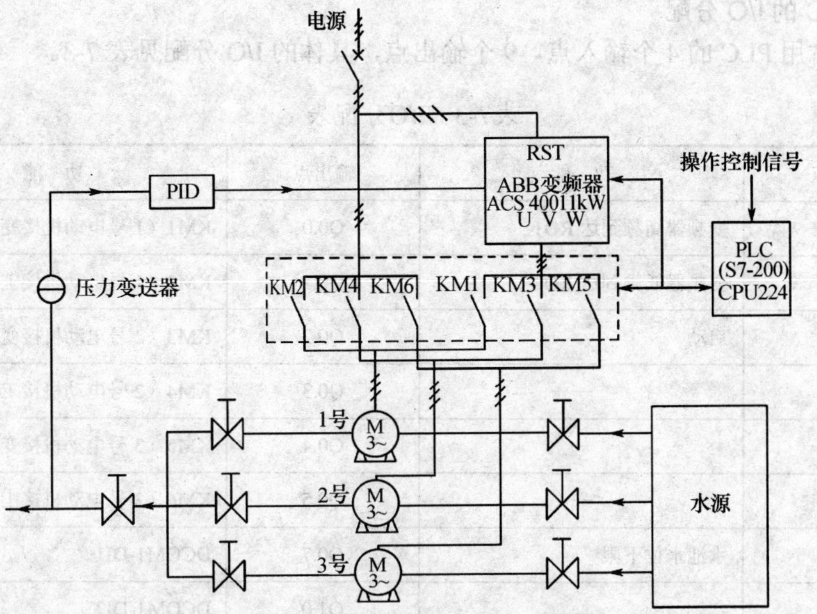
电源
RST
ABB变频器
ACS 40011kW
U V W
操作控制信号
PID
PLC
(S7-200)
CPU224
压力变送器
KM2 KM4 KM6 KM1 KM3 KM5
1号
2号
3号
水源

图 7-9 泵机部分原理图

2. 系统控制的工艺要求

(1) 供水压力要求恒定，波动一定要小，尤其在换泵时。

(2) 3 台泵根据压力的设定，采用“先开先停”的原则。

(3) 为了防止一台泵长时间运行，需设定运行时间。当时间到时，自动切换到下一台泵，以防止泵长时间不用而锈死。

(4) 要有完善的保护和报警功能。

(5) 为了检修和应急要设有手动功能。

(6) 需具有水池防抽空功能。

3. PLC 的选型

根据系统在提高供水质量和节能方面的要求和功能，采用以 S7-200 CPU224 PLC 和变频器为中心组成的恒压供水控制系统。系统由 S7-200 CPU224，ABB ACS400 系列 11kW 变频器和具有压力显示的 PID 调节器组成。利用变频器的两个可编程继电器输出端口 RO1 和 RO2 进行功能设定。当变频器达到最高频率时，RO1 的常开触点 RO1B-RO1C 闭合；当变频器达到最低频率时，RO2 的常开触点 RO2B-RO2C 闭合。可以此作为 PLC 的输入信号，判断是否进行加泵和减泵。为了节省成本，不采用 SEIMENS 的 EM235 扩展模块，而采用具有模拟量输入和模拟量输出的 PID 调节器，将压力传感器的信号（4mA～20mA 或 0V～5V）送给调节器，调节器再将模拟量输出给变频器进行频率调节。系统控制框图如图 7-10 所示。

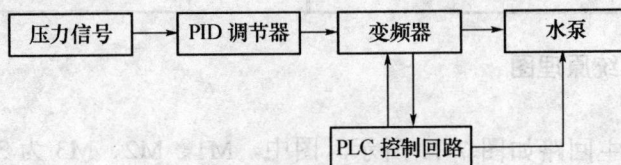

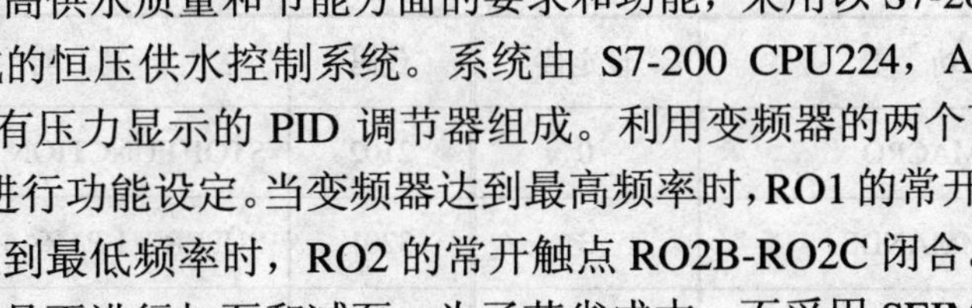
压力信号
PID 调节器
变频器
水泵
PLC 控制回路

图 7-10 系统控制框图

4. PLC 的 I/O 分配

系统占用 PLC 的 4 个输入点，9 个输出点，具体的 I/O 分配见表 7-3。

表7-3 I/O分配表

输入点	功 能	输出点	功 能
I0.0	变频器高频到达 RO1	Q0.0	KM1（1 号电动机接变频器）
I0.1	变频器低频到达 RO2	Q0.1	KM2（1 号电动机接工频电源）
I0.3	启动	Q0.2	KM3（2 号电动机接变频器）
—	—	Q0.3	KM4（2 号电动机接工频电源）
—	—	Q0.4	KM5（3 号电动机接变频器）
—	—	Q0.5	KM6（3 号电动机接工频电源）
I0.7	水池水位下限	Q0.7	DCOM1-DI1
		Q1.0	DCOM1-DI2

5. 变频器的技术参数

ABB ACS400 是具有多种功能的变频器，在本例中由于已选 PID 调节器，因此，就不用变频器的内部 PID 调节，而只用变频器的工厂宏 FACTORY（0）就可以了。压力传感器将压力信号传给 PID 调节器，PID 调节器根据压力设定，输出 4mA～20mA 电流给变频器以调节电动机的速度，变频器的运行要根据可编程序控制器输出 Q1.0（DCOM1-DI2）是否闭合来确定，变频器的停止要根据可编程序控制器输出 Q0.7（DCOM1-DI1）是否闭合来确定。将变频器的内部可编程继电器 RO1、RO2 设定成频率到达。相关参数设定见表 7-4。

表7-4 参数设定

代码	功 能	设定值	代码	功 能	设定值
9902	APPLIC MACRO	0	2102	STOP FUNCTION	1
1001	EX1 COMMANDS	3	3201	SUPER V1 PARAM	0103
1003	DIRECTION	1	3202	SUPER V1 LIM LO	15
1102	EXT1/EXT2	6	3203	SUPER V1 LIM HI	50
1103	EXTREF1 SEL	0	3204	SUPER V2 PARAM	0103

6. 电气控制系统原理图

1) 主电路图

电气控制系统主回路如图 7-11 所示。图中，M1、M2、M3 为 3 台电动机，交流接触器 KM1～KM6 控制 3 台电动机的运行，KH1、KH2、KH3 为电动机 M1、M2、

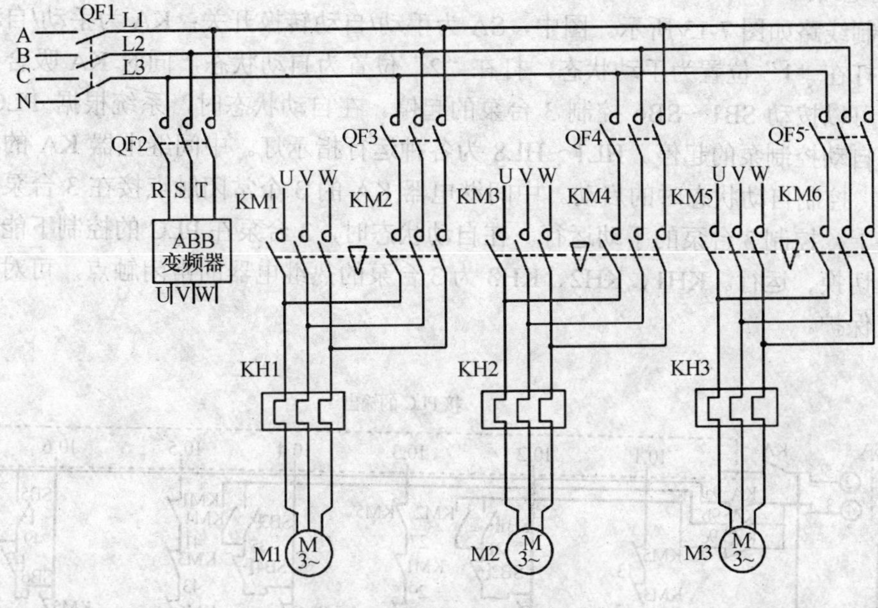

QF1
L1
L2
L3
A
B
C
N
QF2
R S T
ABB
变频器
U V W
QF3
QF4
QF5
KM1
KM2
KM3
KM4
KM5
KM6
KH1
KH2
KH3
M1
M2
M3

图 7-11　电器控制系统主回路

M3 的热继电器，QF1、QF2、QF3、QF4、QF5 分别为主电路、变频器和 3 台泵的断路器。

2) PLC 的接线图

PLC 接线图如图 7-12 所示。CPU224 的传感器电源 24V（DC）可以输出 600mA 电流，通过核算在本例中容量满足要求，CPU224 的输出继电器触点容量为 2A，电压范围为（DC）5V～30V 或（AC）5V～250V，如果用在较大容量的系统中，一定要注意 PLC 的输出保护。101～106 接控制电路图中虚线框内相对应的控制线，201 接变频器的 DCOM1，202～203 接变频器的 DI1～DI2，变频器的 RO1 的常开点接到 PLC 的 I0.0，RO2 的常开触点接到 PLC 的 I0.1。

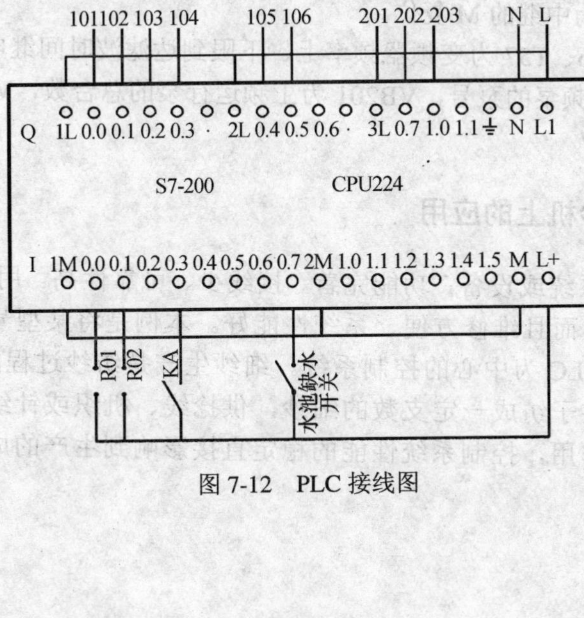

101 102 103 104
105 106
201 202 203
N L
Q 1L 0.0 0.1 0.2 0.3 · 2L 0.4 0.5 0.6 · 3L 0.7 1.0 1.1 N L1
S7-200
CPU224
I 1M 0.0 0.1 0.2 0.3 0.4 0.5 0.6 0.7 2M 1.0 1.1 1.2 1.3 1.4 1.5 M L+
RO1
RO2
KA
水池缺水开关

图 7-12　PLC 接线图

3) 控制电路图

电气控制线路如图 7-13 所示。图中，SA 为手动/自动转换开关；KA 为手动/自动中间继电器，打在“1”位置为手动状态，打在“2”位置为自动状态，同时 KA 吸合。在手动状态，可以按动 SB1～SB6 控制 3 台泵的起停。在自动状态时，系统根据 PLC 的程序运行，自动控制泵的起停。HL1～HL8 为各种运行指示灯。中间继电器 KA 的常开触点接 I0.3，控制自动状态时的启动。中间继电器 KA 的 3 个常闭触点接在 3 台泵的手动控制电路上，控制 3 台泵的手动运行。在自动状态时，3 台泵在 PLC 的控制下能够有序而平稳地切换、运行。KH1、KH2、KH3 为 3 台泵的热继电器的常闭触点，可对电动机进行过流保护。

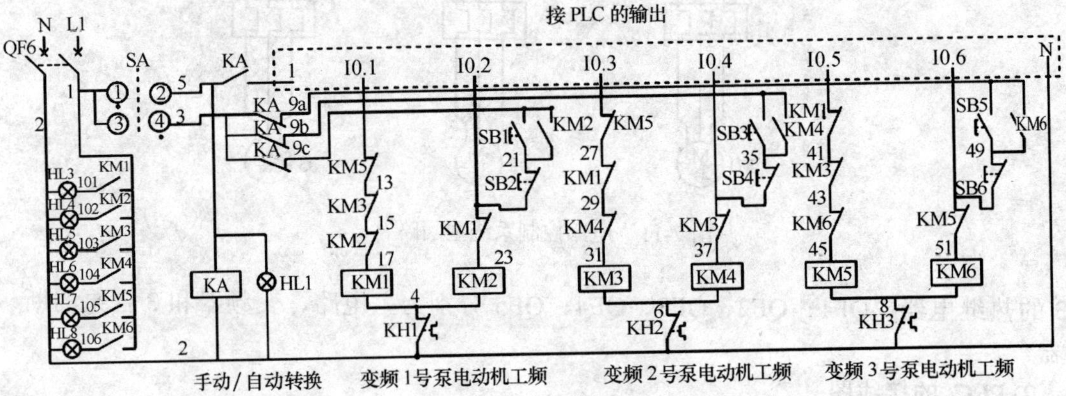

接 PLC 的输出
N
L1
QF6
SA
KA
I0.1
I0.2
I0.3
I0.4
I0.5
I0.6
HL1
手动/自动转换
变频 1号泵电动机工频
变频 2号泵电动机工频
变频 3号泵电动机工频

图 7-13 控制线路图

7. 系统程序设计

系统控制梯形图程序如图 7-14 所示，现说明如下：系统程序包括主程序和启动子程序，主程序内包括参与调节程序和电动机切换程序；电动机切换程序又包括加电动机程序和减电动机程序。启动子程序实际上是清 0 程序，在 PLC 上电时，先将 VB200、VB201、VD260 赋值为 0，作为中继的 M 复位。

在主程序中，T56、T57 为变频器频率上、下限到达滤波时间继电器，主要用于稳定系统。VB200 为变频泵的泵号，VB201 为工频运行泵的总台数，VD260 为倒泵时间存储器。

7.2.4 PLC 在细纱机上的应用

用 PLC 控制的系统或设备，功能完善、接线少、可靠性高。用 PLC 控制完全可以取代继电器控制，而且维修方便、系统性能好。本例是将某型号细纱机的继电器控制系统改造为以 PLC 为中心的控制系统。细纱生产是纺纱过程的最后一道工序，细纱机是将粗纱或条子纺成一定支数的细纱，供捻线、机织或针织用。细纱机在生产中起着很重要的作用，控制系统性能的稳定直接影响到生产的成本。下面介绍改造的方案。

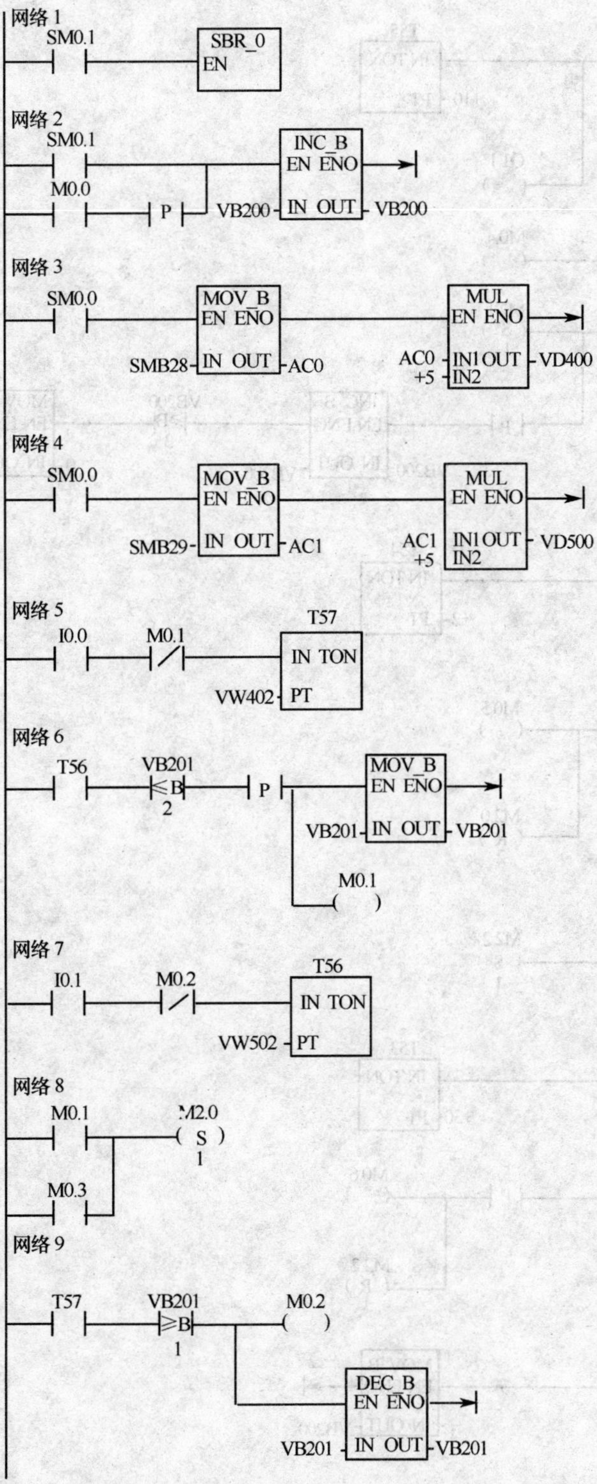
网络 1
SM0.1
SBR_0
EN
网络 2
SM0.1
INC_B
EN ENO
M0.0
P
VB200
IN OUT
VB200
网络 3
SM0.0
MOV_B
EN ENO
MUL
EN ENO
SMB28
IN OUT
AC0
AC0
+5
IN1 OUT
IN2
VD400
网络 4
SM0.0
MOV_B
EN ENO
MUL
EN ENO
SMB29
IN OUT
AC1
AC1
+5
IN1 OUT
IN2
VD500
网络 5
I0.0
M0.1
T57
IN TON
VW402
PT
网络 6
T56
VB201
≤B
2
P
MOV_B
EN ENO
VB201
IN OUT
VB201
M0.1
网络 7
I0.1
M0.2
T56
IN TON
VW502
PT
网络 8
M0.1
M2.0
S
1
M0.3
网络 9
T57
VB201
≥B
1
M0.2
DEC_B
EN ENO
VB201
IN OUT
VB201

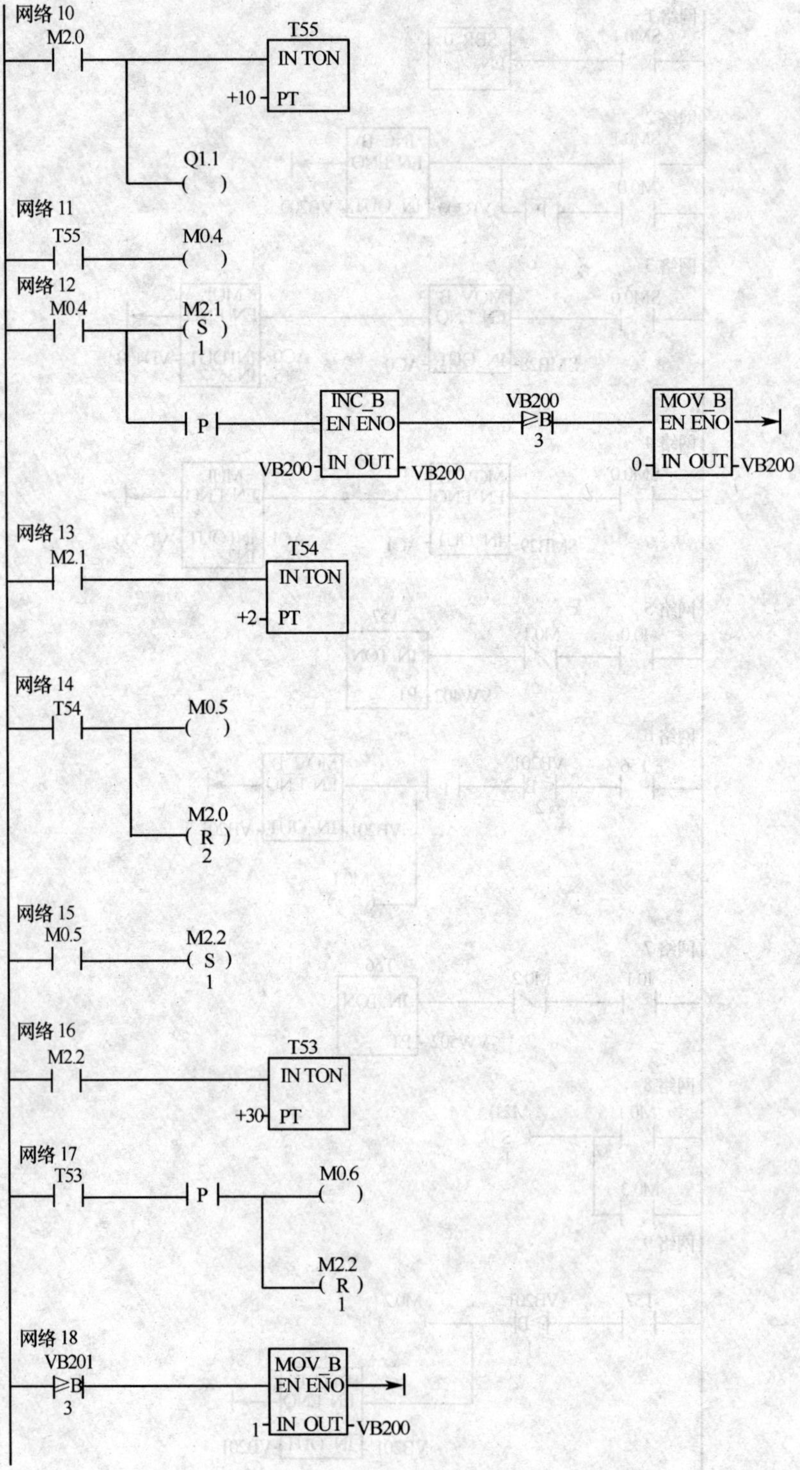
网络 10
M2.0
T55
IN TON
+10
PT
Q1.1
网络 11
T55
M0.4
网络 12
M0.4
M2.1
S
1
P
INC_B
EN ENO
VB200
IN OUT
VB200
VB200
≥B
3
MOV_B
EN ENO
0
IN OUT
VB200
网络 13
M2.1
T54
IN TON
+2
PT
网络 14
T54
M0.5
M2.0
R
2
网络 15
M0.5
M2.2
S
1
网络 16
M2.2
T53
IN TON
+30
PT
网络 17
T53
P
M0.6
M2.2
R
1
网络 18
VB201
≥B
3
MOV_B
EN ENO
1
IN OUT
VB200

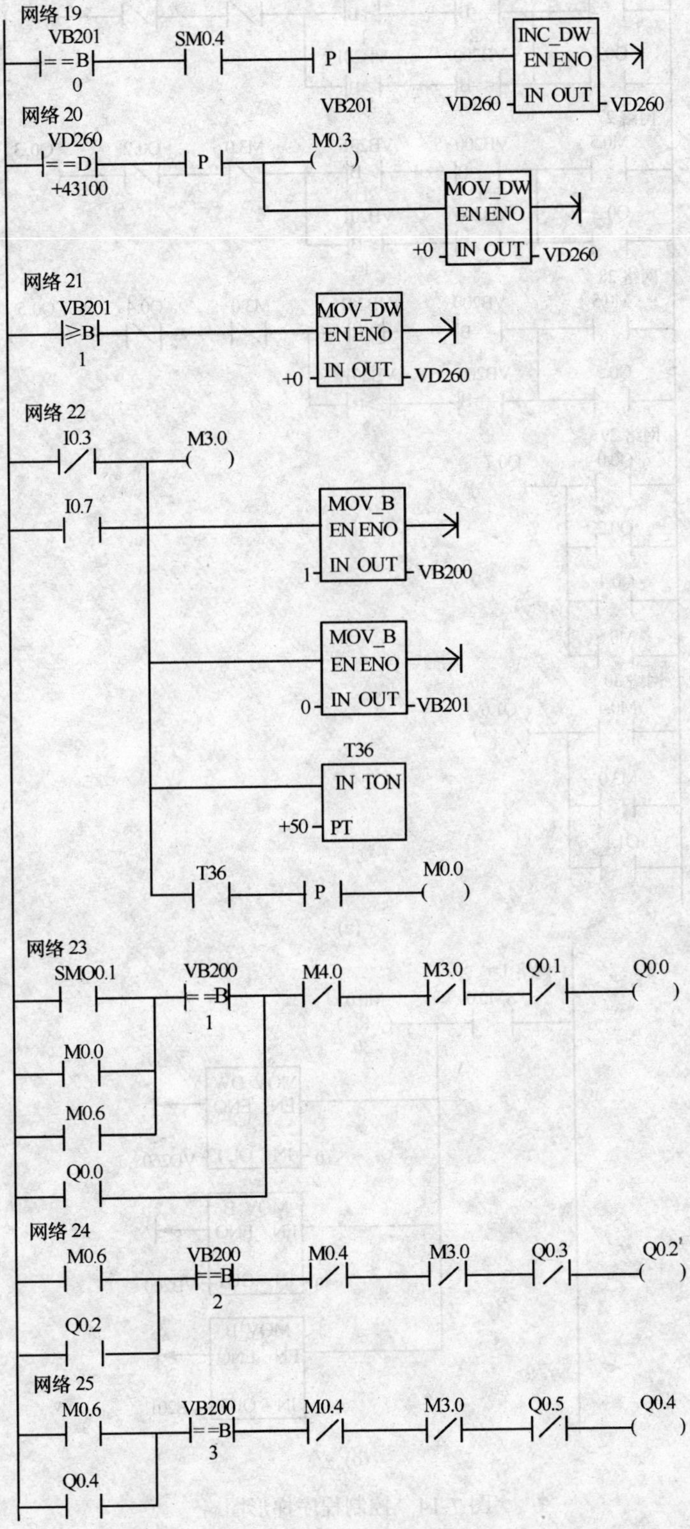
网络 19
VB201
= =B
0
SM0.4
P
INC_DW
EN ENO
IN OUT
VD260
VD260
VB201
网络 20
VD260
= =D
+43100
P
M0.3
MOV_DW
EN ENO
+0
IN OUT
VD260
网络 21
VB201
≥B
1
MOV_DW
EN ENO
+0
IN OUT
VD260
网络 22
I0.3
M3.0
I0.7
MOV_B
EN ENO
1
IN OUT
VB200
MOV_B
EN ENO
0
IN OUT
VB201
T36
IN TON
+50
PT
T36
P
M0.0
网络 23
SMO0.1
VB200
= =B
1
M4.0
M3.0
Q0.1
Q0.0
M0.0
M0.6
Q0.0
网络 24
M0.6
VB200
= =B
2
M0.4
M3.0
Q0.3
Q0.2
Q0.2
网络 25
M0.6
VB200
= =B
3
M0.4
M3.0
Q0.5
Q0.4
Q0.4

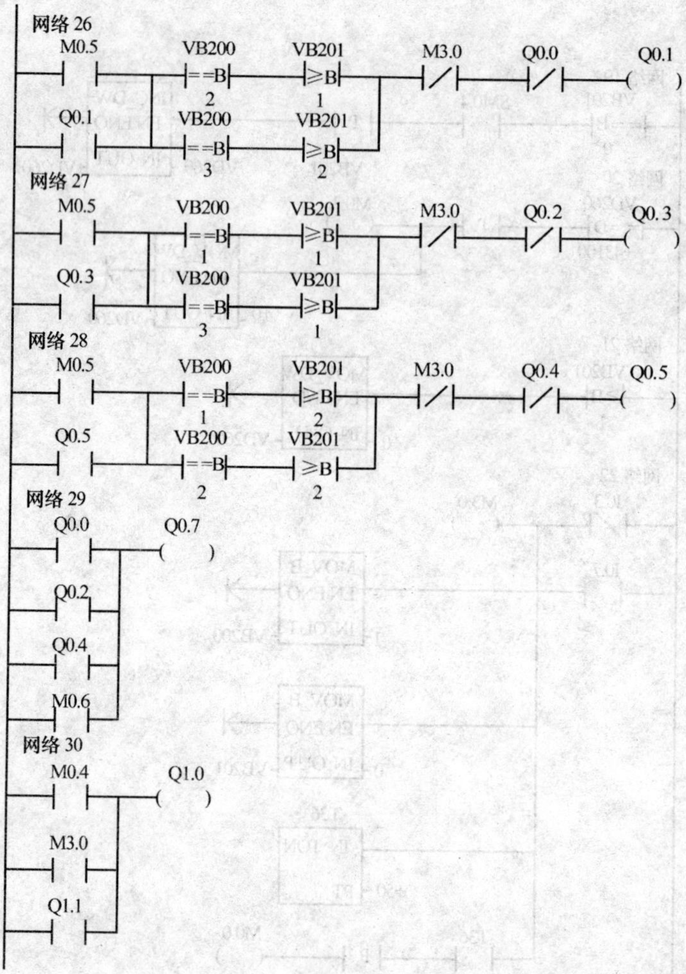

网络 26
M0.5
VB200
==B
2
VB201
≥B
1
M3.0
Q0.0
Q0.1
Q0.1
VB200
==B
3
VB201
≥B
2
网络 27
M0.5
VB200
==B
1
VB201
≥B
1
M3.0
Q0.2
Q0.3
Q0.3
VB200
==B
3
VB201
≥B
1
网络 28
M0.5
VB200
==B
1
VB201
≥B
2
M3.0
Q0.4
Q0.5
Q0.5
VB200
==B
2
VB201
≥B
2
网络 29
Q0.0
Q0.7
Q0.2
Q0.4
M0.6
网络 30
M0.4
Q1.0
M3.0
Q1.1

(a)

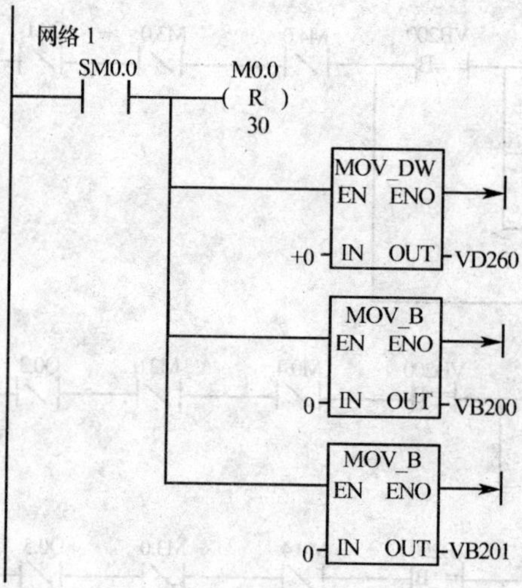

网络 1
SM0.0
M0.0
R
30
MOV_DW
EN ENO
+0 IN OUT VD260
MOV_B
EN ENO
0 IN OUT VB200
MOV_B
EN ENO
0 IN OUT VB201

(b)

图 7-14 控制程序梯形图

(a) 主程序；(b) 子程序。

1. 改造前系统原理图

细纱机的主电路如图 7-15 所示。图 7-15 中：1D 是钢领板电动机，容量为 350W，采用中间继电器控制；2D 为风机电动机；3D 为主电动机，该电动机为单包双速电动机。

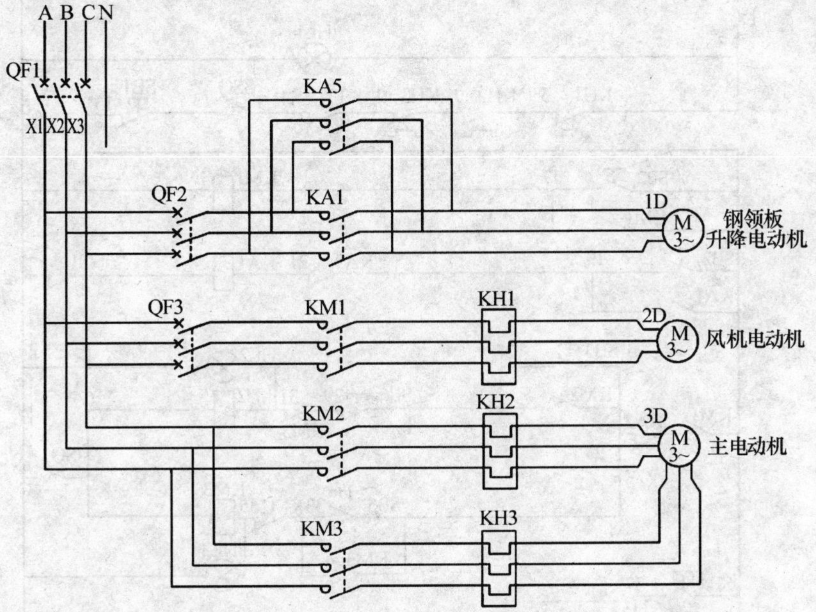

A B C N
QF1
X1 X2 X3
KA5
QF2
KA1
1D
M 3~
钢领板
升降电动机
QF3
KM1
KH1
2D
M 3~
风机电动机
KM2
KH2
3D
M 3~
主电动机
KM3
KH3

图 7-15　细纱机的主电路

系统改造前原理如图 7-16 所示，图中 1、3、5 等数字为接线编号。图 7-16 中各行程开关、限位开关的作用如下：

1SQ1 —— 钢领板复位开关；

1SQ2 —— 满纱控制开关；

2SQ1 —— 主机停止开关；

2SQ2 —— 钢领板下降开关；

1SQ3 —— 钢领板下降限位开关；

2SQ3 —— 主轴制动控制开关；

3SQ —— 门开自停安全开关；

FU1，FU2——熔断器；

SB1 —— 紧急停车；

SB2 —— 风机启动($SB2_1$，$SB2_2$——常开触点)；

SB3 —— 低速启动；

SB4 —— 中途落纱；

SB5 —— 中途停车($SB5_1$，$SB5_2$——常开触点)；

SB6 —— 高速启动($SB6_1$——常闭触点，$SB6_2$——常开触点)；

SB7 —— 电源开关；

KA0、KA2、RA4～KA6——中间继电器；

KA1、KA3 —— 钢领板升降中间继电器；

KH1～KH3——热继电器；

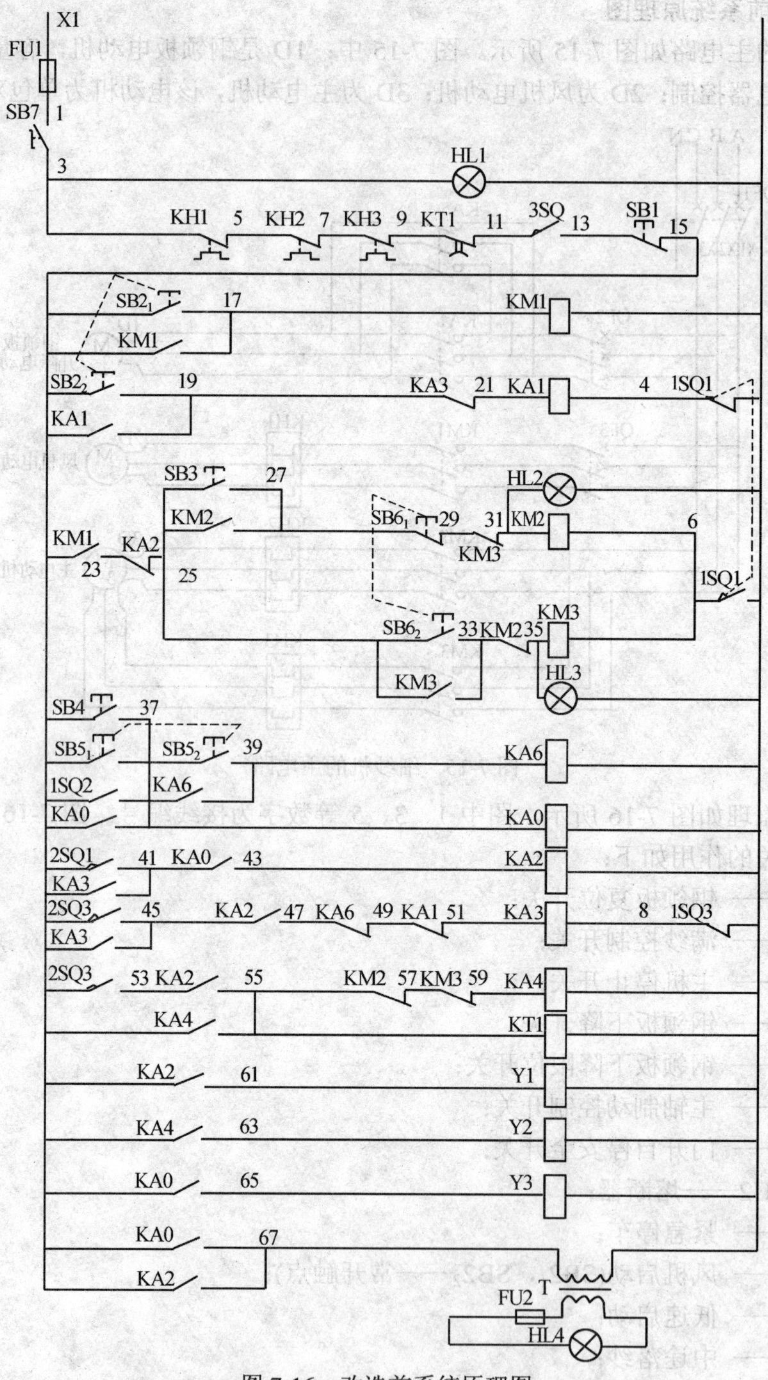

X1
FU1
SB7
1
3
HL1
KH1
5
KH2
7
KH3
9
KT1
11
3SQ
13
SB1
15
SB2₁
17
KM1
KM1
SB2₂
19
KA3
21
KA1
4
1SQ1
2
KA1
SB3
27
HL2
KM2
SB6₁
29
31
KM2
6
KM1
KA2
23
25
KM3
1SQ1
SB6₂
33
KM2
35
KM3
HL3
KM3
SB4
37
SB5₁
SB5₂
39
KA6
1SQ2
KA6
KA0
KA0
2SQ1
41
KA0
43
KA2
KA3
2SQ3
45
KA2
47
KA6
49
KA1
51
KA3
8
1SQ3
KA3
2SQ3
53
KA2
55
KM2
57
KM3
59
KA4
KA4
KT1
KA2
61
Y1
KA4
63
Y2
KA0
65
Y3
KA0
67
KA2
T
FU2
HL4

图 7-16 改造前系统原理图

KM1 —— 风机接触器；

KM2 —— 低速接触器；

KM3 —— 高速接触器；

KT1 —— 时间继电器；

HL2 —— 低速指示灯；

HL3 —— 高速指示灯；

HL4 —— 满纱、危险信号指示灯；

T—— 变压器；

Y1—— 撑爪电磁铁；

Y2—— 主轴制动电磁铁；

Y3—— 限位电磁铁（改造后不用）。

2. 工艺要求

1) 开车步骤

如图 7-16 所示，接通控制电源开关 SB7，信号灯 HL1 亮。按下开关 SB2，图中 15-17 接通，接触器 KM1 吸合，风机电动机 2D 开始工作。图中，按下开关 SB2 的同时，图中 15-19 接通，继电器 KA1 吸合，电动机 1D 正传，钢领板上升。当钢领板升至高于始纺位置约 36mm 处，因 1SQ1 动作，图中 4-2 断开则电动机停止。同时 1SQ1 又将图中 6-2 接通，为下步的主机启动做好准备。接着，按下低速启动开关 SB3，接触器 KM2 吸合，主机 3D 开始低速运行，进行细纱接头。按下开关 SB6 才能切断图中 27-29，则 KM2 释放，图中 25-33、33-35 接通，接触器 KM3 吸合，转换为高速运转。电动机 3D 开始以高速运转，全机进入正常纺纱阶段。由图可见，在启动过程中，低速信号灯 HL2 和高速信号灯 HL3，都已分别点亮。至此，整机启动完毕。

2) 满管落纱

纺纱满管后，以下动作将同时或先后完成。1SQ2 动作，图中 15-37 接通，继电器 KA0 吸合。KA0 吸合后，图中 15-67 接通，满管信号灯 HL4 点亮；图中 15-37 接通，继电器 KA0 触点完成自保；图中 15-65 接通，电磁铁 Y3 吸合，操纵 2SQ 进入工作位置（在 Y3 没有吸合时，组合接近开关 2SQ 没有与凸轮接触，2SQ 不起作用，同时也可减少 2SQ 与凸轮的摩擦）。由于 2SQ 已进入工作位置，2SQ1 接通，此时，KA0 将图中 41-43 接通，则 KA2 吸合。而 KA2 吸合后，图中 23-25 断开，主机接触器 KM3 释放，3D 断电保持惯性回转；图中 45-47 接通，KA3 吸合，1D 反转，钢领板开始下降，降到极限位置时，1SQ3 动作，图中 8-2 断开，停止下降；图中 15-61 接通，Y1 吸合，将撑爪打开；图中 53-55 接通，KA4 吸合，使图中 15-63 接通，Y2 吸合，主轴制动刹车；在图中 53-55 接通的同时，时间继电器 KT1 也吸合，经过一段延时后，图中 9-11 断开，切断控制电源，落纱完毕。

3) 中途停车

由于种种原因中途停车时，只需按动按钮 SB5 即可。如图 7-16 所示，按下 SB5 后，图中 15-37-39 接通，一方面 KA6 吸合，图中 47-49 断开，使 KA3 不能吸合，钢领板不具备下降条件；另一方面 KA2 吸合。KA2 吸合后主机即可停车，并自行适位制动，其制动过程完全与落纱操作有关部分相同。

4) 提前落纱

当机器需要提前落纱时，只需按下按钮 SB4 即可。如图 7-16 所示，按下 SB4 后，除与 SB5 不同即 Y2 不吸合外，其他均与“满纱”时动作相同。

5) 紧急停车

当机器发生意外时，可按下“全机停止”开关 SB1；或者打开车头门，使安全开关 3SQ 断开；或者关掉电源开关。以上方法均可使全机立即停车。但这种关车方式，破坏了机器的正常停车程序，使机器不能实现适位制动，对机器不利，应尽量避免采用。

3. 机型选择

如图 7-15 和图 7-16 所示，执行元件为 8 个，输入元件为 17 个，其中热继电器 KH1、KH2、KH3 和开关 3SQ 为安全、保护器件，可串联作为一个输入。因此本系统选用经济实用的 S7-200 CPU224。该机型有 14 个输入点，10 个输出点，两个模拟电位器，以及一个 24V（DC）输出电源。

4. PLC 的 I/O 分配

该设备占用了 PLC 的 14 个输入点，8 个输出点，具体 I/O 分配见表 7-5 和表 7-6。

表7-5 输入点分配

输入点	输 入 信 号	输入点	输 入 信 号
I0.0	SB1（紧急停车）	I0.7	1SQ2（满纱控制）
I0.1	SB2（风机启动）	I1.0	1SQ3（钢领板下降限位）
I0.2	SB3（低速启动）	I1.1	2SQ1（主机停止）
I0.3	SB4（中途落纱）	I1.2	2SQ2（钢领板下降）
I0.4	SB5（中途停车）	I1.3	2SQ3（主轴制动控制）
I0.5	SB6（高速启动）	I1.4	KM1（辅助触点）
I0.6	1SQ1（钢领板复位）	I1.5	KH1、KH2、KH3、3SQ

表7-6 输出点分配

输出点	输出执行元件	输出点	输出执行元件
Q0.0	KM1（风机接触器）	Q0.4	KM2（低速接触器）
Q0.1	KA1（钢领板升降中间继电器）	Q0.5	KM3（高速接触器）
Q0.2	KA2（钢领板升降中间继电器）	Q0.7	Y1（撑爪接触器）
Q0.3	HL4（满纱、危险指示灯）	Q1.1	Y2（主轴制动电磁铁）

PLC 接线如图 7-17 所示。

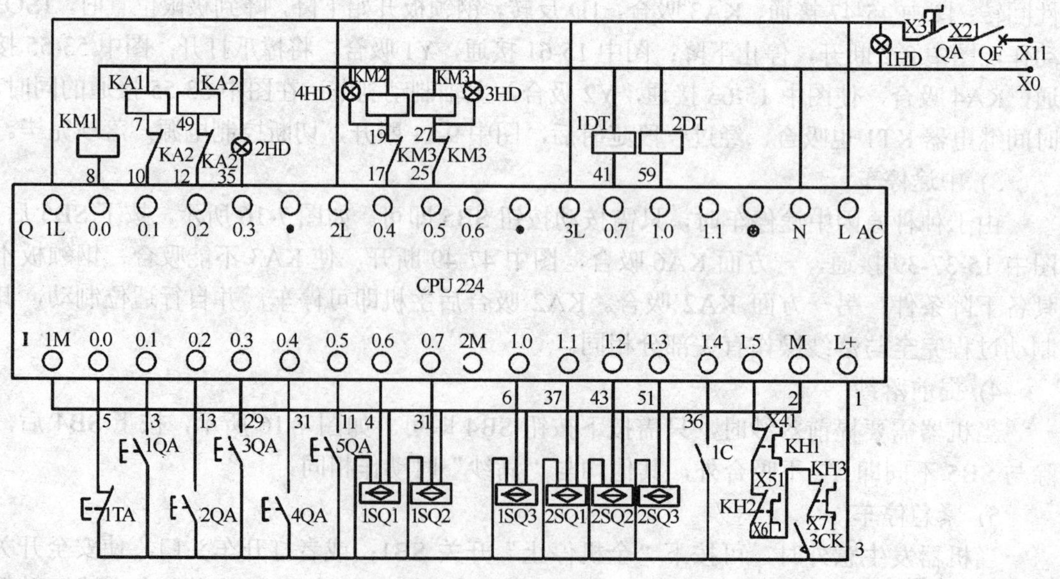

CPU 224
Q 1L 0.0 0.1 0.2 0.3 2L 0.4 0.5 0.6 3L 0.7 1.0 1.1 N L AC
I 1M 0.0 0.1 0.2 0.3 0.4 0.5 0.6 0.7 2M 1.0 1.1 1.2 1.3 1.4 1.5 M L+
KM1
KA1
KA2
4HD
3HD
2HD
1HD
KM2
KM3
1DT
2DT
QA
QF
1QA
2QA
3QA
4QA
5QA
1TA
1SQ1
1SQ2
1SQ3
2SQ1
2SQ2
2SQ3
1C
KH1
KH2
KH3
3CK

图 7-17 PLC 接线图

5. PLC 的控制程序

PLC 的控制程序梯形图如图 7-18 所示。在程序中，为了保证开车，在上电时用到了 SM0.1 和复位指令，程序在运行前先复位。为了做到人机对话，利用模拟电位器 0（即 SMB28）和 PLC 的内部数学运算功能，设计一个 0s～180s 的时间继电器 T37。由于采用接近开关，原来的限位电磁铁就取消了。因为钢领板电动机在工作中要实现正反转，所以不仅要在程序中实现互锁，而且要在电气连接时实现电气互锁，以保证机器能正常运行。满纱故障指示灯在改造前只有一种状态，而在本程序中利用 SM0.5 和内部继电器组成了一个电路。满纱时，指示灯 HL4 一直亮；有故障时，也就是说交流接触器 KM2 触点黏连时，指示灯 HL4 则以 1s 为周期闪烁。采用 PLC 实现这样复杂的控制功能非常方便，但用继电器控制电路实现却很困难。由此可以看出 PLC 控制技术的先进性和强大功能。

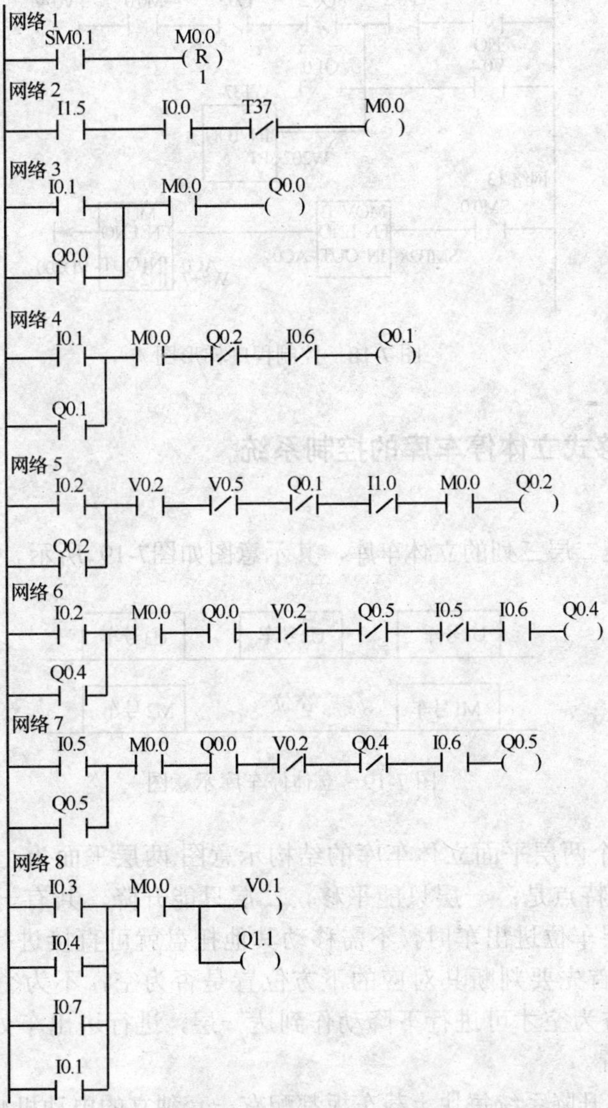

网络 1
SM0.1
M0.0
R
1
网络 2
I1.5
I0.0
T37
M0.0
网络 3
I0.1
M0.0
Q0.0
Q0.0
网络 4
I0.1
M0.0
Q0.2
I0.6
Q0.1
Q0.1
网络 5
I0.2
V0.2
V0.5
Q0.1
I1.0
M0.0
Q0.2
Q0.2
网络 6
I0.2
M0.0
Q0.0
V0.2
Q0.5
I0.5
I0.6
Q0.4
Q0.4
网络 7
I0.5
M0.0
Q0.0
V0.2
Q0.4
I0.6
Q0.5
Q0.5
网络 8
I0.3
M0.0
V0.1
Q1.1
I0.4
I0.7
I0.1

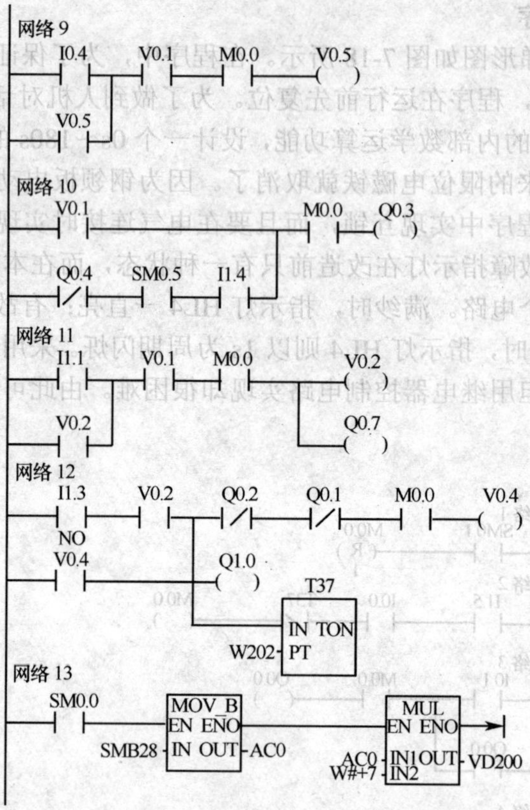
网络 9
I0.4
V0.1
M0.0
V0.5
V0.5
网络 10
V0.1
M0.0
Q0.3
Q0.4
SM0.5
I1.4
网络 11
I1.1
V0.1
M0.0
V0.2
V0.2
Q0.7
网络 12
I1.3
V0.2
Q0.2
Q0.1
M0.0
V0.4
NO
V0.4
Q1.0
T37
IN TON
W202
PT
网络 13
SM0.0
MOV_B
EN ENO
SMB28
IN OUT
AC0
MUL
EN ENO
AC0
IN1 OUT
VD200
W#+7
IN2

图 7-18　控制程序梯形图

7.2.5　升降横移式立体停车库的控制系统

1. 系统简介

本例设计的是二层三列的立体车库，其示意图如图7-19 所示。

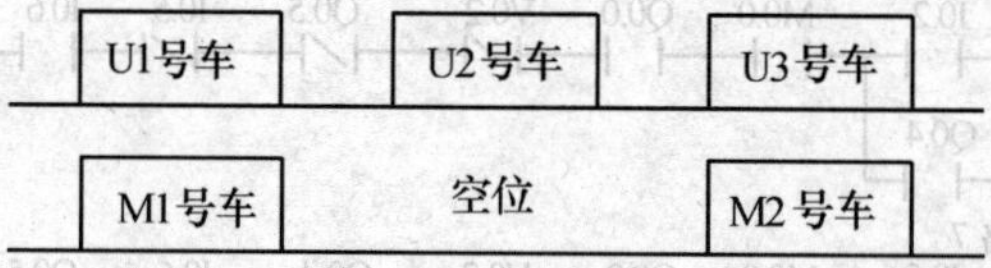
U1号车
U2号车
U3号车
M1号车
空位
M2号车

图 7-19　立体停车库示意图

图 7-19 是一个两层平面立体车库的结构示意图,两层平面为:上层平面(U),下层平面(M)。它的结构特点是：一层只能平移，二层只能升降，共有一个空位，即有 5 个车位可用。当一层车位进出车时，不需移动其他托盘就可直接进行进出车处理。当二层车位进出车时,首先要判断其对应的下方位置是否为空，不为空时要进行相应的平移处理，直到下方为空才可进行下降动作到达一层，进行进出车处理，进出车完毕后再上升回到原位置。

上载车板及其升降系统每块上载车板都配有一套独立的电动机减速机与链传动组合

的传动系统。下载车板及其横移系统不需悬挂链条，在下载车板底部装有四只钢轮，可以在导轨上行走：其中两只为主动轮，装于长传动轴两端；另两只为独立安装的从动轮。电动机减速机驱动长传动轴运转，长传动轴上的主动钢轮在导轨上滚动行走从而使下载车板作横向平移运动。

安全装置上载车板上装有上下行程极限开关和防坠落安全装置。下载车板的安全装置主要是行程极限开关和防碰撞板。行程极限开关的作用是使载车板横移到位后自动停止。防碰撞板的作用是：下载车板横移时，如果碰撞到人、遗留行李或车主宠物时，切断横移电动机电源，横移停止。

2. 系统 I/O 点的分配

该系统的控制采用的 PLC 为 S7-200 CPU224XP，控制及信息显示采用的是与之配套的 TD200 文本显示模块，它即提供文本显示功能又能提供控制触点，其控制触点使用的是 PLC 内部 M 点，可以节省 8 个输入点。另外添加了 3 个 EM221 数字量输入模块和 1 个 EM222 数字量输出模块。

输入点共 30 个：上层载车板升降移动时的上下限位开关（6 个），上层载车板升降移动时的上下极限位开关（6 个），下层载车板平移行程开关（3 个），防坠落安全装置的电磁铁输入（3 个），电动机热继电器输入（5 个），链条检测输入（5 个），光电检测（2 个），紧急停止按钮和复位按钮。输出点共 10 个：电动机接触器输出（5 个），电磁铁输出（3 个），警灯和蜂鸣器。I/O 点地址分配如表 7-7 所示。

表7-7　I/O点地址分配表

输入点			输出点		
符号	地址	注释	符号	地址	注释
TL1	I0.0	上限位 1	KM4_Left	Q0.0	4 号电动机接触器（正转）
TL2	I0.1	上限位 2	KM4_Right	Q0.1	4 号电动机接触器(反转)
TL3	I0.2	上限位 3	KM5_Left	Q0.2	5 号电动机接触器(正转)
TTL1	I0.3	上极限位 1	KM5_Right	Q0.3	5 号电动机接触器(反转)
TTL2	I0.4	上极限位 2	KM1_Up	Q0.4	1 号电动机接触器(正转)
TTL3	I0.5	上极限位 3	KM1_Down	Q0.5	1 号电动机接触器(反转)
BL1	I0.6	下限位 1	KM2_Up	Q0.6	2 号电动机接触器(正转)
BL2	I0.7	下限位 2	KM2_Down	Q0.7	2 号电动机接触器(反转)
BL3	I1.0	下限位 3	KM3_Up	Q1.0	3 号电动机接触器(正转)
BBL1	I1.1	下极限位 1	KM3_Down	Q1.1	3 号电动机接触器(反转)
BBL2	I1.2	下极限位 2	EMO1	Q2.0	电磁铁 1
BBL3	I1.3	下极限位 3	EMO2	Q2.1	电磁铁 2
PHE1	I1.4	光电检测 1(安全线)	EMO3	Q2.2	电磁铁 3
PHE2	I1.5	光电检测 2(车辆超长)	ALARM	Q2.3	报警器

（续）

输入点			输出点		
符号	地址	注释	符号	地址	注释
LL	I2.0	左限位	LIGHT	Q2.4	报警灯
CL	I2.1	中限位			
RL	I2.2	右限位			
CHAIN1	I4.0	链条松弛 1(升降)			
CHAIN2	I4.1	链条松弛 2(升降)			
CHAIN3	I4.2	链条松弛 3(升降)			
ES	I4.6	紧急停止			
RESET	I4.7	复位			
EMI1	I5.0	电磁铁锁紧 1			
EMI2	I5.1	电磁铁锁紧 2			
EMI3	I5.2	电磁铁锁紧 3			
FR1	I5. 3	1 号电动机热继电器			
FR2	I5.4	2 号电动机热继电器			
FR3	I5.5	3 号电动机热继电器			
FR4	I5.6	4 号电动机热继电器			
FR5	I5.7	5 号电动机热继电器			
注：载车板编号上层为 1、2、3 号，下层为 4、5 号					

为了编程及修改程序的方便，我们可以在 STEP-7 Mcrio/WIN 编程环境下创建用户表，将对应的 I/O 地址用具有实际意义的符号来表示。使用符号表示后的地址，对触点的调用只需调用该触点的符号，不需要记住每个触点的地址，特别对 I/O 点较多的程序来说减轻了编程人员的负担，方便程序的编写和修改，亦增加了程序的可读性。

3. TD200 简介

TD200 文本显示操作员界面如图 7-20 所示。

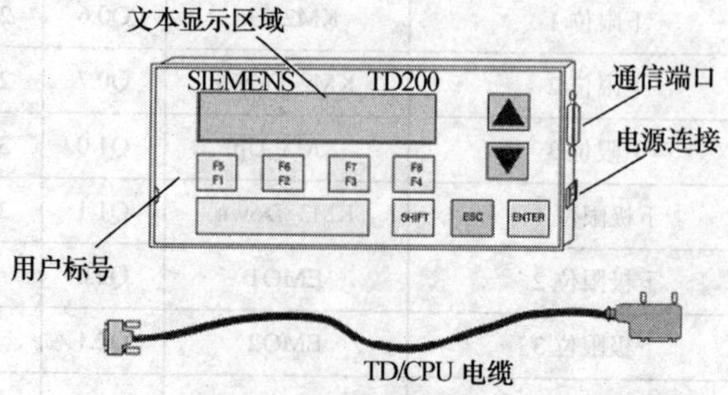

文本显示区域
SIEMENS
TD200
通信端口
电源连接
F5
F1
F6
F2
F7
F3
F8
F4
SHIFT
ESC
ENTER
用户标号
TD/CPU 电缆

图 7-20　TD200 文本显示和操作员界面

在这个示例中使用了TD 200文本显示和操作员界面，它是与S7-200系列可编程控制器配套使用的文本显示和操作员界面。通过TD/CPU电缆与S7-200系列可编程控制器相连。TD 200提供文本显示和操作功能，文本显示区域为一个背光液晶显示（LCD），可显示两行信息，每行20个字符，通过它可以看到从S7-200CPU接收来的信息。在用户操作方面，TD 200提供4个用户自定义功能键（F1，F2，F3，F4），与Shift键配合使用可再增加4个键的功能，即提供8个自定义的功能键，这8个功能键的地址为M×0.0～M×0.0，×可由使用者在STEP 7- Micro/WIN环境下对TD 200组态时自己设定。在S7-200CPU程序中可以定义这8个功能键，按下一个功能键，设置一个M位。程序可用这个位去触发一个特定的动作。

其文本显示功能的实现是在STEP7- Micro/WIN编程环境下，对TD 200组态，设置好相应的显示信息，需要某条显示信息时，在程序中将该条信息对应的V存储器中的相应位置1，即可在液晶显示屏上显示该条信息。

4. 梯形图程序设计

该控制程序的重点在于上层载车板下降到地面时的判断问题。首先，要判断需要下降的载车板下方是否有载车板，若有载车板则将其平移后再进行上层载车板的下降。该判断程序的步进功能图如图 7-21 所示。图 7-21 所示的步进功能图以 1 号车位为例，2 号、3 号车位与之相仿。

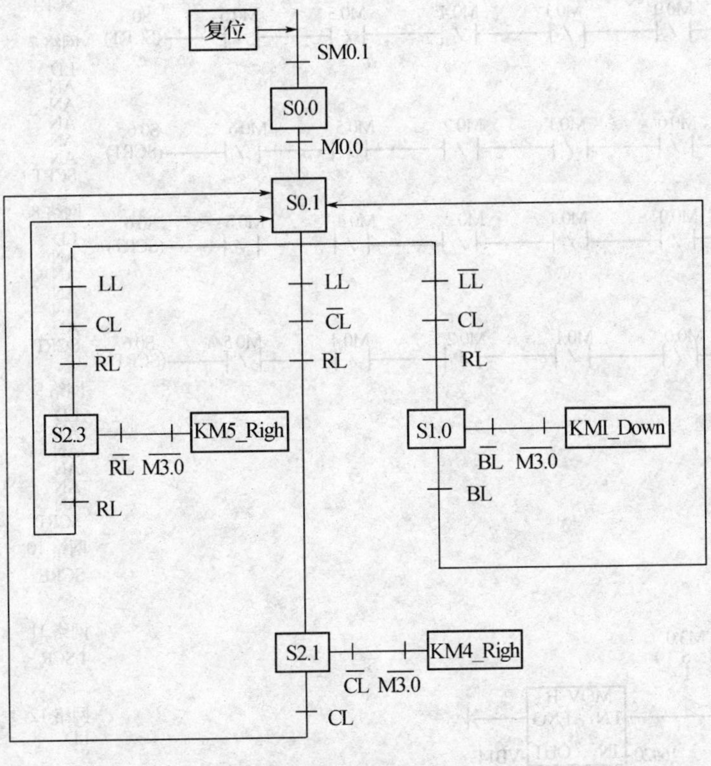

复位
SM0.1
S0.0
M0.0
S0.1
LL
CL
RL
LL
CL
RL
LL
CL
RL
S2.3
KM5_Righ
RL M3.0
RL
S1.0
KMI_Down
BL M3.0
BL
S2.1
KM4_Righ
CL M3.0
CL

图 7-21　1 号载车板下降时的功能图

根据控制要求编写的梯形图及指令表，如图 7-22 所示。

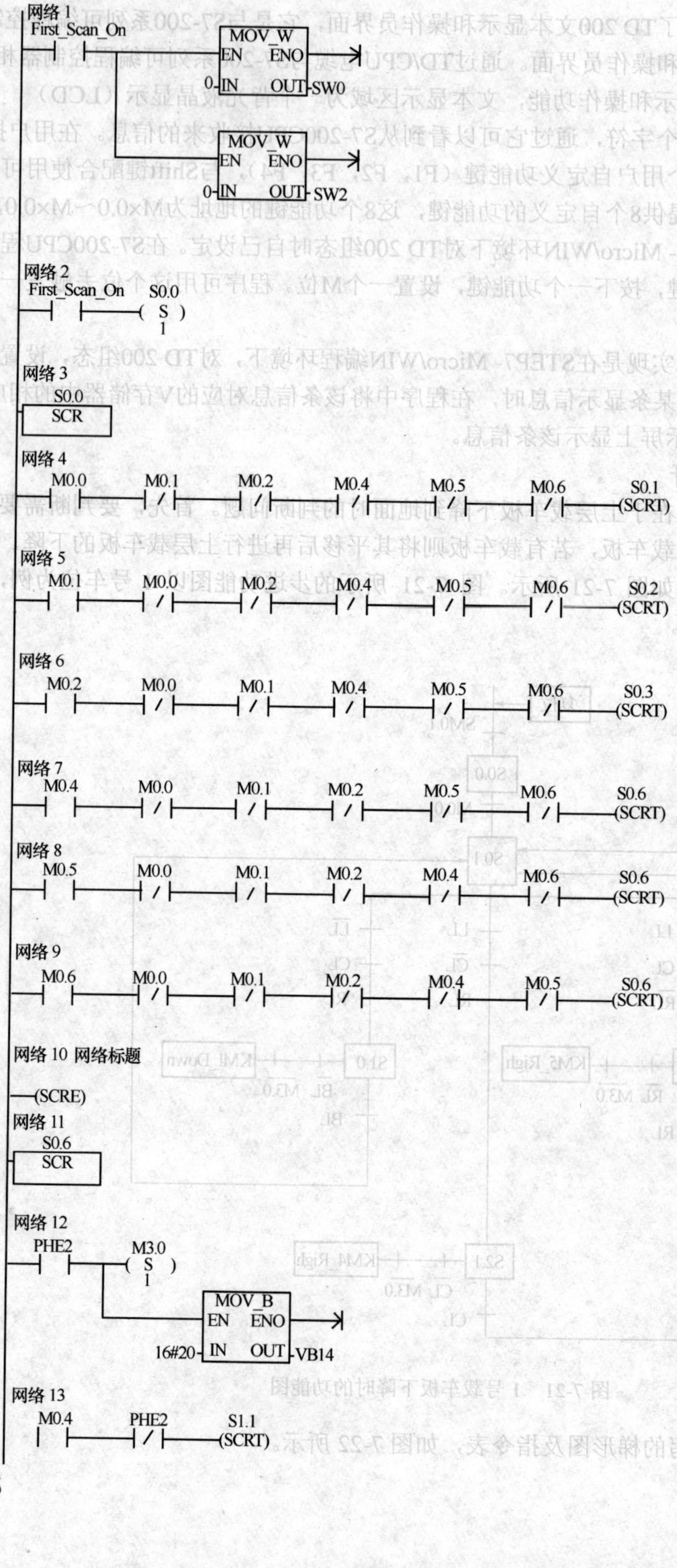
网络 1
First_Scan_On
MOV_W
EN ENO
0-IN OUT-SW0
MOV_W
EN ENO
0-IN OUT-SW2
网络 2
First_Scan_On
S0.0
(S)
1
网络 3
S0.0
SCR
网络 4
M0.0
M0.1
M0.2
M0.4
M0.5
M0.6
S0.1
(SCRT)
网络 5
M0.1
M0.0
M0.2
M0.4
M0.5
M0.6
S0.2
(SCRT)
网络 6
M0.2
M0.0
M0.1
M0.4
M0.5
M0.6
S0.3
(SCRT)
网络 7
M0.4
M0.0
M0.1
M0.2
M0.5
M0.6
S0.6
(SCRT)
网络 8
M0.5
M0.0
M0.1
M0.2
M0.4
M0.6
S0.6
(SCRT)
网络 9
M0.6
M0.0
M0.1
M0.2
M0.4
M0.5
S0.6
(SCRT)
网络 10 网络标题
(SCRE)
网络 11
S0.6
SCR
网络 12
PHE2
M3.0
(S)
1
MOV_B
EN ENO
16#20-IN OUT-VB14
网络 13
M0.4
PHE2
S1.1
(SCRT)

```
网络 1
LD      First_Scan_On
MOVW    0, SW0
MOVW    0, SW2

网络 2
LD      First_Scan_On
S       S0.0,1

网络 3
LSCR    S0.0

网络 4
LD      M0.0
AN      M0.1
AN      M0.2
AN      M0.4
AN      M0.5
AN      M0.6
SCRT    S0.1

网络 5
LD      M0.1
AN      M0.0
AN      M0.2
AN      M0.4
AN      M0.5
AN      M0.6
SCRT    S0.2

网络 6
LD      M0.2
AN      M0.0
AN      M0.1
AN      M0.4
AN      M0.5
AN      M0.6
SCRT    S0.3

网络 7
LD      M0.4
AN      M0.0
AN      M0.1
AN      M0.2
AN      M0.5
AN      M0.6
SCRT    S0.6

网络 8
LD      M0.5
AN      M0.0
AN      M0.1
AN      M0.2
AN      M0.4
AN      M0.6
SCRT    S0.6

网络 9
LD      M0.6
AN      M0.0
AN      M0.1
AN      M0.2
AN      M0.4
AN      M0.5
SCRT    S0.6

网络 10
SCRE

网络 11
LSCR    S0.6

网络 12
LD      PHE2
S       M3.0,1
MOVB    16#20,VB14

网络 13
LD      M0.4
AN      PHE2
SCRT    S1.1
```

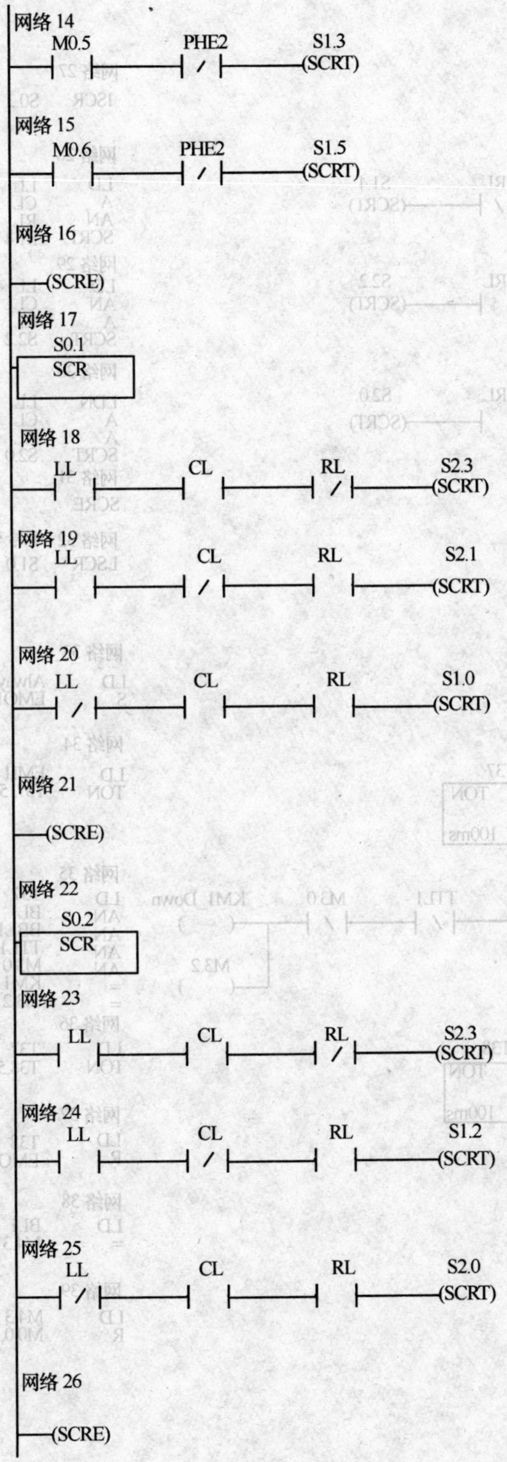
网络 14
M0.5
PHE2
S1.3
(SCRT)
网络 15
M0.6
PHE2
S1.5
(SCRT)
网络 16
(SCRE)
网络 17
S0.1
SCR
网络 18
LL
CL
RL
S2.3
(SCRT)
网络 19
LL
CL
RL
S2.1
(SCRT)
网络 20
LL
CL
RL
S1.0
(SCRT)
网络 21
(SCRE)
网络 22
S0.2
SCR
网络 23
LL
CL
RL
S2.3
(SCRT)
网络 24
LL
CL
RL
S1.2
(SCRT)
网络 25
LL
CL
RL
S2.0
(SCRT)
网络 26
(SCRE)

网络 14

LD	M0.5
AN	PHE2
SCRT	S1.3

网络 15

LD	M0.6
AN	PHE2
SCRT	S1.5

网络 16

SCRE

网络 17

LSCR	S0.1

网络 18

LD	LL
A	CL
AN	RL
SCRT	S2.3

网络 19

LD	LL
AN	CL
A	RL
SCRT	S2.1

网络 20

LDN	LL
A	CL
A	RL
SCRT	S1.0

网络 21

SCRE

网络 22

LSCR	S0.2

网络 23

LD	LL
A	CL
AN	RL
SCRT	S2.3

网络 24

LD	LL
AN	CL
A	RL
SCRT	S1.2

网络 25

LDN	LL
A	CL
A	RL
SCRT	S2.0

网络 26

SCRE

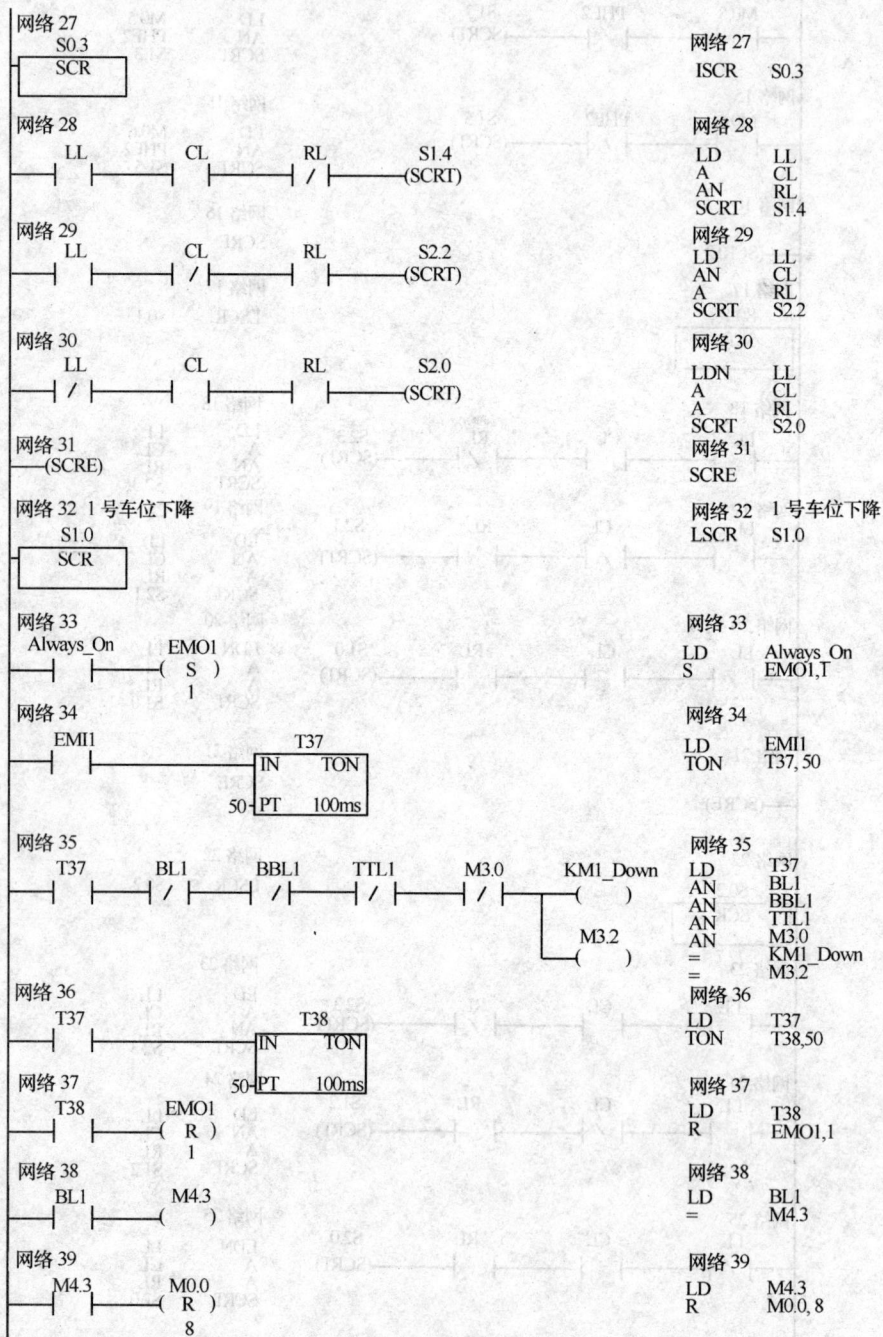

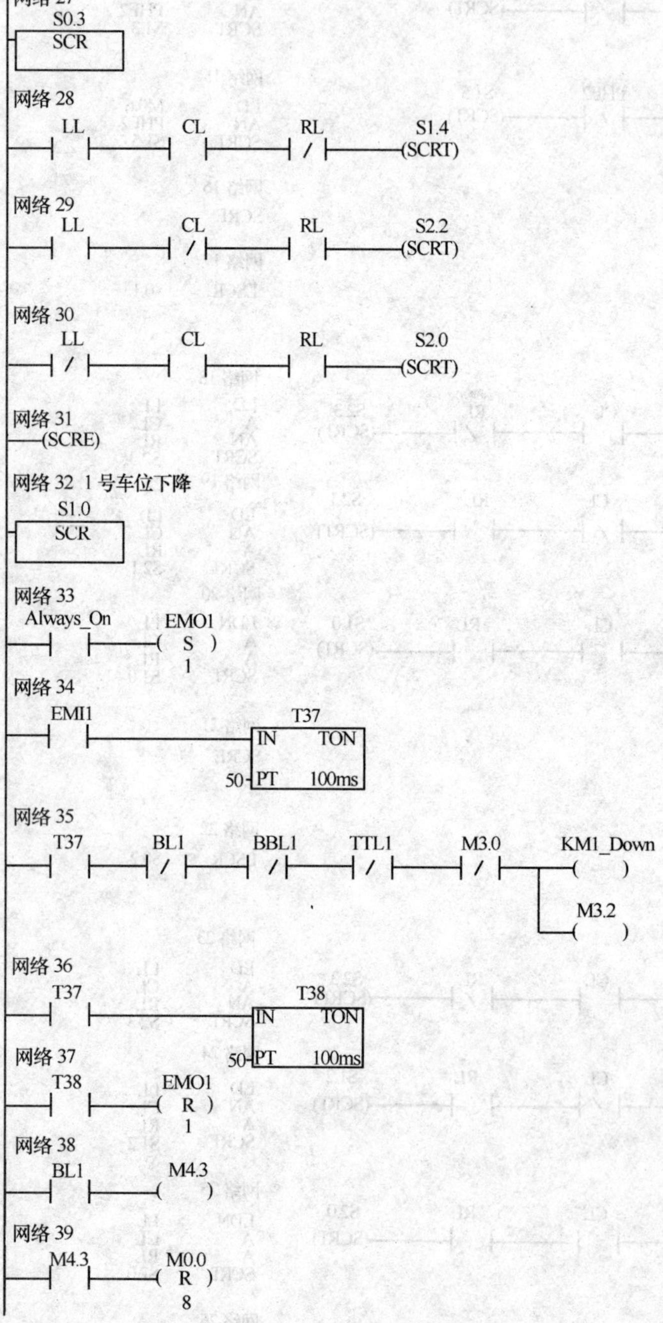
网络 27
S0.3
SCR
网络 28
LL
CL
RL
S1.4
(SCRT)
网络 29
LL
CL
RL
S2.2
(SCRT)
网络 30
LL
CL
RL
S2.0
(SCRT)
网络 31
(SCRE)
网络 32 1 号车位下降
S1.0
SCR
网络 33
Always_On
EMO1
S
1
网络 34
EMI1
T37
IN TON
50 PT 100ms
网络 35
T37
BL1
BBL1
TTL1
M3.0
KM1_Down
M3.2
网络 36
T37
T38
IN TON
50 PT 100ms
网络 37
T38
EMO1
R
1
网络 38
BL1
M4.3
网络 39
M4.3
M0.0
R
8

```
网络 27
LSCR    S0.3

网络 28
LD      LL
A       CL
AN      RL
SCRT    S1.4

网络 29
LD      LL
AN      CL
A       RL
SCRT    S2.2

网络 30
LDN     LL
A       CL
A       RL
SCRT    S2.0

网络 31
SCRE

网络 32  1 号车位下降
LSCR    S1.0

网络 33
LD      Always_On
S       EMO1,T

网络 34
LD      EMI1
TON     T37, 50

网络 35
LD      T37
AN      BL1
AN      BBL1
AN      TTL1
AN      M3.0
=       KM1_Down
=       M3.2

网络 36
LD      T37
TON     T38,50

网络 37
LD      T38
R       EMO1,1

网络 38
LD      BL1
=       M4.3

网络 39
LD      M4.3
R       M0.0, 8
```

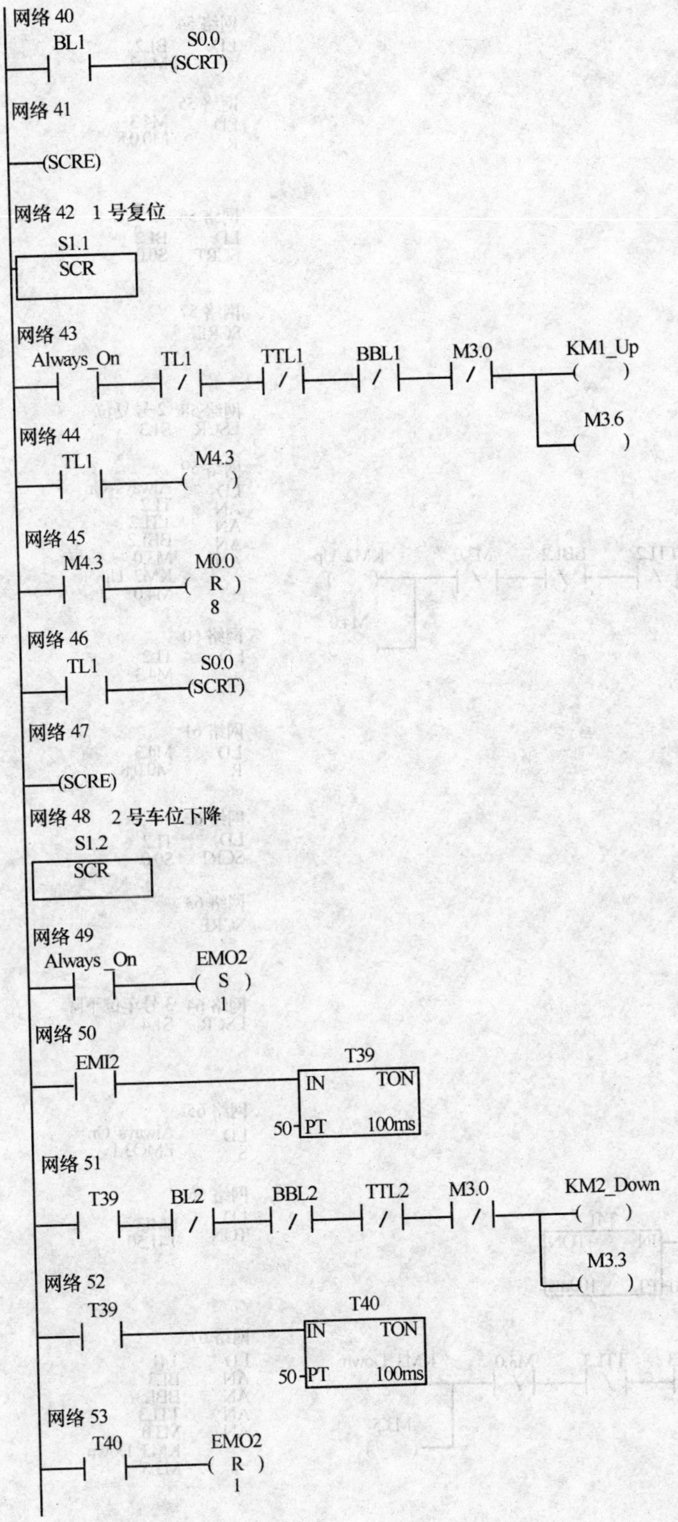
网络 40
BL1
S0.0
(SCRT)
网络 41
(SCRE)
网络 42 1 号复位
S1.1
SCR
网络 43
Always_On
TL1
TTL1
BBL1
M3.0
KM1_Up
M3.6
网络 44
TL1
M4.3
网络 45
M4.3
M0.0
R
8
网络 46
TL1
S0.0
(SCRT)
网络 47
(SCRE)
网络 48 2 号车位下降
S1.2
SCR
网络 49
Always_On
EMO2
S
1
网络 50
EMI2
T39
IN
TON
50
PT
100ms
网络 51
T39
BL2
BBL2
TTL2
M3.0
KM2_Down
M3.3
网络 52
T39
T40
IN
TON
50
PT
100ms
网络 53
T40
EMO2
R
1

网络 40
```
LD      BL1
SCRT    S0.0
```

网络 41
```
SCRE
```

网络 42 1 号复位
```
LSCR    S1.1
```

网络 43
```
LD      Always_On
AN      TL1
AN      TTL1
AN      BBL1
AN      M3.0
=       KM1_Up
=       M3.6
```

网络 44
```
LD      TL1
=       M4.3
```

网络 45
```
LD      M4.3
R       M0.0,8
```

网络 46
```
LD      TL1
SCRT    S0.0
```

网络 47
```
SCRE
```

网络 48 2 号车位下降
```
LSCR    S1.2
```

网络 49
```
LD      Always_On
S       EMO2,1
```

网络 50
```
LD      EMI2
TON     T39,50
```

网络 51
```
LD      T39
AN      BL2
AN      BBL2
AN      TTL2
AN      M3.0
=       KM2_Down
=       M3.3
```

网络 52
```
LD      T39
TON     T40,50
```

网络 53
```
LD      T40
R       EMO2,1
```

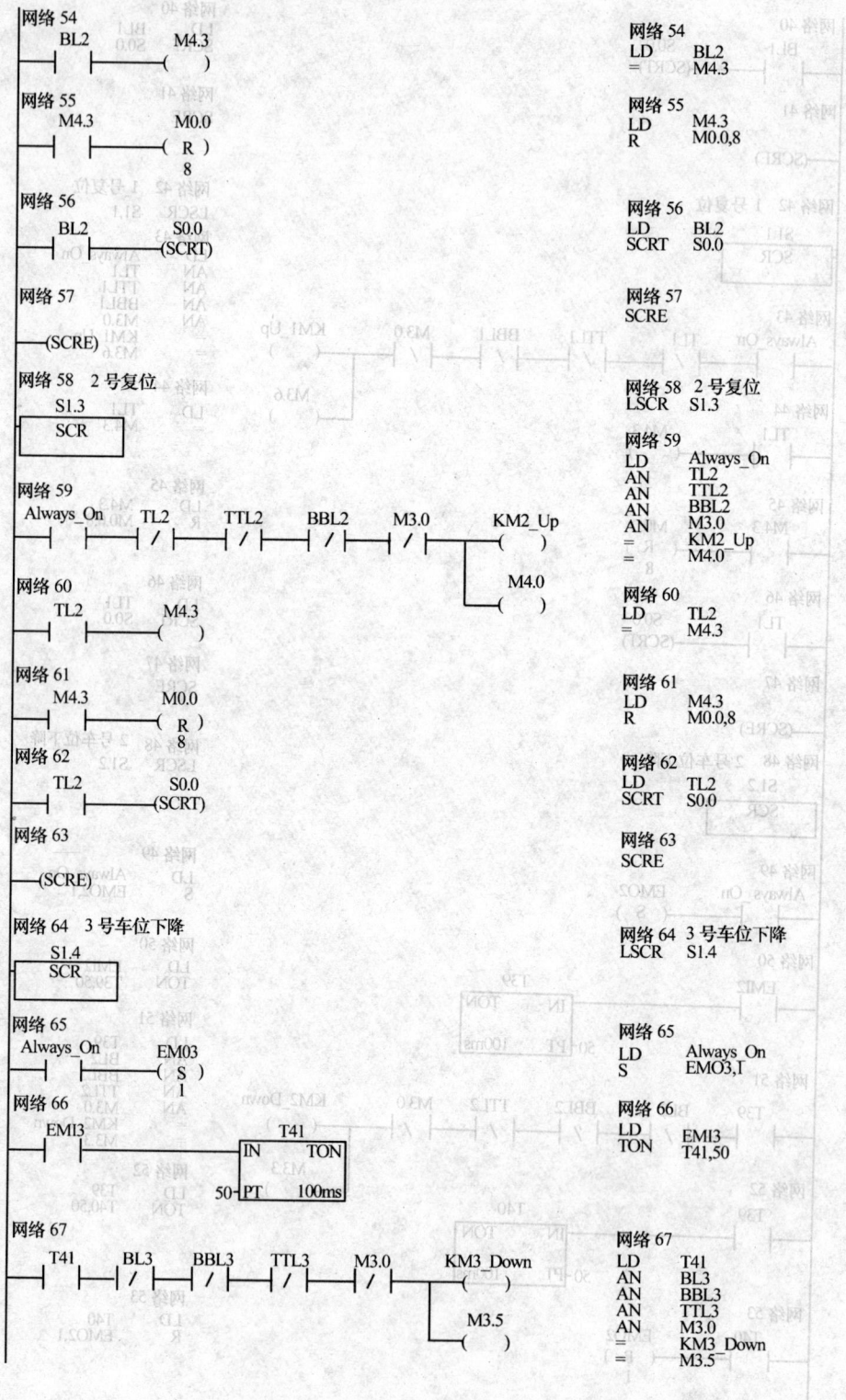

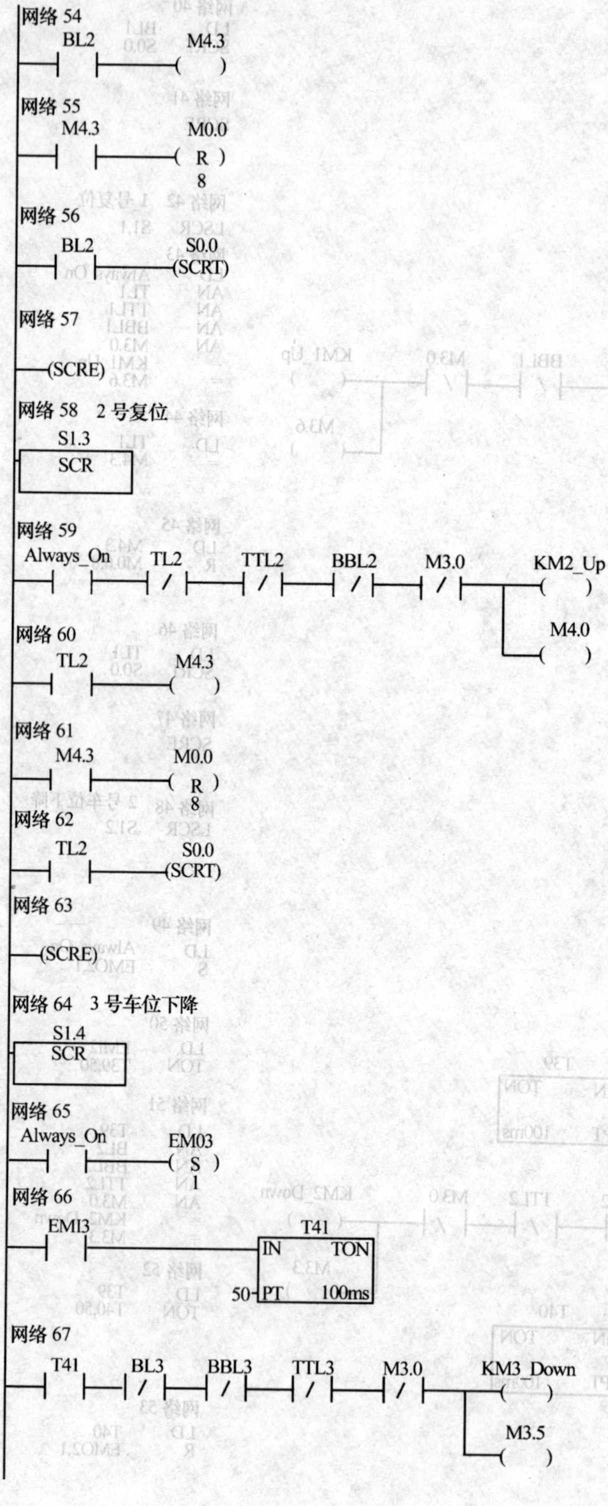
网络 54
BL2
M4.3
网络 55
M4.3
M0.0
R
8
网络 56
BL2
S0.0
SCRT
网络 57
SCRE
网络 58 2 号复位
S1.3
SCR
网络 59
Always_On
TL2
TTL2
BBL2
M3.0
KM2_Up
M4.0
网络 60
TL2
M4.3
网络 61
M4.3
M0.0
R
8
网络 62
TL2
S0.0
SCRT
网络 63
SCRE
网络 64 3 号车位下降
S1.4
SCR
网络 65
Always_On
EM03
S
1
网络 66
EMI3
T41
IN
TON
50
PT
100ms
网络 67
T41
BL3
BBL3
TTL3
M3.0
KM3_Down
M3.5

```
网络 54
LD      BL2
=       M4.3

网络 55
LD      M4.3
R       M0.0,8

网络 56
LD      BL2
SCRT    S0.0

网络 57
SCRE

网络 58  2 号复位
LSCR    S1.3

网络 59
LD      Always_On
AN      TL2
AN      TTL2
AN      BBL2
AN      M3.0
=       KM2_Up
=       M4.0

网络 60
LD      TL2
=       M4.3

网络 61
LD      M4.3
R       M0.0,8

网络 62
LD      TL2
SCRT    S0.0

网络 63
SCRE

网络 64  3 号车位下降
LSCR    S1.4

网络 65
LD      Always_On
S       EMO3,1

网络 66
LD      EMI3
TON     T41,50

网络 67
LD      T41
AN      BL3
AN      BBL3
AN      TTL3
AN      M3.0
=       KM3_Down
=       M3.5
```

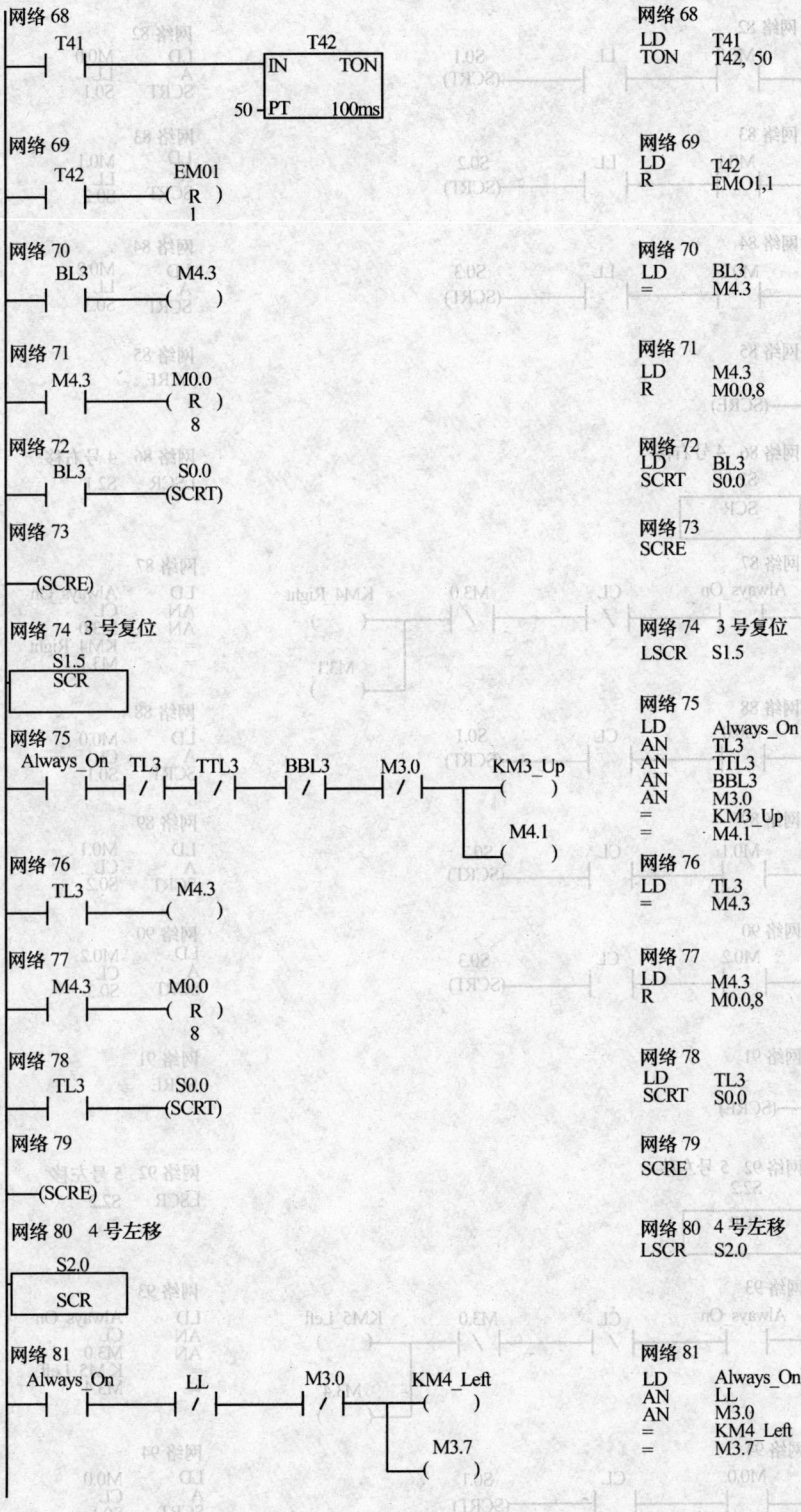

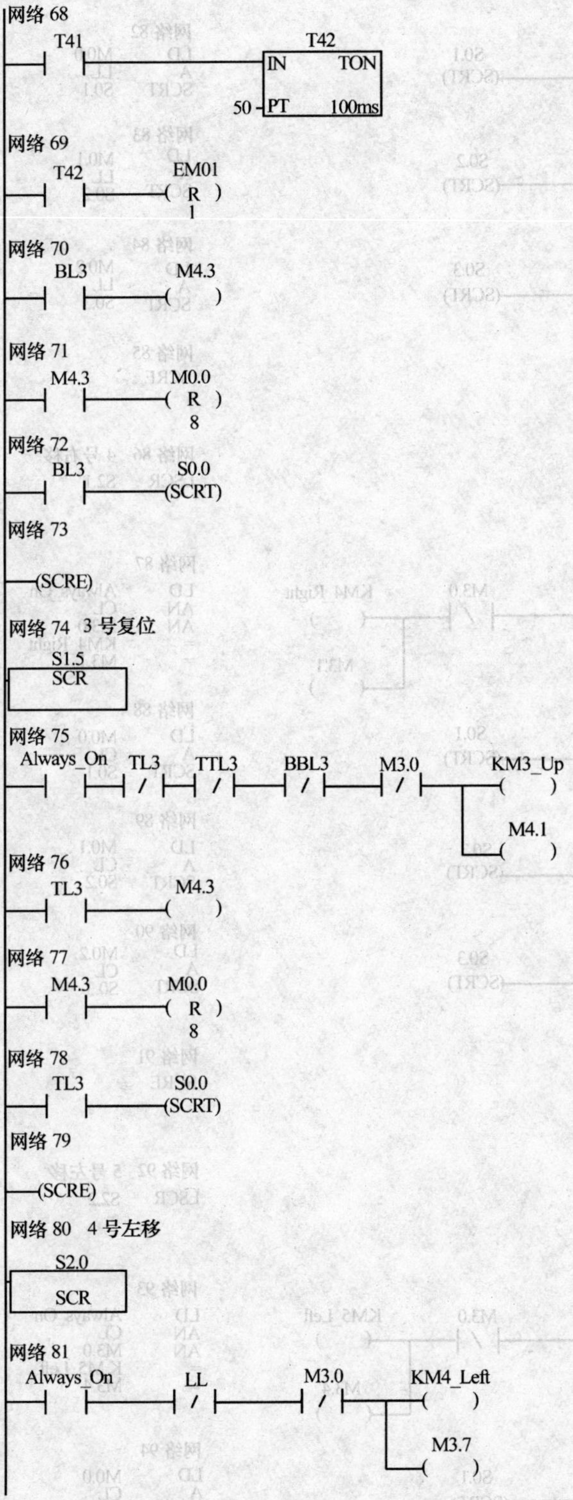
网络 68
T41
T42
IN TON
50 PT 100ms
网络 69
T42
EM01
R
1
网络 70
BL3
M4.3
网络 71
M4.3
M0.0
R
8
网络 72
BL3
S0.0
(SCRT)
网络 73
(SCRE)
网络 74 3 号复位
S1.5
SCR
网络 75
Always_On
TL3
TTL3
BBL3
M3.0
KM3_Up
M4.1
网络 76
TL3
M4.3
网络 77
M4.3
M0.0
R
8
网络 78
TL3
S0.0
(SCRT)
网络 79
(SCRE)
网络 80 4 号左移
S2.0
SCR
网络 81
Always_On
LL
M3.0
KM4_Left
M3.7

网络 68
```
LD    T41
TON   T42, 50
```
网络 69
```
LD    T42
R     EMO1,1
```
网络 70
```
LD    BL3
=     M4.3
```
网络 71
```
LD    M4.3
R     M0.0,8
```
网络 72
```
LD    BL3
SCRT  S0.0
```
网络 73
```
SCRE
```
网络 74 3 号复位
```
LSCR  S1.5
```
网络 75
```
LD    Always_On
AN    TL3
AN    TTL3
AN    BBL3
AN    M3.0
=     KM3_Up
=     M4.1
```
网络 76
```
LD    TL3
=     M4.3
```
网络 77
```
LD    M4.3
R     M0.0,8
```
网络 78
```
LD    TL3
SCRT  S0.0
```
网络 79
```
SCRE
```
网络 80 4 号左移
```
LSCR  S2.0
```
网络 81
```
LD    Always_On
AN    LL
AN    M3.0
=     KM4_Left
=     M3.7
```

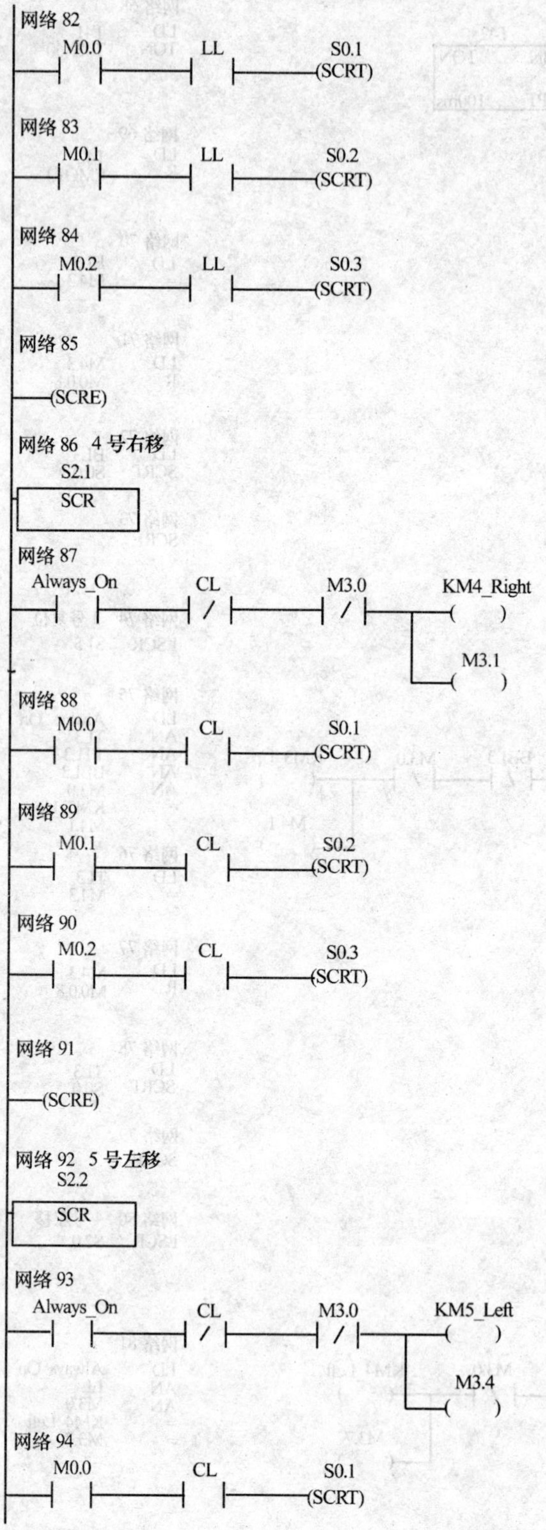
网络 82
M0.0
LL
S0.1
(SCRT)
网络 83
M0.1
LL
S0.2
(SCRT)
网络 84
M0.2
LL
S0.3
(SCRT)
网络 85
(SCRE)
网络 86 4 号右移
S2.1
SCR
网络 87
Always_On
CL
M3.0
KM4_Right
M3.1
网络 88
M0.0
CL
S0.1
(SCRT)
网络 89
M0.1
CL
S0.2
(SCRT)
网络 90
M0.2
CL
S0.3
(SCRT)
网络 91
(SCRE)
网络 92 5 号左移
S2.2
SCR
网络 93
Always_On
CL
M3.0
KM5_Left
M3.4
网络 94
M0.0
CL
S0.1
(SCRT)

```
网络 82
LD      M0.0
A       LL
SCRT    S0.1

网络 83
LD      M0.1
A       LL
SCRT    S0.2

网络 84
LD      M0.2
A       LL
SCRT    S0.3

网络 85
SCRE

网络 86  4号右移
LSCR    S2.1

网络 87
LD      Always_On
AN      CL
AN      M3.0
=       KM4_Right
=       M3.1

网络 88
LD      M0.0
A       CL
SCRT    S0.1

网络 89
LD      M0.1
A       CL
SCRT    S0.2

网络 90
LD      M0.2
A       CL
SCRT    S0.3

网络 91
SCRE

网络 92  5号左移
LSCR    S2.2

网络 93
LD      Always_On
AN      CL
AN      M3.0
=       KM5_Left
=       M3.4

网络 94
LD      M0.0
A       CL
SCRT    S0.1
```

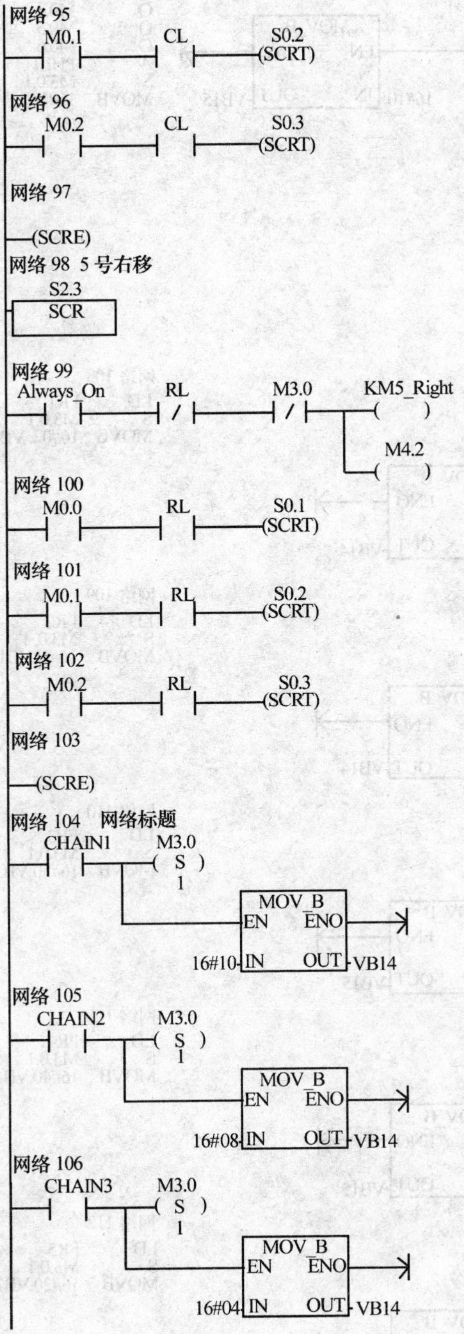
网络 95
M0.1
CL
S0.2
(SCRT)
网络 96
M0.2
CL
S0.3
(SCRT)
网络 97
(SCRE)
网络 98 5 号右移
S2.3
SCR
网络 99
Always_On
RL
M3.0
KM5_Right
M4.2
网络 100
M0.0
RL
S0.1
(SCRT)
网络 101
M0.1
RL
S0.2
(SCRT)
网络 102
M0.2
RL
S0.3
(SCRT)
网络 103
(SCRE)
网络 104 网络标题
CHAIN1
M3.0
S
1
MOV_B
EN
ENO
16#10
IN
OUT
VB14
网络 105
CHAIN2
M3.0
S
1
MOV_B
EN
ENO
16#08
IN
OUT
VB14
网络 106
CHAIN3
M3.0
S
1
MOV_B
EN
ENO
16#04
IN
OUT
VB14

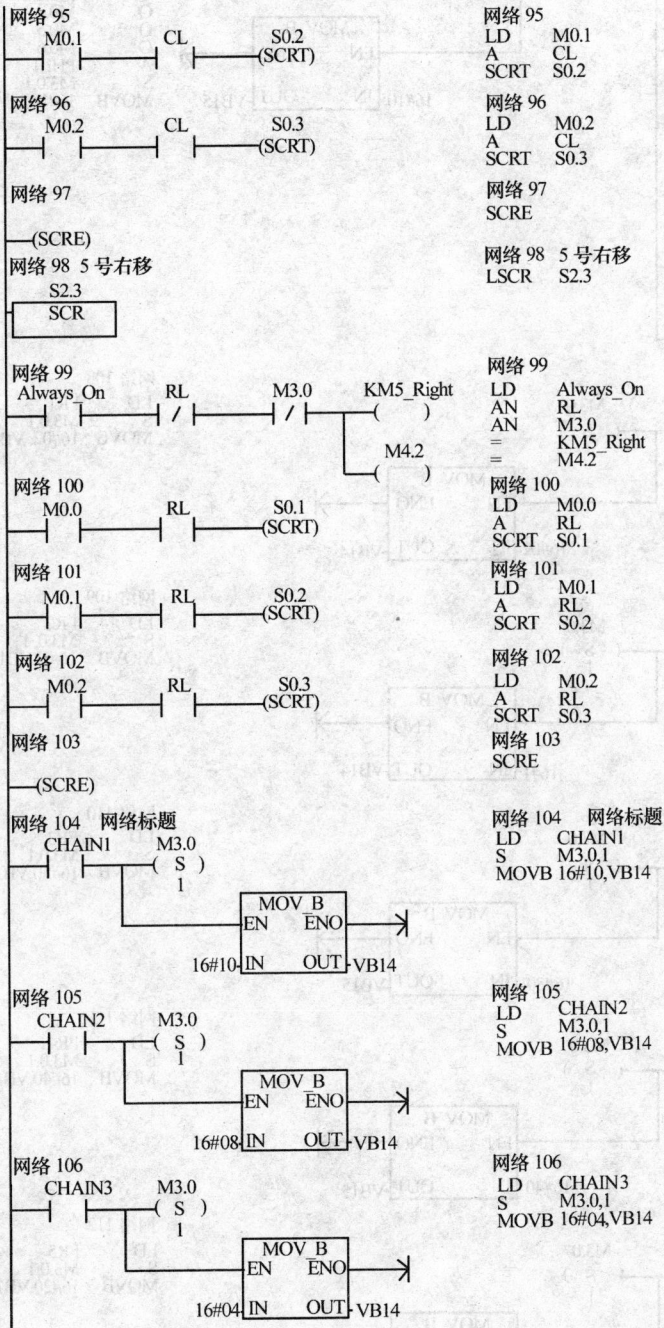

网络 95
LD M0.1
A CL
SCRT S0.2

网络 96
LD M0.2
A CL
SCRT S0.3

网络 97
SCRE

网络 98 5 号右移
LSCR S2.3

网络 99
LD Always_On
AN RL
AN M3.0
= KM5_Right
= M4.2

网络 100
LD M0.0
A RL
SCRT S0.1

网络 101
LD M0.1
A RL
SCRT S0.2

网络 102
LD M0.2
A RL
SCRT S0.3

网络 103
SCRE

网络 104 网络标题
LD CHAIN1
S M3.0,1
MOVB 16#10,VB14

网络 105
LD CHAIN2
S M3.0,1
MOVB 16#08,VB14

网络 106
LD CHAIN3
S M3.0,1
MOVB 16#04,VB14

网络 107

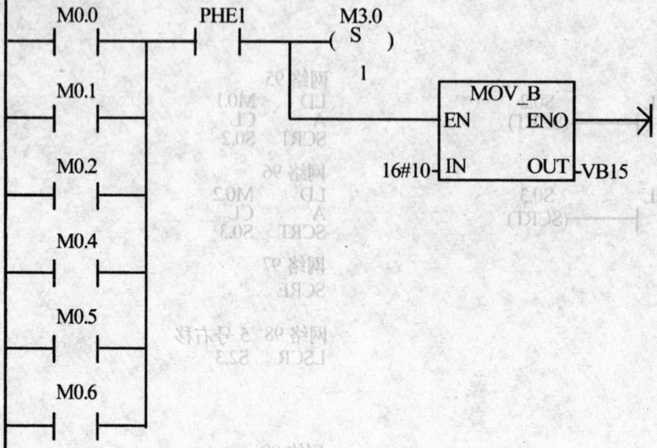
M0.0
PHE1
M3.0
S
1
MOV_B
EN
ENO
16#10
IN
OUT
VB15
M0.1
M0.2
M0.4
M0.5
M0.6

网络 107

```
LD      M0.0
O       M0.1
O       M0.2
O       M0.4
O       M0.5
O       M0.6
A       PHE1
S       M3.0,1
MOVB    16#10, VB15
```

网络 108

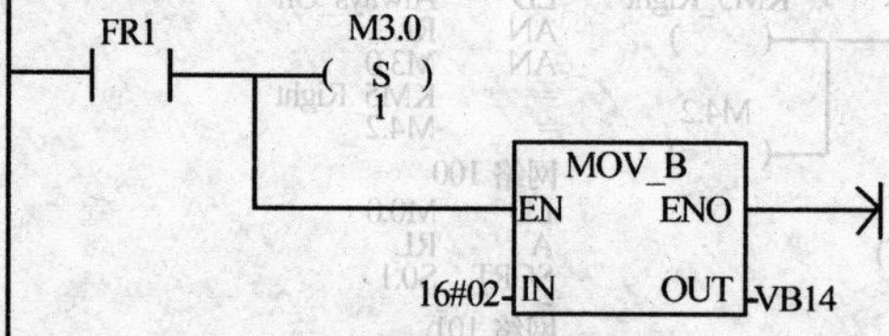
FR1
M3.0
S
1
MOV_B
EN
ENO
16#02
IN
OUT
VB14

网络 108

```
LD      FR1
S       M3.0,1
MOVB    16#02, VB14
```

网络 109

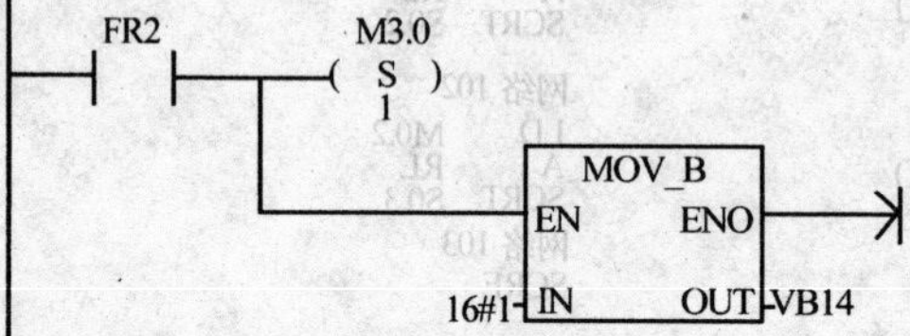
FR2
M3.0
S
1
MOV_B
EN
ENO
16#1
IN
OUT
VB14

网络 109

```
LD      FR2
S       M3.0, 1
MOVB    16#1, VB14
```

网络 110

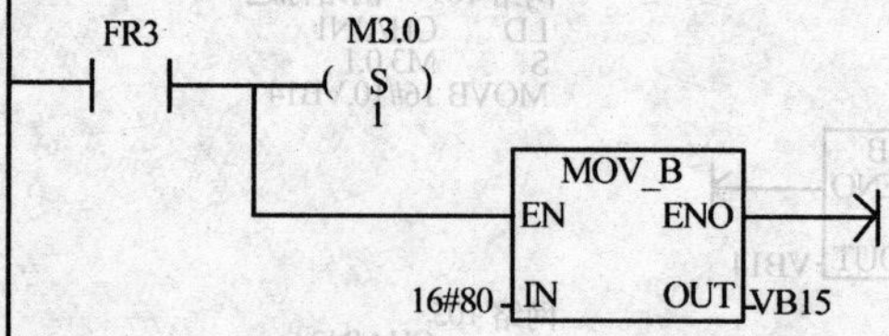
FR3
M3.0
S
1
MOV_B
EN
ENO
16#80
IN
OUT
VB15

网络 110

```
LD      FR3
S       M3.0,1
MOVB    16#80,VB15
```

网络 111

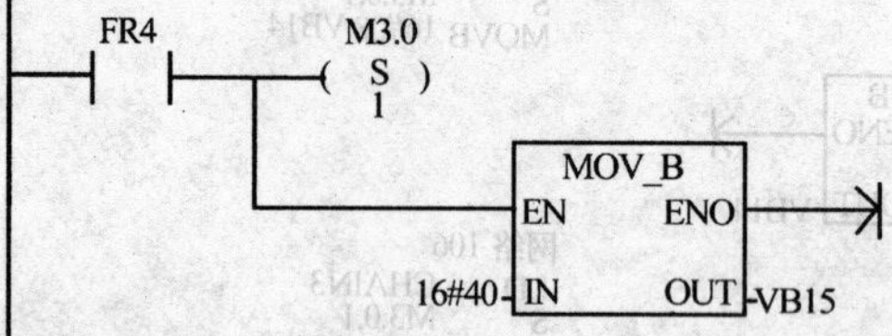
FR4
M3.0
S
1
MOV_B
EN
ENO
16#40
IN
OUT
VB15

网络 111

```
LD      FR4
S       M3.0,1
MOVB    16#40,VB15
```

网络 112

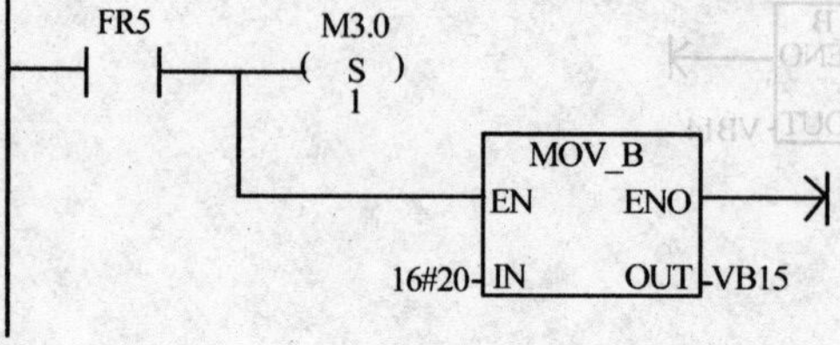
FR5
M3.0
S
1
MOV_B
EN
ENO
16#20
IN
OUT
VB15

网络 112

```
LD      FR5
S       M3.0,1
MOVB    16#20,VB15
```

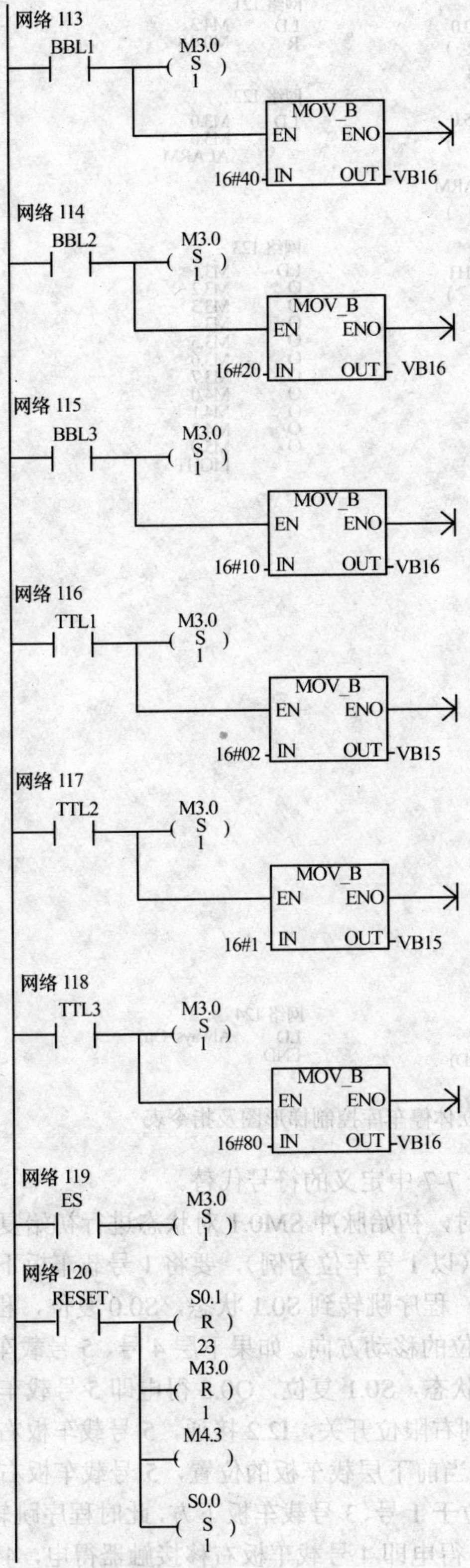
网络 113
BBL1
M3.0
S
1
MOV_B
EN
ENO
16#40
IN
OUT
VB16
网络 114
BBL2
M3.0
S
1
MOV_B
EN
ENO
16#20
IN
OUT
VB16
网络 115
BBL3
M3.0
S
1
MOV_B
EN
ENO
16#10
IN
OUT
VB16
网络 116
TTL1
M3.0
S
1
MOV_B
EN
ENO
16#02
IN
OUT
VB15
网络 117
TTL2
M3.0
S
1
MOV_B
EN
ENO
16#1
IN
OUT
VB15
网络 118
TTL3
M3.0
S
1
MOV_B
EN
ENO
16#80
IN
OUT
VB16
网络 119
ES
M3.0
S
1
网络 120
RESET
S0.1
R
23
M3.0
R
1
M4.3
S0.0
S
1

网络 113

```
LD    BBL1
S     M3.0,1
MOVB  16#40, VB16
```

网络 114

```
LD    BBL2
S     M3.0,1
MOVB  16#20, VB16
```

网络 115

```
LD    BBL3
S     M3.0,1
MOVB  16#10, VB16
```

网络 116

```
LD    TTL1
S     M3.0,1
MOVB  16#02, VB15
```

网络 117

```
LD    TTL2
S     M3.0,1
MOVB  16#1, VB15
```

网络 118

```
LD    TTL3
S     M3.0,1
MOVB  16#80, VB16
```

网络 119

```
LD    ES
S     M3.0,1
```

网络 120

```
LD    RESET
R     S0.1,23
R     M3.0,1
=     M4.3
S     S0.0,1
```

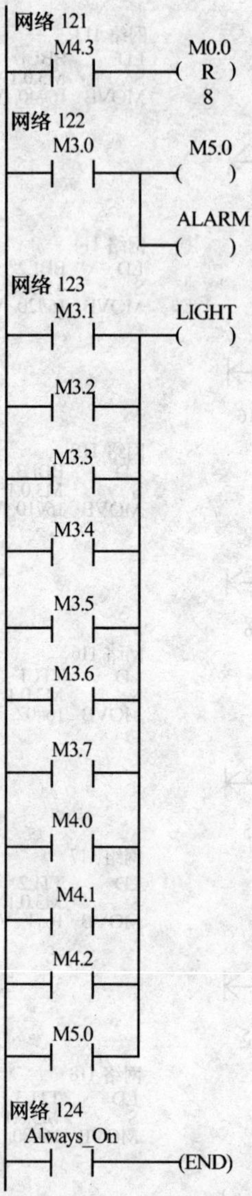
网络 121
M4.3
M0.0
R
8
网络 122
M3.0
M5.0
ALARM
网络 123
M3.1
LIGHT
M3.2
M3.3
M3.4
M3.5
M3.6
M3.7
M4.0
M4.1
M4.2
M5.0
网络 124
Always_On
(END)

```
网络 121
LD      M4.3
R       M0.0,8

网络 122
LD      M3.0
=       M5.0
=       ALARM

网络 123
LD      M3.1
O       M3.2
O       M3.3
O       M3.4
O       M3.5
O       M3.6
O       M3.7
O       M4.0
O       M4.1
O       M4.2
O       M5.0
=       LIGHT

网络 124
LD      Always_On
END
```

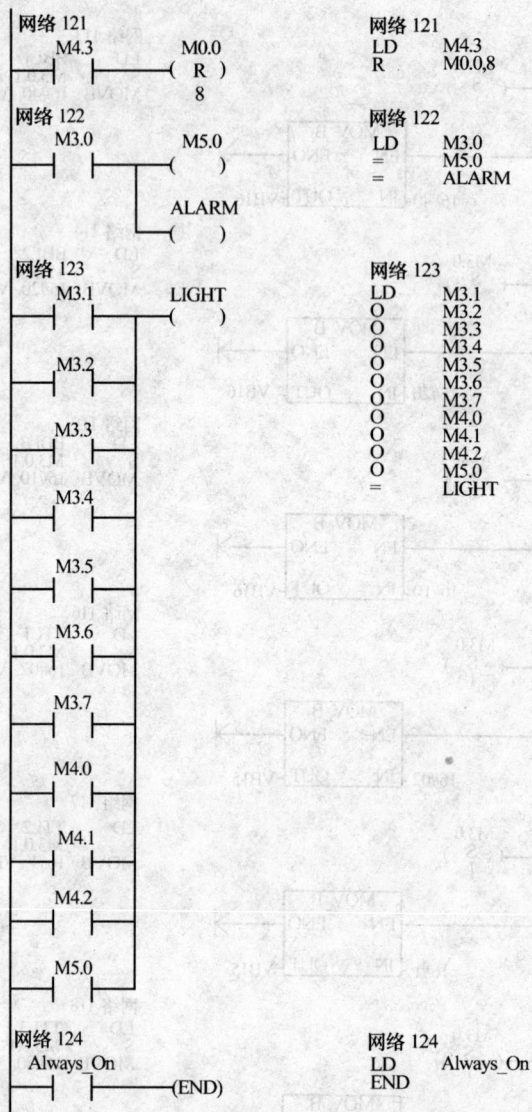

图 7-22　立体停车库控制梯形图及指令表

图 7-22 中的触点地址使用了表 7-7 中定义的符号代替。

PLC 由 STOP 转为 RUN 状态时，初始脉冲 SM0.1 对状态进行初始复位，并将状态 S0.0 置 1。若此时有存取车的需要（以 1 号车位为例），要将 1 号载车板下降到地面，此时可按下 TD200 面板上的 F1 按钮，程序跳转到 S0.1 状态，S0.0 复位，程序根据下层 3 个限位开关的信号判定下层两个车位的移动方向。如果下层 4 号、5 号载车板分别停在 1 号、2 号载车板下，则跳转到 S2.3 状态，S0.1 复位，Q0.3 得电即 5 号载车板右移接触器得电，5 号车位开始右移，直至碰到右限位开关，I2.2 接通，5 号载车板右移停止。状态跳转回 S0.1，S2.3 复位，再次判断当前下层载车板的位置，5 号载车板右移后下层载车板的位置为，4 号、5 号载车板分别位于 1 号、3 号载车板下方，此时程序跳转到状态 S2.1，同时 S0.1 复位。S2.1 置位后，Q0.1 得电即 4 号载车板右移接触器得电，4 号载车板开始右移，直至碰到中间限位开关，I2.1 接通，4 号载车板右移停止。状态跳回到 S0.1，S2.1

复位。此时4号、5号载车板分别位于2号、3号载车板下方，1号载车板下方位置空出，程序跳转到S1.0，S0.1复位。状态S1.0置位后，Q2.0被置位即1号电磁铁得电吸合，1号载车板防坠挂钩脱开；T37开始计时，5s后T37常开触点接通1号载车板开始下降，T38开始计时，5s后T38常闭触点接通，Q2.0被复位，电磁铁释放。1号载车板下降到位，碰到下限位开关，I0.6接通，下降停止，M0.0～M0.7复位，并跳转到S0.0状态。此时1号载车板下降到位，可以进行存取车操作。

存取车完毕后，按下TD200面板上F5（Shift＋F1）按钮，M0.4接通，状态跳转到S0.6，检测载车板上所停车辆是否超长，若超长报警中间继电器M3.0被置位，警灯及蜂鸣器进行声光报警。在排除此报警源后，按下操作面板的RESET按钮，将M3.0复位，并跳转到S0.0状态。若车辆没有超长，则跳转到状态S1.1，Q0.4得电，1号车位开始上升，直至碰到上限位开关I0.0，上升停止，M0.0～M0.7复位，程序跳转到S0.0状态。

以上以1号载车板为例，简要说明主要程序的运行过程。2号、3号载车板与上述过程相仿，请读者自行分析。

除了控制载车板运行的步进程序外，此程序还包括了报警程序及文字显示程序。程序中的报警源有上下极限报警、链条检测报警、电动机过载报警、车长检测及安全线报警，报警使用M3.0作为共同的中间继电器。如有报警产生，M3.0被置位，发出声光信号。故障排除后，通过手动按下RESET按钮，复位M3.0，回到初始的S0.0状态，开始下一次操作。

在程序中，当有载车板运动时，警灯将发光以示警示，警灯对应的输出继电器需要在多个状态中调用。若直接调用Q继电器，将会出现问题，警灯不能正常工作。此时应使用中间继电器M，每个调用到警灯的状态使用一个中间继电器。在步进状态外，以多个中间继电器并联再与警灯Q继电器串联的形式来实现。

参考文献

[1] 西门子（中国）有限公司自动化与驱动集团．深入浅出西门子 S7-200PLC（第 2 版）．北京：北京航空航天大学出版社，2005.

[2] SIEMENS S7-200 可编程序控制器系统手册，2005.

[3] 廖初常．PLC 编程及应用．北京：机械工业出版社．2005.

[4] 周万珍，高鸿斌．PLC 分析与设计应用．北京：电子工业出版社，2004.

[5] 殷洪义．可编程序控制器选择设计与维护．北京：机械工业出版社．2004.

[6] 章文浩．可编程控制器原理及实验．北京：国防工业出版社，2003.

[7] 吴中俊，黄永红．可编程序控制器原理及应用．北京：机械工业出版社．2003.

[8] 陈本孝．电器与控制．武汉：华中理工大学出版社，1997.

[9] 邓则名，邝穗芳．电器与可编程控制器应用技术．北京：机械工业出版社，1998.

[10] 熊葵容．电器逻辑控制技术．北京：科学出版社，1998.

[11] 钟肇新，王顾．可编程控制器入门教程(SIMATIC S7-200)．广州：华南理工大学出版社，1998.

[12] 胡学林、宋宏．电气控制与 PLC．北京：冶金工业出版社，1996.

[13] 陈立定，吴玉香，苏开才．电气控制与可编编控制器．广州：华南理工大学出版社，2001.

[14] GB4728—85 电气图用图形符号．北京：中国标准出版社，1986.

[15] GB7159—87 电气技术中的文字符号制定通则．北京：中国标准出版社，1987.

[16] SIMATIC S7-200 Application tips．Siemens．1998.

[17] SIMATIC STEP7-Mirco Programming Reference Manual．1999.

[18] SIMATIC Components for totally Integrated Automation．Siemens．1999.

[19] Ray Horak. Communications System & Network(Second Edition). Prentice-Hall Inc. , 2001.